David Gero   LUFTFAHRT-KATASTROPHEN

David Gero

LUFTFAHRT-KATASTROPHEN

Unfälle mit Passagierflugzeugen seit 1950

Motorbuch Verlag Stuttgart

Einbandgestaltung: Johann Walentek unter Verwendung des Bildmotivs der englischen Originalausgabe.

© David Gero 1993

Die englische Ausgabe ist erschienen unter dem Titel
»Aviation Disasters«
Die Übertragung ins Deutsche besorgte Wolfgang Hubrich

ISBN 3-613-01580-3

1. Auflage 1994
Copyright © by Motorbuch Verlag,
Postfach 103743, 70032 Stuttgart.
Ein Unternehmen der Paul Pietsch-Verlage GmbH & Co.
Sämtliche Rechte der Speicherung, Vervielfältigung und Verbreitung sind vorbehalten.
Satz: primustype Robert Hurler GmbH, Notzingen.
Druck: Studio-Druck, 72622 Nürtingen-Raidwangen.
Bindung: Großbuchbinderei Heinrich Koch, 72072 Tübingen.
Printed in Germany

Inhaltsverzeichnis

Einleitung

Beim Besuch einer örtlichen Bücherei stieß ich vor ein paar Jahren auf ein Regal, das man als Katastrophen-Ablage bezeichnen könnte. In ihm standen mehrere Bücher über die verschiedensten Unglücksfälle, von denen die Menschheit im Verlauf ihrer Geschichte heimgesucht worden ist.

Die meisten Veröffentlichungen in dem Regal behandelten Schiffsunfälle auf See. Der Reiz der Meere und die mit einem der ältesten öffentlichen Verkehrsmittel verbundenen Abenteuer sind wahrscheinlich der Grund für die hohe Anzahl. Für die Eisenbahn-Begeisterten gab es ein Werk über Zugunglücke. Ein paar weitere Ausgaben befaßten sich mit Erdbeben-, Wirbelsturm- und anderen Naturkatastrophen, auf die wir wenig oder keinen Einfluß haben.

Es gab kein einziges Buch über die Luftfahrt, einem Thema, das mich die längste Zeit meines Lebens beschäftigt hat, und wahrscheinlich auch bei vielen Lesern auf großes Interesse stoßen würde. Aus diesen und anderen Gründen entschloß ich mich, das Thema aufzugreifen. Das Ergebnis meiner Arbeit liegt jetzt vor, das erste allgemein zugängliche Nachschlagewerk über die Katastrophen in der Luftfahrt.

Die großen Luftverkehrsgesellschaften der Welt werden normalerweise jedes Jahr insgesamt von zwei bis drei Dutzend Unfällen betroffen, die Menschenleben kosten. Die Summe dieser Unglücke über einen Zeitraum von vier Jahrzehnten zu beschreiben, würde den Rahmen eines einzelnen Buches sprengen. Daher habe ich mich auf die wichtigsten Vorfälle beschränkt.

Hauptmerkmal für die Behandlung in diesem Buch war die Schwere des Unglücks. Ich habe praktisch jeden Unfall berücksichtigt, von dem westliche Flugverkehrsgesellschaften seit 1950 betroffen waren, und die 50 oder mehr Todesopfer gekostet haben. Weiter beschreibe ich Einzelheiten über jedes größere bekannt gewordene Unglück, bei dem es mindestens 100 Tote gab.

Soweit wie möglich habe ich mich bemüht, Informationen aus amtlichen Quellen zu erhalten. Normal werden Unfälle mit zivilen Passagiermaschinen von Regierungs-Gremien untersucht. Das sind zum Beispiel in den USA die Nationale Transport-Sicherheitsbehörde NTSB und in Großbritannien die Flugunfall-Untersuchungsbehörde AIB. Diese Gremien veröffentlichen Unfallberichte oder Schnellinformationen. Hieraus hervorgehende Empfehlungen werden von den staatlichen Ausführungsorganen verbindlich umgesetzt. Die Bekanntesten dieser Organe sind das US-amerikanische Bundesamt für Luftfahrt FAA und das Britische Luftfahrtamt CAA. Außerdem habe ich mich sehr stark an spezielle Beiträge in Luftfahrt-Fachzeitschriften angelehnt, deren Autoren mehr Fachwissen aufweisen als die meisten anderen Journalisten, was normalerweise eine größere Genauigkeit garantiert. Lobend erwähnen muß ich auch die vielen internationalen Flugverkehrsgesellschaften, die ihre Hilfe angeboten haben.

Lesern mag auffallen, daß Luftfahrtkatastrophen in Bezug auf die Anzahl und die beschriebenen Einzelheiten der Vorfälle auf die Fluggesellschaften in Westeuropa, Nordamerika, Ozeanien und Japan ausgerichtet ist. Das sollte nicht so verstanden werden, daß diese Staaten einen schlechteren Flugsicherheits-Standard aufweisen (genau das Gegenteil ist tatsächlich der Fall, sie sind die Sichersten). Es ist vielmehr das Ergebnis aus ihrem weit höheren Flugaufkommen und ihrer Bereitschaft, Flugunfallinformationen gegenseitig auszutauschen. Letzteres trägt wahrscheinlich entscheidend zu ihren überragenden Sicherheitsstandards bei.

Beim Verfassen dieses Buches habe ich mich sehr bemüht, jeden einzelnen Unfall mit allen Einzelheiten zu beschreiben. Selbst Version und Seriennummer habe ich den einzelnen Flugzeugmustern zugeordnet und die ungefähre, manchmal auch die genaue Ortszeit des Vorfalls aufgeführt. Es war eine sehr anspruchsvolle Aufgabe!

Obwohl mein Name als Autor dieses Buches erscheint, war es eine Gemeinschaftsarbeit von vielen Menschen in mehreren Ländern. Ihnen gebührt Anteil am Erfolg dieses Werkes. Ich hoffe, sie finden es interessant zu lesen und zugleich lehrreich.

David Gero
San Gabriel, Kalifornien

Danksagungen

Der Autor bedankt sich beifolgenden Organisationen und Personen für ihre Unterstützung bei der Vorbereitung dieses Buches:

Airbus Industrie; Air Accidents Investigation Branch (England); Air Canada (J.A. Mitchel, Flugsicherungs Abteilung); Flugunfall-Untersuchungs-Abteilung (Dänemark),(Niels Jakobsen); Flugunfall-Untersuchungs-Abteilung (Norwegen), (T.B. Kirkvaag, Ragnar Rygnestad); Air France (Gail Muntner, Büro für Öffentlichkeitsarbeit); Mete Akkaya, Türkischer Vertreter bei der ICAO; Alitalia; All Nippon Airways Safety Promotion Committee (Yoshi Funatsu); Argentinische Luftwaffe (Guillermo Raul Barreira, Mario Santamaria); SABENA (Belgische Luftverkehrsgesellschaft) (J. Deschutter); Arif Boediman, Indonesischer Vertreter bei der ICAO; Boeing Canada de Havilland (Colin Fisher); British Airways Flugsicherheitsbüro (Roy Lomas, C.N. Hall); Bureau of Air Safety Investigation (Australien) (W.G. Duffy, F.St. G. Hornblower, D.J. Nicholas, R.J. Sibbison); Canadian Airlines International Ltd., Ansprechpartner: P.G. Howe; Canadian Aviation Safety Board, Ansprechpartner: Nicole Brind'Amour, Manon Ouimet van Riel, Joyce Pedley, Centro de Investigacao e Provencao de Acidentes Aeronauticos (Brasilien), Ansprechpartner: Osmar Nascimento Amorim, Renato Tristao de Menezes, Paulo Fernando Peralta, Carlos Machado Vallim, Paulo C.F. Viana; Civil Aviation Authority (England); Civil Aviation Department (Hongkong), Ansprechpartner: Y.S. Fong; Departamento Administrativo de Aeronautica Civil (Kolumbien), Ansprechpartner: Carlos German Barrero Fandino, William Mejia Restrepo; Department of Civil Aviation (Malta), Ansprechpartner: C.D. Caruana; Department of Civil Aviation (Pakistan), Ansprechpartner: Patrick Callaghan; Department of Transport (Südafrika), Ansprechpartner: Barend P.K. Jordaan; Department of Transport and Power (Irland), Ansprechpartner: G. Guihen, J. McStay; Direccion General de Aeronautica Civil (Mexiko), Ansprechpartner: Carlos Moran Moguel; Direccao-Geral Da Aviacao Civil (Portugal), Ansprechpartner: Jose Camilo Pastor; Direction des Journaux Officiels (Frankreich), Ansprechpartner: Jeannine Valin, Monique Masson; Director General of Civil Aviation (Indien), Ansprechpartner: B.R. Chopra; Directorate of Civil Aviation (Island); Südafrikanische Botschaft in USA, Ansprechpartner: Neville C. Parkins; Botschaft der USA in Peru, Ansprechpartner: David Stebbing; Botschaft der USA in Venezuela, Ansprechpartner: Hans Mueller; Eidgenössische Flugunfall-Untersuchungs-Abteilung (Schweiz), Ansprechpartner: Erich Keller, A.D. Salzmann; Verkehrsministerium der Bundesrepublik Deutschland, Ansprechpartner: I.A. Kramer; Hellenic Republic Ministry of Communications, Civil Aviation Authority (Griechenland), Ansprechpartner: G. Fotiades, K. Mavrogenis, G. Tzouvalis; Inspection Generale de l'Aviation Civile et de la Meteorologie (Frankreich), Ansprechpartner: Robert Davidson, M. Dulac; Internationale Zivilluftfahrtorganisation (ICAO), Ansprechpartner: Tracey Martineau, Germaine Zaloum; Japan Aeronautical Engineers' Association; Japan Airlines, Ansprechpartner: M. Osaki, Geoffrey Tudor; Japan Air System, Ansprechpartner: H. Kanai; KLM Royal Dutch Airlines,Ansprechpartner: Peter Offermann, NickKomons;Historian Federal Aviation Administration (USA); Library of Congress (USA); Lockheed; Deutsche Lufthansa, Ansprechpartner: Norbert Wagner; Ministere des Communications, Administration de l'Aeronautique (Belgien), Ansprechpartner: J. Van Laer; Ministerio de Transportes, Turismo y Comunicaciones (Spanien), Ansprechpartner: Jose Bellido Grela; Ministerio de Transportes y Comunicaciones (Peru), Ansprechpartner: Luis Bouroncle Loayza; Ministry of Defence (England); Ansprechpartner: Les Howard, Eric Munday; Israelisches Transportministerium, Ansprechpartner: Giora Chalamish; Japanisches Transportministerium; Ministry of Transport and Public Works (Niederlande), Ansprechpartner: F.A. van Reijsen; Ministry of Transportation and Comminications Bureau (Philippinen), Ansprechpartner: M.S. Talento jr.; National Archives (USA), Ansprechpartner: Vernon Brooks, Janet Kennelly, Jane Lange, A'Donna Thomas, Jessie White; Nationales Luftfahrtbehörde Finnland, Ansprechpartner: Seppo Hamalainen, Jorma Kivinen; National Transportation Safety Board (USA), Ansprechpartner: Susan Stevenson; Nordeuropäische Delegation bei der ICAO, Ansprechpartner: O. Mydland; Office of Air Accidents Investigation (Neuseeland), Ansprechpartner: L.J. Banfield, L.F. Blewett, Ron Chippindale; Philippine Airlines, Ansprechpartner: Enrique Santos; Public Archives of Canada, Ansprechpartner: Glenn Wright; Qantas Airways, Ansprechpartner: John J. White; Scandinavian Airlines System (SAS), Ansprechpartner: Gunnel Thorne; Zivile Schwedische Luftfahrtbehörde, Ansprechpartner: Klas Bask, Roland Nilsson; Swissair FAH Historische Vereinigung; US Luftwaffe Historical Research Cenvÿû+Ansprechpartner: LtCol Alan Chair; US Luftwaffe Inspection and Safety Center, Ansprechpartner: John J. Clark jr, Vincent Murone; US Department of Defense; Venezolana Internacional de Aviacion SA (VIASA), Ansprechpartner: Capt. Eduardo Nieto Willet.

Besonderer Dank an: Monique Bouscarle, Inspection Generale de l'Aviation Civile et de la Meteorologie (Frankreich); Loyita Worley, Civil Aviation Authority (England); und dem gesamten Stab des Regionalbüros der Nationalen Transport-Sicherheitsbehörde NTSB in Los Angeles.

Hilfe bei Nachforschungen leisteten: ARIOMA Editorial Services (Moira and Patrick Smith); Jacques Clairoux; Alan Cooper; Diane Hamilton; Historical Newspaper Service (John Frost); Sarah Molumby; Kathryn Powers; A. Spanier; Task Force Pro Libra Ltd (Susan Hill, Anne Williams); und Hilary Thomas.

Übersetzungen lieferten: Raymundo Aguirre; Agnes Allard; Lupe Anaya; Ramona Barranco; Robert Beck; Berlitz Übersetzungsdienst; Alice Bonnefoi; Martin Bredboell; Richard Brome; Dale Carter; Luca Cortelezzi; Vivian Curtis; Francisco Fan; Iris Fiorito; Fliteline Language Services; Mitsuko Fujiwara; Guillaume Gavillet; Patrick Germain; David Green; Boris Hasselblatt; Inge Hochner; Vanna Hungerford; Kayo Ide; Milena Kaylin; Noriyuki Kawabata; Yan Kuhn; Giancarlo Losi; Marci Moody; Masako Ohnuki; Delores Pedro; Poly-Languages Institute, Julio Puchalt; Liselotte Runde; Millicent Sharma; Monique Swadowski; Delfina Vadi; Natalie Vetchinne; Ruth Quirk Von Woo; und Marine-Antoinette Zrimc.

Benutzte Quellen: *Aeroplane and Commercial Aviation News* Magazin; *Aircraft Accidents Digest* (Internationale Zivilluftfahrtorganisation ICAO); *Air Disasters* von Stanley Stewart (Ian Allan Ltd, 1986); *Airliner Production Lists* von Tony Eastwood und John Roach (The Aviation Hobby Shop); *Anvil of the Gods* von Fred McClement (J.B. Lippincott Co, 1964); *Aviation / Space Dictionary* von Ernest J. Gentle und Lawrence W. Reithmaier (Aero Publishers Inc, 1980); *Aviation Week and Space Technology* Magazin; *Crash* von Rob und Sarah Elder (Atheneum Publishers, 1977); *Daily Express* Tageszeitung; *Daily Mirror* Tageszeitung; *Destination Disaster* von Paul Eddy, Bruce Page und Elaine Potter (Times Tageszeitung, 1976); *Flight International* Magazin; *Hostile Actions Against Civil Aviation* (Air Incident Research); *It Doesn`t Matter Where You Sit* von Fred McClement (Holt, Rinehart und Winston, 1969); *Jane`s Aerospace Dictionary* von Bill Gunston (Jane`s Publishing Co Ltd, 1986); *Jane`s All The World`s Aircraft* ( Jane`s Information Group); *Jet Airliner Checklist* von Paul Rainford (Executive Aircraft Historians, 1988); *KE 007: A Conspiracy of Circumstance* von Murray Sayle (in der *New York Times Review of Books,* 25. April 1985); *La Opinion* Zeitung; *Lloyd`s List* Zeitung; *Loud and Clear* von Robert J. Serling (Dell Publishing Co, 1970); *Newsweek* Magazin; *New York Times* Tageszeitung; *Paris Match* Magazin; *Proceedings* Magazin, September 1989 (US Naval Institute); *Prop Airliner Checklist* von Tony Hyatt (Executive Aircraft Historians, 1988); *Reader`s Digest* Magazin, Februar 1973: Artikel *Nightmare in the Jungle; Recovered Mail* von Henri L. Nierinck (R-Editions, 1980); *Shootdown* von Richard W. Johnson (Viking Penguin Inc, 1986); *Skin Diver* Magazin, Mai 1975: Artikel *Wings of Death,* Auszug aus dem Buch von Dr Joseph B. MacInniis *The Underwater Man; Soviet Airliners* von Peter Hillmann (Executive Aircraft Historians, 1989); *The Times Atlas of the World; The Times* (Londoner Tageszeitung); *The World Book Encyclopaedia* (Field Enterprises Corp); *Time* Magazin; und *World Airline Accident Summary* (Civil Aviation Authority-CAA).

Andere Informationsquellen: *Tracking the Pan AM Bomber* , aus der Fernsehserie *Frontline* , hergestellt von dem Public Broadcasting System (PBS).

Bildquellen : Aeroflot; Air Britain Historians Ltd (Glyn Ramsden); Airbus Industrie (Sean Lee); Aircraft Photographic; All Nippon Airways, Büro für Öffentlichkeitsarbeit; American Airlines; das Bettmann Archive; Black Star (Cheryl Himmelstein, Judith Wolf); Boeing Commercial Airplane Group (Danielle Gerrard); British Aerospace, Ansprechpartner: Mike Brown, P.N.P. Smith; Eastern Airlines; Fokker BV, Ansprechpartner: Leo J.N. Steijn; Gamma Liaison, Ansprechpartner: Jennifer Coley, Grace How; General Dynamics; General Microfilm; Lux Photographic Services; McDonnell Douglas, Ansprechpartner: Harry Gann; Adrian Meredith Photography; Pan American World Airways; Programmed Communications Ltd, Ansprechpartner: Sheila Hamilton; Sikorsky Aircraft; Sygma, Ansprechpartner: Claire Gouldstone; Trans World Airlines; United Airlines; und Wide World Photos (Holly Jones).

Die fünfziger Jahre

Die zivile Luftfahrt trat in den fünfziger Jahren in der Tat aus ihren Kinderschuhen heraus. Die Konjunktur der Flugreisen, die kurz nach dem Zweiten Weltkrieg begonnen hatte, befand sich in voller Blüte. Der kleine Mann konnte jetzt auch Anteil an dem haben, was früher Wohlhabenden vorbehalten gewesen war, die keine Angst vor dem Fliegen hatten. Die Anzahl der Flüge und Zielorte stieg ständig, und die Fluggesellschaften beförderten mehr Passagiere schneller, sicherer und bequemer als je zuvor.

Viele größere und leistungsstärkere Flugzeuge wurden in den fünfziger Jahren in Dienst gestellt. Darunter befanden sich die Douglas DC-7 und die Lockheed Super Constellation, die den Höhepunkt in der Entwicklung von Verkehrsmaschinen mit Kolbentriebwerken darstellte. 1952 begann mit der de Havilland Comet das Düsenzeitalter im Flugreiseverkehr. Die Maschine mußte zwei Jahre später wieder aus dem Flugdienst herausgenommen werden, da die Zelle schwere strukturelle Mängel aufwies. 1958 erschien dann eine neue, verbesserte Comet am Himmel und eröffnete den Strahltrieb-Flugverkehr über den Atlantik. Bald folgten ihr Düsenverkehrsflugzeuge wie die französische Caravelle und die amerikanische Boeing 707; letztere sollte viele Jahre als Arbeitspferd im Langstrecken-Luftverkehr dienen. Ebenfalls in dieser Periode wurden verschiedene Turboprop-Flugzeuge in Dienst gestellt, darunter die Vickers Viscount, die Bristol Britannia und die Lockheed Elektra.

Der Einsatz eines Bord-Wetterradargerätes war einer der größten Fortschritte in der Flugsicherheit in den fünfziger Jahren. Die erhöhte Aufnahmefähigkeit an Passagieren bedeutete aber natürlich, daß bei einem möglichen Unfall mehr Menschenleben zu beklagen sein würden; und 1956 erlebte die Luftfahrt wirklich ihr erstes Unglück mit über 100 Toten, als zwei Passagierflugzeuge über dem Grand Canyon in der Luft zusammenstießen. Sorgen über die Kontrolle des Luftverkehrs begleiteten die Unternehmen dann durch die zweite Hälfte der fünfziger bis in die sechziger Jahre hinein.

Datum: 12. März 1950, circa 14:50 Uhr
Ort: In der Nähe von Sigginstone, South Glamorgan, Wales
Unternehmen: Fairflight Ltd (England)
Flugzeugmuster: Avro Tudor V (G-AKBY)

Die Verkehrsmaschine befand sich auf einem Charterflug und beförderte walisische Rugby Anhänger von Dublin, Irland nach Hause. Sie hatten den Sieg ihrer Mannschaft in einem Länderspiel gegen Irland miterlebt. Während des Anfluges auf die Landebahn 28 des Flughafen Llandow, der circa 25 km westsüdwestlich von Cardiff liegt, nahm die viermotorige Maschine einen Gleitweg ein, der Aussagen von Augenzeugen zufolge eine vorzeitige Bodenberührung befürchten ließ.

Als sich das Flugzeug in einer Höhe von 30 bis 50 Meter über Grund befand, wurde eine geringe Erhöhung der Triebwerksleistungen beobachtet, was zu einer leichten Verringerung der Sinkrate führte. Kurz darauf dröhnten die Motoren plötzlich unter Vollgas auf, und die Flugzeugnase schnellte nach oben. Im folgenden Steigflug riß dann die Strömung in circa 100 Meter Höhe ab, und die Tudor stürzte in einem steilem Winkel in einer rechten Kurvenlage ungefähr 750 Meter vor der Landebahn auf einen Acker. Fahrwerk und Landeklappen waren ausgefahren. Offensichtlich war die Zündung vor dem Aufprall ausgeschaltet worden. Das wird dazu beigetragen haben, daß nach dem Aufschlag kein Feuer ausgebrochen ist. Bis auf drei Menschen fanden alle der 83 Personen an Bord den Tod, darunter auch die fünfköpfige Besatzung. Die Überlebenden waren schwer verletzt. Das Wetter an diesem Sonntag Nachmittag war gut, die Sicht betrug 25 km, und der Wind kam aus westlicher Richtung mit 18 bis 25 km/Std.

Ein Untersuchungsausschuß stellte fest, daß sich zu wenig Gepäck im vorderen Teil des Flugzeuges im Verhältnis zu der Anzahl der Passagiere im hinteren Teil befunden hatte. Dadurch verschob sich der Schwerpunkt der Maschine mindestens um 2,7 Meter über den zugelassenen Grenzwert nach hinten. Wahrscheinlich reichte deswegen die Steuerungsmöglichkeit des Höhenruders nicht mehr aus, um bei Vollgas das Aufbäumen der Flugzeugnase nach oben zu verhindern. Und obwohl die Fluggeschwindigkeit weit genug über der Mindestauftriebs-Geschwindigkeit gelegen hatte, war sie unter diesen Umständen niedrig genug, um eine akute Instabilität herbeizuführen. Der Ausschuß bewertete zudem die Beladungsvorschriften für die Tudor V als unzureichend. Sie enthielten keine ausreichenden Anweisungen, wie Passagiere und Gepäck verteilt werden müssen. Das damalige Verfahren lud außerdem eine übermäßig hohe Verantwortung auf die Schulter der Piloten.

Für den Hin-und Rückflug nach Dublin war die Anordnung der Sitze im Flugzeug geändert worden, um sechs Passagiere mehr als sonst zulässig befördern zu können. Dafür hatte das Lufttüchtigkeitszeugnis der Maschine ergänzt werden müssen. Bei der Beladung waren aber die ergänzten Bestimmungen nicht eingehalten worden.

Der Ausschuß empfahl, daß bei jeder Änderung

Der Absturz der Fairflight Tudor V in Wales kostete fast dreimal soviele Todesopfer wie der schwerste Unfall in der britischen Zivilluftfahrt zuvor. (Wide World Photos)

der Sitzanordnung in einem Flugzeug eine neue »Tagesbescheinigung« und ein Eintrag in den technischen Teil des Bordbuches vorbereitet werden sollte. Der für die Änderung zuständige Techniker sollte dann für die Eintragung der einschlägigen Informationen verantwortlich sein. Der Flugzeugführer würde so über die Änderungen unterrichtet und besäße eine Überprüfungsmöglichkeit.

Datum: 24. Juni 1950, circa 01:25 Uhr
Ort: Lake Michigan, USA
Unternehmen: Northwest Airlines, USA
Flugzeugmuster: Douglas DC-4 (N95425)

Flug 2501 war ein planmäßiger, transkontinentaler Inlandsflug von New York nach Seattle, Washington. Auf dem Weg zur ersten Zwischenlandung in Minneapolis, Minnesota, stürzte die Maschine circa 30 Kilometer nordnordwestlich von Benton Harbor, Michigan, in den Lake Michigan. Alle 58 Personen an Bord (55 Passagiere und drei Besatzungsmitglieder) fanden den Tod.

Die DC-4 wurde in der morgendlichen Dunkelheit zuletzt in einer Flughöhe von 1050 Meter gemeldet. Die Besatzung hatte ohne einen erkennbaren Grund gebeten, auf 750 Meter Höhe sinken zu dürfen. Das war wegen des sonstigen Flugverkehrs in diesem Bereich abgelehnt worden.

Später wurden von der Wasseroberfläche kleinere Trümmerstücke der Kabineneinrichtung und Privatgegenstände geborgen. Der See ist an der Absturzstelle circa 50 Meter tief. Der Grund wird von einer schätzungsweise zehn bis zwölf Meter starken Lage Schlamm bedeckt. Trotz des Einsatzes von Tauchern und Sonargeräten konnte das Hauptwrack nicht gefunden werden.

Das Unglück geschah nachweislich kurz nach dem Einflug in ein Schlechtwettergebiet mit starken Turbulenzen und eingelagerten Gewittern. Wahrscheinlich führte das zu strukturellen Beschädigungen an der Maschine oder zum Ausfall der Steuerung. Mit dem vorhandenen Beweismaterial ließ sich aber nicht bestimmen, welche dieser Möglichkeiten schließlich zum Absturz geführt hat.

Für das Gebiet war 1:40 Stunden vorher eine Wetterwarnung über eine aufziehende Gewitterfront herausgegeben worden. Diese Information wurde aber nicht an den Flug 2501 weitergeleitet.

Datum: 31. August 1950, circa 02:00 Uhr
Ort: In der Nähe von Natrun, Ägypten
Unternehmen: Trans World Airlines (TWA), USA
Flugzeugmuster: Lockheed 749A Constellation (N6004C)

Flug 903 führte von Bombay, Indien über Kairo, Ägypten und Rom, Italien nach New York, USA. Circa 20 Minuten nach dem Start vom Kairoer Flughafen Farouk beobachteten Augenzeugen, daß die Maschine Feuer gefangen hatte. Später wurde das ausgebrannte Wrack 105 km nordwestlich von der Ägyptischen Hauptstadt entdeckt. Keine der 55 Personen an Bord (48 Passagiere und sieben Besatzungsmitglieder) hatte überlebt.

Der Unfall wurde durch den Ausfall des hinteren Hauptpleuellagers von Triebwerk Nummer drei der Constellation ausgelöst. Das führte zu einer Überhitzung des hinteren Kurbelwellenzapfens und schließlich zu dessem Bruch. Dadurch konnte sich der Kolbenhubweg verlängern; die Kolben stießen nun an die Ventile und Zylinderköpfe an. Die gesamten hinteren Gelenk- und Pleuelstangen fielen dann aus und schnitten sich durch die Wände der hinteren Zylinderreihe. Ein Teil des Kurbelgehäuses riß ab, und die Feuerschutzwände verbogen und verschoben sich der Reihe nach. Der durch den Bruch entstandene Schaden war so groß, daß Ölleitungen platzten. Die nun austretenden brennbaren Flüssigkeiten und Dämpfe führten schließlich zum Ausbruch des Feuers.

Nachdem die Maschine nach Kairo umgedreht hatte, nahm das Feuer immer größere Ausmaße an. Die hinter dem Triebwerk-Brandschott angrenzenden Bauteile aus Duralumin begannen zu schmelzen. Darauf löste sich das betroffene Triebwerk, dessen Luftschraube auf Segelstellung gebracht worden war, von der Tragfläche. Das Feuer fraß sich durch die Außenhaut der rechten Fläche, wobei zahlreiche weitere Teile abbrachen.

Die abgebildete Trans World Airlines Lockheed 749A Constellation ist identisch mit der Maschine, die in Ägypten über der Wüste abgestürzt ist. (Trans World Airlines)

Als die Besatzung erkannte, daß sie Kairo nicht mehr erreichen würden, versuchte sie augenscheinlich in der nächtlichen Dunkelheit eine Notlandung auf dem ebenen Wüstengebiet. Die Maschine war noch steuerbar, als sie in einer leichten rechten Kurvenlage in einem flachen Gleitwinkel auf dem Boden aufschlug. Fahrwerk und Landeklappen waren eingefahren.

Es ist möglich, daß sich Ablagerungsrückstände von dem Kurbelzapfen gelöst und den Öldurchfluß behindert hatten. Das kann schließlich den Ausfall des Hauptlagers verursacht haben. Als Folge dieses Unfalls und weiterer Ausfälle des Hauptpleuellagers bei derselben Version des Wright Triebwerkes, wurden mehrere Veränderungen vorgenommen. Das schloß Ölwechsel in kürzeren Abständen, verbesserte Ölfilter und die Entwicklung einer Verschlußkappe für den Kurbelwellenhubzapfen ein, der die Ansammlung von Rückständen verringern sollte.

Datum: 13. November 1950, circa 18:00 Uhr
Ort: Französische Alpen
Unternehmen: Curtiss-Reid Flying Services Ltd, Kanada
Flugzeugmuster: Douglas DC-4 (CF-EDN)

Das Verkehrsflugzeug befand sich auf einem Charterflug von Rom, Italien nach Montreal, Kanada. In Paris, Frankreich war eine Zwischenlandung geplant. Die Passagiere waren Katholiken, die von einer Pilgerreise zum Vatikan zurückflogen.

Die DC-4 war circa 100 km von dem vorgeschriebenen Flugweg nach Osten abgetrieben worden, als sie 50 km südlich von Grenoble gegen den Mount d'Obiou im Devoloy Gebiet prallte. Alle 58 Personen an Bord, darunter auch die siebenköpfige Besatzung, kamen ums Leben. Der Unfall geschah in der Dunkelheit bei angeblich wolkigen Wetterbedingungen.

Der Flugzeugführer hatte die Abweichung vom Flugweg wahrscheinlich bemerkt und eine Kurskorrektur eingeleitet. Den Berg hat er aber nicht rechtzeitig gesehen.

Datum: 30. Juni 1951, circa 02:00 Uhr
Ort: In der Nähe von Fort Collins, Colorado, USA
Unternehmen: United Air Lines (USA)
Flugzeugmuster: Douglas DC-6 (N37543)

Alle 50 Personen an Bord von Flug 610 (45 Passagiere und die fünfköpfige Besatzung) fanden den Tod, als die Maschine circa 80 km nordnordwestlich von Denver gegen einen Berg prallte. Das Flugzeug befand sich auf einem transkontinentalen Inlandflug von San Francisco, Kalifornien nach Chicago, Illinois. Zwischenlandungen waren in Salt Lake City, Utah und Denver vorgesehen.

Nach Überfliegen des Cheyenne Vierkursfunkfeuers sollte die DC-6 nach rechts kurven und mit südlichem Kurs Denver anfliegen. Sie führte stattdessen eine Kurve von weit über 90 Grad durch und rollte mit südsüdwestlichem Kurs aus. Diese Richtung behielt die Maschine in der nächtlichen Dunkelheit bei, bis sie mit eingefahrenem Fahrwerk in circa 2600 Meter Höhe gegen den mit Wolken verhangenen Crystal Mountain stieß. Beim Aufprall brach das Flugzeug vollständig auseinander. Trotz einiger kleinerer Feuer gab es kein größeres Flammenmeer.

Nachträglich konnte nicht mehr festgestellt werden, warum Flug 610 nicht auf der vorgeschriebenen Luftstraße weitergeflogen ist. Eine plausible Theorie bestand in der Annahme, daß der Flugkapitän versehentlich die falschen Kippschalter an dem Empfangs-Bedienungsgerät gedrückt hatte. Das hätte in der verdunkelten Pilotenkabine leicht passieren können, da die Schalter nicht im Blickfeld lagen und gewöhnlich blind nach Gefühl bedient wurden. Das Ergebnis wäre ein Ausbleiben der Signale des Denver Niederfrequenz Vierkursfunkfeuers gewesen, dessen Leitstrahl den richtigen Flugweg markierte. Stattdessen würden die Zeichen des Denver Vierkurs-Funkfeuers mit optisch-akustischer Anzeige (VAR) empfangen werden, das die Besatzungen normalerweise nur zu Bestimmung des Punktes benutzten, an dem die Kurve eingeleitet werden sollte. Seine Leitstrahlen liefen fast parallel zu denen des Niederfrequenz Vierkursfunkfeuers, und die Signale beider waren schwer zu unterscheiden.

Es wurde auch in Erwägung gezogen, daß der Pilot sein Funkpeilgerät (ADF) so eingestellt hatte, daß es von dem Vierkursfunkfeuer in Fort Bridger, Wyoming beeinflußt wurde.

Die zivile Luftfahrtbehörde der USA (CAA) traf später Vorkehrungen, um die Verwechslungsgefahr zwischen den beiden Funkfeuern in Denver auszuschließen. Die Fluggesellschaft ließ zwischenzeitlich ihre Empfangs-Bedienungsgeräte modifizieren, um mögliche Bedienungsfehler zu verhindern. Zudem setzte sie ein Ausbildungsprogramm für die Besatzungen in Kraft, das besonderen Wert auf die Streckennavigation und die Qualifikation zur Bedienung der Geräte legte.

Datum: 24. August 1951, circa 05:30 Uhr
Ort: In der Nähe von Union City, Kalifornien, USA
Unternehmen: United Air Lines (USA)
Flugzeugmuster: Douglas DC-6B (N37550)

Flug 615, ein transkontinentaler Inlandflug von Boston, Massachusetts nach San Francisco, hatte die Freigabe zum direkten Landeanflug nach Oakland Muncipal Flughafen erhalten, wo eine Zwischenlandung vorgesehen war. Beim Sinkflug in der Dämmerung durch eine nicht geschlossene Schichtwolkendecke mit einer Untergrenze von circa 500 Meter, verunglückte die Maschine ungefähr 25 km südöstlich des Flughafens. Keine der 50 Personen an Bord (44 Passagiere und sechs Besatzungsmitglieder) überlebte den Absturz. Zur Unfallzeit behinderten Nebelschwaden die Sicht.

Obwohl die DC-6B auf dem Leitstrahl des Oakland Vierkursfunkfeuers anfliegen sollte, war keines ihrer beiden Empfangsgeräte auf diese Station eingestellt. Der Flugkapitän war von dem vorgeschriebenen Instrumenten Anflugverfahren abgewichen und hatte wahrscheinlich stattdessen versucht, den

Das Bild zeigt die zerstreuten Trümmer der United Air Lines DC-6 nach dem Absturz in den Rocky Mountains, Colorado, der 50 Menschenleben kostete. (Wide World Photos)

richtigen Kurs nach Bodensicht und mit Hilfe des automatischen Peilgerätes des Ersten Offiziers zu halten. Das brachte die Maschine circa fünf km rechts von dem Zentrum des Leitstrahles und weit unter die vorgeschriebene Mindestflughöhe von 1050 Meter.

Das Flugzeug prallte mit nordwestlichem Steuerkurs und einer Geschwindigkeit von 360 bis 385 km/Std über Grund in circa 300 Meter Flughöhe gegen einen Berg, weniger als zehn Meter unterhalb des Gipfels. Das Fahrwerk war ausgefahren, die Landeklappen entweder ein- oder nur teilweise ausgefahren. Nach dem Aufprall zerbrach die Maschine in einem Feuerball.

Die Fluggesellschaft erließ später eine Vorschrift, nach der die Besatzungen Instrumentenflugregeln einzuhalten haben, wenn sie über einer Wolkendecke fliegen. Damit sollte die Einhaltung der Mindestflughöhen sichergestellt werden.

Datum: 16. Dezember 1951, circa 15:10 Uhr
Ort: Elizabeth, New Jersey, USA
Unternehmen: Miami Airline Inc, USA
Flugzeugmuster: Curtiss Wright C-46F (N1678M)

Kurz nach dem Start von dem Flughafen Newark zu einem außerplanmäßigen Flug nach Tampa, Florida bemerkte das Personal des Kontrollturms, Rauch von der rechten Seite des zweimotorigen Transportflugzeuges ausströmen. Die Platzkontrolle erteilte dem Flug die Erlaubnis zu einer sofortigen Landung. Die Besatzung bestätigte den Empfang

Oben *Eine United Air Lines DC-6B. Eine Maschine dieses Typs stürzte während des Landeanfluges auf den Flughafen Oakland ab. (McDonnell Douglas)*

Unten *Die Miami Air Line C-46F zieht eine Rauchfahne aus dem rechten Triebwerk hinter sich her. Die Aufnahme enstand kurz vor ihrem Absturz in Elizabeth, New Jersey, USA (UPI/Bettmann)*

dieser Freigabe aber nicht. Zur gleichen Zeit befand sich ein anderer Flugkapitän der Miami Airline am Boden und bemerkte die Rauchfahne der N1678M. Da er glaubte, der Rauch komme von einer überhitzten Bremse, rief er den Kontrollturm an. Er empfahl, die Besatzung anzuweisen, das Fahrwerk auszufahren. Die Piloten folgten leider dieser Anweisung.

Wenige Minuten später rollte die C-46 in eine stetige Sinkkurve nach links. Die rechte Luftschraube drehte sich zu dieser Zeit noch im Luftstrom. Plötzlich sackte die linke Tragfläche nach unten. Die Maschine streifte noch ein Hausdach und ein Gebäude, bevor sie in den Elizabeth (Fluß) stürzte. Das Wrack kam fast auf dem Rücken liegend zum Stillstand, ehe es in dem flachen Wasser in Flammen aufging. Alle 56 Personen an Bord fanden den Tod, darunter die dreiköpfige Besatzung und ein weiterer Beschäftigter der Fluggesellschaft, der als Passagier mitflog, ohne in der Passagierliste aufgeführt zu sein. Zusätzlich wurde eine Person am Boden tödlich verletzt.

Als Unfallursache wurde eine fehlerhafte Wartungsvorschrift der Fluggesellschaft ermittelt. Die Untersuchung des rechten Triebwerks ergab, daß die 15 Halteschrauben des Zylinders Nummer zehn aus Materialermüdung versagt hatten, weil ihre Sicherheitsmuttern falsch befestigt waren. Dadurch konnte sich der Zylinder während des Starts oder kurz danach vollständig von der Kurbelwelle lösen.

Das am Sockel des fehlerhaften Zylinders ausgebrochene Feuer konnte verschiedene Ursachen haben. Dazu zählten der ständige Austritt von flüssigem oder zerstäubtem Schmieröl, eine herumfliegende Pleuelstange und offene Abgas- oder Einlaßleitungen. Die Betätigung der Feuerlöschanlage brachte die Flammen nicht unter Kontrolle. Sie breiteten sich schließlich über die Kraftstoff-, Öl- und Hydraulikleitungen bis zu den geschlossenen Toren des rechten Hauptfahrwerkes aus. Nach dem Ausfahren des Fahrwerkes konnte sich das Feuer dann in dem Fahrwerkschacht voll entfalten und noch mehr Schaden anrichten. Zusätzlich erhöhte das ausgefahrene Fahrwerk den Luftwiderstand. Das führte schließlich, in Verbindung mit dem Antriebsverlust, und dem vergeblichen Versuch der Besatzung, die Luftschraubenblätter des defekten Triebwerkes in Segelstellung zu fahren (wahrscheinlich hatte der Feuerlöscher eine elektrische oder Ölleitung beschädigt), sowie der Überladung der Maschine um nahezu 55 kg über dem zugelassenen Startgewicht, zum Abriß der Strömung über den Tragflächen und damit zum Absturz aus 60 Meter Flughöhe.

Die zivile Luftfahrt Untersuchungskommission der USA (CAB) stellte bei der Unfalluntersuchung zahlreiche Verstöße der Luftverkehrs-Gesellschaft innerhalb der letzten dreieinhalb Jahre fest. Meistens handelte es sich um Überbeladungen der Flugzeuge. Zusätzlich wurden Mängel bei der Flugzeugführer-Ausbildung im Bereich der Notverfahren nachgewiesen. Das könnte ebenfalls ein beitragender Faktor bei diesem Unfall gewesen sein, da die Besatzung der N1678M die Notverfahren nur sehr zögerlich durchgeführt hat.

Datum: 11. April 1952, circa 12:20 Uhr
Ort: Nördlich von San Juan, Puerto Rico
Unternehmen: Pan American World Airways, USA
Flugzeugmuster: Douglas DC-4 (N88899)

Die Verkehrsmaschine startete als Flug 526A von dem San Juaner Flughafen Isle Grande. Zielflughafen war New York. Kurz nach dem Abheben be-

Die Pan American World Airways DC-4 ist identisch mit der Maschine, die nördlich von Puerto Rico notwasserte, wobei 52 Menschen den Tod fanden. (Pan American World Airways)

merkte die Besatzung einen Abfall des Öldruckes und einen Anstieg der Öltemperatur am Triebwerk Nummer drei, was sie zum umdrehen veranlaßte. Der betroffene Propeller wurde in Segelstellung gefahren. Nach Erhöhung der Triebwerkleistung auf Motor Nummer vier, begann dieser rauh zu laufen.

Einige Minuten später machte die DC-4 10 km vor der Nordküste der Insel eine Bruchlandung im Atlantischen Ozean. Fahrwerk und Landeklappen waren vorher ausgefahren worden. Die Notwasserung fand bei starkem Seegang statt. Beim Aufschlag brach das Leitwerk ab, und die Maschine hielt sich nur knapp drei Minuten auf der Wasseroberfläche. Von den 69 Personen an Bord verloren 52 Passagiere ihr Leben. Die fünf Besatzungsmitglieder befanden sich unter den 17 geretteten Überlebenden. Nur 13 Leichen konnten geborgen werden. Das Flugzeug sank in eine Tiefe von ungefähr 600 Meter auf den Meeresboden, von wo es nicht geborgen werden konnte.

Wartungspersonal berichtete, daß es am Vortag Aluminiumspäne in der Ölwanne, dem Ölsieb und dem vorderen Motorgehäuse des Motors Nummer drei gefunden habe. Die Mechaniker wechselten daraufhin zwar das vordere Motorgehäuse aus, das allein stand aber unter den gegebenen Umständen nicht im Einklang mit den vorgeschriebenen Verfahren. Die US-amerikanische Luftverkehrsbehörde (CAB) schloß daraus, daß die N88899 beim Start in San Juan nicht flugtauglich war. Der Unfall wurde daher ungenügenden Wartungsarbeiten durch die Luftverkehrs-Gesellschaft und falschen Reaktionen des Piloten zugeschrieben.

Die Behörde stellte fest, daß der ständige Versuch des Flugkapitäns, die Maschine nach dem kritischen Leistungsverlust des Triebwerkes Nummer vier, ohne Vollgas wieder in den Steigflug zu steuern, zu einem hohen Anstellwinkel und sich laufend vermindernder Geschwindigkeit führte. Das brachte das Flugzeug in einen überzogenen Flugzustand, der aus der geringen Flughöhe nicht mehr auszugleichen war.

Das Versäumnis der Besatzung, die Flugbegleiter in der Kabine über die Lage zu informieren, dürfte zusätzlich zu einer Verringerung der Überlebenschancen bei dieser Katastrophe beigetragen haben. Es verhinderte, daß das Begleitpersonal die Passagiere auf die Notwasserung vorbereiten konnte. Außerdem waren alle Rettungsflöße in einem Fach verstaut. Nur ein einziges konnte nach der Wasserung zu Wasser gebracht werden.

Das heute zur Routine gewordene Verfahren, die Passagiere vor jedem längeren Flug über Wasser, über die Lage der Notausrüstung und Notausgänge zu informieren, ist ein Ergebnis dieser Tragödie.

Datum: 29. April 1952, circa 03:40 Uhr
Ort: Zentrales Brasilien
Unternehmen: Pan American World Airways, USA
Flugzeugmuster: Boeing 377 Stratocruiser (N1039V)

Beim letzten Funkkontakt mit Flug 202 befand sich die Verkehrsmaschine unter Sichtflugbedingungen in einer Flughöhe von 4400 Meter. Der Überflug

Das Bild zeigt das Wrack der Pan American World Airways Boeing 377 Stratocruiser im brasilianischen Urwald. Die Maschine war in der Luft auseinandergebrochen. (UPI / Bettmann)

des Orientierungspunktes querab von Carolina sollte in voraussichtlich 90 Minuten erfolgen. Danach gab es aber keine weitere Funkverbindung mehr mit N1039V.

Das auf dem Rücken liegende, ausgebrannte Wrack wurde zwei Tage später 1600 km nordnordwestlich vom Startort Rio de Janeiro, Brasilien in der südöstlichen Ecke des Staates Para in einem tropischen Waldgebiet entdeckt. Die Trümmerteile der Stratocruiser lagen in einem Umkreis von eineinhalb Kilometer verstreut. Der planmäßige Flug hätte von Buenos Aires, Argentinien nach New York, mit Zwischenlandungen in Rio de Janeiro und Port-of-Spain, Trinidad führen sollen. Alle 50 Personen an Bord (41 Passagiere und die neunköpfige Besatzung) fanden bei dem Absturz den Tod.

Die Maschine befand sich im Reiseflug, der Kurs betrug ungefähr 340 Grad, als sie sich kurz vor der Morgendämmerung in Einzelteile zerlegte. Es muß mit dem Abreißen der Propeller / Motoreinheit Nummer zwei begonnen haben, ausgelöst durch starke Vibrationen der Luftschraube. Es folgte dann der teilweise Bruch der linken Höhenflosse, hervorgerufen durch starke Erschütterungen. Die Untersuchung der Wrackteile ergab, daß der äußere Teil der Höhenflosse hängen blieb. Er schwang dabei so, daß die Höhenruder nach oben schnellten und eine große Belastung nach unten auf die Heckflossen ausübten. Das mußte einen starken Zuwachs an Auftrieb unter den Tragflächen hervorrufen. Die Kraft war ausreichend, um die linke Tragfläche über dem fehlenden inneren Triebwerk hinaus nach oben zu knicken. Die darauf folgende Schleuderbewegung der Maschine um ihre Querachse nach vorne führte zum Verlust der Tragfläche. In Verbindung mit dem vorhandenen Abwärtsdruck an den Höhenflossen brach dann wahrscheinlich zusätzlich das gesamte Leitwerk nach unten weg. Beide Brüche müssen fast gleichzeitig erfolgt sein. Die linke Tragfläche und das Leitwerk wurden in einiger Entfernung vom Hauptwrack gefunden. Das beweist, daß diese Teile schon vor dem Aufschlag auf dem Boden abgebrochen sind.

Es gab keine Möglichkeit herauszufinden, was genau mit dem Triebwerk Nummer zwei geschehen ist, da es nicht gefunden wurde. Bei anderen Unfällen mit demselben Flugzeugmuster wurde der Verlust von Triebwerkseinheiten aber stets durch Versagen eines Luftschraubenblattes herbeigeführt. Die dabei auftretende Unwucht erzeugte zerstörende Vibrationen. Der Unfall-Untersuchungsbericht wies darauf hin, daß die Boeing 377 mit einem Propellertyp ausgerüstet war, der erfahrungsgemäß schon nach kleineren äußeren Beschädigungen an den Blättern zu Ermüdungsbrüchen neige.

Nach einem weiteren Unfall einer Stratocruiser unter ähnlichen Umständen, der vier Menschenleben kostete, forderte die Zivile Luftfahrtbehörde der USA (CAA) die Benutzer der Propellereinheiten dieses Typs auf, die damals benutzten hohlen Luftschraubenblätter aus Stahl durch massive zu ersetzen. Eine weiter Vorsorgemaßnahme bestand in der Entwicklung einer Anzeige/Warnvorrichtung für die Unwucht von Luftschraubenblättern. Der Einbau dieser Vorrichtung wurde 1955 von der CAA ebenfalls zur Bedingung gemacht.

Datum: 2. Mai 1953, circa 16:35 Uhr
Ort: In der Nähe von Jagalogori, Westbengalen, Indien
Unternehmen: British Overseas Airways Corporation (BOAC)
Flugzeugmuster: de Havilland Comet 1 (G-ALYV)

Genau ein Jahr nach Aufnahme des regulären Flugdienstes, wurde diese spezielle Comet das erste Düsenverkehrsflugzeug, das auf einem planmäßigen Passagierflug abstürzte.

Flug 783/057 war vom Calcuttaer Flughafen Dum-Dum nach Delhi gestartet, einer Teilstrecke auf dem Flugweg von Singapore nach London. Sechs Minuten nach dem Start stürzte die Maschine circa 50 km nordwestlich von Calcutta brennend auf die Erde. Alle 43 Personen an Bord (37 Passagiere und sechs Besatzungsmitglieder) kamen ums Leben.

Zur Unfallzeit befand sich ein schweres Gewitter mit heftigen Regenschauern und stürmischen Winden über dem Gebiet. Das Wrack lag in dem flachen

Ein Jahr nachdem BOAC mit der de Havilland Comet 1 den ersten zivilen Luftverkehr mit düsengetriebenen Verkehrsmaschinen eröffnet hatte, ereignete sich die Katastrophe in Indien. (British Airways)

Terrain auf einer Strecke von zehn Kilometer verstreut. Das deutete auf ein Auseinanderbrechen der Comet in der Luft hin. Man vermutete, daß der Bruch durch starke äußere Krafteinwirkungen, die den vorgegebenen Bruchfaktor überschritten, verursacht worden war. Verantwortlich dafür könnten starke Windboen, das Überziehen der Maschine oder der Verlust der Steuerung durch die Besatzung gewesen sein. Die Fluggesellschaft und die Herstellerfirma zweifelten die letzte Theorie allerdings an.

Die Untersuchung der Wrackteile wies eindeutig auf den Bruch beider Höhenruder-Tragholme hin, der durch einen zu starken Druck nach unten auf der Oberfläche ausgelöst worden war. Die Ursache könnte ein zu heftiges Hochziehen der Maschine nach dem Einflug in einen plötzlich auftretenden Fallwind gewesen sein. Darauf folgte der Bruch beider Tragflächen, die das Leitwerk getroffen haben könnten, was dann zum Abriß des Seitenruders führte. Das Feuer brach nach dem Bruch der Tragflächen aus.

Die Comet befand sich zur Zeit des Unglücks in ungefähr 2000 Meter Höhe im Steigflug auf die Reiseflughöhe.

Datum: 12. Juli 1953, circa 20:40 Uhr
Ort: Pazifischer Ozean
Unternehmen: Transocean Air Lines, USA
Flugzeugmuster: Douglas DC-6A (N90806)

Die Transportmaschine stürzte circa 550 km östlich der Insel Wake in der Dunkelheit ab. Sie war knapp zwei Stunden vorher von Wake nach Honolulu, Hawaii, gestartet, einer Teilstrecke auf dem außerplanmäßigen Flug von Guam nach Oakland, Kalifornien. Suchmannschaften fanden später einzelne Wrackteile und 14 Leichen. Es gab keine Überlebenden unter den 58 Personen an Bord (50 Passagiere und acht Besatzungsmitglieder).

Bei der letzten Standortmeldung befand sich das Flugzeug mit Reisegeschwindigkeit in einer Höhe von 5000 Meter zwischen zwei Wolkenschichten. Es gab Hinweise über Gewitteraktivitäten mit mäßiger bis starker Turbulenz entlang des eingeschlagenen Flugweges.

Es gab zu wenig Beweismaterial, um die Unglücksursache festlegen zu können. Falls es einen mechanischen oder stukturellen Ausfall gegeben haben sollte, müßte dieser Fehler aus heiterem Himmel aufgetreten sein. Die Untersuchung der aufgefundenen Körper und Wrackteile ließen darauf schließen, daß der Aufprall auf das Wasser mit sehr hoher Geschwindigkeit geschehen sein muß, was auf einen Verlust der Steuerung durch die Piloten hinweisen könnte.

Es gab keine Anzeichen auf Sobotage oder Feuer an Bord der Maschine.

Datum: 27. Juli 1955, circa 07:40 Uhr
Ort: In der Nähe von Petric, Bulgarien
Unternehmen: EL AL Israel Airlines
Flugzeugmuster: Lockheed 049 Constellation (4X-AKC)

Flug 402/62 befand sich auf dem Weg von London nach Tel Aviv, Israel. Nach einer planmäßigen Zwischenlandung in Wien, Österreich, überflog die Maschine Belgrad, Jugoslawien. Auf dem Weiterflug wich sie nach links von der vorgeschriebenen Route ab. Ihr Flugweg über Grund brachte sie schließlich genau über die südwestlichen Landesteile Bulgariens. Dort wurde die Verkehrsmaschine kurz darauf dreimal von Bulgarischen Jagdmaschinen angegriffen.

Der erste Angriff erfolgte wahrscheinlich in der Reiseflughöhe von 5500 Meter. Das Flugzeug wurde getroffen, und begann zu brennen. Die Besatzung versuchte nun offensichtlich im Sinkflug einen geeigneten Notlandeplatz zu finden. Da erfolgte der zweite Angriff in circa 2500 Meter Flughöhe, gefolgt von dem dritten in 600 Meter. Nach der letzten Attacke fand eine Explosion in der rechten Tragfläche statt. Kurz darauf brach die Maschine auseinander und stürzte zu Boden. Alle 58 Personen an Bord (51 Passagiere und sieben Besatzungsmitglieder) wurden getötet.

Eine israelische Untersuchungskommission kam zu dem Ergebnis, daß der Navigationsfehler wahrscheinlich die Folge einer falschen Anzeige des Radiokompasses war, die durch die Gewitteraktivitäten in dem Gebiet ausgelöst wurde. Das hat die Besatzung zu der irrtümlichen Annahme veranlaßt, die Maschine befände sich bereits über dem Meldepunkt Skopje. Tatsächlich war sie noch sieben Flugminuten davon entfernt. Vermutlich wurde dort schon auf den Kurs von 142 Grad gedreht, der zum Verbleiben auf der Luftstraße notwendig gewesen wäre.

Die Maschine flog ungefähr 65 km östlich des vorgeschriebenen Flugweges in den Bulgarischen Luftraum ein. Nach diesem Zeitpunkt wurde nur noch der kurze Funkspruch empfangen: SOS von 4X-AKC. Der Angriff konnte jedoch mit Hilfe der Aussagen von jugoslawischen und griechischen Augenzeugen am Boden rekonstruiert werden. Die in den Trümmerteilen gefundenen zahlreichen Einschußlöcher bestätigten ebenfalls die Ursache des Absturzes.

Die Kommission wies die Behauptung der Bulgarischen Regierung zurück, die EL AL Besatzung wäre vor Eröffnung des Feuers von den Bulgarischen Piloten gemäß der internationalen Bestimmungen gewarnt worden, sei aber der Aufforderung zur Landung nicht nachgekommen. Bulgarien blieb auch bei der Aussage, die Maschine sei viel tiefer in den Bulgarischen Luftraum eingedrungen. Es räumte aber ein, daß seine Luftverteidigungskräfte ein wenig zu voreilig beim Abschuß der Verkehrsmaschine gewesen seien und sprach sein Bedauern über den Vorfall aus.

Berücksichtigt man die vorhanden gewesenen Wetterbedingungen, Kumulonimbus-Wolken und westliche Winde mit 130 km/Std (90 km/Std mehr als vorhergesagt) und das Fehlen von Navigationshilfen zwischen Belgrad und Skopje, konnte die Besatzung die Abdrift nicht bemerken.

Die Untersuchungskommißion empfahl, mehr

UKW-Drehfunkfeuer (VOR) entlang der von Flug 402 / 26 benutzten Luftstraße (Amber 10) zu installieren. Zu der damaligen Zeit gab es nur eine einzige dieser Präzisions Navigationshilfen auf der ganzen Luftstraße.

Datum: 6. Oktober 1955, circa 07:25 Uhr
Ort: In der Nähe von Centennial, Wyoming, USA
Unternehmen: United Air Lines, USA
Flugzeugmuster: Douglas DC-4 (N30062)

Alle 66 Personen an Bord (63 Passagiere und drei Besatzungsmitglieder) kamen ums Leben, als die Maschine circa 50 km westlich von Laramie gegen den Medicine Bow Peak prallte.

Der schwarze Streifen in der Bildmitte markiert den Unfallort der United Air Lines DC-4 am Medicine Bow Peak. (Wide World Photos)

Die DC-4 war als Flug 409 zuvor von Denver, Colorado, nach Salt Lake City, Utah, gestartet, einer Teilstrecke auf dem transkontinentalen Inlandflug von New York City nach San Francisco, Kalifornien. Sie befand sich ungefähr 30 km westlich von der vorgeschriebenen Route, als sie mit nordwestlichem Kurs in 3500 Meter Höhe gegen die steile Felswand raste, nur 20 Meter unterhalb des Gipfels. Das Passagierflugzeug zertrümmerte beim Aufprall. Die Wrackteile und menschlichen Körper stürzten bis auf den Fuß der Bergkuppe hinab.

Zur Unfallzeit lag eine durchbrochene Wolkendecke über dem Gebiet. Die Bergspitzen waren teilweise in Wolken eingehüllt, und es traten lokale Schneeschauer auf.

Die US-amerikanische Luftverkehrsbehörde CAB konnte bei der Untersuchung keine Anhaltspunkte für einen technischen Fehler am Flugzeug finden. Ein Navigationsfehler erschien der Kommission ebenfalls unwahrscheinlich zu sein, da die Flugsicht gut war, die Navigationshilfen am Boden einwandfrei gearbeitet hatten, und der Flugkapitän die Route genau kannte. Nicht auszuschließen war, daß die beiden Piloten möglicherweise durch giftige Gase aus einer fehlerhaften Kabinenheizung körperlich beeinträchtigt worden waren. Andere Anzeichen und Augenzeugenberichte sprachen aber dafür, daß sich die DC-4 bis zum Aufprall unter Kontrolle befand.

Die CAB wollte auch nicht glauben, daß der Flugkapitän die Flugroute über das Gebirge abzukürzen versuchte. Dagegen sprachen die vorhandenen Wetterbedingungen, das Fehlen einer Druckkabine in dem Flugzeug und, daß Zeiteinsparung unbedeutend gewesen wäre. Die Kommission mußte daher zu dem Ergebnis kommen, daß die Piloten aus unbekannten Gründen absichtlich von der Flugroute abgewichen waren.

Datum: 18. Februar 1956, circa 13:20 Uhr
Ort: In der Nähe von Zurrieq, Malta
Unternehmen: Scottish Airlines, England
Flugzeugmuster: Avro York (G-ANSY)

Die viermotorige Transportmaschine war im Auftrag des Britischen Luftfahrtministeriums vom Flughafen Luqa auf Malta nach England gestartet. An Bord befanden sich 45 Soldaten als Passagiere und fünf zivile Besatzungsmitglieder. Kurz nach dem Einfahren des Fahrwerks sah man Rauch aus dem linken Außenbordmotor quellen. Die York wurde angewiesen, eine Kurve nach rechts einzuleiten. Stattdessen schien die Maschine aber nach links zu schieben. Dann legte sie sich plötzlich in eine steile Linkskurve und stürzte fast senkrecht auf die Klippen an der Südküste der Mittelmeerinsel. Sie explodierte beim Aufschlag, und alle 50 Personen an Bord fanden den Tod.

Augenscheinlich war das Triebwerk Nummer eins ausgefallen. Als Ursache wurde eine defekte Ummantelung des Kompressors gefunden, die neben Rost und normalen Abnutzungserscheinungen

Eine Avro York einer anderen Fluggesellschaft als der Scottish Airlines, aber der gleiche Typ, der in Malta abstürzte. (British Airways)

noch zwei Bruchstellen an der zweiten Windung von oben aufwies. Das Brennstoffgemisch wurde durch den Ausfall zu mager und ließ die Flammenrückschlagsicherungen weißglühend werden. Das führte zu einer Serie von Rückzündungen. Die durch den ständigen Brand in den Einströmleitungen entstehende Hitze bewirkte schließlich die Ablösung des Ladelaufrades und damit den völligen Ausfall des Triebwerkes.

Der Ausfall des Triebwerkes war der auslösende Faktor, nicht aber der alleinige Grund für den Absturz. Der Unfall wurde vielmehr auf technisches Versagen in Verbindung mit einer falschen Einschätzung des Fehlers durch den Piloten zurückgeführt. Der Flugzeugführer beendete weder mit dem Seitenruder das Schieben der Maschine, noch korrigierte er die überzogene Fluglage. Zudem fuhr er die Luftschraube nicht in Segelstellung, was den Luftwiderstand verringert hätte. Das volle Einfahren der Landeklappen erhöhte dagegen noch die Durchsackgeschwindigkeit der York. Diese Versäumnisse führten zu einer Verringerung der Fluggeschwindigkeit mit anschließendem Verlust der Kurskontrolle.

Die Untersuchungskommission empfahl angesichts dieses Unglückes eine gründlichere Ausbildung der Piloten in den Notverfahren und eine verbesserte Kompressorummantelung mit einer Sprungfeder-Sicherheitsvorkehrung.

Datum: 20. Juni 1956, circa 01:30 Uhr
Ort: Vor der Küste von New Jersey, USA
Unternehmen: Linea Aeropostal Venezolana, Venezuela
Flugzeugmuster: Lockheed 1049E Super Constellation (YV-C-AMS)

Die Verkehrsmaschine meldete die ersten Schwierigkeiten ungefähr 1:20 Stunden nach dem Abheben vom Internationalen Flughafen in New York. Sie befand sich auf einem planmäßigen Flug nach Caracas, Venezuela. Der Pilot meldete über Funk, daß die Luftschraube Nummer zwei überdrehte und nicht in Segelstellung zu fahren war. Er nahm Kurs zurück nach New York. Bald darauf hängte sich ein Flugzeug der US Küstenwache an die Constellation, um sie zu begleiten.

Kurz nachdem die Besatzung gemeldet hatte, daß sie New York City in der Dunkelheit des frühen Morgens in Sicht habe, begann sie zur Vorbereitung der Landung mit dem Ablassen von Treibstoff. Wenige Augenblicke später fing die Passagiermaschine Feuer und ging in eine scharfe Rechtskurve über. Nach dem Ausrollen fiel eine flatternde, weißglühende Masse von der linken Flugzeugseite ab. Dann begann die Maschine nach links zu rollen und zu steigen. Dabei wurden drei weitere weißglühende Klumpen beobachtet, die sich vom Flugzeug lösten. Im

Scheitelpunkt des Steigfluges in circa 2700 Meter Höhe fiel die Super Constellation in Rückenlage auseinander. Sie stürzte 50 km östlich von Asbury Park brennend in den Atlantischen Ozean. Alle 74 Personen an Bord (64 Passagiere und zehn Besatzungsmitglieder) fanden den Tod. Rettungsmannschaften konnten nur wenige Wrackteile und Menschenkörper von der Wasseroberfläche bergen. Die Wassertiefe an der Unglücksstelle betrug circa 30 Meter.

Die Unfallursache konnte nicht eindeutig ermittelt werden. Man nahm jedoch an, daß sich durch die Vibrationen der außer Kontrolle geratenen Luftschraube einer der innerhalb der Tragfläche gelegenen Holmanschlüsse löste oder zerbrach. Das muß irgendwo an einer symmetrischen Vibrationsstelle zwischen dem Treibstofftank und dem Entladeschacht geschehen sein.

Drei Jahre später trat eine Verordnung in Kraft, die den Einbau einer Luftschrauben-Bremsvorrichtung bei Verkehrsflugzeugen mit Kolbentriebwerken vorsah. Damit sollte die Art des Überdrehens verhindert werden, die der YV-C-AMS zum Verhängnis geworden war.

Datum: 30. Juni 1956, circa 11:30 Uhr
Ort: Nord-Arizona, USA
Erstes Flugzeug
Unternehmen: Trans World Airlines (TWA), USA
Flugzeugmuster: Lockheed 1049 Super Constellation (N6902C)
Zweites Flugzeug
Unternehmen: United Air Lines, USA
Flugzeugmuster: Douglas DC-7 (N6324C)

Bei dem entsetzlichen Zusammenstoß zweier Verkehrsflugzeuge in der Luft wurden die Unzulänglichkeiten der nationalen Flugsicherungskontrolle der USA schonungslos aufgedeckt. Es war der erste Unfall der Zivilluftfahrt, der mehr als 100 Menschenleben forderte.

Die beiden viermotorigen Verkehrsmaschinen hatten den Internationalen Flughafen Los Angeles, Kalifornien, an diesem Samstag Morgen verlassen. TWA Flug 2 war als erster zum Inlandsflug nach Washington, DC, mit einer geplanten Zeischenlandung in Kansas City, Missouri, gestartet. An Bord befanden sich 64 Passagiere und sechs Besatzungsmitglieder. Kurz darauf folgte United Flug 718 nach Newark, New Jersey, mit einer vorgesehenen Zwischenlandung in Chicago, Illinois. 53 Passagiere und fünf Besatzungsmitglieder waren an Bord dieser Maschine. Beide Flugzeuge flogen nach Instrumentenflugregeln. Der Reiseflug erfolgte auf festgelegten Luftstraßen in zugewiesenen Flughöhen. Die geplanten wahren Eigengeschwindigkeiten betrugen 500 km/Std bei der Super Constellation und 530 km/Std bei der DC-7.

Flug 2 beantragte an einem Punkt über der Mojave Wüste in Südkalifornien, auf 6400 Meter Flughöhe steigen zu dürfen. Das zuständige Flugsicherungs-Kontrollzentrum in Los Angeles lehnte die Bitte ab, da diese Höhe bereits United Flug 718 zugewiesen worden war. Dafür erteilte es aber die Freigabe, den Flug in 300 Meter über der allgemeinen Wolkenobergrenze fortzusetzen. Ironie des Schicksals, diese Höhe erwies sich später ebenfalls als 6400 Meter, wie die Besatzung über Funk meldete. Anschließend verließen beide Maschinen die vorgesehenen Luftstraßen und setzten ihre Flüge in nordöstlicher Richtung fort, um ihre Zielflughäfen auf direkterem Weg zu erreichen; N6902C flog dabei nördlich von N6324C. (Das war in der damaligen Zeit ein gängiges Verfahren im oberen Luftraum. Die Besatzungen nutzten so die für sie vorteilhaftesten Wind- und Wetterverhältnisse

Das Bild zeigt eine Trans World Airlines Lockheed 1049 Super Constellation. Eine dieser Maschinen war an dem Zusammenstoß in der Luft über dem Grand Canyon beteiligt. (Trans World Airlines)

Das zweite am Unfall über dem Grand Canyon beteiligte Flugzeug war eine United Air Lines Douglas DC-7. Die abgebildete Maschine ist identisch mit der Unfallmaschine. (McDonnell Douglas)

aus und wählten die kürzesten Flugrouten.) Die Flugwege beider Maschinen würden sich ungefähr 110 km nördlich von Flagstaff hoch über dem Grand Canyon Nationalpark kreuzen.

Bei ihrer letzten Standortmeldung schätzten beide Besatzungen, daß sie den nächsten Bodenpunkt über der Painted Desert zur gleichen Zeit um 11:31 Uhr erreichen würden. Der Bodenpunkt bestand aus einer imaginären Linie, die von zwei Navigationshilfen abgegrenzt wurde, und sich von Winslow, Arizona, nach Süd-Utah erstreckte. Es gab keinen weiteren Funkkontakt mit einem der beiden Flugzeuge, bis der Erste Offizier der DC-7 ungefähr eine halbe Stunde später eine furchtbare Meldung absetzte. Diese wurde später so entziffert: Salt Lake...sieben achtzehn...wir stürzen ab!

Die Trümmer der beiden ausgebrannten Verkehrsmaschinen wurden am folgenden Tag an der Nordwestecke des Canyon in der Nähe des Zusammenflusses von Little Colorado und Colorado entdeckt. Alle 128 Menschen an Bord der beiden Flugzeuge kamen bei dieser Katastrophe ums Leben. Nachforschungen der US-amerikanischen Luftverkehrsbehörde (CAB), die eine genaue Untersuchung der Trümmerteile vornahm, bestätigten den Verdacht, daß ein Zusammenstoß in der Luft erfolgt war.

Man nahm an, daß sich die Kollision in ungefähr 6400 Meter Flughöhe über einem wolkenlosen Gebiet ereignet hatte, obwohl sich in der Nähe Gewitterwolken aufbauten. Zum Zeitpunkt des Zusammenstoßes betrug der relative Winkel zwischen den Flugrichtungen der beiden Maschinen circa 25 Grad. Der erste Kontakt scheint zwischen dem linken Querruderende der DC-7 und der Mitte der rechten Seitenflosse der Super Constellation erfolgt zu sein. Unmittelbar danach stieß die DC-7 mit der Unterseite ihrer linken Tragfläche auf die Oberfläche des hinteren Rumpfes der Super Constellation, und verursachte mit ihrer Luftschraube Nummer eins eine Reihe von Einschnitten in deren Gepäckraum. Das alles muß sich in weniger als einer halben Sekunde abgespielt haben.

Die DC-7 hatte im Augenblick des Zusammenstoßes eine um ungefähr 20 Grad höhere Querlage nach rechts als die Super Constellation. Ihre Tragfläche lag über deren Rumpf, und ihre Nase zeigte weiter nach unten. Diese Fluglage könnte anzeigen, daß eine oder beide der Maschinen ein Ausweichmanöver eingeleitet hatten. Das konnte aber nicht bewiesen werden.

Die TWA Verkehrsmaschine hatte bei der Kollision das Leitwerk verloren, was zu einem plötzlichen Abfall des Kabinendrucks geführt haben muß. Sie kippte über die Nase steil nach unten und schlug in Rückenlage in einem kleinen, schmalen Tal an der nordöstlichen Flanke des Temple Butte auf. Das United Flugzeug, dem ungefähr sechs Meter seiner linken Tragfläche fehlten, stürzte wahrscheinlich in flacheren Kurvenbewegungen ab. Es schlug circa eineinhalb Kilometer nordöstlich von der Absturzstelle der TWA kurz unterhalb der Chuarspitze auf. Seine Wrackteile und die Opfer wurden in dem abschüssigen, unzugänglichen Gelände weit zerstreut.

Es konnte nicht einwandfrei ermittelt werden, warum die Piloten das jeweils andere Flugzeug nicht rechtzeitig genug gesehen hatten, um den Unfall zu vermeiden. Einzelne Anzeichen deuteten auf den Durchflug von Wolken, was die Sicht vor dem Erreichen des wolkenfreien Gebietes behindert hätte; auf die Blickfeldbegrenzung der Pilotenkabinen; auf das Beschäftigtsein mit Routineaufgaben oder mit nicht damit in Verbindung stehenden Tätigkeiten, wie dem Versuch, den Passagieren einen besseren Blickwinkel auf den Grand Canyon zu verschaffen; auf die Grenzen des menschlichen Sehvermögens; oder auf eine Kombination mehrerer dieser Faktoren. Der Tatsache, daß keine der Besatzungen eine Verkehrinformation erhalten hatte, wurde ebenfalls große Bedeutung zugemessen. Die Gründe hierfür waren in den unzulänglichen Bodeneinrichtungen und der Unterbesetzung der Flugsicherungs-Kontrollstellen zu finden.

Bei einer öffentlichen Anhörung durch die CAB wurde das Flugsicherungspersonal gefragt, ob die

Der mittlere Pfeil zeigt den Aufschlagpunkt der DC-7 unterhalb der Chuar Butte Spitze, auf den sie nach der Kollision mit der Super Constellation stürzte. (Wide World Photos)

beiden Flüge nicht unbedingt solche Informationen erhalten hätten müssen, insbesonders da ja bekannt war, daß sie beide zur gleichen Zeit in gleicher Höhe über der Position Painted Desert sein wollten. Der unmittelbar beteiligte Fluglotse erklärte dazu, daß es für ihn unmöglich zu erkennen gewesen sei, an welcher Stelle die beiden Maschinen jeweils die nahezu 280 km lange Linie genau überfliegen würden. Weiter stellte er fest, daß sich beide Flugzeuge zu der Zeit im unkontrollierten Luftraum aufgehalten hätten. Dort haben die Besatzungen den Flug nach dem Prinzip »sehen und gesehen werden« und in Übereinstimmung mit den Sichtflugregeln durchzuführen.

Eines der Rätsel dieses Unglückes bleibt, daß beide Besatzungen den Überflug der Painted Desert fast genau zu dem Zeitpunkt des Zusammenstoßes erwartet hatten, der ungefähr drei Flugminuten nach dem Überqueren der Linie erfolgte.

Zahlreiche Fortschritte wurden nach dieser Tragödie erreicht. Die Regierung stellte mehr Mittel für Navigationshilfen zur Verfügung und leitete die Modernisierung des nationalen Flugsicherungs-Kontrolldienstes ein. Geänderte Verfahren zwangen die Luftverkehrsgesellschaften, die festgelegten Luftstraßen und die zugwiesenen Flugflächen strikter einzuhalten. Trotzdem sollte die Kollisionsgefahr die amerikanische Luftfahrt auch noch das nächste halbe Jahrzehnt in Atem halten. Der Höhepunkt wurde mit einer Katastrophe über New York City erreicht, bei der leider wieder United Air Lines und TWA beteiligt waren (Siehe Seite 36).

Datum: 9. Dezember 1956, circa 19:15 Uhr
Ort: In der Nähe von Hope, British Columbia, Kanada
Unternehmen: Trans-Canada Air Lines
Flugzeugmuster: Canadair DC-4M-2 North Star

Flug 810 befand sich nach dem Abflug von Vancouver unterwegs nach Calgary, Alberta. Es war die erste Teilstrecke eines Inlandfluges mit Endziel Montreal, Quebec. Ungefähr 50 Minuten nach dem Start meldete der Pilot den Ausbruch von Feuer am Triebwerk Nummer zwei. Der Motor war abgestellt worden, und die Maschine kurvte Richtung Startplatz zurück. Im letzten empfangenen Funkspruch hatte die Besatzung die Freigabe zum Sinkflug auf 2500 Meter Höhe bestätigt.

Trotz intensiver Suche wurde bis Mai 1959 keine Spur von der North Star gefunden. Eine kleine Gruppe Bergsteiger stieß dann rein zufällig am Mt Sleese, einem Berg circa 80 km östlich von Vancouver, auf das Wrack. Die Passagiermaschine war in ungefähr 2300 Meter Höhe gegen einen steil abfallenden Granitfelsen geprallt und dabei auseinandergebrochen. Alle 62 Personen an Bord (59 Passagiere und 3 Besatzungsmitglieder) hatten den Absturz offensichtlich nicht überlebt. Die Trümmerteile am Berg lagen zum Teil mehr als 600 Meter unterhalb der Absturzstelle. Wegen der Unzugänglichkeit des Gebietes konnten das Wrack und die Opfer nicht geborgen werden.

Das Unglück ereignete sich in der Dunkelheit. Die Wetterverhältnisse in dem Gebiet waren zu Unfallzeit

Eine Trans-Canada Air Lines Canadair North Star. Eine Maschine dieses Typs stürzte in British Columbia ab. 62 Menschen fanden dabei den Tod. (Programmed Communications Ltd)

schlecht; mehrere nicht geschlossene Wolkenschichten, Regenschauer, starke Luftturbulenz, Vereisungsgefahr und Windgeschwindigkeiten zwischen 120 und 160 km/Std.

Nach dem Bericht der Unfalluntersuchungskommission ist die Maschine höchstwahrscheinlich während des Fluges mit nur noch drei Triebwerken auf schwere Vereisung, starke Turbulenz, eine andere Behinderung oder eine Kombination dieser Widrigkeiten gestoßen. Die Lage muß so plötzlich aufgetreten und von solch einer widrigen Natur gewesen sein, daß die Besatzung weder die Kontrolle über das Flugzeug halten, noch eine Notfallmeldung mehr absetzen konnte. Eine Erklärung, warum die North Star beim Aufprall ungefähr 20 km südlich der zugewiesenen Luftstraße war, konnte nicht gefunden werden.

Die Untersuchungskommission empfahl, die Piloten dahingehend zu unterweisen, daß sie bei Ausfall eines Triebwerkes Treibstoff ablassen sollten, um die Kontrolle über das Flugzeug wiederzuerlangen oder zu behalten.

Datum: 14. März 1957, 13:46 Uhr
Ort: Wythenshawe, Cheshire, England
Unternehmen: British European Airways (BEA)
Flugzeugmuster: Vickers Viscount 701 (G-ALWE)

Flug 411 war in den ersten schweren Unfall einer Turboprop-Verkehrsmaschine im regulären Passagierbetrieb verwickelt. Das Flugzeug war in Amster-

dam, Niederlande gestartet und sollte auf dem Ringway Flughafen in Manchester landen. Nach einem radarüberwachten Durchstoßverfahren durch die nicht geschlossene Wolkendecke und einem vom Boden geleiteten Radaranflug (GCA) hatte die letzte Phase des Landeanfluges nach Sicht begonnen. Plötzlich ging die Viscount in eine Steilkurve nach rechts und stürzte in ein Wohngebiet. Beim Absturz kamen alle 20 Personen an Bord (15 Passagiere und 5 Besatzungsmitglieder) und zwei Menschen am Boden (eine Frau mit ihrem kleinen Jungen) ums Leben. Die erste Bodenberührung fand ungefähr 800 Meter vor dem Anfang der Landebahn und 150 Meter rechts von der Anflugmittellinie mit der rechten Flächenspitze statt. Danach schlug die Maschine in die Gebäude ein und ging in Flammen auf. Zwei Wohnhäuser wurden zerstört.

Die Unfalluntersuchung ergab, daß eine falsch verarbeitete und aufgesetzte Aufhängeöse in der rechten Landeklappenanlage vor dem Absturz gebrochen war. Der zugehörige Bolzen wies Materialermüdungen auf und brach unter den normalen aerodynamischen Belastungen. Das führte dazu, daß die beiden inneren Landeklappen, die während der Landevorbereitungen ausgefahren worden waren, von der Flügelhinterkante weggezogen wurden und sich hochstellten. Daraufhin sackte die rechte Tragfläche nach unten und löste die Steilkurve nach rechts aus. Zusätzliche Untersuchungsergebnisse lassen die Vermutung zu, daß der Kabelzug der Böenverriegelung-

Eine British European Airways Viscount 701. Die Viscount war das erste Turboprop-Passagierflugzeug im regulären Linienverkehr. Beim ersten schweren Unfall diesen Typs stürzte sie in ein Wohngebiet in der Nähe von dem Flughafen Manchester. (British Aerospace)

Vorrichtung dabei zerquetscht worden ist. Das würde zu einer Blockierung des Querruders geführt, und der Besatzung jede Möglichkeit genommen haben, die Kontrolle über das Flugzeug zurückzugewinnen.

Vickers leitete danach ein Abänderungsprogramm ein, um eine Wiederholung des Geschehens auszuschließen. An dem unteren Teil der Landeklappenanlage der Viscount wurden versteckte Eck- und Winkelplatten angebracht. An der Außenseite der Flügelfläche wurde eine zusätzliche Schienenplatte anmontiert. Als eine weitere Sicherheitsvorkehrung für den Fall, daß sich eine Anlage lösen sollte, wurde der Abstand des Sperrhebels vergrößert. Weiter führte die Herstellerfirma ein Verfahren zur Untersuchung der Flugzeugbolzen ein, die Zugbelastungen ausgesetzt sind, oder deren Löcher bei der Montage nachgebohrt worden waren.

Datum: 16. Juli 1957, 03:36 Uhr
Ort: Vor der Küste der Insel Biak, Neuguinea
Unternehmen: KLM Royal Dutch Airlines
Flugzeugmuster: Lockheed 1049E Super Constellation (PH-LKT)

Ohne Begründung hatte der Pilot um Genehmigung nachgefragt, den Flughafen Mokmer in niedriger Höhe überfliegen zu dürfen, von wo er wenige Minuten zuvor zu einem planmäßigen Flug nach Amsterdam gestartet war. Der Flugkapitän hatte allerdings über Lautsprecher angekündigt, allen Passagieren einen letzten Blick auf die Insel zu ermöglichen, bevor er Kurs nach Manila auf den Philippinen nehmen würde, dem ersten vorgesehenen Zwischenlandeplatz des Fluges.

Nach der erteilten Freigabe begann die Super Con-

stellation ihren Anflug aus südöstlicher Richtung und gab über dem Wasser langsam ihre Höhe auf. Ungefähr 800 Meter vor der Küste schlug sie auf das Wasser, ging in Flammen auf und versank dann im Meer. Nur zehn Passagiere überlebten den Absturz, sie wurden von Eingeborenen mit Booten gerettet. Die anderen 58 Personen an Bord, darunter auch alle neun Besatzungsmitglieder, fanden den Tod. Versuche, das Wrack aus dem circa 250 Meter tiefen Wasser zu bergen, blieben erfolglos.

Die Untersuchungskommission konnte nur feststellen, daß das Unglück entweder auf einen Fehler des Piloten oder auf technisches Versagen zurückzuführen war. Natürlich bestand auch die Möglichkeit, daß beide Faktoren eine Rolle gespielt hatten. In dem Bericht hieß es, daß der Pilot im nächtlichen Mondschein seine Höhe über Wasser leicht falsch eingeschätzt haben könnte, zumal er in einer Flughöhe unter 60 Meter die Startbahnbefeuerung wegen Bäumen und anderen Sichthindernissen aus den Augen verlieren würde. Für die Aussage einiger Beobachter am Boden, die Maschine hätte schon in der Luft gebrannt, konnten keine Beweise erbracht werden.

Die Kommission sprach sich gegen Überflüge mit Passagiermaschinen in niedrigen Flughöhen aus.

Datum: 11. August 1957, circa 14:15 Uhr
Ort: In der Nähe von Issoudun, Quebec, Kanada
Unternehmen: Maritime Central Airways, Kanada
Flugzeugmuster: Douglas DC-4 (CF-MCF)

Die Chartermaschine befand sich auf einem Transatlantikflug von London nach Toronto, Ontario. Die Passagiere waren britische Kriegsveteranen aus dem Zweiten Weltkrieg, die sich nach einem Besuch ihres Heimatlandes mit ihren Familienangehörigen auf dem Rückflug nach Hause befanden. Zur Betankung des Flugzeuges waren unterwegs Zwischenlandungen in Keflavik, Island, und Goose Bay, Neufundland, eingeplant. Der Pilot hatte sich jedoch entschlossen, an Goose Bay vorbeizufliegen.

In einer Flughöhe von 1800 Meter flog die Maschine in ein Gewitter mit heftigen Regenfällen und stark böigen Winden ein. Kurz darauf stürzte sie mit einer berechneten Geschwindigkeit von über 370 km/Std fast senkrecht zu Boden. Beim Aufschlag ging sie in Flammen auf. Alle 79 Personen an Bord, darunter sechs Besatzungsmitglieder, fanden den Tod. Ein Krater markierte die 25 km südsüdwestlich von Quebec gelegene Aufschlagstelle.

Obwohl es unmöglich war, den Ablauf der Ereignisse genau zu ergründen, schrieb die Untersuchungskommission den Unfall den schweren Turbulenzen in dem Gebiet zu, die einen Verlust der Kontrolle über das Flugzeug bewirkten. Es gab die Möglichkeit, daß die Maschine durch die Turbulenzen in einen überzogenen Flugzustand geraten war. Da die Treibstofftanks nur teilweise gefüllt waren, könnte dabei Luft über die Benzinleitungen in die Triebwerke gelangt sein, was zu einem Leistungsabfall eines oder mehrerer geführt haben würde. Die natürliche Reaktion eines Piloten auf diese Situation ist, die Gashebel nach vorne zu schieben. Sobald die volle Antriebskraft wieder vorhanden war, konnte das zu einem Überdrehen der Luftschrauben geführt haben, was wiederum den Verlust der Kontrolle des Piloten über das Flugzeug bewirkt haben könnte.

Es war aber auch möglich, daß ein überzogener Flugzustand zum Abreißen der Strömung an den Tragflächen geführt hatte. Die Piloten dürften diesem Zustand mit einer Veränderung der Triebwerkleistungen entgegengewirkt haben, um Höhe und Geschwindigkeit zu halten. Zur Wiedererlangung der Kontrolle über das Flugzeug müssen nach einem Strömungsabriß dessen Nase stark unter den Horizont gedrückt und die Triebwerksleistungen erhöht werden. Das schnelle Vorschieben der Gashebel könnte in dieser Fluglage bei zunehmender Geschwindigkeit ebenfalls zu einem so starken Überdrehen der Luftschrauben führen, daß sie über ihre Regler nicht mehr kontrollierbar werden. Unter Berücksichtigung der starken Turbulenz wäre dann eine Rückgewinnung der Kontrolle über das Flugzeug sehr unwahrscheinlich.

Die Tatsache, daß der Flugzeugschwerpunkt wahrscheinlich am oder leicht über dem hinteren Grenzwert lag, würde die Situation in beiden Fällen noch verschlimmert haben.

Über die Gewittertätigkeit im Gebiet westlich von Quebec war keine Wetterwarnung herausgegeben worden. So könnte die Besatzung unwissentlich in die Cumulus-Nimbus Wolke eingeflogen sein. Andererseits könnte der Pilot auch, nachdem der Treibstoffvorrat wegen der ausgelassenen Zwischenlandung in Goose Bay stark gesunken war, bewußt in die scheinbar geringe Ansammlung von Quellwolken eingeflo-

Prüfer durchsuchen die Trümmerreste der Maritime Central Airways DC-4, die in der Nähe von Quebec abgestürzt war. (National Archives of Canada)

gen sein, um ein Umfliegen zu vermeiden. Die Flugzeugführer befanden sich seit fast 20 Stunden im Dienst. Die daraus resultierende Müdigkeit könnte ihr Urteilsvermögen in dieser Situation negativ beeinflußt haben.

In dem Unfalluntersuchungsbericht wird unter anderem als Unfallverhütungsmaßnahme empfohlen, eine nationale kanadische Verordnung über die maximal zulässigen Dienstzeiten der Besatzungen zu erlassen. Diese Empfehlung wurde später, wie schon zuvor in einigen anderen Ländern, angenommen, um die Übermüdungsgefahr zu verringern.

Datum: 8.November 1957, circa 16:30 Uhr
Ort: Pazifischer Ozean
Unternehmen: Pan American World Airways, USA
Flugzeugmuster: Boeing 377 Stratocruiser (N90944)

Das Passagierflugzeug war als Flug 7 mit 44 Personen an Bord (36 Passagieren und acht Besatzungsmitgliedern) von San Francisco, Kalifornien, nach Honolulu, Hawaii gestartet, wo es auf einem Flug rund um die Welt erstmals zwischenlanden sollte. Bei ihrer letzten Positionsmeldung befand sich die Maschine in einer Reiseflughöhe von 3000 Meter und hatte etwas mehr als die Hälfte der Strecke zwischen den beiden Städten zurückgelegt. Es gab keine Anzeichen irgendwelcher Schwierigkeiten. Danach wurde kein Funkspruch mehr von der Stratocruiser empfangen.

Suchmannschaften fanden erst fast eine Woche später 1510 km nordöstlich von Honolulu und 145 km nördlich der geplanten Flugroute einzelne Bruchstücke der Kabinenausrüstung, Postsäcke und 19 auf dem Wasser treibende Körper. Es gab keine Über-

Eine Pan American World Airways Boeing 377 Stratocruiser. Eine Maschine dieses Typs stürzte unter mysteriösen Umständen in den Pazifischen Ozean. (Pan American World Airways)

lebenden bei dem Absturz, dessen Ursache wegen fehlender Beweisstücke nie geklärt werden konnte.

Etwa die Hälfte der Opfer ist wahrscheinlich ertrunken. Die meisten trugen Schwimmwesten, ein Zeichen dafür, daß Vorkehrungen für eine Notwasserung getroffen worden waren. Die Besatzung dürfte wahrscheinlich auch tatsächlich eine Notlandung auf dem Ozean versucht haben. Beim Aufschlag auf dem Wasser ist die Maschine dann aber auseinandergebrochen und, wie festgestellt werden konnte, in Flammen aufgegangen.

Es konnten keine Anzeichen für eine Explosion oder den Ausbruch eines größeren Feuers während des Fluges gefunden werden. Ein eng begrenzter Brand im Rumpf oder an einem Triebwerk war aber nicht auszuschließen. Sollte wirklich ein Triebwerkbrand ausgebrochen sein, könnte ein Zusammenhang mit dem Auseinanderbrechen oder Abfallen eines Motors bestanden haben, wie er schon bei vorherigen Boeing 377 Unfällen bemerkt worden ist. Das würde auch zu Schwierigkeiten bei der Einhaltung des Kurses geführt haben und erklären, warum die Maschine so weit von ihrem geplanten Flugweg abgekommen ist. Einen eindeutigen Beweis für solch einen technischen Fehler gab es aber nicht. Den Wetterbedingungen wurde keine Bedeutung beigemessen.

Datum: 21. April 1958, circa 08:30 Uhr
Ort: In der Nähe von Sloan, Nevada, USA
Erstes Flugzeug
Unternehmen: United Air Lines, USA
Flugzeugmuster: Douglas DC-7 (N6328C)
Zweites Flugzeug
Unternehmen: US Luftwaffe

Flugzeugmuster: North American F-100F Super Sabre (56–3755)

Das Unglück ereignete sich plötzlich am klaren Morgenhimmel 15 km südwestlich von Las Vegas. Die Passagiermaschine und das Jagdflugzeug stießen in 6400 Meter Höhe zusammen, stürzten beide auf den Wüstenboden und explodierten. Alle 47 Personen an Bord der DC-7 (42 Passagiere und fünf Besatzungsmitglieder) und die beiden Piloten der F-100 (ein Flugschüler und sein Fluglehrer) kamen ums Leben.

Das zivile Passagierflugzeug war als Flug 736 von Los Angeles, Kalifornien, nach Denver, Colorado, unterwegs, der ersten Teilstrecke eines transkontinentalen Inlandsfluges mit Endziel New York City. Es flog auf der ihm zugewiesenen Luftstraße nach Instrumentenflugregeln in nordnordöstlicher Richtung. Die Militärmaschine befand sich auf einem Blindflug-Ausbildungsflug, der nach Sichtflugregeln durchgeführt wurde. Sie hatte ihre Flughöhe von 8500 Meter im Sinkflug mit südöstlichem Kurs verlassen.

Das Jagdflugzeug hatte schon ein Ausweichmanöver eingeleitet und befand sich in einer linken Steilkurve; die Verkehrsmaschine wollte wahrscheinlich gerade damit beginnen, als ihre rechte äußere Fläche von der linken Tragfläche der F-100 getroffen wurde. Die betroffenen Teile beider Maschinen brachen sofort ab. Beide Besatzungen konnten während des Niedergehens noch einen »SOS«-Notruf absetzen. Bevor die F-100 auf dem Boden aufschlug, soll noch einer der Militärpiloten in niedriger Höhe mit dem Schleudersitz ausgestiegen sein.

Die hohe Annäherungsgeschwindigkeit von fast 1230 km/Std ließ in Verbindung mit den Sichtbeschränkungen der Pilotenkabinen und den Grenzen des Sehvermögens des menschlichen Auges die Durchführung eines erfolgreichen Ausweichmanövers nach dem Erkennen der Gefahr bei dieser fast frontalen Begegnung nicht mehr zu, obwohl die Flugsicht in dem Gebiet 55 km betrug. Ein zusätzlicher Faktor war, daß weder die zivile Luftfahrtbehörde der USA (CAA) noch die US Luftwaffe Vorsichtsmaßnahmen ergriffen hatten, um die Zusammenstoßgefahr zu verringern. Dabei war bekannt, daß der Ausbildungsflugbetrieb vom Flugplatz Nellis zu einem großen Teil innerhalb der Begrenzung mehrerer Luftstraßen durchgeführt wurde. Piloten von Verkehrsmaschinen hatten zahlreiche Beinahe-Zusammenstöße über einen Zeitraum von über einem Jahr vor der Katastrophe in diesem Gebiet gemeldet.

Mit der späteren Veränderung der Verfahren durch die zuständigen zivilen und militärischen Stellen wurde die Wahrscheinlichkeit eines ähnlichen Unfalls zumindestens in diesem Gebiet verringert.

Datum: 18.Mai 1958, circa 04:30 Uhr
Ort: In der Nähe von Casablanca, Marokko
Unternehmen: Belgian World Airlines (SABENA)
Flugzeugmuster: Douglas DC-7C (OO-SFA)

Während des Reisefluges von Lissabon, Portugal, nach Leopoldville, Zaire (früheres Belgisch-Kongo), der zweiten Teilstrecke einer planmäßigen Verbindung von Brüssel, Belgien, traten Schwierigkeiten am Triebwerk Nummer Eins der DC-7C auf. Der Motor wurde wegen auftretender Vibrationen abgestellt. Die Maschine wurde aus Vorsicht nach dem Flughafen Cazes bei Casablanca umgeleitet, um dort eine Notlandung durchzuführen.

Oben *Das Wrack der United Air Lines DC-7 liegt auf einer relativ kleinen Fläche in der Wüste. Das deutet auf einen steilen Absturzwinkel nach der Kollision mit dem Düsenjäger hin.* (Wide World Photos)

Unten *Der Absturz einer SABENA DC-7C auf eine Flugzeughalle des Cazes Flughafen bei Casablanca kostete 65 Menschen an Bord des Flugzeuges das Leben.* (Wide World Photos)

Der Landeanflug auf Landebahn 21 fand kurz vor der Morgendämmerung statt. Über das Flugfeld zogen Nebelschwaden. Als sich die Maschine ungefähr 500 Meter vor dem Aufsetzpunkt in nur knapp fünf Meter Flughöhe befand, leitete der Pilot wegen der schlechten Sichtverhältnisse ein Durchstartverfahren ein. Diese Handlung zeugte von einer falschen Situationsbeurteilung des Piloten, da die Maschine für dieses Manöver falsch konfiguriert war und zu langsam flog. Ein sicheres Betriebsverfahren wäre gewesen, die Gashebel langsam nach vorne zu schieben und die Geschwindigkeit zu erhöhen. Wäre dann ein Durchstarten notwendig geworden, hätten die Landeklappen in Startstellung gefahren werden müssen.

Nachdem der Pilot auf den drei verbliebenen Triebwerken Vollgas gegeben hatte, sackte die Maschine aus 25 Meter Höhe durch, streifte ein kleines Gebäude und stürzte in einer steilen rechten Kurvenlage mit der Nase nach unten in eine Flugzeughalle. Beim Aufprall ging sie sofort in Flammen auf. Das Fahrwerk war eingezogen, die Landeklappen aber voll ausgefahren. Der Unfall kostete 65 Menschenleben, darunter befand sich die gesamte neunköpfige Besatzung. Vier Passagiere überlebten.

Die Unfalluntersuchung offenbarte einen Schaden an einem Zylinder des in Segelstellung gebrachten Motors, der bereits vor dem Absturz eingetreten war. Wahrscheinlich hatte sich die Stellschraube der Abgassteuerung gelockert und zu einer Überhitzung des Ventils und dessen Sitz geführt, die schließlich das Metall zum schmelzen brachte. Obwohl dieser technische Fehler Anlaß zur Notlandung war, wurde er nicht als Unfallursache angesehen.

Datum: 14. August 1958, circa 03:45 Uhr
Ort: Nordatlantischer Ozean
Unternehmen: KLM Royal Dutch Airlines
Flugzeugmuster: Lockheed 1049H Super Constellation (PH-LKM)

Die Maschine war als Flug 607E vom Flughafen Shannon, Irland, nach Gander in Neufundland, Kanada, gestartet. Dort sollte die nächste Zwischenlandung des Transatlantikfluges von Amsterdam nach New York City stattfinden. Keine zehn Minuten nach dem letzten Funkspruch, der auf keine Schwierigkeiten schließen ließ, stürzte die Super Constellation ungefähr 150 km hinter der irischen Küste, fast genau westlich der Galway Bucht ins offene Meer. Alle 99 Personen an Bord (91 Passagiere und acht Besatzungsmitglieder) fanden den Tod.

Die Passagiermaschine befand sich im Steigflug auf ihre Reiseflughöhe. Man nimmt an, daß sie in der Morgendämmerung kurz vor dem Unglück eine Höhe von ungefähr 4000 Meter erreicht hatte. Eine kleine Anzahl Trümmerstücke wurde später geborgen, darunter Teile der Kabine und der Pilotenkanzel, Laufräder vom Fahrwerk und die Überreste von 34 Opfern. Da die genaue Position des Wracks nicht bekannt war, wurde bei der Tiefe des Ozeans an dieser Stelle kein Bergungsversuch unternommen.

Die Untersuchungskommission konnte mit den vorhandenen Beweisstücken keine sichere Aussage über die Unfallursache machen. Sie betrachtete es aber als sehr wahrscheinlich, daß der Absturz durch ein Überdrehen einer der äußeren Luftschrauben ausgelöst wurde.

Nach dieser Hypothese würden die Ereignisse mit dem Bruch eines Antriebwerkes in einem der Triebwerkgebläse begonnen haben, als der Kompressor beschleunigt wurde. Der in der PH-LKM benutzte Motortyp war für diese Fehleranfälligkeit bekannt. Nach diesem Bruch würden Metallteilchen in den Ölkreislauf gelangen und zur Verstopfung eines Ventils im Luftschraubensteigungsregler führen und dessen einwandfreie Arbeitsweise behindern. Unter diesen Umständen wäre dann die Abschaltung der Ölzufuhr zu den Verstelleinrichtungen der einzelnen Luftschraubenblätter nicht mehr möglich. Die Besatzung könnte dann selbst mit der Unterbrechung der Treibstoffzufuhr die entsprechende Luftschraube nicht mehr in Segelflugstellung fahren. Diese Bedingungen dürften eine Flugstörung verursacht haben, die schließlich in einem unkontollierbaren Sinkflug endete. Eine Korrektur wäre nur durch einen sofortigen kraftvollen Ausschlag der Quer- und Seitenruder möglich gewesen.

In der kurzen Zeitspanne, in der die technischen Fehler auftraten, dürfte die Besatzung die Situation nicht schnell genug erfaßt haben, um das Flugzeug noch wieder unter Kontrolle bringen zu können. Die Kommission sah daher keinen Grund, Fehler der Besatzung beim Umgang mit der Notsituation oder Nachlässigkeiten auf der Seite des Wartungspersonals feststellen zu müssen. Sie stellte mit Befriedigung fest, daß die bei der KLM benutzten Luftschraubenregler nach dem Absturz der PH-LKM mit einer Vorrichtung ausgestattet worden waren, die zu einer Steigerung der Zuverlässigkeit führten, die Luftschrauben in Segelstellung fahren zu können.

Das Wetter war zur Zeit des Unfalls im Absturzgebiet gut und wurde nicht als beitragender Faktor gewertet.

Datum: 17. Oktober 1958 (Uhrzeit unbekannt)
Ort: In der Nähe von Kanash, UDSSR
Unternehmen: Aeroflot, UDSSR
Flugzeugmuster: Tupolew Tu-104A

Die Düsenverkehrsmaschine befand sich auf einem Linienflug von Peking, China, nach Moskau, als sie 650 km östlich ihres Zielflughafens abstürzte. 65 Passagiere und die geschätzte fünf- bis zehnköpfige Besatzung fanden den Tod. Es gab keine Überlebenden. Die sowjetischen Behörden veröffentlichten keine weiteren Informationen über den Unfall.

Datum: 3. Februar 1959, 23:55 Uhr
Ort: New York, USA
Unternehmen: American Airlines, USA
Flugzeugmuster: Lockheed 188A Electra (N6101A)

Flug 320 hatte am Ende des Inlandfluges von Chicago, Illinois nach New York die Freigabe erhalten, die Landebahn 22 des La Guardia Flughafens auf dem rückwärtigen Leitstrahl des Instrumenten-Lande-Systems (ILS) anzufliegen. Die viermotorige Turboprop-Maschine sank jedoch beim Landeanflug bei widrigen Wetterverhältnissen in der Dunkelheit unter die Mindestflughöhe. Sie befand sich 50 Meter rechts vom Leitstrahl, als sie schließlich auf der Höhe von Rikers Island 1,5 km vor der Landebahnschwelle in den East River abstürzte. Bei dem Unfall wurden 65 Personen an Bord der Maschine getötet, darunter auch der Flugkapitän und eine Stewardeß. Fünf Passagiere, der Erste und Zweite Offizier und die übrigen Stewardessen überlebten mit unterschiedlichen Verletzungen.

Bei diesem Unglück spielte das Zusammentreffen mehrerer in gegenseitiger Beziehung stehender Umstände eine Rolle. Der Unfall wurde in erster Linie der Besatzung angelastet, da sie die wichtigsten Fluginstrumente, die Auskunft über Flughöhe und Fluglage geben, nicht genau genug überwacht hatte. Sie war augenscheinlich zu sehr damit beschäftigt, mit den Besonderheiten dieses Flugzeugtyps und seiner Ausrüstung fertig zu werden. Das wurde durch die beitragenden Umstände noch verstärkt.

Die Flugbesatzung war zwar sehr erfahren, flog aber erst kurze Zeit auf der Electra. Besonders bei der Instrumentierung des Turboprops gab es Unterschiede im Vergleich zur gewohnten Instrumenten-

ausrüstung der Passagierflugzeuge mit reinen Kolbentriebwerken. Bezeichnend dafür war ein neuer Höhenmesser. Er zeigte durch ein Fenster die Höhenabstufung in 1000 Fuß (circa 300 Meter) in einfachen Ziffern an. Als Markierung diente auf beiden Seiten je eine Dreiecksmarke. Angenommen, die linke Marke würde irrtümlich für den 1000 Fuß Anzeiger und die rechte für den 100 Fuß Anzeiger des alten Höhenmessers gehalten werden, enstände der Eindruck, die Flughöhe betrage 2500 Fuß anstatt der wirklichen 250 Fuß. Außerdem war der Variometer empfindlicher und zeigte die echte Vertikalgeschwindigkeit des Flugzeuges ohne große Verzögerungen genauer an. Eine Anzeige, die den Piloten alarmieren würde, hätte bei den vorher benutzten Geräten nicht dieselbe Reaktion hervorgerufen. Dieser Unterschied könnte in diesem Fall zu einer zu großen Sinkrate während des Anfluges geführt haben.

Die Untersuchung der Fluginstrumente nach dem Unfall ergab auch, daß der Höhenmesser des Flugkapitäns falsch eingestellt war. Die Anzeige hätte dabei bis zu 40 Meter (125 Fuß) zu hoch ausfallen können, was bei der Landung bedeutend gewesen wäre.

Der Flugkapitän wurde auch wegen einer falschen Verfahrensweise beim Landeanflug kritisiert. Er benutzte bis kurz vor der Landung die Kurshalte-Betriebsart des Autopiloten. Das verstieß gegen die Betriebsanweisung im Flughandbuch. Die Durchsicht der Flugbücher ergab, daß der Flugkapitän trotz seiner 28.000 Flugstunden noch nie unter Instrumenten-

Der Absturz der American Airlines Electra in New York City ereignete sich knapp einen Monat nach der Indienststellung dieses Flugzeugmusters in den Linienverkehr. (American Airlines)

flugbedingungen einen Anflug auf dem rückwärtigen Leitstrahl des Instrumenten-Lande-Systems auf den Flughafen La Guardia durchgeführt hatte.

Das Wetter wurde zusätzlich als beitragende Unfallursache bewertet. Die Wolkenuntergrenze betrug 100 bis 120 Meter, die Sicht knapp über drei Kilometer bei leichtem Regen und Dunst, und der Wind kam aus südsüdwestlicher Richtung mit 10 km/Std. Unter diesen Bedingungen und bei Berücksichtigung der spärlichen Lichter im Anflugbereich wäre es durchaus denkbar, daß die Besatzung einer Sinnestäuschung unterlegen wäre. Das könnte zu einer falschen Annahme über Flughöhe und Fluglage der Maschine geführt haben.

Der Unfall hätte nach dem Untersuchungsbericht der US-amerikanischen Luftverkehrsbehörde (CAB) trotz der angenommenen Fehler des Flugkapitäns noch vermieden werden können, wenn der erste Offizier die vorgeschriebenen Verfahren befolgt und seine Pflichten in der Pilotenkabine voll und ganz wahrgenommen hätte. Wahrscheinlich hat er die offensichtlichen Schwierigkeiten seines Flugkapitäns, die Maschine auf dem Leitstrahl des Instrumenten-Lande-Systems zu halten, so genau verfolgt, daß er vergaß, die Höhen- und Geschwindigkeitsanzeigen unter 200 Meter (600 Fuß) auszurufen, wie es die Vorschrift verlangt. Der Kopilot wartete vor dem Aufschlag anscheinend darauf, daß die Maschine aus den Wolken herauskomme. Da er Lichter am Boden oder auf dem Wasser durchleuchten gesehen hatte, konzentrierte er sich voll darauf, die Landebahn mit

den Augen zu erfassen. Das hielt ihn davon ab, die Instrumente weiter zu überwachen.

Die Electra schlug mit einer Grundgeschwindigkeit von ungefähr 250 km/Std in einem leichten Sinkflug auf, brach dann auseinander und versank im etwa zehn Meter tiefen Wasser. Fahrwerk und Landeklappen waren ausgefahren. Über 90 Prozent des Wracks und bis auf zwei Leichen alle Überreste der Opfer konnten später geborgen werden. Als Todesursachen wurden Trauma und Ertrinken festgestellt. Die acht Überlebenden verdanken ihre Rettung einem Schlepper, der sich zu dieser Zeit in dem Gebiet aufhielt und sie aus dem Wasser zog.

Zwei der ausgesprochenen Empfehlungen der Untersuchungskommission gehörten später in der gesamten Verkehrsflugzeug Industrie zur Norm. Die Besatzungen werden im Simulator mit neuen Systemen und Flugeigenschaften der Flugzeuge vertraut gemacht. Alle Turboprop Verkehrsmaschinen werden wie reine Düsenmaschinen mit einem Flugschreiber ausgerüstet.

Datum: 26. Juni 1959, circa 17:35 Uhr
Ort: In der Nähe von Varese, Lombardei, Italien
Unternehmen: Trans World Airlines (TWA), USA
Flugzeugmuster: Lockheed 1649A Starliner (N7313C)

Flug 891 war ein Linienflug von Athen, Griechenland, nach Chicago, Illinois. Die Maschine befand sich im Steigflug in einer Höhe von ungefähr 3400 Me-

Das Leitwerk und hintere Rumpfteil der Electra werden aus dem East River geborgen. Das Unglück hatte 65 Menschenleben gefordert. (UPI/Bettmann)

Eine Trans World Airlines Lockheed 1649A Starliner. Eine Maschine dieses Typs stürzte in Italien nach einer Explosion in der Luft ab. (Trans World Airlines.)

ter, als eine Explosion ihre rechte Tragfläche zertrümmerte. Der Starliner stürzte sofort in ein Feld ab. Die Absturzstelle lag circa 30 km nordwestlich von Mailand, von dessen Flughafen Malpensa die Maschine 15 Minuten zuvor Richtung Paris, Frankreich, gestartet war. Alle 68 Personen an Bord (59 Passagiere und 9 Besatzungsmitglieder) fanden den Tod.

Der Himmel war zur Unfallzeit an diesem späten Nachmittag bedeckt. Die Wolkenuntergrenze betrug etwa 600 Meter und die Sicht etwas über drei Kilometer. In dem Gebiet gab es Gewittertätigkeit.

Eine Untersuchungskommission erörterte mehrere denkbare Unfallursachen, verwarf aber die meisten davon, wie Materialermüdung, strukturelle Brüche wegen der Turbulenz und Sabotage.

Nicht völlig ausschließen wollte sie dagegen, daß in einem unkontrollierten Sturzflug die höchstzulässige Geschwindigkeit der Maschine überschritten worden war.

In Ermangelung handfester Beweise wurde die Theorie, daß sich Treibstoffdämpfe entzündet hatten, die aus einem oder beiden Entlüftungsrohren des Treibstofftanks Nummer sieben strömten, für die Wahrscheinlichste gehalten. Die Ursache könnte eine statische elektrische Entladung oder eine strahlartige Entladung innerhalb der Rohre gewesen sein, die dann zu einer Explosion der Dämpfe in dem Treibstofftank geführt hat. Das würde dann einen Überdruck oder eine weitere Explosion im angrenzenden Treibstofftank Nummer sechs bewirkt haben.

Durchgeführte Test bewiesen, daß solch ein Ablauf unter bestimmtem atmosphärischen Bedingungen und nur im Steigflug durchaus möglich war. Das zur Unfallzeit herrschende Wetter hätte dieses Phänomen begünstigt. Statische Entladungen hätten erfolgen können, wenn die Starliner vom Blitz getroffen worden oder durch elektrisch aufgeladene Wolken geflogen wäre.

Nachdem die Explosion in der Tragfläche nahe der Verkleidung von Motor Nummer drei erfolgt war, bewirkten die aerodynamischen Kräfte das Abbrechen des Leitwerks der N7313C.

Angesichts dieser Katastrophe wurde mit der Erforschung der potientiellen Gefährdung der Verkehrsmaschinen durch elektrische Entladungen begonnen. Noch während der Untersuchungen stürzte 1963 eine weitere Düsenverkehrsmaschine nach einem Blitzschlag ab (Siehe Seite 54).

Die sechziger Jahre

Der Ausdruck »Jet-Set« wurde in den sechziger Jahren Teil unseres Wortschatzes. Das war kein Wunder, wenn man den enormen Anstieg im Berufs- und Urlaubsreiseverkehr nach der Indienststellung der Düsenverkehrsflugzeuge betrachtet, deren Beliebtheit zu dem Höhenflug in der Personenbeförderung beitrug.

Mitte der sechziger Jahre ermöglichte eine neue Generation von Kurzstreckenflugzeugen wie der Boeing 727, Douglas DC-9 und Hawker Siddeley Trident erstmals, den Passagierflugbetrieb mit Düsenmaschinen auch auf kleinere Flughäfen und Städte auszudehnen. Das war auch die Epoche der VC-10, die bis zur Indienststellung von Überschallverkehrsflugzeugen in den siebziger Jahren der Stolz der Britischen Luftfahrtindustrie war. Viele Fluggesellschaften hatten Ende der sechziger Jahre ihre letzten Propellermaschinen außer Dienst gestellt und waren stolz auf ihre reine »Düsenflugzeug-Flotte«.

Obwohl die Wahrscheinlichkeit noch entsetzlicherer Unfälle Ende der sechziger mit der Einführung von Flugzeugen anstieg, die mehr als 200 Passagiere befördern konnten, wurde die traurige Rekordmarke von 134 Toten bei dem Kollisionsunglück in New York bis zum letzten Jahr dieses Jahrzehntes nicht überschritten.

Datum: 18. Januar 1960, circa 22:20 Uhr
Ort: In der Nähe von Charles City, Virginia, USA
Unternehmen: Capital Airlines, USA
Flugzeugmuster: Vickers Viscount 745D (N7462)

Die viermotorige Turboprop stürzte 50 km südöstlich von Richmond, Virginia, in ein bewaldetes Gebiet und brannte aus. Alle 50 Personen an Bord (46 Passagiere und 4 Besatzungsmitglieder) fanden den Tod. Zur Unfallzeit war es dunkel. Es gab vereinzelte leichte Regenschauer und Nebelschwaden in dem Gebiet.

Die Maschine war als Flug 20 auf dem Weg von Chicago, Illinois, nach Norfolk, Virginia, in Washington, DC, zwischengelandet. In einer Reiseflughöhe von 2500 Meter sollte sie Wetterbedingungen mit Temperaturen unter dem Gefrierpunkt, Wolken und Regen antreffen, die eine Vereisung begünstigten. Wahrscheinlich zögerte die Besatzung zu lange, die Triebwerks-Vereisungsschutzanlage einzuschalten. Das führte zum Ausfall von mindestens zwei Triebwerken. Die übrigen müssen dann nach dem Einleiten des Sinkfluges auf eine niedrigere Höhe ausgefallen sein. Entweder hatten sie abschmelzendes Eis angesaugt, oder die Enteisungsanlagen waren in der wärmeren Luft nicht ausgeschaltet worden. Unter diesen Umständen würden alle vier Luftschrauben automatisch in Segelstellung gefahren sein.

Die Viscount wurde dann offensichtlich in einen Sturzflug gesteuert, um die Luftschrauben aus den Segelstellungen zu zwingen. Gleichzeitig versuchte die Besatzung, die Triebwerke wieder anzulassen. Erfolgreiche Startversuche wurden entweder durch das Vorschieben der Gashebel vor Beendigung des Anlaßvorganges unterbrochen, was wieder zur Segelstellung der Luftschrauben führte, oder durch die unzureichende Leistung der Batterien verhindert, die von den stehenden Motoren nicht geladen wurden.

Kurz vor Ende des Fluges gelang es der Besatzung, den Motor Nummer vier wieder zu starten. Bei der Wahl von Vollgas entstand aber ein assymetrisches Steuerungsproblem, das die Maschine zwei Vollkreise nach links fliegen ließ, was von Augenzeugen bestätigt worden ist. Kurz vor dem Absturz muß auch noch das Anlassen von Triebwerk Nummer drei geglückt sein. Die Piloten sahen dann wahrscheinlich den Boden auf sich zukommen und versuchten, die Turboprop-Maschine abzufangen, bevor sie in fast horizontaler Fluglage ohne Vorwärtsgeschwindigkeit auf der Erde aufschlug.

Der Grund für das verspätete Einschalten der Vereisungsschutzanlage könnte die Unwissenheit des Flugkapitäns gewesen sein, die Vorrichtung unter einer bestimmten Temperatur einschalten zu müssen. Vielleicht hat die Besatzung die Vereisungsgefahr auch zu spät erkannt, oder die Instrumente haben eine unterschiedliche Temperatur angezeigt. Ein Zusammentreffen mehrerer dieser Faktoren wäre ebenfalls denkbar.

Der Unfall hatte zur Folge, daß die Fluggesellschaft den Satz »Sinke vor dem Wiederanlassen auf eine wärmere Flughöhe« aus der Notfall-Kontrolliste strich und die Viscount-Piloten unterrichtete, daß ein erfolgreiches Wiederanlassen der Triebwerke in jeder Flughöhe eingeleitet werden kann, wenn das Verfahren genau nach Vorschrift durchgeführt wird.

Datum: 17. März 1960, 15:25 Uhr
Ort: In der Nähe von Cannelton, Indiana, USA
Unternehmen: Northwest Airlines, USA
Flugzeugmuster: Lockheed 188C Electra (N121US)

Nach einer planmäßigen Zwischenlandung in Chicago, Illinois, startete Flug 710 nach Miami, Florida, der zweiten Teilstrecke des Inlandfluges mit Ursprung in Minneapolis, Minnesota. Knapp eine halbe Stunde später wurde die Electra Opfer eines katastrophalen strukturellen Bruches. Ihre gesamte rechte und ein großer Teil der linken Tragfläche lösten

sich vom Flugzeug, dessen Rumpf dann mit einer Geschwindigkeit von über 965 km / Std fast senkrecht auf ein Feld stürzte. Alle 63 Personen an Bord (57 Passagiere und sechs Besatzungsmitglieder) fanden den Tod. Ein drei Meter tiefer Krater mit einem Durchmesser von nur 12 Meter an der breitesten Stelle markierte die 15 km südöstlich von Tell City gelegene Absturzstelle im Norden des Ohio River. Der größte Teil des Wracks und die sterblichen Überreste der Opfer lagen darin begraben. Sie wurden bei der späteren Aushebung des Kraters geborgen. Die rechte Tragfläche wurde mehr als drei Kilometer von dem Hauptwrack entfernt gefunden, ein Beweis dafür, daß sie in der Luft abgebrochen ist.

Eine sofort eingeleitete, eingehende Untersuchung dieses und eines sechs Monate zurückliegenden ähnlichen Electra Unfalles ergab, daß beide Abstürze offensichtlich auf unkontrollierbare Luftschraubenvibrationen zurückzuführen waren, die man auch als Eigenschwingungen bezeichnet. Bei der N121US übertrugen sich die Vibrationen der Luftschrauben auf die äußeren Motorgondeln, deren Schwingungen die Tragfläche soweit zum Flattern brachte, daß eine Überanspruchung entstand. Die rechte Tragfläche brach zuerst und klappte nach hinten weg.

Eine bereits bestehende Beschädigung wurde allerdings als Voraussetzung dafür angesehen, daß ungedämpfte Schwingungen diesen Zerstörungsgrad erreichen können. Hier könnte die Beschädigung der Maschine 90 Minuten vor dem Unglück bei einer harten Landung auf dem Midway Flughafen in Chicago erfolgt sein, die einige dort von Bord gegangene Passagiere gemeldet hatten. Das Durchfliegen starker Höhenturbulenzen, wie sie von anderen Maschinen in der Luft in diesem Gebiet zur Unfallzeit gemeldet worden waren, hat wahrscheinlich zur Auslösung der Schwingungen beigetragen.

Oben *Die von Baumstämmen durchlöcherten Tragflächen und Rumpfteile der Capitol Airlines Viscount weisen bei diesem Unfall auf einen Aufschlag ohne Vorwärtsgeschwindigkeit hin.* (Wide World Photos)

Unten *Ein Krater markiert die Absturzstelle der Northwest Airlines Electra, die über Virginia eine Tragfläche verlor.* (Wide World Photos)

Die Untersuchungsergebnisse dieses und des vorherigen Unfalls führten zu einer Modifizierung aller in Dienst gestellten Electras. Die Verbesserungen an den Flügelgondeln umfaßten zusätzlich eingebaute Halterungen und den Ersatz der bisherigen Konstruktion durch stabilere Materialien.

Datum: 27. Juli 1960, 22:38 Uhr
Ort: Forest Park, Illinois, USA
Unternehmen: Chicago Helicopter Airways, USA
Flugzeugmuster: Sikorsky S-58C (N879)

Der erste folgenschwere Unfall eines zivilen, zur normalen Personenbeförderung eingesetzten Hubschraubers, ereignete sich im Pendelverkehr zwischen den beiden Chicagoer Flughäfen von Midway nach O`Hare International.

Flug 698 flog mit Reisegeschwindigkeit auf der zugewiesenen Flughöhe von 500 Meter, als eins der vier Hauptrotorblätter brach. Nachdem der Hubschrauber auf eine niedrigere Flughöhe gesunken war, rissen Heckrotor und Heckkonus als Folge der Vibrationen ab, die aufgrund der Unwucht der Hauptrotoreinheit nach dem Verlust des einen Blattes entstanden. Die Maschine stürzte dann auf einen Friedhof und ging in Flammen auf. Alle 13 Personen an Bord (elf Passagiere und zwei Piloten) fanden den Tod. Der Unfall ereignete sich nachts bei klarem Himmel am

Stadtrand von Chicago, ungefähr auf der halben Strecke zwischen den beiden Flughäfen.

Das Versagen des Hauptblattes war von einem Ermüdungsbruch ausgelöst worden, der offensichtlich während der 68 Flugstunden seit seiner letzten Inspektion entstanden war.

Datum: 29. August 1960, circa 06:50 Uhr
Ort: Bei Dakar, Senegal
Unternehmen: Air France, Frankreich
Flugzeugmuster: Lockheed 1049G Super Constellation (F-BHBC)

Die Linienmaschine mit dem Rufzeichen Flug 343 sollte auf ihrer Flugroute von Paris, Frankreich, nach Abidjan, Elfenbeinküste, auf dem Yoff Flughafen von Dakar planmäßig zwischenlanden. Nach einer mißlungenen Landung leitete sie einen zweiten Versuch ein und flog dazu über dem Flughafen nach Westen. Die Super Constellation befand sich bereits auf dem Rückenwindteil der Platzrunde in 300 Meter Flughöhe, als sie einige Minuten später inmitten eines Regensturms 1,5 km vor der Küste in den Atlantischen Ozean stürzte. Alle 63 Personen an Bord (55 Passagiere und acht Besatzungsmitglieder) fanden den Tod.

Das Unglück ereignete sich kurz vor Sonnenaufgang bei folgenden Wetterbedingungen: Der Himmel

In den ersten folgenschweren Unfall eines zivilen Hubschraubers im normalen Personenverkehr war eine Chicago Helicopter Airways Sikorsky S-58 auf einem innerstädtischen Passagierflug verwickelt. (Sikorsky)

war zu 7/8 mit Wolken bedeckt, deren Untergrenze zwischen 600 und 1000 Meter betrug. Die Sichtverhältnisse änderten sich von Minute zu Minute. In dem Gebiet gab es außerdem Gewittertätigkeit.

Man nimmt an, daß die Maschine mit ausgefahrenen Fahrwerk und Landeklappen in einem relativ steilen Winkel, wahrscheinlich in einer rechten Kurvenlage auf die Wasseroberfläche aufgeschlagen ist. Die sterblichen Überreste der meisten Opfer konnten geborgen werden. Die Bergungarbeiten brachten aber nur ungefähr 20 Prozent des Wracks aus dem circa 40 Meter tiefen Wasser an die Oberfläche.

Obwohl die Unfallursache nicht bestimmt werden konnte, hielt man es für möglich, daß der Absturz durch einen oder mehrere der folgenden Faktoren ausgelöst wurde: Strukturelles Versagen oder Verlust der Steuerung aufgrund von Turbulenzen; Sinnestäuschungen oder Ablenkung der Besatzung zum Beispiel durch einen Blitzschlag; Ungenauigkeit des Geschwindigkeits- oder Höhenmessers, oder ein falsches Ablesen des letzteren.

Datum: 19. September 1960, circa 06:00 Uhr
Ort: Guam, Marianen Insel
Unternehmen: World Airways, USA
Flugzeugmuster: Douglas DC-6AB (N90779)

Die Verkehrsmaschine war im Auftrag des US-amerikanischen Lufttransportkommandos auf dem Flug von den Philippinen nach dem US-Luftwaffenstützpunkt Travis in Kalifornien, USA, auf dem Marine-Flughafen Agana zwischengelandet. An Bord befanden sich amerikanische Soldaten und einige ihrer Angehörigen. Kurz vor Eintritt der Morgendämmerung startete die Maschine zum Weiterflug nach der Insel Wake, dem nächsten vorgesehenen Zwischenlandeplatz.

Knapp eine Minute nach dem Abheben von der Startbahn 06-links flog das Transportflugzeug ungefähr drei Kilometer östlich des Flugplatzes und zehn Kilometer ostnordöstlich der Inselhauptstadt gegen den Mt Barrigada. Beim Aufprall ging es sofort in Flammen auf. Bei dem Unfall wurden 80 von den 94 Personen an Bord getötet, darunter auch sieben Besatzungsmitglieder. Der Navigationsoffizier befand sich unter den verletzten Überlebenden. Die tödlichen Verletzungen der Opfer wurden mehr der Wirkung des Flammenmeers als dem Aufschlag selbst zugeschrieben.

Fahrwerk und Landeklappen waren bereits eingefahren, als die Maschine trotz einer leichten rechten Kurvenlage fast im Geradeausflug, knapp 30 Meter unter dem Berggipfel, in ungefähr 180 Meter Höhe gegen die ersten Bäume prallte.

Der Pilot hatte die veröffentlichten Abflugverfahren für die benutzte Startbahn nicht eingehalten und vor dem Erreichen der Sicherheitshöhe von 300 Meter eine 'Rechtskurve eingeleitet. Die Wetterbedingungen zur Unfallzeit entsprachen mit vereinzelten Wolken in 430 Meter Höhe, einer hohen geschlossenen Wolkendecke und einer Sichtweite von 25 Kilometer den Sichtflugbedingungen. Es blieb aber trotzdem zweifelhaft, ob die Besatzung in der Dunkelheit und dem Morgendunst das eine rote Blinkfeuer auf dem Berggipfel erkennen konnte, das die einzige optische Warnung vor dem Hindernis darstellte.

Die Angabe der Mindesthöhe wurde später als Sicherheitsmaßnahme in die Luftfahrtveröffentlichungen der Flugsicherungskontrolle über Abflugverfahren aufgenommen.

Datum: 4. Oktober 1960, 17:40 Uhr
Ort: Boston, Massachusetts, USA
Unternehmen: Eastern Air Lines, USA
Flugzeugmuster: Lockheed 188A Electra (N5533)

Der Turboprop stürzte als Flug 375 in die Winthrop Bucht, nachdem er etwa eine Minute zuvor von der Starbahn 05 des Bostoner Logan International Flughafens abgehoben hatte. 62 Personen an Bord (59 Passagiere und drei Besatzungsmitglieder) fanden den Tod. Zehn Personen überlebten das Unglück verletzt, darunter die beiden Stewardessen.

Die Maschine war unterwegs nach Philadelphia, Pennsylvanien, wo die erste Zwischenlandung dieses Inlandfluges mit Endziel Atlanta, Georgia, erfolgen sollte. Kurz nach dem Start geriet sie in einen Schwarm Stare, wobei eine große Anzahl dieser Vögel in drei ihrer vier Triebwerke eingesaugt wurde. Motor Nummer Eins mußte abgestellt werden, da die Luftschraube automatisch in Segelstellung fuhr, Nummer Zwei fiel ganz aus, und Nummer Vier lief mit verminderter Leistung. Diese asymmetrische Antriebsaufteilung führte zu einer Gierbewegung nach links, die sich noch verstärkte, nachdem Motor Nummer Vier wieder vollen Antrieb entwickelte bevor Nummer Zwei erfolgreich gestartet werden konnte. Zwischenzeitlich verringerte sich die Geschwindigkeit der Electra aufgrund des Antriebverlustes. Immer noch in der Gierbewegung sackte sie in einer nach außen schiebenden Linkskurve ab. Ihre linke Tragfläche hing nach unten und ihre Nase richtete sich über den Horizont auf. Dann ging sie ins trudeln nach links über und stürzte circa 150 Meter vor der Küste fast senkrecht in das flache Wasser der Bostoner Hafeneinfahrt. Der Aufschlag erfolgte mit eingezogenem Fahrwerk und ausgefahrenen Landeklappen. Zur Unfallzeit war der Himmel leicht bewölkt, die Sichtweite betrug circa 25 Kilometer. Die Wetterbedingungen wurden nicht als eine Unfallursache angesehen.

Das einzige Verfahren zur Rückgewinnung der Flugzeugkontrolle und Geschwindigkeit vor dem Trudeln hätte darin bestanden, die Triebwerksleistungen bewußt zu verringern und die Flugzeugnase gleichzeitig unter den Horizont nach vorne zu drücken. Die zu dieser Zeit geringe Flughöhe von weniger als 50 Meter schloss eine solche Handlungsweise der Piloten aus.

Als Egebnis dieses Unfalls startete das US-amerikanische Bundesamt für Luftfahrt FAA ein Forschungsprogramm mit der Zielsetzung, die Turbinen-Triebwerke widerstandsfähiger gegen Vogelschlag zu machen.

Datum: 16. Dezember 1960, circa 10:30 Uhr
Ort: New York, New York, USA
Erstes Flugzeug
Unternehmen: United Air Lines, USA
Flugzeugmuster: Douglas DC-8 Serie 11 (N8013U)
Zweites Flugzeug
Unternehmen: Trans World Airlines (TWA), USA
Flugzeugmuster: Lockheed 1049 Super Constellation (N6907C)

Die beiden 1956 in den Unfall über dem Grand Canyon verwickelten Fluggesellschaften waren auch die Hauptbeteiligten bei diesem Zusammenstoß in der Luft, der noch weitere erstaunliche Ähnlichkeiten aufwies (Siehe Seite 20). Bei einem Flugzeug stimmten Marke und Muster in beiden Fällen überein, bei dem anderen nur der Hersteller, dessen beteiligte Flugzeugtypen zwei verschiedenen Generationen angehörten. Weiterhin war die Anzahl der Todesopfer an Bord beider Maschinen zusammengerechnet gleich.

Es gab aber auch erkennbare Unterschiede. Seit dem ersten Unfall waren Verfahren geändert und technische Fortschritte erzielt worden. Besonders fällt auf, daß dieses Mal beide Maschinen nach Instrumentenflugregeln (IFR) unter dem vermeintlich wachsamen Auge des Bodenradars flogen. Der Zusammenstoß deckte jedoch auf tragische Weise auf, daß dem US-amerikanischen Flugsicherungs-Kontroll-System immer noch schwere Mängel anhafteten.

United Flug 826 hatte seinen Ursprung in Chicago, Illinois und war unterwegs zum Internationalen Flughafen von New York. An Bord der Düsenverkehrsmaschine vom Typ DC-8 befanden sich 77 Passagiere und sieben Besatzungsmitglieder. TWA Flug 266 war ebenfalls ein Inlandsflug. Er führte von Dayton, Ohio, über Columbus, Ohio, nach La Guardia, dem zweiten großen New Yorker Flughafen. An Bord der Super Constellation befanden sich 35 Passagiere und sieben Besatzungsmitglieder. Über der Stadt lag an diesem Freitag Morgen eine geschlossene Wolkendecke mit einer Untergrenze von circa 1500 Meter. Die Begleiterscheinungen Nebel, Schnee oder Schneeregen ließen Flugbewegungen nach Sichtflugregeln (VFR) kaum zu.

Die DC-8 hatte Allentown, Pennsylvania, überflogen, als sie kurz vor dem Verlassen der Reiseflughöhe von 7620 Meter (25.000 Fuß) eine verkürzte Flugroute zugewiesen erhielt. Die geänderte Freigabe verringerte die Flugstrecke zur Preston Kreuzung um etwa 20 Kilometer und sollte erwartungsgemäß als beitragende Ursache für die spätere Kollision bewertet werden. Der Kontrollpunkt Preston wird durch zwei Leitstrahlen zweier verschiedener UKW Drehfunkfeuer bestimmt. Hier sollte die Maschine in die Warteschleife einfliegen und bis zum Erhalt der Landeanweisungen kreisen.

Das New Yorker Flugverkehr-Kontrollzentrum wußte nicht, daß eins der beiden VOR Empfangsgeräte der DC-8 nicht einsatzfähig war. Um den Wartepunkt genau bestimmen zu können, mußte die Besatzung auf dem funktionierenden Gerät die Frequenzen der beiden UKW Funkfeuer nacheinander einstellen. Das war ein zeitaufwendiges Verfahren. Dabei stand den Piloten aufgrund der neuen Freigabe mit der kürzeren Flugstrecke weniger Zeit zur Verfügung, um diese Aufgabe zu erfüllen. Wenige Sekunden vor dem Unfall erhielt die Besatzung von dem Kontrollzentrum die Nachricht, daß die Radarüberwachung beendet war und sie jetzt Verbindung mit der Idlewild Anflugkontrolle aufnehmen sollte. Es fand aber keine echte Übergabe des Fluges von der einen zu der anderen Kontrollstelle statt. Der letzte Funkspruch der Düsenmaschine an die Anflugkontrolle lautete: Wir erreichen Preston in 1520 Meter (5000 Fuß).

Zur gleichen Zeit befand sich die Super Constellation im Sinkflug und bereitete sich auf ihre Landung vor. Die La Guardia Anflugkontrolle leitete sie dabei über Funk mit Radar. Zuletzt erhielt sie die Anweisung, nach links zu kurven, und auf einem Kurs von 130 Grad wieder auszurollen. Als der Fluglotse ein unbekanntes Flugobjekt auf seinem Bildschirm entdeckte, unterrichte er den TWA Flug über die Flugbewegung der Düsenmaschine »...rechts von Ihnen, jetzt in drei Uhr Position in 1,8 Kilometer, mit nordöstlichem Kurs«. Dann gingen die Radarziele ineinander auf.

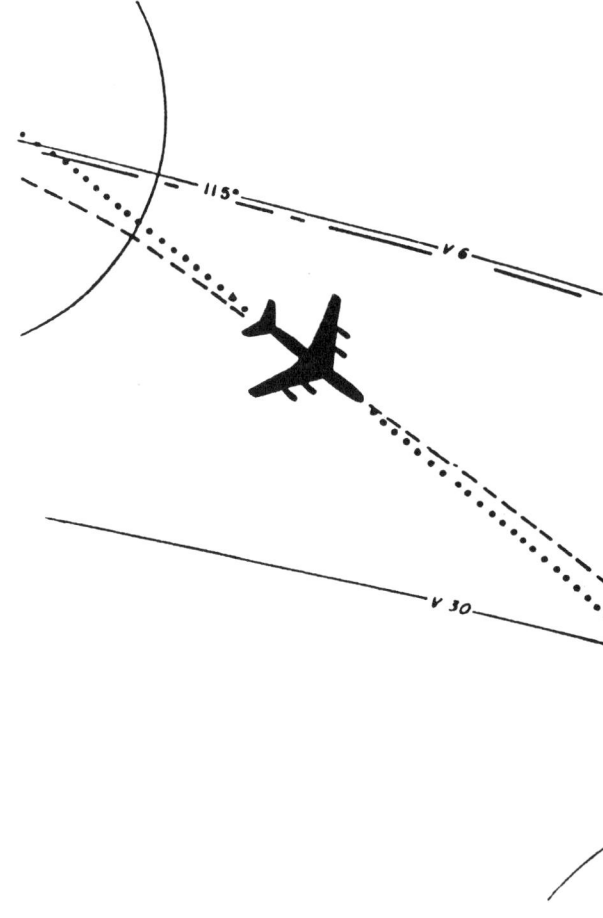

Oben *Eine United Air Lines DC-8. Eine Maschine dieses Muster stieß über New York mit einer Trans World Airlines Super Constellation zusammen. Sie war das erste amerikanische Düsenverkehrsflugzeug, das während eines Passagierfluges abstürzte.* (United Air Lines)

Unten *Die Flugrouten der United und TWA Flüge führen zu dem Zusammenstoß über Staten Island.* (Civil Aeronautics Board)

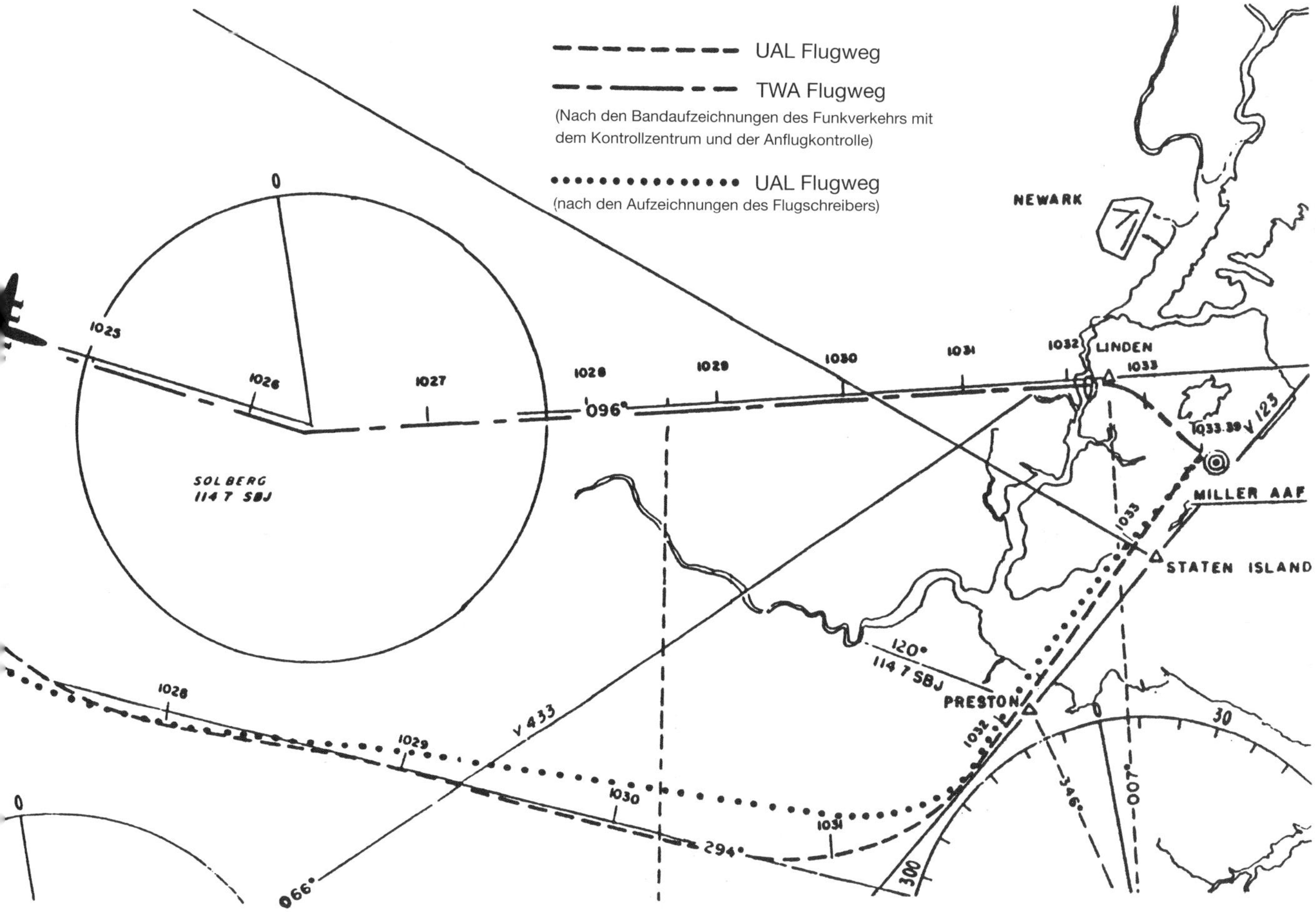

– – – – – – – – UAL Flugweg

– – · – – · – TWA Flugweg

(Nach den Bandaufzeichnungen des Funkverkehrs mit dem Kontrollzentrum und der Anflugkontrolle)

• • • • • • • • • • UAL Flugweg
(nach den Aufzeichnungen des Flugschreibers)

NEWARK

1025

1026   1027   1028   1029   1030   1031   1032 LINDEN   1033

096°   1033.39 V 123

SOLBERG
114 7 SBJ   MILLER AAF

STATEN ISLAND

120°
114 7 SBJ
PRESTON   30

V 433
1028
1029   294°   316°   007°   300
1030
1031
066°

Die DC-8 näherte sich auf der Luftstraße Victor 123 aus südwestlicher Richtung. Ihre Geschwindigkeit war mit ungefähr 560 km/Std zu hoch, was auch zu dem Unfall beitrug. Sie überholte die Super Constellation auf deren rechter Seite von hinten und stieß dabei in einem Winkel von 110 Grad gegen deren oberen Rumpf. Isoliermaterial der Kabine und menschliche Überreste wurden später in dem rechten äußeren Triebwerk der DC-8 gefunden, ein schrecklicher Hinweis darauf, wie es die Passagierkabine zerteilt haben muß. Zum Zeitpunkt des Zusammenstosses befand sich die Düsenmaschine fast im Geradeausflug, die Propellermaschine flog eine Linkskurve.

Die Super Constellation zerbrach in drei Teile. Sie stürzte dann brennend ab und schlug auf dem Flugplatz auf. Unter den Trümmern zerstreut lagen auch einzelne Teile der DC-8, darunter das Triebwerk Nummer Vier und das rechte Tragflächenende ab der äußeren Motoraufhängung. Das Düsenverkehrsflugzeug flog nach der Kollision noch circa 14 Kilometer in nordöstlicher Richtung weiter, ehe es in das Park Slope Viertel von Brooklyn stürzte und explosionsartig in Flammen aufging. Sein Heckteil kam an der Kreuzung zwischen Sterling Place und Seventh Avenue (Siebter Straße) zum stehen.

Drei Insassen wurden noch lebend aus der Super Constellation geborgen, starben aber kurz danach. Ein elfjähriger Junge, der als Passagier der DC-8 im hinteren Teil der Kabine gesessen hatte, war in einen Schneehaufen geschleudert worden. Er überlebte auf diese wundersame Weise den Absturz mit schwersten Verbrennungen und anderen Verletzungen, starb aber am nächsten Tag im Krankenhaus. Damit gab es keine Überlebenden in beiden Maschinen. Insgesamt fanden 134 Personen den Tod, darunter sechs in Brooklyn am Boden, wo es auch noch einige Verletzte gab. Der von der DC-8 angerichtete Schaden im Absturzgebiet war beträchtlich. Beim Aufprall und durch die Flammen wurden zehn Wohnhäuser, einige Geschäfte und eine Kirche zerstört.

Die Düsenmaschine war über den Endpunkt der Freigabe und die Begrenzung des ihr zugeteilten Luftraumes hinausgeflogen, weil ihre Besatzung offensichtlich einen Navigationsfehler machte. Wahrscheinlich war es mehr als ein Zufall, daß die über den beabsichtigten Wartepunkt hinaus zurückgelegte Strecke bis zum Kollisionsort genau der, durch die Abkürzung eingesparten Entfernung entsprach. Die US-amerikanische Luftverkehrsbehörde (CAB) zog in ihrem Untersuchungsbericht daraus die Folgerung, daß die Piloten die mit der neuen Freigabe verbundenen Änderungen in Bezug auf Flugzeit und Entfernung nicht rechtzeitig erkannt hatten.

Es gab Anzeichen dafür, daß die Besatzung anstelle des zweiten VOR Gerätes den Radiokompaß (ADF) für die Querpeilung benutzt hatte. Das hätte schnelles Kopfrechnen erfordert und leicht zu einer falschen Interpretation der Anzeige führen können. Wäre der erste Radiokompaß zum Beispiel auf das Scotland Niederfrequenz-Funkfeuer eingestellt gewesen, hätte ihn der Flugkapitän beim Übergang auf dieses Anzeigegerät leicht mit dem VOR verwechseln Können. (Die Anzeige des Radiokompaß über dem Kollisionsort würde unter diesen Umständen der des zweiten VOR Gerätes über Preston entsprochen haben, wenn dieses auf die zugehörige Bodenstation eingestellt gewesen wäre.) Daher hatte Flug 826 Preston schon weit hinter sich gelassen, als er das Erreichen dieses Kontrollpunktes meldete.

Die United Besatzung war aber nicht alleine schuldig, da die CAB weiter entschied, daß das New Yorker Kontrollzentrum das Flugzeug nicht ausreichend überwacht habe. Der Fluglotse habe versäumt festzustellen, daß die Maschine über die Kreuzung hinausflog. Als er die Beendigung der Radarüberwachung mitteilte, befand sich das Düsenflugzeug bereits fast 15 Kilometer hinter dem Endpunkt seiner Flugfreigabe.

Dieser Unfall war Anlaß zu einer weitgehenden Erneuerung des nationalen Flugsicherung-Kontrollsystems der USA. Die Einführung des »Positiven Kontroll-Systems« war die bedeutendste Änderung. Bei diesem Verfahren werden alle Flugbewegungen in über 7300 Meter (24.000 Fuß) mit Radar überwacht.

Der Absturz der United Air Lines DC-8 Düsenmaschine hinterließ ein Bild des Grauens in Brooklyn. Zusätzlich zu den 128 Personen an Bord der Unglücksmaschinen ließen sechs Menschen am Boden dabei ihr Leben. (UPI / Bettmann)

Auf Luftstraßen mit hohem Verkehrsaufkommen wird die positive Kontrolle nach unten bis auf 2400 Meter (8000 Fuß) ausgedehnt. Diese Überwachung ist für alle Linienflüge mit Düsenmaschinen verbindlich vorgeschrieben. Zusätzlich wurde eine neue Geschwindigkeitsgrenze für Flüge unterhalb 3000 Meter (10.000 Fuß) festgelegt, die sich innerhalb eines Radius von 55 Kilometer um den Zielflughafen befinden. Weiter wurden genaue Richtlinien für die Flugübergabe von einer Kontollstelle zur anderen erlassen.

Alle Flugzeuge mit einem Gewicht über 5670 kg, die im US-amerikanischen Luftraum verkehren wollten, mußten außerdem mit zwei zusätzlichen Bordgeräten ausgestattet werden. Das eine war ein Antwortsender (Transponder), der das Erkennen des Flugzeuges auf dem Radarbildschirm erleichtern sollte. Das andere bestand in einem Entfernungsmeßgerät, das die Strecke vom Flugzeug zu einer gewählten Bodenstation in Nautischen Meilen anzeigt, und die Piloten so bei der genauen Bestimmung ihrer Position unterstützen sollte. Spätere Weiterentwicklungen umfaßten ein dreidimensionales Radarbild mit alphanumerischer Darstellung, was die Identifizierung des Radarzackens erleichterte.

Das System ist noch weit davon entfernt, absolut sicher zu sein. Kleinere Fehler kommen regelmäßig vor. Eins der wichtigsten Ziele der positiven Kontrolle war aber, die Flugwege der Luftfahrzeuge auseinander zu halten. Das ist außerordentlich erfolgreich gelungen. Seit 1960 hat es in den Vereinigten Staaten tatsächlich keinen verhängnisvollen Zusammenstoß zwischen zwei Verkehrsflugzeugen mehr gegeben.

Datum: 15. Februar, 10:05 Uhr
Ort: In der Nähe von Brüssel, Belgien
Unternehmen: Belgian World Airlines (SABENA)
Flugzeugmuster: Boeing 707–329 (OO-SJB)

Unter den Passagieren, die am New Yorker Internationalen Flughafen an Bord des Fluges 548 gingen, befanden sich auch 17 Mitglieder der Eiskunstlaufmannschaft der USA mit ihrem Trainer. Sie waren auf dem Weg zur Weltmeisterschaft im Eiskunstlauf in Prag, Tschechoslowakei. Nach einem achteinhalbstündigen Transatlantikflug begann die Boeing 707 mit ihrem Landeanflug auf den Internationalen Flughafen von Brüssel.

Bis kurz vor dem Aufsetzen auf Landebahn 20 sah der Anflug normal aus. Dann erhöhten sich plötzlich die Triebwerksleistungen und Fahrwerk und Landeklappen fuhren ein. Das sah alles wie ein Durchstartmanöver aus. Die Boeing stieg dann auf eine geschätzte Höhe von 500 Meter und flog drei Vollkreise nach links. Dabei wechselten Steigflug und Sinkflug

Das Wrack der SABENA Boeing 707 glüht noch nach dem Absturz über der ländlichen Gegend in Belgien. (Wide World Photos)

in dem Maße, wie die Triebwerksleistungen erhöht oder verringert wurden. Die Fluglage wurde während dieser Zeit immer steiler aufsteigend und abfallend. In einer fast senkrechten Kurvenlage fiel schließlich die Nase nach unten. Die Düsenverkehrsmaschine stürzte in ein 1,5 Kilometer von der Landebahn entferntes Feld in der Nähe von Berg, einem Dorf in der Provinz Brabant, 30 Kilometer nordöstlich der Hauptstadt. Beim Aufschlag ging sie in Flammen auf. Alle 72 Personen an Bord, darunter elf Besatzungsmitglieder, fanden den Tod. Zusätzlich kam ein Bauer auf dem Feld ums Leben, ein anderer wurde schwer verletzt.

Den Wetterbedingungen zur Unfallzeit wurde kein Einfluß auf das Geschehen beigemessen. Über dem Flugplatz lag eine hohe Wolkendecke, die Sichtweite betrug ungefähr drei Kilometer.

Eine belgische Untersuchungskommission kam zu dem Ergebnis, daß der Unfall wahrscheinlich auf ein technisches Versagen der Flugzeugsteuerung zurückzuführen sei. Zwei Hypothesen wurden für möglich gehalten: Entweder hatten die äußeren Querruder blockiert, oder die Spoiler waren ungewollt ausgefahren. Obwohl sich der Verdacht nicht bestätigen ließ, deuteten die vorhandenen Beweisstücke auf das Letztere hin.

Die Untersuchung des Wracks ergab, daß die Schernieten in der Rückführungsvorrichtung zwischen allen vier Spoilern und ihren Hydraulikschiebern gebrochen waren. Sollten diese Schernieten während des Fluges abgeschert sein, hätten die Spoiler schon bei einer geringen Querruderbewegung eine voll ausgefahrene oder voll eingefahrene Stellung einnehmen können. Das könnte letztlich zu einer asymmetrischen Spoilerstellung führen und eine extreme Querinstabilität bewirken. In diesem Fall war der rechte innere Spoiler beim Aufschlag voll ausgefahren und der linke innere wahrscheinlich voll eingezogen. Die Stellung der beiden äußeren Spoiler konnte nicht mehr festgestellt werden.

Die Besatzung hat allem Anschein nach versucht, die Spoiler zu umgehen. Das konnte nicht gelingen, da das linke Umgehungsventil nich funktionierte. Es war in der geöffneten Stellung blockiert. In solch einer Lage gäbe es nur die Möglichkeit, seine Zuflucht im Abschalten der hydraulischen Druckpumpen zu suchen. Dafür hätte die Besatzung aber nur wenig Zeit zur Verfügung gehabt. Wenn man zudem bedenkt, daß sie die Spoiler von der Pilotenkabine aus nicht sehen konnte, dürfte sie genug Schwierigkeiten damit gehabt haben, das Problem überhaupt zu erkennen.

Das US-amerikanische Bundesamt für Luftfahrt FAA bezweifelte als nationaler Vertreter der Herstellerfirma die belgische Theorie. Es blieb bei der Auffassung, daß die Boeing 707 auch mit einem voll ausgefahrenen Spoiler steuerbar geblieben wäre. Es nahm an, daß ein Fehler in der Stabilisierungsflossen-Verstelleinheit den Unfall verursacht hatte.

Die von Boeing und SABENA in ihren Kundendienst-Informationsblättern empfohlenen Modifizierungen der Boeing 707 beinhalteten die Spoiler Rückführungsvorrichtung, das äußere Spoiler Abstellventil, den Austausch des Kontrollschalters für die Stabilisierungsanlage und den Einbau einer zusätzlichen Bremsvorrichtung für den Trimmotor der Stabilisierungsflosse. Die Kommission schlug zusätzlich den Einbau einer Spoilerstellunganzeige vor.

Datum: 10. Mai 1961, circa 02:30 Uhr
Ort: Ostalgerien
Unternehmen: Air France
Flugzeugmuster: Lockheed 1649A Starliner (F-BHBM)

Flug 406 war unterwegs von Ndjamena (dem ehemaligen Fort-Lamy) im Tschad nach Marseilles, Frankreich, einem Teilabschnitt des Linienfluges von Brazzaville, Kongo, mit Endziel Paris. Die Maschine stürzte über der Sahara ab und brannte aus. Alle 78 Personen an Bord (69 Passagiere und neun Besatzungsmitglieder) fanden den Tod.

Der Starliner war während des Reisefluges bei Nacht und klarem Wetter morgens auseinandergebrochen, bevor er ungefähr 50 Kilometer südwestlich der Oase Gadames, Lybien, auf den Wüstenboden aufschlug. Sein Leitwerk und andere Teile wurde Berichten zufolge circa 1,5 Kilometer von dem Hauptwrack entfernt gefunden.

Die wahrscheinlichste Absturzursache war ein Sabotageakt mit nitrozellulosehaltigem Sprengstoff.

Datum: 30. Mai 1961, circa 01:20 Uhr
Ort: In der Nähe von Lissabon, Portugal
Unternehmen: KLM Royal Dutch Airlines
Flugzeugmuster: Douglas DC-8 Serie 53 (PH-DCL)

Flug 897 führte mit drei Zwischenlandungen unterwegs von Rom, Italien, nach Caracas, Venezuela. Die niederländische Fluggesellschaft bediente die Route mit ihrer Düsenverkehrsmaschine im Auftrag der venezolanischen Luftverkehrslinie VIASA. Nur fünf Minuten nach dem Start vom Flughafen Lissabon stürzte die DC-8 südlich der Flußmündung des Tagus in den Atlantischen Ozean. Alle 61 Personen an Bord (47 Passagiere und 14 Besatzungsmitglieder) fanden den Tod.

Das Unglück ereignete sich in der Dunkelheit. Die Wettervorhersage für das Gebiet beinhaltete leichten Regen, leichte bis mäßige Turbulenz, Wind aus westlicher Richtung mit 36 km/Std, eine Sichtweite von ungefähr 10 Kilometer, eine tiefe Wolkenschicht mit 4/8 Bedeckung in 600 Meter und eine hohe geschlossene Schichtwolkendecke.

Das Wrack lag drei Kilometer von der Küste entfernt in etwa 30 Meter Tiefe auf dem Meeresboden. 75 Prozent der Unfallmaschine konnten später geborgen werden. Die Maschine, die zuletzt im Steigflug das Durchfliegen von 1800 Meter gemeldet hatte, war augenscheinlich in einem leichten Sinkflug mit rechter Kurvenlage mit einer Geschwindigkeit von über 800 km/Std auf die Wasseroberfläche aufgeschlagen.

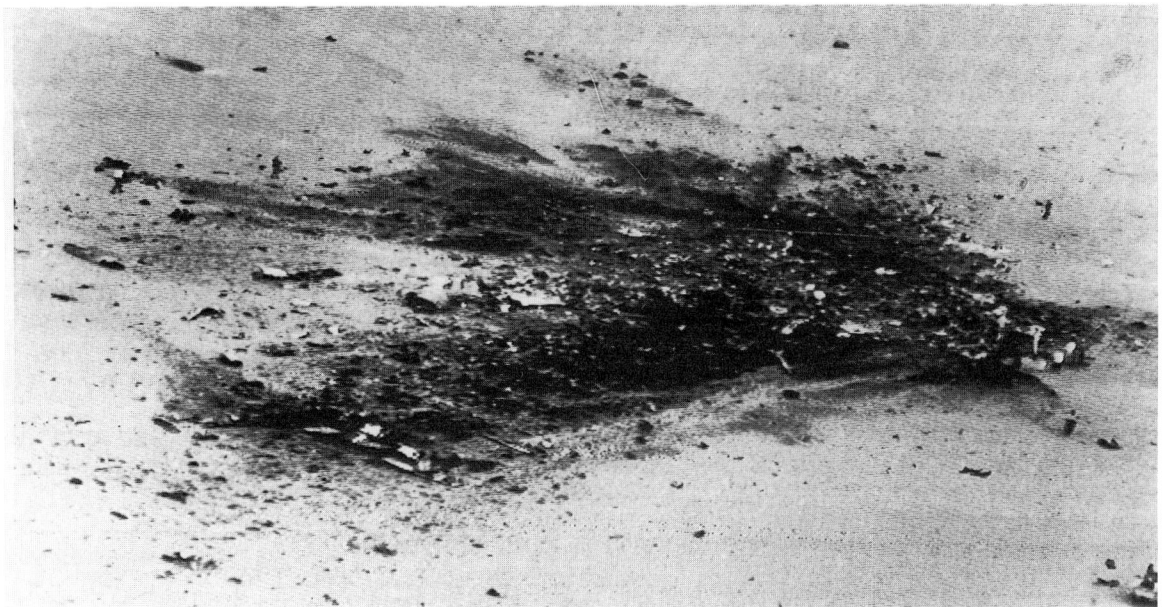

Die verkohlten Überreste des Air France Starliners liegen verstreut in der Wüste Sahara, nachdem das Flugzeug wahrscheinlich wegen einer Bombenexplosion an Bord in der Luft auseinandergebrochen war. (Wide World Photos)

Es gab keinerlei Anzeichen für irgendwelche Fehler oder Störungen vor dem Aufschlag, wenngleich das ebenso wenig definitiv ausgeschlossen werden konnte, wie die entfernte Möglichkeit von Sabotage oder anderen böswilligen Handlungen. Anzeichen deuteten darauf hin, daß die Düsenmaschine aus einer steilen Kurvenlage nach links in einen spiralförmigen Sturzflug übergegangen war. Die Ursache könnte in einer Unaufmerksamkeit der Besatzung gelegen haben. Ein oder beide Piloten hätten sich auch durch eine fehlerhafte Anzeige des Künstlichen Horizonts oder eines anderen lebenswichtigen Flugüberwachinginstrumentes täuschen lassen können. Das hätte in beiden Fällen zum Verlust der Steuerbarkeit des Flugzeuges geführt. Die Fluglage der DC-8 zum Zeitpunkt des Aufschlages ließ darauf schließen, daß die Besatzung beim Versuch, die Maschine abzufangen, überkorrigiert hat. Die Sinkrate und der Höhenverlust müssen aber so hoch gewesen sein, daß es nicht mehr möglich war, den normalen Flugzustand wiederherzustellen.

Die Untersuchungskommission empfahl den Einbau eines dritten, von den anderen beiden unabhängigen Künstlichen Horizonts in alle Verkehrsflugzeuge. Falls ein oder beide Instrumente des Flugkapitäns und Ersten Offiziers versagen würden, könnte auf das dritte zurückgegriffen werden. Diese Sicherheitsmaßnahme wurde einige Jahre später durchgeführt.

Datum: 1. September 1961, circa 02:25 Uhr
Ort: In der Nähe von Hinsdale, Illinois, USA
Unternehmen: Trans World Airlines (TWA), USA
Flugzeugmuster: Lockheed 049 Constellation (N86511)

Das Düsenverkehrsflugzeug stürzte nur fünf Minuten nach dem Start vom Chicagoer Midway Flughafen ab, und brach in einer heftigen Explosion auseinander. Es bediente als Flug 529 die Route von Chicago, Illinois, nach Las Vegas, Nevada, einer Teilstrecke des transkontinentalen Inlandfluges mit Ursprung in Boston, Massachusetts, und Endziel San Francisco, Kalifornien. Alle 78 Personen an Bord (73 Passagiere und fünf Besatzungsmitglieder) ließen bei dem Unfall ihr Leben.

Die Constellation flog vor Tagesanbruch bei guten Wetterbedingungen mit westlichem Kurs, bevor sie plötzlich in einer leichten Linkskurve mit ihrer Nase nach unten in ein Maisfeld stürzte. Fahrwerk und Landeklappen waren beim Aufschlag eingefahren. Der Teil der Höhenflosse, an der die rechte Seitenflosse befestigt war, hatte sich im Flug gelöst. Das Flughafenwetter zur Unfallzeit bestand aus einer hohen Wolkendecke und einer Sichtweite von fünf Kilometer.

Die Untersuchung des Wracks ergab, daß ein 5 / 16 Inch (0,794 Zentimeter) starker Bolzen aus Nickelstahl am Parallelogrammgestänge des Höhenruder-Verstärkersystems fehlte. Die US-amerikanische Luftverkehrsbehörde (CAB) schloß daraus, daß er vor dem Unfall herausgefallen sein mußte. Das würde einen vollen Ausschlag des Höhenruders nach oben bewirken und so einen überzogenen Flugzustand verursachen. Als Antwort auf das heftige Aufbäumen der Maschine ist die Steuersäule wahrscheinlich von einem oder beiden Piloten voll nach vorne gedrückt worden. Das machte es aber schwierig, wenn nicht nahezu unmöglich, den Bedienungshebel der Höhenruderkontrolle in die manuelle Stellung zu bringen,

Der Aufschlag dieser President Airlines DC-6B in der Flußmündung des Shannon in Irland ereignete sich kurz nach dem Start des Passagierflugzeuges. (UPI / Bettmann)

der einzigen Möglichkeit, aus dieser Notlage wieder herauszukommen. Unter den gegebenen Umständen konnte die Besatzung die Kontrolle über das Flugzeug nicht halten. Der vor dem Aufschlag eingetretene Schaden am Heck war das sichtbare Ergebnis der Vibrationen, die beim beschleunigten Überziehen auftreten.

Obwohl die Theorie nicht bewiesen werden konnte, lag die wahrscheinlichste Ursache für den Verlust des Bolzen darin, daß er bei der letzten Auswechslung des Parallelogrammgestänges vor zehn Monaten nicht wieder vorschriftmäßig gesichert worden war. Im Laufe der Zeit hatte sich der Bolzen dann immer weiter gelöst, bis er bei dem Unglücksflug schließlich herausgefallen war.

Das US-amerikanische Bundesamt für Luftfahrt FAA wies aufgrund der ausgezeichneten Sicherheitsakte der Constellation die Empfehlungen des CAB zurück, das Höhenruder-Verstärkersystem wegen des Unfalls zu modifizieren.

Datum: 10. September 1961, circa 03:55 Uhr
Ort: In der Nähe von Limerick, Irland
Unternehmen: President Airlines, USA
Flugzeugmuster: Douglas DC-6B (N90773)

Das Flugzeug befand sich auf einem Charterflug von Düsseldorf, Westdeutschland, nach Chicago, Illinois, USA. Unterwegs waren zwei Zwischenlandungen vorgesehen. An Bord befanden sich europäische Passagiere, die meisten davon waren Deutsche, und eine sechsköpfige, rein amerikanische Besatzung. Kurz nachdem die DC-6B von der Startbahn 24 des Flughafen Shannon abgehoben hatte, stürzte sie auf dem Weg nach Gander, Neufundland, Kanada, bei Nacht und Nebel in die Flußmündung des Shannon. Die Passagiermaschine hatte die Freigabe für ein Rechtskurve erhalten. Stattdessen drehte sie aber nach links und schlug etwa einen Kilometer hinter dem Startbahnende mit einer Kurvenlage von mindestens 90 Grad auf das flache Wasser auf.

84 Personen wurden danach tot geborgen, eine mehr als in dem Lademanifest verzeichnet waren. Es gab keine Überlebenden. Ein Passagier war zwar lebend in dem Wrack gefunden worden, er starb aber später im Krankenhaus.

Die wahrscheinliche Unfallursache war der Fehler des Flugkapitäns, das Flugzeug unter Kontrolle zu halten, als entweder der künstliche Horizont falsch anzeigte, oder die rechten Querruder-Trimmklappen der Maschine fehlerhaft arbeiteten. Zu dem Unfall können die schlechten Wetterverhältnisse, die unter den von der Fluggesellschaft erlaubten Mindestbedingungen lagen, und eine mögliche Übermüdung der Besatzung beigetragen haben.

Datum: 12. September 1961, 21:09 Uhr
Ort: In der Nähe von Rabat, Marokko
Unternehmen: Air France
Flugzeugmuster: Sud-Aviation Caravelle III (F-BJTB)

Flug 2005 war unterwegs von Paris nach Casablanca, Marokko. Auf dem Flughafen Sale in der Nähe von Rabat war eine Zwischenlandung vorgesehen. Beim Landeanflug stürzte die Düsenpassagiermaschine ab und ging in Flammen auf. Alle 77 Personen an Bord (71 Passagiere und sechs Besatzungsmitglieder) fanden dabei den Tod.

Nachdem der Pilot gemeldet hatte, daß er über dem Niederfrequenz-Funkfeuer (NDB) durch die dichte tiefliegende Nebeldecke durchstoßen wollte, wurde er sofort von dem Kontrollturm darauf hingewiesen, daß diese Navigationshilfe nicht auf der verlängerten Mittellinie der Landebahn stand. Der Flug bestätigte den Empfang dieser Mitteilung nicht. Die Caravelle schlug in einer leichten linken Kurvenlage mit der Nase knapp unter dem Horizont auf dem Boden auf. Ihr Fahrwerk war ganz, die Landeklappen teilweise ausgefahren. Sie machte noch zwei Sätze, bevor sie endgültig gegen die Seite einer Schlucht prallte und auseinanderbrach. Die Absturzstelle lag zehn Kilometer vor der Schwelle der Landebahn 04 und ungefähr 1,5 Kilometer links von ihrer verlängerten Mittellinie. Zur Unfallzeit war es dunkel. Das Flugplatzwetter beinhaltete eine geschlossene Wolkendecke mit einer Untergrenze von 30 Meter und einer horizontalen Sichtweite von 500 Meter.

Ein technischer Fehler erschien unwahrscheinlich. Beide Höhenmesser wurden mit der richtigen Einstellung gefunden. Deshalb wurde die Hypothese wahrscheinlicher als jede andere angesehen, daß der Unfall durch ein falsches Ablesen des Höhenmessers um 300 Meter (1000 Fuß) verursacht worden war. Der Pilot könnte diesen Ablesefehler zu Beginn des Sinkfluges gemacht und dann beibehalten haben, als er seine volle Aufmerksamkeit dem 30 Meter-(100 Fuß)-Zeiger widmete, um das Flugzeug auf die, wie er glaubte, minimal erlaubte Höhe zu bringen. Im Unfalluntersuchungsbericht wurde festgehalten, daß die Anzeige auf den Höhenmessern mit einem Kollsmann-Fenster, mit denen die F-BJTB ausgerüstet war, leicht falsch interpretiert werden konnte.

Datum: 8. November 1961, circa 21:30 Uhr
Ort: In der Nähe von Richmond, Virginia, USA
Unternehmen: Imperial Airlines, USA
Flugzeugmuster: Lockheed 049E Constellation (N2737A)

Die viermotorige Transportmaschine beförderte im Auftrag des US-amerikanischen Militärs 74 Heeresrekruten nach Fort Jackson, das in der Nähe von Columbia in South Carolina liegt. Außerdem befanden sich fünf zivile Besatzungsmitglieder an Bord, darunter neben dem regulären Bordmechaniker noch ein Bordmechaniker-Schüler. Beide Piloten waren qualifizierte Flugkapitäne. Nachdem die Passagiere in Newark, New Jersey; Wilkes Barre, Pennsylvania; und Baltimore, Maryland, an Bord gekommen waren, nahm die Constellation Kurs auf ihren Zielflughafen.

Beim Start in Baltimore war eine kurzfristige Schwankung der Benzindruckanzeige am Motor Nummer vier bemerkt worden, dessen Kraftstoffpumpe wahrscheinlich ausgefallen war. Die Ursache dafür dürfte der Anschluß an einen falschen elektrischen Kontaktarm gewesen sein (Wie sich später herausstellte, war sie an Motor Nummer zwei angeschlossen). Der Bordmechaniker-Schüler öffnete als Gegenmaßnahme die Treibstoffumlenkventile Nummer drei und vier. Da aber die Kraftstoffpumpe Nummer drei nicht funktionierte, versorgte die Pumpe Nummer vier den Querverbindungsverteiler mit höherem Druck und hielt das Verbindungsventil zwischen Verteiler und Treibstofftank drei geschlossen. Der Treibstoffvorrat im Tank vier, der jetzt beide rechten Triebwerke alleine versorgen mußte, war bald aufgebraucht. Das führte zum Ausfall beider rechten Motoren.

Der qualifizierte Bordmechaniker übernahm sofort, beging aber einen Verfahrensfehler, indem er die Kraftstoffpumpe vier eingeschaltet ließ. Dadurch konnte Luft in die Brennstoffleitungen der Motoren drei und vier gelangen, was ein Wiederanlassen der beiden Triebwerke verhindert hat. Die beiden zugehörigen Luftschrauben wurden dann in Segelflugstellung gefahren. Die Besatzung entschloß sich, auf dem Flug-

Beim Absturz dieser Imperial Airlines Constellation kamen 77 Personen in den Flammen ums Leben; die meisten waren Rekruten des US-Heeres. (Wide World Photos)

platz Byrd Field bei Sandstrom, einem Vorort von Richmond, notzulanden.

Der die Aufgaben des Kopiloten wahrnehmende Flugkapitän entschloß sich während des Landeanfluges auf Landebahn 33 aus unerklärlichen Gründen, auf Landebahn 02 überzuwechseln. Der Landeversuch mußte aber ganz abgebrochen werden, als sich das Fahrwerk nicht ausfahren ließ. Die Besatzung hatte versäumt, das Umschaltventil zu aktivieren, damit die Motoren eins und zwei mit ihrem Hydraulikdruck die normalen Aufgaben der rechten Triebwerke übernommen hätten.

Die Maschine kreiste dann gegen den Uhrzeigersinn um den Flugplatz, um dieses Mal Landebahn 33 anzufliegen. Dabei erhöhte sich ihre Querlage bis zu dem Punkt, wo sie Geschwindigkeit und Höhe verlor. Die nun hohe Sinkgeschwindigkeit war das Ergebnis eines schlecht ausgeführten Durchstartverfahrens. Um die Sinkrate zu brechen, gab die Besatzung auf den linken Motoren Vollgas. Das Triebwerk eins fiel dann wegen der Drucküberbelastung prompt aus. Die Constellation befand sich zu dieser Zeit etwa 800 Meter seitlich von der verlängerten Mittellinie der Landebahn. Mit einem laufenden Triebwerk konnte sie keine Höhe mehr halten und stürzte schließlich ungefähr 1,5 Kilometer von der Landebahnschwelle entfernt ab. Kurz vor dem Absturz wurde das Flugzeug noch einmal scharf hochgezogen. Dann schlug es in einem Waldgebiet auf und brannte sofort. Sein Hauptfahrwerk war ausgefahren, sein Bugrad aber noch eingezogen.

Den eigentlichen Absturz hätten viele Insassen überleben können. Das Feuer nach dem Aufschlag und besonders die Folgen der Kohlenmonoxydvergiftungen führten jedoch zu 77 Todesopfern. Nur der Flugkapitän und der reguläre Bordmechaniker überlebten das Unglück verletzt. Zur Unfallzeit war es dunkel. Die Wetterverhältnisse waren gut.

Als Unfallursache wurde festgelegt: Mangelhaftes Koordinations- und Entscheidungsvermögen der Flugzeugführung, wie beim Wechsel der Landebahn durch den Ersten Offizier sichtbar wurde. Schlechtes Urteilsvermögen und ungenügende Kenntnisse über das technische Gerät führten zu einer Notfallsituation, der die Besatzung nicht gewachsen war.

Zusätzlich zu dem Kompetenzmangel in der Flugzeugführerkabine wurden weitere Unregelmäßigkeiten im Flugbetrieb der Gesellschaft festgestellt. Im Treibstoffsystem der N2737A wurden zum Beispiel ebenso wie im Kraftstoffkesselwagen, aus dem sie betankt worden war, Rostansätze gefunden. Wenn die Verschmutzung des Treibstoffes auch in keinem ursächlichen Zusammenhang mit den drei Triebwerkausfällen gestanden hatte, wies sie doch auf die mangelnde Einhaltung der zivilen Luftfahrtbestimmungen durch die Imperial Airlines hin. Das US-amerikanische Bundesamt für Luftfahrt FAA zog daraufhin etwa sechs Wochen nach dem Unglück die Betriebsgenehmigung der Gesellschaft zurück.

Datum: 1. März 1962, 10:08 Uhr
Ort: New York, New York, USA
Unternehmen: American Airlines, USA
Flugzeugmuster: Boeing 707–123B (N7506A)

Die Düsenpassagiermaschine war als Flug eins von der Startbahn 31 links des New Yorker Internationalen Flughafens zu einem transkontinentalen Inlandflug nach Los Angeles, Kalifornien, gestartet. Nach einer ersten Linkskurve leitete die 707 eine zweite zu-

Eine American Airlines Boeing 707–123B. Eine Maschine diesen Typs stürzte kurz nach dem Start vom New Yorker Internationalen Flughafen ab. (American Airlines)

Die zerstörten Überreste der Boeing 707 brennen auf der Wasseroberfläche der Jamaica Bay weiter. Der Absturz kostete 95 Menschenleben. (Wide World Photos)

rück in südöstliche Richtung ein. Anstatt aber wieder auszurollen, drehte sie weiter um ihre Längsachse, bis sie sich in der Rückenlage befand. Dann stürzte sie nach weniger als zwei Minuten Flugzeit aus ungefähr 500 Meter Höhe in die Jamaica Bay. Beim Aufschlag brach sie auseinander und ging in in Flammen auf. Alle 95 Personen an Bord (87 Passagiere und acht Besatzungsmitglieder) fanden den Tod.

Das Düsenverkehrsflugzeug war bei Ebbe mit voll eingezogenem Fahrwerk und eingefahrenen Landeklappen mit einer Geschwindigkeit von ungefähr 370 km/Std in das flache Wasser des Pumpkin Patch Kanals gestürzt. Es hinterließ einen etwa drei Meter tiefen Krater am Grund der Bucht. Ein großer Teil der Trümmer war im Schlamm versunken und mußte ausgegraben werden.

Der Zustand des Wracks und der menschlichen Überreste der Besatzung behinderte zuerst den Einstieg der US-amerikanischen Luftverkehrsbehörde (CAB) in die Untersuchung der Tragödie. Es gab jedoch weder Anzeichen für eine Explosion oder den Ausbruch eines Feuers in der Luft, noch für eine physische Handlungsbeschränkung der Piloten oder einen Fehler im Querrudersteuersystem der Maschine. Das Wetter war zur Unfallzeit ausgezeichnet. Es gab vereinzelte hohe Wolken, die Sicht betrug 25 Kilometer.

Bei der Untersuchung wurden jedoch Unregelmäßigkeiten im Seitenruder-Steuerungssystem der 707 festgestellt. In dem Ansprechspannungsgenerator der Seitenruder-Servoanlage wurden durchgescheuerte und abgerissene Drähte gefunden. Diese Anlage setzt die elektrischen Signale des automatischen

Flugsteuerungssystems proportional in mechanische Kräfte zur richtigen Einstellung des Seitenruders um. Die Isolierung der Drähte wies ebenfalls Risse und Scheuerstellen auf. Diese Beschädigungen rührten offensichtlich nicht von dem Aufprall her, da ähnliche Mängel auch bei anderen Anlagen gefunden wurden, die noch auf dem Förderband lagen. Das führte zu dem Schluß, daß die Beschädigungen bei der Befestigung der Drahtbündel an das Motorgehäuse wahrscheinlich durch eine falsche Handhabung der Montagezange entstanden waren. In ihrem Unfalluntersuchungsbericht vertrat die CAB die Auffassung, daß die Drähte so geschwächt waren, daß Vibrationen oder andere Störeinwirkungen schließlich ihre endgültige Trennung verursacht hatten.

Durchgeführte Versuche bewiesen, daß durch die Berührung oder andersweitige Kurzschließung der Drähte ein Dämpfungsendausschlag-Signal des Gierdämpfungsreglers hervorgerufen werden konnte. Diese Vorrichtung soll den Beginn einer Seitenruder-Steuerungsunregelmäßigkeit fühlen und die Seitenflosse automatisch richtig einstellen. Der Servo ist Teil dieser Einheit. Bei der N7506A hatte das offenbar einen unerwarteten Seitenruderausschlag nach links verursacht, der ein Gieren, seitliches Abrutschen und Rollen hervorrief und zum Verlust der Steuerbarkeit geführt hat. Das Zusammentreffen mehrerer Umstände dürfte dafür verantwortlich gewesen sein, daß die Besatzung das Flugzeug in den Bereich des überzogenen Flugzustandes kommen gelassen hat. Dazu könnten gehört haben: Die anfängliche Überdeckung der Steuerungsschwierigkeiten durch die Turbulenz; Probleme beim Erkennen der Situation, da unter Sicht-flugbedingungen weniger auf die Instrumente geschaut wird; ein unbeabsichtigtes Hochziehen der Maschine beim Kampf mit den Steuerungsorganen; das Fehlen einer Schüttelwarnanzeige an der Steuersäule vor Eintritt des Flugzeugschüttelns beim überzogenen Flugzustand; und das ständige Arbeiten des defekten Gierdämpfungsreglers. Es wurden auch Vermutungen darüber angestellt, daß die Piloten die vorgeschriebene Abflugroute einzuhalten versucht haben, die auch Kurven beinhaltete, um die Lärmbelästigung zu verringern, und die Platzrunde des nahegelegenen Flughafens La Guardia zu vermeiden. Dieses Verfahren könnte bei dem Unfall eine Rolle gespielt haben, da es einen gleichmäßigen Steigflug der abfliegenden Maschine verhinderte.

Andere Anzeichen deuteten darauf hin, daß die Besatzung beim Versuch, die Kontrolle über das Flugzeug zurückzugewinnen, zuerst die beiden linken Triebwerke gedrosselt, dann die Gierdämpfungsanlage ausgeschaltet und zuletzt das Seitenruder-Servosystem außer Betrieb gesetzt hatte.

Das US-amerikanische Bundesamt für Luftfahrt FAA kam zu einem anderen Ergebnis als die CAB. Seiner Ansicht nach wurde der Unfall durch den Verlust eines unsachgemäß eingebauten Bolzens in dem hydraulischen Druckregelsystem ausgelöst. Die Folge war der Verlust der Kontrolle über das System. Das bewirkte einen vollen Seitenruderausschlag, der eine ähnliche Gierbewegung erzeugte, wie sie bei einer Störung der Servoanlage aufgetreten wäre. Die CAB bemerkte in ihrem Abschlußbericht, daß solch ein Ereignis die Unregelmäßigkeiten ausgelöst haben könnte, die zum Absturz geführt haben.

Trotz seiner eigenen Hypothese über die Unfallursache, veranlaßte der Absturz die FAA, eine Lufttüchtigkeitsweisung herauszugeben, in der die Untersuchung aller Servo-Spannungsgeneratoren-Motoren auf beschädigte Drähte vorgeschrieben wurde, die vom gleichen Typ wie bei der N7506A waren.

Datum: 4. März 1962, circa 19:20 Uhr
Ort: In der Nähe von Douala, Kamerun
Unternehmen: Caledonian Airways, England
Flugzeugmuster: Douglas DC-7C (G-ARUD)

Alle 111 Personen an Bord (101 Passagiere und zehn Besatzungsmitglieder) fanden den Tod, als das Flugzeug knapp eine Minute nach dem Abheben von der Startbahn 12 des Doualaer Flughafens abstürzte. Es befand sich auf dem Weg nach Lissabon, Portugal, dem nächsten Zwischenlandeplatz des Charterfluges von Lourenço Marques (dem heutigen Maputo), Moçambique, nach Luxemburg. Die Maschine war von der belgischen Gesellschaft SABENA gemietet worden, und die Caledonian Airways setzte sie im Auftrag der Trans-Africa Air Coach Ltd ein.

Nach einer ungewöhnlich langen Startstrecke schien die DC-7C nur langsam Höhe zu gewinnen. Sie befand sich in einer leichten Kurvenlage nach links und fast im Horizontalflug, als sie nur 20 Meter über

der Platzhöhe ungefähr drei Kilometer nach dem Startbahnende, circa 500 Meter links von der verlängerten Mittellinie gegen die ersten Bäume gestoßen ist. Danach stürzte die Passagiermaschine in einen Sumpf, brach auseinander und fing Feuer. Ihr Fahrwerk war zum Zeitpunkt des Aufschlages eingezogen. Die Landeklappen waren eingefahren oder in einer Stellung kurz davor. Anzeichen sprachen dafür, daß die Besatzung noch versucht hatte, die Landeklappen wieder auszufahren, nachdem sie einige Unregelmäßigkeiten bemerkt hatte. Das Unglück ereignete sich in einer dunklen, mondlosen Nacht. Die Wetterverhältnisse umfaßten eine tiefe gebrochene Wolkendecke mit einer 3/8 Fraktostratusbedeckung in 400 Meter, 2/8 Stratokumulusbedeckung in 600 Meter und einer Sicht von ungefähr 15 Kilometer. In dem Gebiet gab es zudem leichten Regen und Gewittertätigkeit.

Die rechte Höhenruder-Federklappe wurde in einem blockierten Zustand aufgefunden. Die Untersuchungskommission kam zu dem Urteil, daß dieser Fehler vor dem Unfall eingetreten sein könnte. Eine Federklappe soll den benötigten Kraftaufwand des Piloten besonders bei hohen Geschwindigkeiten verringern. In diesem Fall hätte das Blockieren die Zugkraft an der Steuersäule verdreifacht, die zum rotieren des Flugzeuges in die Abhebestellung benötigt worden wäre. Das würde auch die lange Startstrecke erklären und könnte zu einer negativen Steiggeschwindigkeit geführt haben.

Unter diesen Umständen dürfte der mechanische Fehler noch durch das von der Gesellschaft eingeführte Steigflugverfahren verschlimmert worden sein. Zuerst sollte dabei die Geschwindigkeit erhöht werden, was zu einem Flug in niedriger Höhe zwang. Die von der Gesellschaft festgesetzte Mindestflughöhe zum Einfahren der Landeklappen berücksichtigte nur die notwendige Hindernisfreiheit. Letztlich dürfte der auf dem Sitz des Kopiloten anwesende Prüfpilot seine Aufmerksamkeit mehr dem Flugkapitän als den Anzeigen seiner eigenen Instrumente gewidmet haben. Ein Fehler eines Flugüberwachungsinstrumentes, wie zum Beispiel des Kurskreisels oder des Notkreiselhorizontes, wurde als Unfallursache nicht völlig ausgeschlossen, obwohl es die Entscheidung der Piloten, die Landeklappen wieder auszufahren, nicht erklärt haben würde.

Die Herstellerfirma ordnete später eine Modifizierung der Federklappenanlage bei diesem Flugzeugmuster an, um die Möglichkeit der zufälligen Blockierung auszuschließen. Auf dem Flughafen Douala wurden zusätzliche Sicherheitsvorkehrungen getroffen. 6,5 Kilometer hinter dem Startbahnende wurden in circa 40 Meter Höhe drei weiße Lichter aufgestellt, die einen sichtbaren Bezugspunkt zur verlängerten Mittellinie der Startbahn darstellten.

Datum: 16. März 1962, circa 00:30 Uhr
Ort: Philippinische See
Unternehmen: The Flying Tiger Line Inc, USA
Flugzeugmuster: Lockheed 1049H Super Constellation (N6921C)

Die viermotorige Passagiermaschine war im Auftrag des US-amerikanischen Lufttransportkommandos (MATS) unterwegs von Guam nach den Philippinen, einer Teilstrecke auf dem Flug vom Luftwaffenstützpunkt Travis AFB in Kalifornien, USA, nach Saigon (Ho Chi Minh City) im damaligen Südvietnam. An Bord befanden sich 107 Personen, 93 US- und drei Südvietnamesische Soldaten und elf zivile amerikanische Besatzungsmitglieder.

Die Maschine hatte sich zuletzt nachts bei scheinbar guten Wetterbedingungen mit vereinzelten hohen Wolken in einer Reiseflughöhe von 5500 Meter gemeldet. Aus ihrem letzten Funkspruch konnten keinerlei Anzeichen irdendwelcher Schwierigkeiten entnommen werden. Nachdem die Super Constellation aber nicht auf dem Luftwaffenstützpunkt Clark AFB in der Nähe von Manila eintraf, wurde eine große Suchaktion eingeleitet, die über eine Woche fortgeführt wurde. 50 Flugzeuge und acht Schiffe suchten ein offenes Seegebiet von 373.000 Quadratkilometer ab. Es wurde aber nie eine Spur von der Maschine gefunden.

Mitglieder einer Schiffsbesatzung wollen eine Explosion am Himmel gesehen haben, aus der zwei brennende Gegenstände in den Ozean gefallen sind. Zeit und Ort dieser Beobachtung stimmten mit der geschätzten Position der Maschine, 1300 Kilometer östlich der Philippinen überein. Das Wasser ist in diesem Gebiet zwischen zwei und fünf Kilometer tief.

Die US-amerikanische Luftverkehrsbehörde (CAB) stellte in ihrem Untersuchungsbericht fest, daß die Seeleute wahrscheinlich Augenzeugen des furchtbaren Absturzes der Passagiermaschine gewesen waren. Da aber keine handfesten Beweise vorlagen, konnte nicht geklärt werden, ob sie Opfer eines mechanischen oder strukturellen Fehlers, eines Sobotageaktes oder anderer widriger Umstände geworden war.

Datum: 22. Mai 1962, circa 21:15 Uhr
Ort: In der Nähe von Unionville, Missouri, USA
Unternehmen: Continental Air Lines, USA
Flugzeugmuster: Boeing 707–124 (N70775)

Das Düsenpassagierflugzeug war als Flug 11 unterwegs von Chicago, Illinois, nach Kansas City, Missouri, der ersten Teilstrecke des Inlandfluges nach Los Angeles, Kalifornien. Es stürzte an der Grenze zwischen Iowa und Missouri ab. Alle 45 Personen an Bord (37 Passagiere und acht Besatzungsmitglieder) fanden den Tod. Ein Passagier war noch lebend geborgen worden, erlag aber eineinhalb Stunden nach der Rettung seinen Verletzungen.

Das Flugzeug flog nachts bei einwandfreien Wetterverhältnissen in 11.300 Meter (37.000 Fuß) Höhe. Nachdem es gerade einige Gewitterwolken umflogen hatte, wurde es von einer Explosion erschüttert und brach kurz darauf auseinander. Der größte Teil der Maschine fiel ungefähr neun Kilometer nordnordwestlich von Unionville in ein Feld. Teile waren jedoch in nordöstlicher Richtung über 65 Kilometer entlang des Flugweges verteilt, und einige kleinere Trümmerstücke wurden sogar bis zu 190 Kilometer vom Hauptwrack entfernt gefunden.

Die erste Vermutung über eine Sprengstoffexplosion wurde schon bald durch die Feststellung des US-amerikanischen Bundeskriminalamtes und -Fahndunggsdienstes (FBI) bestätigt, daß eine Ladung Dynamit im Rumpf der 707 zur Detonation gelangt war. Sie hatte sich offensichtlich in dem Behälter für be-

Das Hauptteil der Continental Air Lines Boeing 707 liegt in einem Feld. Die Maschine war in der Luft auseinandergebrochen, was auf eine Bombenexplosion an Bord zurückgeführt wurde. (UPI / Bettmann)

nutzte Handtücher unter dem Waschbecken der rechten hinteren Toilette befunden. Nach der Explosion muß die Besatzung einen Sinkflug eingeleitet, die Sauerstoffmasken aufgesetzt und das Fahrwerk ausgefahren haben. Die Maschine brach jedoch noch in großer Höhe auseinander. Nachdem sie die hinteren elfeinhalb Meter ihres Rumpfes verloren hatte, kippte sie nach unten ab. Dabei brachen fast die gesamte linke und der äußere Teil der rechten Tragfläche und die vier Düsentriebwerke ab.

Die Bombe war von einem Passagier an Bord gebracht worden, der offenbar einen Selbstmord-Versicherungsbetrug begehen und seine Frau in den Genuß der Lebensversicherungssumme kommen lassen wollte. Dabei verübte er den ersten erfolgreichen Sabotageanschlag auf ein ziviles Verkehrsflugzeug.

Datum: 3. Juni 1962, circa 12:35 Uhr
Ort: Villeneuve im Marnetal, Frankreich
Unternehmen: Air France
Flugzeugmuster: Boeing 707–328 (F-BHSM)

Das Düsenverkehrsflugzeug sollte als Charterflug über New York City nach Atlanta, Georgia, USA, fliegen. Bis auf einen Franzosen waren alle Passagiere an Bord Amerikaner, die von einer von der Kunstgesellschaft Atlanta geförderten Europareise heimkehrten.

Die 707 begann ihren Startvorgang auf der Startbahn 08 des Flughafen Orly, der etwas außerhalb von Paris liegt. Nach einer normalen Beschleunigung begann das Flugzeug die Nase zu heben. Das Bugrad blieb ungefähr fünf Sekunden über der Rollbahn. Als der Bremsvorgang einsetzte, fiel es auf den Boden zurück. Die Düsenverkehrsmaschine hatte zu dieser Zeit bereits eine Geschwindigkeit von circa 320 km/Std erreicht, kam aber nicht in die Luft. Dichte Rauchwolken gingen von ihren Laufrädern aus, als die Besatzung versuchte, die Maschine zum stehen zu bringen. Dann schob sie nach rechts, was wahrscheinlich ein verzweifelter Versuch war, das Flugzeug zu einem Ringelpietz zu bewegen. Die 707 schoß jedoch noch auf der Mittellinie über das Startbahnende hinaus. Beim Rollen auf Gras riß das Hauptfahrwerk, beginnend mit dem linken Rädern, ab. Nach dem Zusammenstoß mit der Anflugbefeuerung fiel das Verkehrsflugzeug auseinander. Es zerstörte noch ein Gebäude und eine Garage, bevor es schließlich 500 Meter hinter dem Startbahnende zur Ruhe kam. Das beim Schleifen über dem Boden ausgebrochene Feuer bedeckte bald das ganze Wrack. Bei dem Unfall starben 130 Personen, darunter acht Besatzungsmitglieder. Zwei

Diese Air France Boeing 707 verunglückte nach einem Startabruch auf dem Flughafen Orly bei Paris. Dabei fanden den 130 Personen den Tod. (UPI/Bettmann)

Stewardessen, die am hinteren Ende der Kabine gesessen hatten, überlebten verletzt.

Die Untersuchung brachte eine falsche Steuerlastigkeitsstellung des Höhenruders zutage. Die Trimmung war genau auf eineinhalb Einheiten schwanzlastig eingestellt, das waren etwa zwei Einheiten zu viel zur kopflastigen Seite für den Start. Diese Einstellung würde zum Zeitpunkt der Flugzeugrotation und des Abhebens einen so großen Widerstand an der Steuersäule erzeugt haben, daß der Flugkapitän glauben könnte, das Höhenruder habe blockiert.

Der Unfalluntersuchungsausschuß stellte fest, daß die falsche Stellung durch den Ausfall des Trimmservomotors verursacht worden war, was die Besatzung auch daran gehindert hatte, das Problem zu beheben. Der Grund für das Versagen konnte jedoch nicht bestimmt werden. Der Pilot dürfte noch versucht haben, die Ursache des Problems zu ergründen, aber dann war es zu spät, die Maschine auf der verbleibenden Startbahnstrecke zum Stehen zu bringen, oder auch nur die Rollgeschwindigkeit entscheidend zu verringern.

Durchgeführte Testversuche ergaben, daß die 707 trotz der falschen Trimmstellung hätte sicher abheben können. Dem Flugkapitän fehlten jedoch die notwendigen Angaben, um so eine Entscheidung in solch kurzer Zeit treffen zu können.

Die Wetterverhältnisse an diesem Sonntag hatten offensichtlich keinen Einfluß auf das Unglück. Der Himmel war leicht bewölkt, die Sicht war gut.

Datum: 22. Juni 1962, 04:01 Uhr
Ort: Basse-Terre, Guadeloupe, Westindien
Unternehmen: Air France
Flugzeugmuster: Boeing 707–328 (F-BHST)

Flug 117 war ein Liniendienst von Paris nach Santiago, Chile, mit sechs planmäßigen Zwischenlandungen unterwegs. Das Düsenverkehrsflugzeug stürzte 25 Kilometer westnordwestlich von dem vorgesehenen Zwischenlandeplatz Le Raizet, der Pointe-à-Pitré auf Grande-Terre bediente, ab. Alle 113 Personen an Bord (103 Passagiere und zehn Besatzungsmitglieder) fanden den Tod.

Kurz vor dem Unfall hatte die 707 den Überflug des Niederfrequenz-Funkfeuers Pointe-à-Pitré in 1500 Meter (5000 Fuß) gemeldet. Sie leitete dann eine Kurve zurück nach Osten ein, um mit dem Endanflug beginnen zu können. Das Flugzeug prallte in 500 Meter Höhe in der Nähe von Sainte-Rose gegen einen Berg. Das Fahrwerk war beim Aufschlag noch eingefahren. Die Unfallstelle lag 15 Kilometer von der vorgeschriebenen Anflugroute entfernt in einem Tropenwald. Ein Teil des Wracks brannte, es gab aber beim Aufschlag in der Dunkelheit keine Explosion. Zur Unglückzeit wurden in dem Gebiet schwere Gewitter und Wolkenuntergrenzen von ungefähr 300 Meter bei einer Sicht von zehn Kilometer gemeldet. Weiter im Osten betrug die Wolkenuntergrenze 100 bis 150 Meter.

Der Unfall wurde auf die Verkettung folgender Ereignisse zurückgeführt: 1) Dem Ausfall der UKW-Drehfunkfeuer Station (VOR) in Pointe-à-Pitré (Der Pilot hatte dem Kontrollturm über Funk seine Besorgnis darüber mitgeteilt, daß das Navigationsanlage nicht in Betrieb war); 2) dem Flug wurden unzureichende Wetterinformationen gegeben; und 3) eine falsche Anzeige des Radiokompasses aufgrund der widrigen atmosphärischen Bedingungen.

Ein Präzisions-Anflug wäre nicht möglich gewesen, da der Flughafen über kein Instrumentenlandesystem (ILS) verfügte. Heute besitzt er es als eine zusätzliche Sicherheitsvorkehrung für anfliegende Flugzeuge.

Datum: 7. Juli 1962, circa 00:15 Uhr
Ort: In der Nähe von Junnar, Maharashtra, Indien
Unternehmen: Alitalia, Italien
Flugzeugmuster: Douglas DC-8 Serie 43 (I-DIWD)

Flug 771 sollte auf seiner Route von Sydney, Australien, nach Rom, Italien, unterwegs sechs Zwischenlandeplätze anfliegen. Nach dem Abflug von Bangkok, Thailand, nahm die DC-8 Kurs auf Indien, wo auf dem Santa Cruz Flughafen von Bombay die nächste Zwischenlandung geplant war. Nach der Freigabe zum Sinkflug auf 1200 Meter (4000 Fuß) erhielt der Pilot auf seine Anfrage die Erlaubnis, eine 360 Grad Kurve über der äußeren Funkbake des Instrumentenlandesystems zu fliegen. Danach riß die Funkverbindung mit dem Flug.

Das Düsenverkehrsflugzeug stürzte in ungefähr 1100 Meter (3600 Fuß) gegen einen Hügel, ganze eineinhalb Meter unterhalb des Gipfels. Die Absturzstelle lag rund 90 Kilometer ostnordöstlich des Flughafens und neun Kilometer links von dem vorgeschriebenen Flugweg. Alle 94 Personen an Bord (85 Passagiere und neun Besatzungsmitglieder) fanden den Tod. Nach dem Aufschlag gab es kleinere Brände, aber keine Explosion. Der Unfall ereignete sich nachts unter Instrumentenflugbedingungen. Augenzeugen meldeten leichte Regenfälle.

Eine indische Untersuchungskommission schrieb den Unfall einem Navigationsfehler zu, der den Piloten glauben ließ, er befände sich näher an seinem Ziel, als das tatsächlich der Fall war. Das führte zu einer zu frühen Aufgabe seiner Flughöhe unter die Hindernisfreiheitgrenze in diesem Gebiet. Diese Hypothese stützte sich auf die Anfrage des Piloten, über der äußeren Funkbake kreisen zu dürfen. Er muß der Ansicht gewesen sein, der Flug befinde sich bereits kurz vor dieser Navigationshilfe . Weiter gab es Anzeichen dafür, daß der Flugkapitän entgegen seiner geäußerten Absicht einen direkten Anflug auf Landebahn 27 durchführen wollte. Die Kommission sah als beitragende Unfallursachen an, daß der Pilot die vorhandenen Navigationshilfen nicht genutzt hatte, um seine Position zu überprüfen; daß er die Mindestsicherheitshöhe unterschritten hatte; und daß er mit dieser bestimmten Route nicht vertraut gewesen ist.

Die Fluggesellschaft machte den Fluglotsen der Anflugkontrolle für den Unfall verantwortlich, da er eine unzulängliche, verkehrte und unvollständige Freigabe erteilt habe. Sie stellte weiter fest, daß er überhaupt keine Freigabe hätte erteilen dürfen, solange sich die DC-8 noch außerhalb der Anflug-Kontrollzone befunden habe. Die Gesellschaft behauptete zudem, daß die Flugsicherung im Raum Bombay schlecht organisiert wäre und eine Gefährdung für internationale Flugzeuge darstelle. Die indischen Behörden wiesen diese Anschuldigungen zurück und stellten fest, daß für die Einhaltung der Bodenfreiheit die Piloten und nicht die Fluglotsen verantwortlich seien. Sie bemerkten außerdem, daß der Pilot unter 1200 Meter gesunken sei und damit sogar die Grenze der Freigabe mißachtet habe.

Datum: 27. November 1962, circa 03:40 Uhr
Ort: Distrikt Surco, Bezirk Lima, Peru
Unternehmen: SA Empresa de Viacao Aerea Rio Grandese (VARIG), Brasilien
Flugzeugmuster: Boeing 707–441 (PP-VJB)

Flug 810 führte von Porte Alegre, Rio Grande do Sol, Brasilien, nach Los Angeles, Kalifornien, USA. Die Düsenverkehrsmaschine wurde für die Landung auf dem Limaer Callao Flughafen vorbereitet, als sie etwa 25 Kilometer südlich der Hauptstadt abstürzte. Alle 97 Personen an Bord (80 Passagiere und 17 Besatzungsmitglieder) fanden dabei den Tod.

Die Besatzung hatte den Rat der Anflugkontrolle befolgt und ein Durchstartverfahren eingeleitet, weil die Maschine bei dem ersten Landeversuch zu hoch angeflogen war. Das Flugzeug flog über den Flughafen in einer Linkskurve hinweg und nahm dann einen südlichen Kurs auf. Später leitete es eine 180 Grad Kurve ein, die notwendig war, um den rückwärtigen Leitstrahl des Instrumentenlandesystems (ILS) der Landebahn 33 erfassen zu können.

Die 707 flog jedoch fast drei Minuten in nordnordöstlicher Richtung weiter. Dabei kreuzte sie den Leitstrahl und prallte mit einem Kurs von 333 Grad gegen den 750 Meter hohen La Cruz Peak. Beim Aufschlag explodierte sie. Zur Unfallzeit befand sich die Maschine fast im Horizontalflug. Ihr Hauptfahrwerk war ausgefahren, die Position des Bugfahrwerkes konnte nicht mehr bestimmt werden.

Der Unfall ereignete sich in der Dunkelheit vor der Morgendämmerung. Der Himmel in der näheren Umgebung war mit 8/8 Stratuswolken in 600 Meter Höhe bedeckt. Die Sicht betrug ungefähr 15 Kilometer, und es wehte eine leichte Brise aus südsüdwestlicher Richtung.

Der Grund für das Abweichen von der vorgeschriebenen Flugroute, das zu dem Unglück führte, konnte nicht bestimmt werden. Eine mögliche Theorie konzentriete sich auf falsche Anzeigen der Navigationsinstrumente.

Sollte das Radiokompaß-Empfangsgerät (ADF) auf eine falsche Niederfrequenz-Funkfeuer-Station (NDB) und das integrierte Collin ILS-Instrument so eingestellt gewesen sein, daß der Vorderkurs mit dem Gegenkurs verwechselt worden war, hätte die Besatzung die Anzeige erhalten, daß sich der richtige Anflugweg rechts vorne befände. In Wirklichkeit

hätte aber eine sofortige Linkskurve eingeleitet werden müssen, um den rückwärtigen Leitstrahl des ILS von Westen her zu erreichen.

Wenn die 707 mit ihrem Kurs von 12 Grad weitergeflogen wäre, hätte der Radiokompaß 90 Grad nach links gezeigt. Das könnte die Besatzung davon überzeugt haben, das Flughafen ILS arbeite nicht einwandfrei. Das Flugzeug war kurz vor dem Absturz zurückgekurvt. Zu dieser Zeit befand es sich 13 Kilometer östlich des richtigen Anflugweges.

Datum: 1. Februar 1963, circa 17:15 Uhr
Ort: Ankara, Türkei
Erstes Flugzeug
Unternehmen: Middle East Airlines, Libanon
Flugzeugmuster: Vickers Viscount 754 (OD-ADE)
Zweites Flugzeug
Unternehmen: Türkische Luftwaffe
Flugzeugmuster: Douglas C-47 (CBK-28)

Flug 265 näherte sich seinem Ziel. Die Maschine kam aus Nicosia, Zypern, und wurde für die geplante Landung auf Ankaras Esenboga Flughafen vorbereitet. Bei nur elf besetzten Passagiersitzen und drei Besatzungsmitgliedern war sie relativ leicht beladen. Der viermotorige Turboprop flog nach Instrumentenflugregeln (IFR). Nach der Freigabe für ein Niederfrequenz-Funkfeuer-Anflugverfahren (NDB) fuhr die Besatzung Fahrwerk und Landeklappen aus. Unterdessen kehrte die CBK-28 von einem Ausbildungsflug vom Flugplatz Etimesgut nach Sichtflugregeln (VFR) zurück. Ihre drei Besatzungsmitglieder waren die einzigen Personen an Bord.

Die beiden Flugzeuge stießen mitten über Ankara in der Luft zusammen und stürzten dann einzeln auf die Stadt. Beim Aufschlag lösten sie Brände aus und zerstörten oder beschädigten zahlreiche Häuser und Fahrzeuge. Bei diesem Blutbad starben zusätzlich zu den 17 Personen an Bord der Maschinen 87 Menschen am Boden, weitere 50 wurden verletzt. Die Kollision hatte kurz vor Sonnenuntergang bei, wie Augenzeugen berichteten, wolkenlosem Himmel in einer Höhe unter 2000 Meter stattgefunden. Die Sicht soll über 15 Kilometer betragen haben.

Die Verkehrsmaschine überholte das Militärtransportflugzeug in einem Winkel von circa 40 Grad von hinten. Ihre Besatzung hatte die C-47 offenbar erst im letzten Augenblick gesehen und noch versucht, die Maschine über sie hinwegzuziehen. Dafür war es aber schon zu spät. Die Viscount stieß zuerst mit ihrer Nase und der rechten Tragfläche gegen die C-47 und schnitt dann mit ihrer rechten inneren Luftschraube die linken Höhenflosse der letzteren ab. Ein Teil ihrer rechten Rumpfoberfläche wurde dabei herausgerissen und einige Passagiere aus der Kabine geschleudert. Zur Zeit des Zusammenstoßes flog die Viscount mit etwa 250 km/Std einen Kurs von 280 Grad. Sie befand sich ebenso im Sinkflug wie die C-47, die mit eingezogenem Fahrwerk und eingefahrenen Landeklappen mit 225 km/Std einen Kurs von circa 240 Grad hielt.

Der Zusammenstoß zwischen einer zivilen und einer militärischen Transportmaschine über Ankara verursachte schwere Zerstörungen, da beide Flugzeuge auf das Stadtgebiet stürzten. (Wide World Photos)

Die Libanesische Luftverkehrsbehörde machte als nationaler Vertreter der Fluggesellschaft deutliche Vorbehalte gegen den türkischen Untersuchungsbericht geltend, da dieser nicht alle Umstände berücksichtige, welche die Kollision verursacht oder zu ihr beigetragen haben könnten.

Die Türkische Untersuchungskommission hatte zum Beispiel die unmittelbare Nähe eines militärischen Flugübungsraumes nicht mit in ihre Erwägungen einbezogen. Dieser Übungsraum dehnte sich bis in die zugewiesenen Warteräume und Anflugrouten der zivilen Verkehrsmaschinen aus, ohne daß eine Koordination oder direkte Absprache zwischen den zivilen und militärischen Flugsicherungs-Kontrollstellen untereinander erfolgte.

Ebenso wurden die Wetterinformationen in dem Bericht als nicht richtig in Frage gestellt. Die Besatzung einer US-Luftwaffen C-130 hatte eine 6/10 Wolkenbedeckung in 1500 Meter und eine Sicht von nur neun Kilometer über dem Ankaraer Niederfrequenz-Funkfeuer gemeldet, was in dem türkischen Bericht festgehalten worden war.

Datum: 3. Juni 1963, circa 10:15 Uhr
Ort: Nordpazifischer Ozean
Unternehmen: Northwest Airlines, USA
Flugzeugmuster: Douglas DC-7C (N290)

Die Maschine flog im Auftrag des Lufttransportkommandos der US-Luftwaffe (MATS). Sie war unterwegs von dem in der Nähe von Tacoma im Staat Washington gelegenen Luftwaffenstützpunkt McChord nach Elmendorf, einem Flugplatz der US-Luftwaffe bei Anchorage, Alaska. Die meisten Passagiere an Bord waren Soldaten mit ihren Angehörigen.

In ihrem zuletzt empfangenen Funkspruch bat die Besatzumng ohne Angabe von Gründen, von 4300 Meter (14.000 Fuß) auf eine Reiseflughöhe von 5500 Meter (18.000 Fuß) steigen zu dürfen. Der kanadische Fluglotse lehnte die Bitte ab, da die gewünschte Flughöhe bereits von einem Linienflug der Pacific Northern Airlines belegt war. Knapp zehn Minuten später stürzte die DC-7C ins offene Meer. Die Absturzstelle lag etwa 210 Kilometer westsüdwestlich der Insel Annette, Alaska, und circa 80 Kilometer von der Nordwestspitze der kanadischen Insel Queen Charlotte entfernt. Alle 101 Personen an Bord, darunter die sechsköpfige zivile Besatzung, fanden den Tod.

Später wurden menschliche Überreste und circa 700 Kilogramm Trümmer gefunden, in der Hauptsache Teile der Kabinenausrüstung, Privatgegenstände und unbenutzte Notausrüstungen. Der Ozean ist an dieser Stelle ungefähr 2500 Meter tief. Das schloß jeden Versuch aus, das Hauptwrack zu bergen.

Die US-amerikanische Luftfahrtbehörde (CAB) kam zu dem Schluß, daß die Maschine höchstwahrscheinlich noch intakt gewesen ist, als sie offenbar fast in Rückenlage mit hoher Geschwindigkeit aufschlug. Es konnten keine Hinweise auf eine Explosion oder ein Feuer in der Luft gefunden werden. Das Flugzeug hat aber offensichtlich nach dem Aufschlag auf der Wasseroberfläche gebrannt.

Ein Pilot, der etwa zur gleichen Zeit dieselbe Route geflogen war, berichtete über die Wetterverhältnisse, daß es einzelne Wolken in verschiedenen Höhen und leichte Turbulenzen gegeben habe. Zudem hätte die Wetterlage eine Vereisung begünstigt. Tatsächlich könnte die Bitte der Besatzung der N290 nach einer größeren Flughöhe ein Hinweis darauf sein, daß sie Vereisung oder Turbulenzen angetroffen hatte.

Die Besatzung reagierte nach ihrer letzten Meldung über Funk bis zu dem Absturz auf keinen Anruf der Bodenstation mehr. Sie dürfte entweder durch einen Notfall abgelenkt gewesen sein oder Schwierigkeiten mit den Funkgeräten gehabt haben. Letztere könnten durch atmosphärische Störungen hervorgerufen worden sein, wie sie auch von dem anderen Piloten gemeldet worden waren. Die Unfallursache konnte jedoch nicht bestimmt werden, da hierzu die notwendigen Beweisstücke fehlten.

Datum: 28. Juli 1963, circa 01:50 Uhr
Ort: Vor der Küste von Bandra, Maharashtra, Indien
Unternehmen: United Arab Airlines, Ägypten
Flugzeugmuster: de Havilland Comet 4C (SU-ALD)

Das Düsenverkehrsflugzeugbefand sich als Flug 869 auf dem Weg von Tokio, Japan, nach Kairo, Ägypten. Es stürzte während der Landevorbereitungen für die geplante Zwischenlandung auf dem Flughafen Santa Cruz bei Bombay 15 Kilometer vor der Küste in das Arabische Meer. Alle 63 Personen an Bord (55 Passagiere und acht Besatzungsmitglieder) fanden den Tod.

Der Pilot hatte die Freigabe erhalten, anstatt der vorgesehenen Verfahrenskurve nach rechts eine Linkskurve zu fliegen. Danach setzte er seinen Flug über dem Ozean auf dem nach Westen führenden Streckenteil der Anflugroute fort, was im Gegensatz zu den Anweisungen der Anflugkontrolle stand.

Die Wetterbedingungen am Flughafen waren in dieser Nacht ungünstig. Es regnete bei einer 3/8 Wolkenbedeckung in ungefähr 250 Meter und 6/8 in 2500 Meter. Die Sicht betrug etwa drei Kilometer.

Es konnten nur drei Leichen und wenige Trümmerteile geborgen werden. Das erschwerte die Suche nach der Unfallursache. Die bekannten Tatsachen führten jedoch zu dem Schluß, daß der Pilot bei seiner Kurve in ein Gebiet mit straken Turbulenzen und Regenschauern geraten war, was zum Verlust der Kontrolle über die Maschine und zu einem anschließenden Aufschlag auf das Wasser mit hoher Geschwindigkeit führte.

Datum: 4. September 1963, circa 07:20 Uhr
Ort: Dürrenäsch, Kanton Aargau, Schweiz
Unternehmen: Swissair AG
Flugzeugmuster: Sud-Aviation Caravelle III (HB-ICV)

Vor dem Start vom Flughafen Zürich Kloten hatte der Pilot die Erlaubnis erhalten, die halbe Startbahn hinunterzurollen. Wahrscheinlich wollte er mit

Der Absturz der Swissair Caravelle hinterließ einen Krater und beschädigte angrenzende Häuser. (Schweizer Büro für Flugunfalluntersuchungen)

den Abgasen der Triebwerke den dichten Bodennebel über dem Gebiet etwas auflockern. Nach der Rückkehr zum Startbahnanfang startete die Caravelle als Flug 306 nach Genf, der inländischen Teilstrecke des internationalen Linienfluges nach Rom, Italien. Knapp zehn Minuten später stürzte die Düsenverkehrsmaschine 25 Kilometer westsüdwestlich von Zürich erschreckend nah zu zwei Bauernhäusern auf den Boden. Sie hinterließ einen sechs Meter tiefen Krater mit einem Durchmesser von circa 20 Meter. Alle 80 Personen an Bord, eingeschlossen die sechsköpfige Besatzung, kamen dabei ums Leben.

Teile des vierten Rades und Reifens vom linken Hauptfahrwerk wurden auf und hinter dem Ende der Startbahn gefunden. Das Felgenhorn war offensichtlich wegen Überhitzung des Bremssystems auseinandergebrochen, als die Düsenmaschine wieder in Startrichtung gebracht wurde. Das führte zur Explosion des dazugehörigen Reifens. Wahrscheinlich wurden bei der Explosion auch Treibstoffleitungen beschädigt. Als ihre herauslaufenden Flüssigkeiten dann mit den überhitzten Bremsen in Kontakt kam, brach Feuer aus.

Es wurde in Erwägung gezogen, daß das ähnlich stark überanspruchte dritte Rad nach dem Abheben der Caravelle ebenfalls auseinandergebrochen war, was zu einer noch größeren Beschädigung und einem Brandausbruch im Flug geführt hätte. Wahrscheinlicher war aber, daß das am Boden ausgebrochene Feuer am vierten Rad nach dem Einziehen des Fahrwerks weitergebrannt und das dritte Rad angezündet hat, das dann ebenfalls auseineandergefallen ist. Wie auch immer, die Flammen müssen sich weiter nach hinten ausgebreitet und schweren Schaden angerichtet haben. Das elektrische System ist offensichtlich zusammengebrochen. Die Steuerungs- und Hydrauliksysteme könnten ebenso wie die Zelle durch die Flammen beschädigt worden sein. Zusätzlich fiel das linke Triebwerk aus. Das könnte von der Besatzung absichtlich abgeschaltet oder durch die Unterbrechung der Kraftstoffzufuhr ausgelöst worden sein.

Nachdem die Düsenverkehrsmaschine eine maximale Höhe von circa 2700 Meter erreicht hatte, begann sie mit südwestlichem Kurs zu sinken. Während dieser Zeit gab die Besatzung einen Notruf ab. Vor dem Aufschlag fielen bereits zahlreiche Teile, darunter Bruchstücke der linken Tragfläche und des hinteren Rumpfes, von der Caravelle ab. Das muß zum Verlust der Steuerbarkeit geführt haben.

Die Überhitzung des Bremssystems wurde wahrscheinlich durch das bewußte Bremsen des Piloten beim Rollen auf der Startbahn herbeigeführt. Die Möglichkeit, eines durch einen technischen Fehler ausgelösten unbeabsichtigten Bremsvorganges, konnte jedoch nicht völlig ausgeschlossen werden. Es gab aber keine konkreten Anhaltspunkte für solch einen Zustand.

Unter den Passagieren des Fluges befanden sich 43 der insgesamt ungefähr 200 Einwohner des kleinen Schweizer Dorfes Humilkon.

Datum: 29. November 1963, circa 18:30 Uhr
Ort: In der Nähe von Sainte Therese de Blainville, Quebec, Kanada
Unternehmen: Trans-Canada Air Lines
Flugzeugmuster: Douglas DC-8 Serie 54F (CF-TJN)

Flug 831 war ein Inlandsflug von Montreal nach Toronto, Ontario. Das Düsenverkehrsflugzeug stürzte ungefähr fünf Minuten nach dem Abheben von dem Montrealer Flughafen Dorval ab. Beim Aufschlag ging es in Flammen auf und brach auseinander. Alle 118 Personen an Bord (111 Passagiere und sieben Besatzungsmitglieder) fanden den Tod. Ein mit Wasser gefüllter Krater markierte die etwa 15 Kilometer nordwestlich von Montreal und 25 Kilometer vom Flughafen entfernte Absturzstelle. Der Unfall ereignete sich bei Nacht und Nebel. Es regnete leicht, der Wind blies aus Nordosten mit 20 km/Std, und die Sicht betrug sechseinhalb Kilometer.

Die DC-8 hatte nach dem Abheben von der Startbahn 06 eine Linkskurve eingeleitet, bevor sie von dem Bildschirm des Flughafenradars verschwand. Fahrwerk und Landeklappen waren eingefahren, als sie mit nordwestlichem Kurs in einem steilen Winkel auf dem Boden aufschlug. Nach den Berechnungen muß die Geschwindigkeit beim Auftreffen zwischen 870 und 900 km/Std betragen haben.

Die Untersuchung des Wracks ergab, daß sich die Höhenflosse in einer 1,65 bis 2,0 Grad kopflastigen Trimmstellung befunden hatte. Sie war mit Hydraulikdruck in diese Stellung gebracht worden. Diese beiden Tatbestände erwiesen sich als sehr wichtig. Da diese Einstellung für den Steigflug nach dem Start sehr ungewöhnlich war, ist sie wahrscheinlich von der Besatzung mit Absicht gewählt worden.

Die Untersuchungskommission erforschte eine Anzahl von möglichen Theorien, die zu dem Unglück hätten führen können. Am Wahrscheinlichsten war ein unprogrammiertes Einsetzen des Nickmomentausgleichers. Das hätte eine Bewegung der Steuersäule und der Höhenruder nach hinten bewirkt und das Flugzeug in einen überzogenen Flugzustand gebracht. Der Pilot würde in dieser Situation die Höhenrudertrimmung wahrscheinlich an oder in die Nähe der Grenze der Kopflastigkeit fahren. Damit würde er aber unbeabsichtigt die Kippstabilität der Düsenverkehrsmaschine nachteilig verändern und sie in einen Sturzflug übergehen lassen. Die dann erforderliche Kraft, die Steuersäule wieder zurückzuziehen, würde mit zunehmender Geschwindigkeit immer untragbarer. Ein Abfangen der Maschine wäre aber noch durch eine Veränderung der Trimmstellung der Höhenruder möglich gewesen. Mit zunehmender Geschwindigkeit dürfte aber der Trimmotor gegen die hohen aerodynamischen Kräfte nicht mehr angekommen sein.

Die einzige Möglichkeit zur Wiederherstellung der Steuerbarkeit des Flugzeuges wäre unter diesen Umständen ein Nachlassen des Druckes auf die Steuersäule gewesen. Das hätte den Druck auf das Leitwerk verringert und den Hydraulikmotor der Höhen-

Ein mit Wasser gefüllter Krater markiert die Absturzstelle der Trans-Canada Air Lines DC-8. Das Unglück kostete 118 Menschen das Leben. (National Archives of Canada)

flosse wieder wirksam werden lassen. Dieses Verfahren hätte natürlich die Lage kurzfristig noch verschlechtert, da der Sturzflug noch steiler und die Geschwindigkeit noch höher geworden wäre. Man nahm an, daß die Maschine in diesem Fall in einer Höhe von etwa 1800 Meter abgekippt ist, was zu tief zur Durchführung dieses Verfahrens gewesen wäre.

Die vorhandene, wenn auch nicht starke Turbulenz könnte zu dem Unfall beigetragen haben, indem sie die Fluglage der Maschine beinflußte. Kleinere Abweichungen könnten sich zu großen Verschiebungen aufgeschaukelt haben. Erschwerend war, daß die Verkehrsmaschine bei Nacht in Wolken flog. Ihre Piloten hatten so keine Bodensicht und keinen visuellen Bezugspunkt zum Horizont.

Es gab noch zwei weitere mögliche Gründe für die Piloten, die Maschine kopflastig zu trimmen. Der erste war, daß eine Vereisung des Staurohrsystems eine zu niedrige Geschwindigkeit vorgetäuscht hatte. Der zweite Grund wäre eine ungenaue Kreiselhorizontanzeige, hervorgerufen durch ein Versagen der Vertikalkreiselführung oder durch Stromausfall, gewesen. In beiden Fällen hätte das die Besatzung veranlaßt, die Flugzeugnase zu senken, um Geschwindigkeit aufzunehmen. Obwohl beide Theorien eher unwahrscheinlich waren, konnte keine ganz ausgeschlosen werden.

Es gab keine Anzeichen für ein strukturelles Versagen, einen Triebwerksfehler, Defekte in den Steuerorganen oder anderen wichtigen Systemen, eine Kollision mit einem anderen Objekt, eine Explosion oder einen Feuerausbruch in der Luft oder eine körperliche Beeinträchtigung der Besatzung.

Die Kommission empfahl in ihrem Bericht über den Unfall der CF-TJN, alle Düsenverkehrsflugzeuge mit einem Flugschreiber auszustatten. Das wurde später eine Zulassungsvoraussetzung für alle in Kanada registrierten Düsenverkehrsmaschinen.

Datum: 8. Dezember 1963, 20:59 Uhr
Ort: In der Nähe von Elkton; Maryland, USA
Unternehmen: Pan American World Airways, USA
Flugzeugmuster: Boeing 707–121 (N709PA)

Flug 214 hatte in San Juan, Puerto Rico, begonnen. Nach einer Zwischenlandung in Baltimore, Maryland, befand sich die Maschine unterwegs zu ihrem Endziel Philadelphia, Pennsylvania. Die Besatzung teilte mit, daß sie neben fünf weiteren Flugzeugen solange Warteschleifen vor der Landung fliegen würde, bis der starke Wind auf dem Internationalen Flughafen von Philadelphia nachgelassen habe. Während eines Routinegespräches zwischen der Anflugkontrolle und einer National Airlines DC-8 wurde ein Notruf der 707 empfangen, der etwa so lautete: »Mayday...Mayday...Mayday...Clipper zwei eins vier außer Kontrolle. Nun fallen wir!«

Bei seinem Versuch, mit dem Pan American Flug Funkverbindung aufzunehmen, erhielt der Fluglotse von dem Kopiloten der DC-8 die Auskunft: »Clipper zwei vierzehn stürzt brennend ab«.

Die außer Kontrolle geratene Düsenverkehrsmaschine stürzte zwischen Elkton und der Grenze zu Delaware trudelnd in ein Maisfeld, explodierte und fiel auseinander. Alle 81 Personen an Bord (73 Passagiere und acht Besatzungsmitglieder) fanden den Tod. Das Wetter im Absturzgebiet wurde als wolkig mit eingelagerter Gewittertätigkeit und leichtem Regen beschrieben.

Viele Zeugen hatten Blitze am nächtlichen Himmel beobachtet; einige von ihnen meldeten, sie hätten einen Blitz in die 707 einschlagen gesehen. Bei der Untersuchung des Wracks wurden ein unregelmäßig geformtes Loch von fünf Millimeter Durchmesser und zahlreiche kleine glänzende Verformungen an der linken Tragflächenspitze gefunden, ein Beweis dafür, daß die Maschine tatsächlich von einem Blitz getroffen worden war.

Nach Ausschaltung aller anderen denkbaren Ursachen kam die US-amerikanische Luftverkehrsbehörde (CAB) zu dem Ergebnis, daß der Unfall durch einen Blitzschlag herbeigeführt worden war. Der Blitz hatte das Treibstoff- Luft-Gemisch im linken Reservetank, oder im linken Buffertank, oder eventuell sogar im linken Entlüftungsstutzen entzündet. Die daraus resultierende Explosion zerriß dann die linke äußere Tragfläche. Das führte zu einem sofortigen Verlust der Steuerbarkeit der 707, die sich zu diesem Zeitpunkt in der Warteschleife befand. Aufgrund der übermäßigen Belastung während des Sturzes sind alle vier Triebwerke noch vor dem Aufschlag auf dem Boden abgebrochen. An beiden Tragflächen wurden Brände beobachtet, die auf nachfolgende Explosionen in anderen Treibstofftanks zurückgeführt wurden.

Von der Pan American World Airways Boeing 707 war nach ihrem Absturz in ein Maisfeld nur noch ein Teil des Rumpfes zu erkennen. (UPI/Bettmann)

Der eigentliche Vorgang der Entzündung blieb ein Rätsel. Der Untersuchungsbericht bemerkte dazu, daß es in Verbindung mit Blitzschlägen schon viele eigenartige Erscheinungen gegeben hat. Dazu zählen auch die »Leuchtfäden«, die von den starken elektrischen Feldern innerhalb eines Gewittersturmes erzeugt werden. Sie dehnen sich von den äußersten Enden der Flugzeugzelle bis zu dem sich nähernden Blitzschlag aus und besitzen genügend Energie, um Treibstoffdämpfe entzünden zu können. Andere möglich Entzündungsquellen sind Plasma, Stoßwellen und Funkenbildung.

Das US-amerikanische Bundesamt für Luftfahrt FAA empfahl knapp zwei Wochen nach dem Unfall den Einbau eines Blitzableiters in alle in den USA zugelassenen Düsenpasagiermaschinen. Später gab es neue Lufttüchtigkeitsrichtlinien für alle Boeing Düsenverkehrsflugzeuge heraus.Sie schrieben eine Modifizierung der Zugangsklappen der Treibstofftanks und eine Verstärkung der Außenhautrandzone an den Tragflächen vor. 1967 traf das FAA weitere Maßnahmen, um das Blitzschlagrisiko bei bestimmten Versionen der 707 und ihrer Schwesterversion 720 zu mindern. Sie ordnete in diesen Maschinen den Einbau eines Systems an, das entweder jede aus den Belüftungsstutzen des Treibstofftanks austretende Flamme sofort löschen, oder durch eine Zusatzentlüftung die Ansammlung von Treibstoffdämpfen in den normalen Entlüftungsstutzen verhindern würde. (Spätere, zusätzlich zu den CAB Untersuchungen durchgeführte Forschungen deuteten darauf hin, daß die Entzündung der Dämpfe bei der N709PA wahrscheinlich in einem Treibstoff-Entlüftungsstutzen erfolgt war.)

Die Hersteller der Düsenpassagiermaschinen begannen aufgrund dieses und anderer Unfälle auch, den JP-4 Düsenkraftstoff durch schwerer verdampfbaren Treibstoff zu ersetzen.

Datum: 25. Februar 1964, 02:05 Uhr
Ort: In der Nähe von New Orleans, Louisiana, USA
Unternehmen: Eastern Air Lines, USA
Flugzeugmuster: Douglas DC-8 Serie 21 (N8607)

Flug 304 führte mit mehreren Zwischenlandungen von Mexico City nach New York City. Die Düsenpassagiermaschine startete vom Internationalen Flughafen New Orleans (Moisant) nach Atlanta, Georgia, dem nächsten planmäßigen Zwischenaufenthalt. Die DC-8 stürzte ungefähr fünf Minuten später circa 30 Kilometer nordöstlich des Flughafens in den Partchartrain-See. Alle 58 Insassen (51 Passagiere und sieben Besatzungsmitglieder) fanden bei dem Unglück den Tod.

Circa 60 Prozent des Flugzeugwracks konnte später von dem etwa sechs Meter tiefen Seeboden geborgen werden. Die DC-8 war beim Aufschlag auseinandergebrochen. Das größte gefundene Teil war ein anderthalb Meter langes Stück des Seitenruders. Die Unfalluntersuchung wurde zusätzlich dadurch erschwert, daß der Flugschreiber der Maschine nicht gefunden wurde. Die US-amerikanische Luftverkehrsbehörde (CAB) konnte jedoch nach Einsicht in die Akten der N8607 und dem Studium der Probleme, die andere DC-8 Flugzeuge gehabt hatten, die wahrscheinliche Reihenfolge der Ereignisse, die zu dem Absturz geführt hatten, feststellen.

Die Untersuchung der rechten und linken Schraubenspindeln ergab, daß die Höhenflosse der Ma-

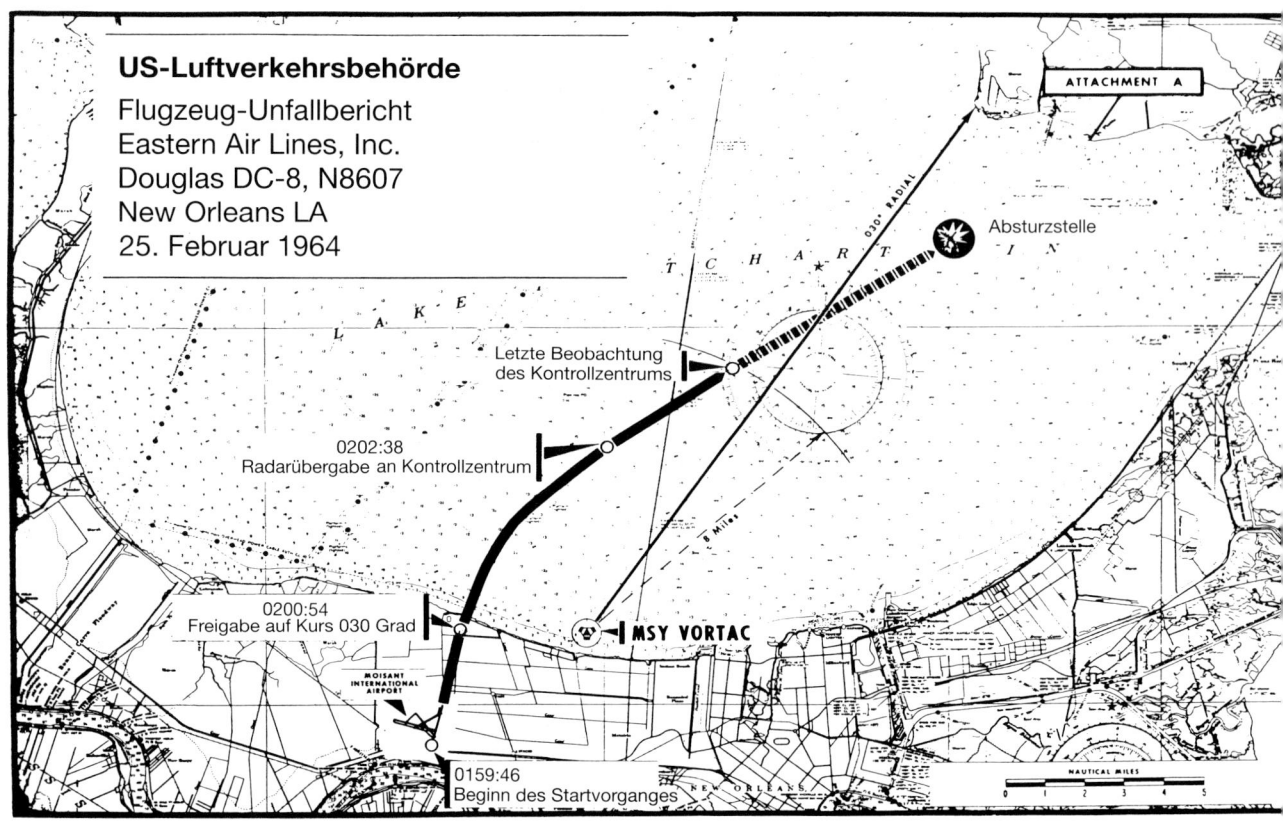

Der Flugweg der Eastern Air Lines DC-8 vom Start von dem Internationalen Flughafen New Orleans bis zum Absturz in den Pontchartrain See. (US-amerikanische Luftverkehrsbehörde (CAB))

schine voll kopflastig getrimmt war. Ob sie von der Besatzung absichtlich oder ungewollt in diese Stellung gebracht worden war, oder ein technischer Fehler dafür verantwortlich zeichnete, kurz nach dem Start wurde diese Position als äußerst ungewöhnlich angesehen. Man nimmt an, daß die Maschine in mäßige bis schwere Turbulenz eingeflogen war. Das dürfte in Verbindung mit der unüblichen Stellung der Höhenrudertrimmung die Stabilitätsmerkmale des Flugzeuges negativ beeinflußt haben.

Die Überprüfung der Akten brachte eine Serie von Schwierigkeiten mit dem Höhenflossen-Trimmungsausgleicher an das Tageslicht, der zur Zeit des Unglücks in der N8607 eingebaut war. In den letzten vier Jahren war er fünfzehnmal aus verschiedenen Flugzeugen ausgebaut worden. In fast der Hälfte der Fälle war der Grund sein unprogrammiertes Ausfahren. Es war bekannt, daß das System seit dem Flug nach Mexico City am Vortag nicht einsatzfähig war. Bei dieser speziellen DC-8 hatte es außerdem zahlreiche Probleme mit dem Autopilot gegeben, die alle von solchen Ausfahrvorgängen ausgelöst worden sein könnten.

Wäre der Höhenflossen-Trimmungsausgleich-Zylinder teilweise oder voll ausgefahren, hätten die Piloten die Höhenflosse wahrscheinlich voll kopflastig ge-

trimmt, um dem Überziehen der Maschine entgegenzuwirken. Das könnte die DC-8 in einen Sturzflug geführt haben. Als die Besatzung dann die Trimmung wieder nach hinten gefahren hat, muß wahrscheinlich die Gelenkkette des Höhenflossen-Antriebmotors versagt haben. Dieser Fehler könnte zu von den Piloten selbst ausgelösten Eigenschwingungen um die Längsachse oder Steuerbewegungen geführt haben, die den Verlust der Steuerbarkeit verursacht oder dazu beigetragen haben, daß die Maschine nicht mehr unter Kontrolle gebracht werden konnte.

Das hat sich wahrscheinlich alles in einer Höhe unter 1800 Meter abgespielt, zu niedrig für die Piloten, um das Flugzeug wieder in den Horizontalflug zurückzubringen. Die Untersuchung der Triebwerke ergab, daß die Besatzung versucht hatte, den Sturzflug mit vollem Umkehrschub unter Kontrolle zu bringen. Das wäre ihnen beinahe noch gelungen, denn man nimmt an, daß die Maschine im Augenblick des Aufschlages mit eingezogenem Fahrwerk und eingefahrenen Landeklappen fast eine horizontale Fluglage erreicht hatte.

Bei der Untersuchung der Absturzursache von Flug 304 wurden bei anderen DC-8s falsch zusammengebaute Höhenflossen-Trimmungsausgleicher gefunden. Man nimmt an, daß das Wartungspersonal bei der N8607 ein Lager mit der Oberseite nach unten in den Ausgleicher eingebaut hatte. Das würde zu einer noch größeren Ausdehnung des Zylinders geführt haben.

Neben dem mechanischen Fehler und den ungünstigen Wetterverhältnissen könnten noch andere Umstände bei dem Unfall eine Rolle gespielt haben. Die Anzeige des Kreiselhorizontes dieses Flugzeuges war bei Nacht schwer zu deuten, und die DC-8 Maschinen hatten bei bestimmten Geschwindigkeiten unstabile Flugeigenschaften. Weiter wurde festgestellt, daß die von Eastern und anderen Fluggesellschaften benutzten Funktionsüberprüfungen des Höhenflossen-Trimmungsausgleichers zum Erkennen bestimmter Computerfehler ungeeignet waren.

Nach dieser Katastrophe wurden mehrere Änderungen an der Douglas Passagiermaschine durchgeführt und neue Wartungs- und Betriebsanweisungen herausgegeben. Dazu gehörte unter anderem eine Beschränkung der Bewegungsmöglichkeit der Höhenflosse nach unten und der Austausch des Winkelhebels in dem Höhenflossen-Trimmungsausgleich-Zylinder, um die Stabilität um die Längsachse zu verbessern. Die Bestimmungen über den Umgang mit einem defekten Höhenflossen-Trimmungsausgleicher und die Notverfahren bei dessen unprogrammiertem Ausfahren wurden ebenfalls modifiziert. Zusätzlich wurde ein Warnlicht eingebaut, das die Besatzung bei einem vollen Ausfahren alarmieren sollte.

Datum: 29. Februar 1964, circa 15:15 Uhr
Ort: In der Nähe von Innsbruck, Österreich
Unternehmen: British Eagle International Airlines
Flugzeugmuster: Bristol Britannia 312 (G-AOVO)

Flug 802 war vom Londoner Flughafen Heathrow gestartet und sollte auf dem Flughafen Innsbruck Kranebitten landen. Bei der Ankunft über dem Zielflugplatz bedeckten Wolken das Gebiet. Die Wetterverhältnisse lagen in Wirklichkeit unter den Minimalbedingungen, welche die Fluggesellschaft für die Landung dort vorschrieb. Der erfahrene Flugkapitän, der bereits neunmal in Innsbruck gelandet war, entschied sich aber gegen einen Weiterflug zum Ausweichflughafen.

Der viermotorige Turboprop hatte sich zuerst in die Warteschleife über dem Innsbruck UKW-Drehfunkfeuer (VOR) begeben. Sein Pilot hatte mitgeteilt, daß er durch die Wolkendecke nicht durchstoßen könne. Die Maschine war in einer Flughöhe von 3000 Meter (10.000 Fuß) gemeldet worden, als die Bodenkontrolle den Funkkontakt mit dem Flug verlor. Beobachter am Boden hatten etwa zur gleichen Zeit Geräusche gehört, die wahrscheinlich von der in oder über den Wolken fliegenden Brittania stammten.

Das Wrack wurde über 18 Stunden später am nächsten Tag in den Alpen am östlichen Steilhang des Glungezer gefunden. Die Absturzstelle lag 15 Kilome-

Das Leitwerk der British Eagle International Airlines Brittania liegt nach dem Absturz bei Innsbruck im Schnee am Glungezer. (Wide World Photos)

ter ostsüdöstlich des Flughafens, der sich vier Kilometer westlich der Stadt befindet. Das Flugzeug war in circa 2600 Meter Höhe gegen den Berg geprallt. Die Flugzeugnase hatte dabei leicht über den Horizont gezeigt, das Fahrwerk war eingezogen und die Landeklappen waren 15 Grad ausgefahren. Der Aufprall hatte eine Lawine ausgelöst, die die meisten Trümmerteile und die Körper der Opfer mehr als 400 Meter den Berg hinuntergetragen hatte. Alle 83 Insassen (75 Passagiere und acht Besatzungsmitglieder) waren tot. Der Pilot kann kurz vor dem Aufschlag noch versucht haben, die Maschine über den Berg zu ziehen. Nach dem Absturz brach kein Brand aus. Der Berg war zur Unfallzeit in Wolken eingehüllt, und es schneite leicht.

Die Untersuchungskommission urteilte, daß der Pilot die Sicherheitsmindesthöhe von 3300 Meter (11.000 Fuß) bewußt unterschritten hatte, um durch die Wolkendecke durchstoßen zu können. Ein technischer Fehler, eine falsche Höhenmesseranzeige, schwere Vereisung oder Turbulenz wurden als Unfallursache ausgeschlossen. Das Passagierflugzeug hatte seinen Sinkflug fortgesetzt und dabei mehrere Kurven über den Bergen geflogen. In den letzten Sekunden vor dem Absturz war die Besatzung ohne Bodensicht geflogen, was eine Verletzung der Österreichischen Bestimmungen für den Flugplatz Innsbruck darstellte. Beim Aufschlag hatte sie einen westlichen Kurs gehalten und war außerhalb der Flughafenplatzrunde und des Anflugsektors geflogen.

Andere Maschinen sind auf dem Flugplatz zur gleichen Zeit trotz der schlechten Wetterverhältnisse gestartet und gelandet. Das mag zu der fatalen Entscheidung des Piloten von Flug 802 beigetragen haben, den Sinkflug fortzusetzen.

Eine der im Unfallbericht empfohlenen Sicherheitsmaßnahmen lautete, unter keinen Umständen Flüge nach Sichtflugbedingungen (VFR) zuzulassen, wenn die Wetterverhältnisse Instrumentenflugregeln (IFR) erforderten.

Datum: 1. März 1964, circa 11:30 Uhr
Ort: In der Nähe von Zephyr Cove, Nevada, USA
Unternehmen: Paradise Airlines, USA
Flugzeugmuster: Lockheed 049 Constellation (N86504)

Flug 901A war eine Verbindung innerhalb des Bundesstaates Kalifornien und führte von Salinas über San Jose zum Flughafen Lake Tahoe, der kurz vor der Grenze zu Nevada liegt. Alle 85 Insassen (81 Passagiere und vier Besatzungsmitglieder) fanden den Tod, als das Flugzeug circa 15 Kilometer nordöstlich des Zielflughafens abstürzte.

Kurz vor der Ankunft der Constellation über dem Lake Tahoe UKW-Drehfunkfeuer (VOR) schneite es am Flughafen. Die Sicht betrug fünf Kilometer und die Wolkenuntergrenze lag bei 600 Meter. Diese Wetterverhältnisse reichten für Flüge nach Sichtflugregeln (VFR) nicht aus.

Für den Flugplatz gab es jedoch kein zugelassenes Anflugverfahren nach Instrumentenflugregeln (IFR). Der Pilot versuchte trotzdem zu landen. Diese Abweichung von den vorgeschriebenen VFR-Verfahren endete in einem mißglückten Landeanflug und führte bei den Piloten anschließend zu einem Verlust der geographischen Orientierung. Das Flugzeug wurde zuletzt mit nördlichem Kurs über dem Tahoe-See beobachtet, dann verschwand es in einem Schneesturm.

Sein Wrack wurde am nächsten Tag circa zehn Kilometer östlich des Sees auf dem schneebedeckten Bergrücken des Genoa Peaks entdeckt. Die Constellation war fast im Horizontalflug mit östlichem Kurs unterwegs, als sie in ungefähr 2650 Meter Höhe mit eingezogenem Fahrwerk und voll ausgefahrenen Landeklappen gegen die ersten Bäume schlug.

Unter den gegebenen Wetterbedingungen hätte der Flugkapitän entweder auf eine Wetterbesserung warten oder den Ausweichplatz anfliegen müssen. Mit dem Landeversuch verstieß er, gleichgültig ob ohne oder trotz Kenntnis der Wetterverhältnisse, gegen die Richtlinien seiner Gesellschaft. Die Besatzung dürfte versucht haben, über den Daggett Pass durchzufliegen und dann in einer Höhe zum Horizontalflug übergegangen sein, die sie für sicher gehalten hat. Vielleicht konnte das Flugzeug aufgrund zellenseitiger Vereisung auch nicht höher steigen, da die N86504 für solche Bedingungen nicht ausgestattet war.

Andere Umstände, die zu dem Unfall beigetragen haben könnten, waren: Eine Ungenauigkeit des Höhenmessers, die zu einer circa 85 Meter zu hohen Anzeige führen konnte; ein möglicher Fehler von mindestens 15 Grad im Kreiselkompaßsystem des Flugzeuges; und starke Winde über dem See, die ein Abdriften hin zu den Bergen verursacht haben könnten. Die bei der gesamten Fluggesellschaft übliche Form der Wetterberatung wurde als unzulänglich eingestuft. Im vorliegenden Fall hatte die Besatzung eine verfälschte Wetterberatung erhalten.

Tragisch war, daß sich das Unglück fast nicht abgespielt hätte. Wäre die Constellation nur 100 Meter höher oder 300 Meter weiter südlich geflogen, hätte sie das Gebiet sicher verlassen und Sichtflugbedingungen angetroffen.

Datum: 2. Oktober 1964, 05:45 Uhr
Ort: In der Nähe von Trevelez, Granada, Spanien
Unternehmen: Union des Transports Aeriens (UTA), Frankreich
Flugzeugmuster: Douglas DC-6B (F-BHMS)

Die Passagiermaschine befand sich auf einem internationalen Linienflug von Paris nach Port-Etienne, Mauretanien. Unterwegs waren zwei Zwischenlandungen vorgesehen. Das Verkehrsflugzeug prallte ungefähr eineinhalb Stunden nach dem Abflug von der spanischen Baleareninsel Palma de Mallorca 30 Kilometer südöstlich der Stadt Granada in circa 2000 Meter Höhe gegen einen Berg der Sierra Nevada. Alle 80 Insassen (73 Passagiere und sieben

Besatzungsmitglieder) fanden bei dem Unfall kurz vor Sonnenaufgang den Tod. Die Wetterverhältnisse in Granada waren zur Zeit des Unfalls gut, der Himmel war wolkenlos und die Sicht betrug zehn bis 15 Kilometer.

Das Flugzeug war ungefähr fünf Grad von der geplanten Route abgekommen, hielt aber die festgelegten Sicherheitshöhen für den geplanten Flugweg ein. Da der Fehler des Autopiloten plus minus ein Grad betragen konnte, dürften die restlichen vier Grad Abweichung durch den Einfluß des Höhenwindes oder einer anderen Unregelmäßigkeit hervorgerufen worden sein.

Die Ursache der Abweichung konnte nicht bestimmt werden, da keine Fluginstrumente oder anderen Teile gefunden wurden, die für eine technische Untersuchung geeignet gewesen wären.

Datum: 6. Februar 1965, 08:36 Uhr
Ort: In der Nähe von San Jose de Maipo, Santiago, Chile
Unternehmen: Linea Aera Nacional de Chile (LAN-Chile)
Flugzeugmuster: Douglas DC-6B (CC-CCG)

Die Passagiermaschine war als Flug 107 von Santiago, Chile, zum Flug nach Buenos Aires, Argentinien, und Montevideo, Uruguay, gestartet. Kurze Zeit später stürzte sie circa 50 Kilometer südöstlich der Hauptstadt in 3500 Meter Höhe in dem Volcan Paßgebiet der Anden ab. Es brach kein Feuer aus. Die DC-6B brach aber beim Aufschlag auseinander, und alle 87 Insassen (80 Passagiere und sieben Besatzungsmitglieder) kamen ums Leben.

Die Untersuchungskommission schrieb den Unfall der Disziplinlosigkeit des Flugkapitäns zu, der eine Route gewählt hatte, die weder im Einklang mit seinem genehmigten Flugplan, noch mit dem Verfahren über das Überfliegen der Berge in der Betriebsanweisung seiner Gesellschaft stand. Das Wetter hatte nach Ansicht der Kommission keinen Einfluß auf den Unfall.

Datum: 8. Februar 1965, 18:26 Uhr
Ort: In der Nähe von New York, New York, USA
Unternehmen: Eastern Air Lines, USA
Flugzeugmuster: Douglas DC-7B (N849D)

Flug 663 war vom Internationalen John F. Kennedy Flughafen nach Richmond, Virginia, gestartet, wo die nächste Zwischenlandung des Inlandfluges von Boston, Massachusetts, nach Atlanta, Georgia, geplant war. Zur gleichen Zeit näherte sich eine Pan American World Airways Boeing 707 Düsenpassagiermaschine dem Flughafen von Süden, und bereitete am Ende des internationalen Fluges von San Juan, Puerto Rico, die Landung vor. Beide Flugzeuge flogen nach Instrumentenflugregeln (IFR) und unter positiver Kontrolle der Bodenstation. Fluglotsen lenkten die beiden Maschinen mit Radar und sorgten für die in Richtlinien festgeschriebene Staffelung. Die Un-

zulänglichkeiten der damals gültigen Staffelungs-Richtlinien würden bald durch die nun folgenden Ereignisse voll aufgedeckt werden.

Die letzte Meldung der Eastern Besatzung lautete "Gute Nacht". Knapp zwei Minuten später meldete der Pan American Pilot einen Beinahe-Zusammenstoß mit einem anderen Flugzeug. Das Radarecho des Fluges 663 war zu dieser Zeit vom Bildschirm verschwunden. Die DC-7B war mit eingezogenem Fahrwerk und eingefahrenen Landeklappen circa zwölf Kilometer vor Jones Beach und 25 Kilometer südöstlich vom Flughafen in den Atlantischen Ozean gestürzt. Alle 84 Insassen (79 Passagiere und fünf Besatzungsmitglieder) wurden bei dem Absturz getötet. In der Zwischenzeit war die 707 ohne weiteren Zwischenfälle sicher gelandet. Die Wetterbeobachtung enthielt vereinzelte Wolken in über 3000 Meter Höhe und eine Sicht von elf Kilometer.

Einige Körper der Opfer wurden gefunden. Das Flugzeugwrack konnte in 25 Meter Tiefe auf dem Meeresboden geortet werden. Mehr als 60 Prozent der Maschine konnten später geborgen werden. Untersuchungen der Trümmerteile ergaben keine Hinweise auf mechanische oder strukturelle Fehler, oder eine Explosion oder ein Feuer an Bord vor dem Aufschlag.

Die US-amerikanische Luftverkehrsbehörde (CAB) konnte im Laufe der Unfalluntersuchung die wahrscheinlichen Flugwege der DC-7B und der 707 rekonstruieren. Der Fluglotse der Abflugkontrolle hatte die Zusammenstoßgefahr erkannt und den nach Osten abfliegenden Eastern Flug angewiesen, nach Süden zu kurven. Dabei ließ er ihn weiter an Höhe gewinnen, bis er sich 300 Meter (1000 Fuß) über der in nördlicher Richtung sinkenden Düsenverkehrsmaschine befand. Die Anweisung führte aber dazu, daß die beiden Flugzeuge fast frontal aufeinander zuflogen. Obwohl feststeht, daß die DC-7B tatsächlicher höher als die 707 flog, könnte es für die Eastern Piloten den Anschein gehabt haben, sie befänden sich in gleicher Höhe und es bestände eine Kollisionsgefahr. Ein einziges Licht bietet aus einer Entfernung von circa zehn Kilometer gegen einen kontrastlosen Himmel und ohne erkennbaren Horizont nicht genügend Reize für das Auge, um die räumliche Tiefe erfassen zu können.

Die Besatzung der N849D hat deshalb wahrscheinlich einen Sinkflug eingeleitet. Gleichzeitig begann die Pan American Besatzung aus Angst vor einem Zusammenstoß mit dem Kolbenmotorflugzeug, ebenfalls Höhe aufzugeben. Das muß für den Eastern Piloten den Anschein gehabt haben, daß seine Handlungsweise wieder aufgehoben würde. Nun sah er seine letzte Zuflucht darin, eine Steilkurve nach rechts zu fliegen und / oder die Maschine hochzuziehen.

Der Flugkapitän und der Erste Offizier der 707 bestätigten, daß sich die DC-7B in oder fast in vertikaler Fluglage befunden hatte, als sie in fast gleicher Flughöhe (circa 1000 Meter) von links nach rechts an ihnen vorbeigeflogen ist. Die durch das Ausweichmanöver hervorgerufene ungewöhnliche Fluglage hat bei den Piloten der N849D offensichtlich zum Verlust der räumlichen Orientierung geführt. Sie konnten in

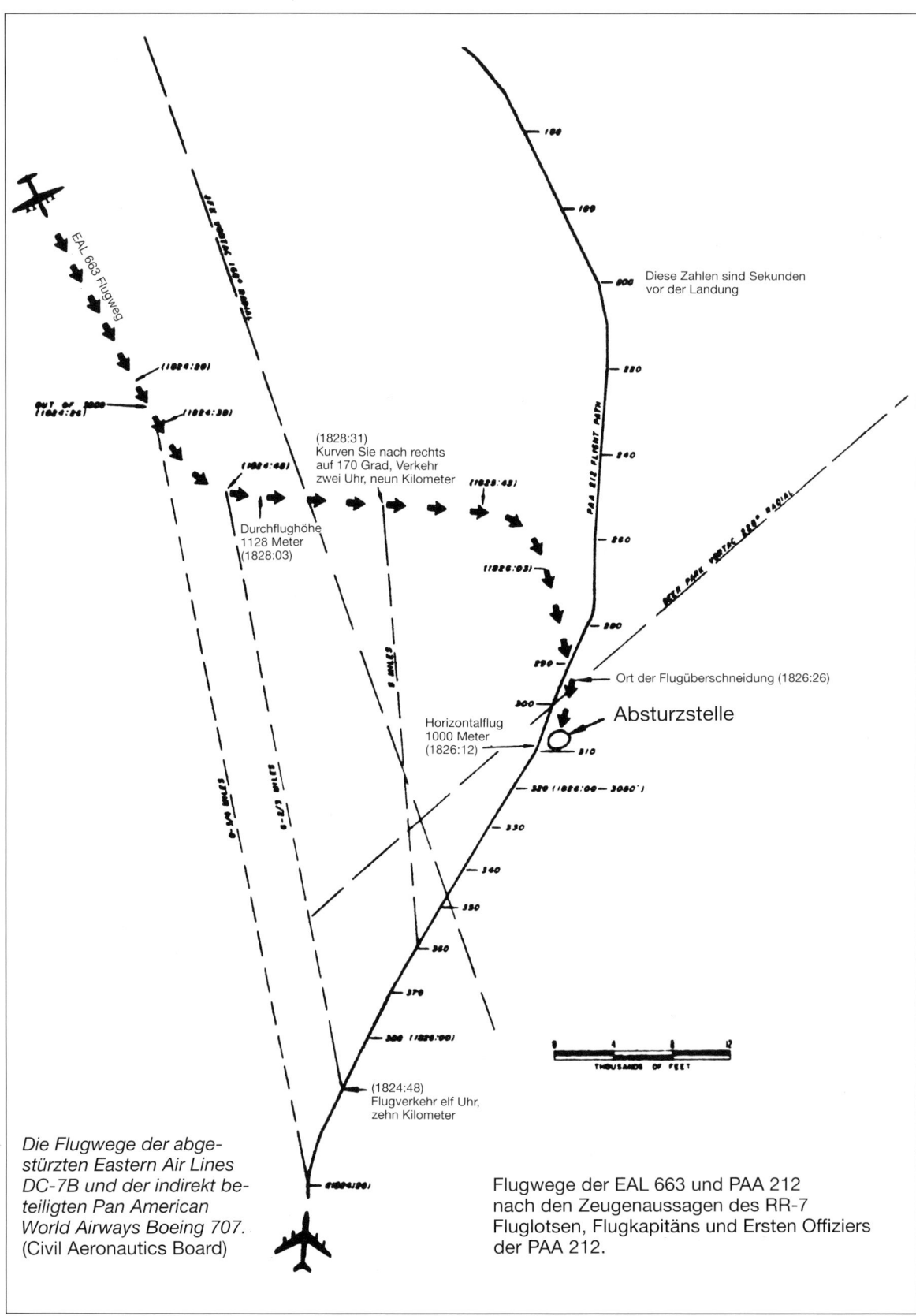

Die Flugwege der abge-
stürzten Eastern Air Lines
DC-7B und der indirekt be-
teiligten Pan American
World Airways Boeing 707.
(Civil Aeronautics Board)

Flugwege der EAL 663 und PAA 212
nach den Zeugenaussagen des RR-7
Fluglotsen, Flugkapitäns und Ersten Offiziers
der PAA 212.

der Kürze der zur Verfügung stehenden Zeit auch nicht mehr mit Hilfe ihrer Flugüberwachungsinstrumente die Orientierung zurückgewinnen und die Maschine abfangen.

Das US-amerikanische Bundesamt für Luftfahrt FAA führte darauf ein neues Verfahren an dem New Yorker Flughafen ein. In den Gebieten, die zu optischen Täuschungen verleiten konnten, wurde ein Höhenabstand von mindestens 600 Meter (2000 Fuß) zwischen an- und abfliegenden Maschinen sichergestellt, doppelt so viel, als wie zur Unfallzeit erforderlich gewesen ist.

Datum: 20. Mai 1965, circa 01:50 Uhr
Ort: In der Nähe von Kairo, Ägypten
Unternehmen: Pakistan International Airlines
Flugzeugmuster: Boeing 720B (AP-AMH)

Mit Flug 705 weihte die Gesellschaft eine neue Flugroute von Karatschi, Pakistan nach London ein. Die Düsenpassagiermaschine stürzte bei der Vorbereitung einer Zwischenlandung circa zehn Kilometer vor dem Kairoer Flughafen ab und brannte aus. 121 Insassen (108 Passagiere und die gesamte dreizehnköpfige Besatzung) wurden bei dem Unfall getötet. Die sechs überlebenden Passagiere waren verletzt.

Das Flugzeug hatte die Freigabe für einen Instrumentenanflug ohne Gleitpfadinformationen nach Landebahn 34 erhalten. In der Kurve zum Queranflugteil der Flughafenplatzrunde begann seine Sinkgeschwindigkeit zu steigen und war zuletzt mit 730 Meter/Minute dreimal so hoch wie im Normalfall. Ihre Eigengeschwindigkeit nahm ebenfalls leicht zu. Die 720B schlug dann in einer geringen linken Querlage auf den Boden auf. Das Fahrwerk war eingezogen und die Landeklappenstellung betrug 20 Grad. Wrackteile lagen in der hügeligen Wüstenregion fast eineinhalb Kilometer in nordöstlicher Richtung zerstreut herum. Das Hauptwrack kam auf dem Rücken liegend zum Stillstand. Der Unfall ereignete sich nachts vor der Morgendämmerung. Der Himmel war wolkenlos, die Sicht betrug circa zehn Kilometer.

Die Ursache für die Beibehaltung der ungewöhnlich hohen Sinkgeschwindigkeit bis zum Aufschlag konnte nicht ermittelt werden.

Die auf dem Flugleistungsschreiber festgehaltenen Schwankungen der Höhen- und Geschwindigkeitsmeßgrößen deuteten die Möglichkeit an, daß die Besatzung versucht hatte, einer kopflastigen Fluglage entgegenzuwirken. Das konnte jedoch nicht einwandfrei bewiesen werden. Der Pilot sollte aber in der klaren Nacht mit den hellen Lichtern um den Flugplatz herum genügend sichtbare Anhaltspunkte gehabt haben, um die ungewöhnliche Fluglage erkennen und sofort korrigieren zu können.

Dieser und vier weitere Unfälle mit Passagier- und Militärflugzeugen innerhalb eines Zeitraumes von weniger als zehn Jahren veranlaßte die Internationale Pilotenvereinigung IFALPA dazu, ihren Mitgliedern zu empfehlen, die Landebahn 34 in Kairo nur noch bei Tageslicht und guten Wetterverhältnissen zu benutzen. Die IFALPA bemängelte unter anderem das Feh-

Die Trümmer der Pakistan International Airlines Boeing 720B in der Ägyptischen Wüste. Der Absturz kostete 121 Menschenopfer, seine Ursache konnte nicht geklärt werden. (Wide World Photos)

len eines Instrumentenlandesystems (ILS), die schwache Signalstärke und Übertragungsstetigkeit des Flughafen Funkfeuers, eine unzureichende Landebahnbefeuerung und ein Durchstoßverfahren, das nicht den von der Internationalen Zivilluftfahrt-Organisation ICAO herausgegeben Richtlinien entsprach, da es zum Beispiel eine Hindernisfreiheit von weniger als 300 Meter (1000 Fuß) erlaubte.

Datum: 8. Juli 1965, circa 16:40 Uhr
Ort: In der Nähe von 100 Mile House, Britisch-Kolumbien, Kanada
Unternehmen: Canadian Pacific Air Line
Flugzeugmuster: Douglas DC-6B (CF-CUQ)

Flug 21 war unterwegs von Vancouver nach Prince Georgia, wo die erste Zwischenlandung auf dem Inlandflug nach Whitehorse im Yukongebiet erfolgen sollte. Die Maschine stürzte ungefähr nach der halben Strecke zwischen den beiden Städten ab. Alle 52 Insassen (46 Passagiere und sechs Besatzungsmitglieder) fanden dabei den Tod.

Die DC-6B hatte sich zuletzt im Reiseflug auf der Flugfläche 160 (4880 Meter) gemeldet, als ihre Besatzung drei »Mayday«-Notrufe übermittelte. Augenzeugen hatten die Passagiermaschine am wolkenlosen Himmel beobachtet und berichtet, daß sie vor dem senkrechten Sturz in ein bewaldetes Gebiet in der Luft explodiert war. Ihr Leitwerk mit den Höhen- und Seitenruderflossen wurde dabei von dem restlichen Rumpf abgetrennt. Die Explosion muß in der hinteren linken Toilette erfolgt sein.

Wahrscheinlich hatte ein Saboteur in der Toilettenschüssel eine Mischung von Säure und Schießpulver entzündet, um mit seinem Selbstmord eine Lebensversicherung fällig werden zu lassen.

Datum: 8. November 1965, 19:01 Uhr
Ort: In der Nähe von Constance, Kentucky, USA
Unternehmen: American Airlines, USA
Flugzeugmuster: Boeing 727–23 (N1996)

Als Flug 383 am Ende des Inlandfluges von New York, New York die Landung auf dem Greater Cincinnati Flughafen vorbereitete, war es dunkel und das Wetter verschlechterte sich zusehends. Trotzdem entschied sich die Besatzung für einen Anflug nach Sichtflugregeln und erhielt die Landefreigabe für Landebahn 18.

Während der Linkskurve auf den Endanflugkurs meldete der Erste Offizier: »...wir werden ab hier das ILS fliegen«. Sekunden später raste die Düsenpassagiermaschine circa drei Kilometer vor der Landebahnschwelle in eine bewaldete Hügelkette und ging in Flammen auf. Die Aufschlagstelle befand sich ungefähr 400 Meter links von der verlängerten Mittellinie und 70 Meter unterhalb der Platzhöhe der Landebahn. Bei dem Unfall kamen 58 Personen (53 Passagiere und 5 Besatzungsmitglieder) ums Leben. Eine Stewardess und drei Passagiere überlebten das Unglück verletzt. Darunter befand sich auch ein nicht diensthabender Pilot der American Airlines.

Beim Aufschlag zeigte die Flugzeugnase leicht über den Horizont, das Fahrwerk war eingezogen und die Landeklappen 25 Grad ausgefahren. In dem Gebiet gab es Gewittertätigkeit mit vereinzelten Wolken in 300 Meter, einer gebrochenen Hauptwolkenuntergrenze in 500 Meter und einer geschlossenen Wolkendecke in 750 Meter. Die Sicht betrug drei Kilometer, der Wind kam aus Westen mit 15 km/Std.

Der Absturz wurde wahrscheinlich durch die Nachlässigkeit der fliegenden Besatzung verursacht, die Flugzeughöhe im Endanflug genau zu überwachen.

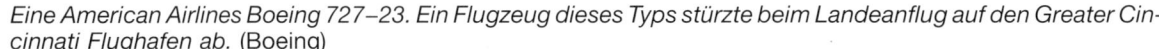

Eine American Airlines Boeing 727–23. Ein Flugzeug dieses Typs stürzte beim Landeanflug auf den Greater Cincinnati Flughafen ab. (Boeing)

Nach dem Ausrollen auf dem Anflugkurs wurde der Sinkflug offensichtlich eineinhalb Minuten fortgesetzt, ohne die Anzeige des Höhenmessers genau zu verfolgen. Die US-amerikanische Luftverkehrsbehörde (CAB) bemerkte in ihrem Untersuchungsbericht, daß es ihr schwergefallen sei, sich mit dieser Unfallursache abzufinden, da beide Piloten erfahrene Flugkapitäne gewesen sind. Bei dem Unglücksflug flog einer von ihnen als Erster Offizier. Er nahm den Überprüfungsflug des anderen zum Aufstieg als Flugkapitän auf der 727 ab.

Die CAB vertrat die Auffassung, daß mehrere, untereinander zusammenhängende Umstände zu dieser Nachlässigkeit beigetragen hatten. Am auffälligsten waren vielleicht die abnehmenden Sichtbedingungen, als die Maschine auf dem Queranflugteil der Flughafenplatzrunde Regen und Wolken antraf. Die Geländekonturen selbst könnten zu der Illusion geführt haben, hoch genug zu fliegen. Das wäre leicht möglich gewesen, wenn die Besatzung die Lichterkette der Häuser entlang des Ohios mit der Platzhöhe des Flughafens in Verbindung gebracht hätte, da sich auf der dazwischen liegenden Hügelkette keine Lichter befanden. Die Piloten mußten zudem in der Kurve zum Endanflug nach links schauen, um den Flughafen im Auge zu behalten. Die einzigen anderen sichtbaren Bezugspunkte am Boden waren dabei die Lichter im Flußtal.

Die Fahrwerks- und Landeklappenstellung am Flugzeug zur Absturzzeit deutete darauf hin, daß die Besatzung mit der Durchführung der Verfahren der Kontrolliste für den Endanflug in Verzug geraten war. Eine Überhäufung mit Tätigkeiten in der Flugzeugführerkabine könnte ein zusätzlicher Ablenkungsgrund gewesen sein, als die Piloten versuchten, die Anflugbefeuerung in Sicht zu behalten.

Der Flugkapitän und der Erste Offizier waren schon mehrmals miteinander geflogen. Dabei hatte sich sicher eine Grundlage für das gegenseitige Vertrauen in die Fähigkeiten des anderen entwickelt. Falls sich in diesem Fall einer der Piloten voll auf die Bodenbezugspunkte konzentriert und darauf vertraut hätte, daß der andere die Fluginstrumente überwachen würde, wäre das für die Flugsicherheit nachteilig gewesen.

Die Behinderung der Sicht beim Einsetzen der Regenabweisanlage oder durch Blitze könnte ein anderer Faktor gewesen sein, der nicht zu bestimmen war.

Es war auch nicht genau bekannt, in wie weit die Piloten das Instrumentenlandesystem (ILS) des Flughafens benutzt hatten. Unter den gegebenen Umständen wäre es klug gewesen, einen vollen ILS-Anflug durchzuführen. Da sich der Abflug in New York aber um 20 Minuten verzögert hatte, hatten sie sich offensichtlich für ein Anflugverfahren nach Bodensicht entschieden, um die Landung zu beschleunigen.

Datum: 11. November 1965, circa 19:50 Uhr
Ort: Salt Lake City, Utah, USA
Unternehmen: United Air Lines, USA
Flugzeugmuster: Boeing 727–22 (N7030U)

Flug 227, ein transkontinentaler Inlandflug von New York, New York, nach San Francisco, Kalifornien, war in den zweiten fatalen Unfall einer Boeing 727 innerhalb von drei Tagen verwickelt. Die letzte der vier planmäßigen Zwischenlandungen unterwegs sollte auf dem Salt Lake City Municipal Flughafen erfolgen.

Es war bereits dunkel, aber die Wetterverhältnisse waren gut. Es gab vereinzelte Wolken in 2000 Meter, eine gebrochene Hauptwolkenuntergrenze in 3000 Meter und eine geschlossene Wolkendecke in 4300

Der brennende Rumpf der United Air Lines Boeing 727 nach dem Absturz auf dem Salt Lake City Municipal Flughafen. (Wide World Photos)

Meter. Die Sichtweite betrug 40 Kilometer. Die Besatzung hatte sich für einen direkten Landeanflug nach Sicht auf Landebahn 34 links entschieden und wollte das Instrumentenlandesystem (ILS) zur Bestimmung der Höhe benutzen. Das Flugzeug befand sich eine Minute vor dem Aufschlag noch 400 Meter über dem Gleitpfad. Seine Sinkgeschwindigkeit war aber dreimal so hoch wie die empfohlene Sinkrate. Der Flugkapitän unterband ungefähr zu dieser Zeit den Versuch des Ersten Offiziers, die Triebwerkleistungen zu erhöhen. Kurz darauf erkannte er dann die mißliche Lage und gab Startschub auf die Triebwerke. Da war es aber bereits zu spät.

Die Düsenpassagiermaschine schlug circa 100 Meter vor der Schwelle der Landebahn auf den Boden. Dabei brach das Hauptfahrwerk. Das rechte Fahrwerk wurde rückwärts nach oben gedrückt und beschädigte beide Treibstoffleitungen und die Kabelverbindungen des dritten Generators. Die 727 rutschte dann noch mehr als 850 Meter auf der Unterseite des Rumpfes und dem ausgefahrenen Bugrad auf dem Boden entlang, bis sie 50 Meter links neben der Landebahn zum Stillstand kam. Der gesamte Rumpf brannte dann aus. Das Feuer war entweder durch den beim Rutschen über die Betonpiste entstandenen Funkenflug oder die gerissenen Kabelverbindungen entfacht worden. Obwohl es beim eigentlichen Aufschlag keine größeren Gewalteinwirkungen auf

Die Wrackteile der Air-India Boeing 707 beflecken den Schnee am Mont Blanc in den französischen Alpen. (UPI / Bettmann)

die Insassen gegeben hatte, kamen 43 Passagiere in den Flammen ums Leben. Unter den 48 Überlebenden gab es 35 Verletzte. Darunter befand sich auch die gesamte sechsköpfige Besatzung.

Die US-amerikanische Luftverkehrsbehörde (CAB) widerlegte in ihrem Untersuchungsbericht die Behauptung des Flugkapitäns, die Triebwerke hätten nicht auf das Vorschieben der Leistungshebel reagiert. Sie wies ihm die Schuld an dem Unfall zu, da er versäumt habe, der übermäßigen Sinkgeschwindigkeit rechtzeitig Einhalt zu gebieten. Ein Einblick in seine Fliegerischen Akten ergab, daß er seit seiner Umschulung auf Düsenmaschinen unbeständige Leistungen zeigte und dazu neigte, von standardisierten Betriebsverfahren abzuweichen.

Nach diesem und dem Cincinnati Unfall stürzten in den Jahren 1965 und 1966 zwei weitere Boeing 727 während des Landeanfluges ab. Danach wurden erhebliche Zweifel über die Sicherheit der dreistrahligen Düsenpassagiermaschine laut. Die CAB konnte jedoch keine Konstruktionsmängel oder unbefriedigende Flugeigenschaften bei der Maschine finden. Ihre Sinkgeschwindigkeit mit ausgefahrenen Fahrwerken und Landeklappen war zwar höher als bei den früheren Düsenflugzeugen, das war aber eine bewußt eingebaute Eigenschaft, um auch auf kleineren Flugplätzen starten und landen zu können.

Nach dem Absturz von Flug 227 konnte eine Stewardess ihren zugewiesen Arbeitsplatz für die Evakuierung der Maschine nicht erreichen. Das könnte zusätzliche Menschenleben gekostet haben. United Air Lines ging deshalb dazu über, dem Flugbegleitpersonal während der Start- und Landephase Plätze neben den Notausgängen zuzuweisen. Das wurde später in der ganzen Luftfahrtindustrie übernommen.

Die Umstände dieses Unfalles veranlaßten das US-amerikanische Bundesamt für Luftfahrt FAA, zusätzliche Ausbildungsrichtlinien und Befähigungsanforderungen für zivile Jetpiloten zu erlassen.

Datum: 24. Januar 1966, circa 08:00 Uhr
Ort: Französische Alpen
Unternehmen: Air-India
Flugzeugmuster: Boeing 707–437 (VT-DMN)

Flug 101 führte von Bombay, Indien, nach London. Während der Vorbereitungen auf die geplante Zwischenlandung in Genf, Schweiz, erhielt die Düsenpassagiermaschine die Anweisung, 300 Meter (1000 Fuß) über den Wolken zu bleiben. Die 707 sank jedoch unter die Flugfläche 190 (5800 Meter), der Mindestsicherheitshöhe in diesem Gebiet. Sie prallte dann mit einem Kurs von vermutlich 330 Grad circa 60 Meter unterhalb des Gipfels gegen einen Grat des Mont Blanc. Beim Aufprall wurde das Flugzeug in Stücke gerissen. Alle 117 Insassen (106 Passagiere und elf Besatzungsmitglieder) fanden dabei den Tod.

Die Kette der Ereignisse begann damit, daß der Flugkapitän seine Position in Bezug auf den Mont Blanc falsch eingeschätzt hatte. In dem Wissen, daß eines seiner beiden VOR-Geräte nicht einsatzbereit war, hatte er über Funk gemeldet: »Ich glaube, wir befinden uns querab vom Mont Blanc«. Der Fluglotse im Genfer Kontrollzentrum bemerkte nach einem Blick auf seinen Radarschirm den Irrtum. Er versuchte ihn mit der Feststellung zu korrigieren: "Noch neun Kilometer bis zum Mont Blanc". Der Pilot dürfte den unpräzise formulierten Kommentar des Fluglotsen aber als reine Empfangsbestätigung seiner vorherigen Positionsmeldung mißverstanden haben und nicht als Hinweis, daß die 707 diese Position erst noch erreichen mußte.

Die Angelegenheit wurde durch eine Anzahl weiterer Umstände kompliziert. Der Unfall ereignete sich während der Morgendämmerung. Da die Sonne zu dieser Zeit tief hinter dem Flugzeug am Horizont aufging, dürfte es schwierig gewesen sein, die schneebedeckten Berghänge von den Wolken zu unterscheiden.

Die Besatzung könnte auch von einem »White-Out« betroffen worden sein, bei dem Himmel und Erde scheinbar ineinander überfließen. Dieses Phänomen kann bei einer diffusen Beleuchtung (besonders wenn Schnee- oder Eiskristalle in der Luft herumfliegen) zu einem Ausbleiben der Schattenbildung, einer Verminderung der horizontalen Sichtweite und einem scheinbaren Anstieg der Lichtstärke führen. Das kann die physiologischen Merkmale einer Blendung der Netzhaut, einer Kurzsichtigkeit oder anderer geringfügiger Sehstörungen verursachen. Die psychologischen Auswirkungen können von der Verwirrung

des Gleichgewichtsinnes bis zum Verlust der Richtungs- und Entfernungsvorstellung reichen.

Im Mont Blanc Gebiet gab es zur Unfallzeit eine Wolkendecke, deren Obergrenze ungefähr 150 Meter über der Höhe der Absturzstelle lag und den Gipfel in Wolken einhüllte. Bei leichtem Schneefall traten schwere Turbulenzen und Fallwinde in Bodennähe auf. Der Wind kam nach Schätzungen in der Absturzhöhe aus westnordwestlicher Richtung mit 65 km/Std und am Gipfel aus Nordnordwesten mit 110 km/Std.

Aufgrund der örtlichen Abweichung des Luftdrucks in der Nähe des Berges könnte der Flugzeughöhenmesser 240 bis 305 Meter höher angezeigt haben, als die Flughöhe in Wirklichkeit gewesen war.

Alle diese Umstände könnten zu einem unbeabsichtigten Sinkflug in die Wolkenbank beigetragen haben. Die Besatzung hätte dann vor dem Aufschlag am Berg nicht mehr genügend Zeit zur Verfügung gehabt, sich nach Bodenpunkten zu orientieren.

Datum: 4. Februar 1966, circa 19:00 Uhr
Ort: Bucht von Tokio
Unternehmen: All Nippon Airways, Japan
Flugzeugmuster: Boeing 727–81 (JA8302)

Flug 60 kam von Sapporos Chitose Flughafen auf der Insel Hokkaido und sollte am Ende des Inlandfluges planmäßig auf dem Internationalen Haneda Flughafen von Tokio landen. Die Düsenpassagiermaschine stürzte jedoch zwölf Kilometer ostsüdöstlich

Das Leitwerk der All Nippon Airways Boeing 727 wird nach ihrem Absturz aus der Bucht von Tokio geborgen. Der Unfall forderte 133 Menschenleben. (UPI/Bettmann)

von ihrem Ziel ab. Alle 133 Insassen (126 Passagiere und sieben Besatzungsmitglieder) wurden dabei getötet.

Zur Unfallzeit war es dunkel. Der Mond schien jedoch, und die Wetterverhältnisse waren gut. In dem Gebiet nördlich von Kisarazu wurden einzelne Wolken in 600 bis 1000 Höhe gemeldet. Die Sicht betrug zwischen acht und 16 Kilometer.

Der Flugkapitän hatte den Sinkflug nach Sichtflugregeln (VFR) eingeleitet. Das Flugzeug wurde kurz vor dem Unfall in einer Höhe von vielleicht 600 Meter oder tiefer gesichtet. Es befand sich im Anflug auf Landebahn 33 rechts, für die es die Landefreigabe erhalten hatte, als der Kopilot einer Japan Air Lines Düsenverkehrsmaschine meldete, daß er das Aufblitzen einer Explosion gesehen hatte. Wahrscheinlich hat es sich dabei um den Absturz gehandelt. Die 727 befand sich aber nicht genau auf der verlängerten Mittellinie der Landebahn, als sie mit eingefahrenen Fahrwerken und Landeklappen auf das Wasser aufgeschlagen ist.

Die Leichen aller Opfer und circa 90 Prozent des Flugzeugwracks konnten später aus der Bucht geborgen werden. Die Untersuchung des Trümmer ergab keine Hinweise auf den Ausbruch eines Feuers, eine Explosion oder einen mechanischen Fehler vor dem Absturz. Ebenfalls gab es keine Anzeichen für ein Versagen oder eine falsche Anzeige des Höhenmessers oder anderer wichtiger Flugüberwachungsinstrumente. Auch der letzte Funkspruch von Flug 60, der nur wenige Sekunden vor dem Absturz empfangen worden war, deutete auf keine Schwierigkeiten hin.

Die Unfallursache und der Grund, warum das Flugzeug vor dem Absturz bei Nacht unter Sichtflugregeln (VFR) so ungewöhnlich tief geflogen war, konnte nicht ermittelt werden.

Datum: 4. März 1966, circa 20:15 Uhr
Ort: In der Nähe von Tokio, Japan
Unternehmen: Canadian Pacific Air Lines
Flugzeugmuster: Douglas DC-8 Serie 43 (CF-CPK)

Flug 402 befand sich auf einem Transpazifik-Flug von Hongkong nach Vancouver in Britisch-Kolumbien, Kanada. Er drehte fast eine halbe Stunde Warteschleifen über dem Internationalen Haneda Flughafen von Tokio, wo die Maschine planmäßig zwischenlanden sollte. Der Flugkapitän wollte mit dem Einleiten des Sinkfluges warten, bis sich der Nebel über dem Platz gelichtet hatte. Als sich die Wetterverhältnisse aber weiter verschlechterten, ließ er die Landeabsicht ganz fallen und setzte den Flug zum Ausweichflughafen nach Taipeh, Taiwan fort. Kurz darauf erhielt der Flug die Mitteilung, daß sich die Sichtverhältnisse auf dem Haneda Flughafen verbessert hatten. Die Sichtweite an der Landebahn war auf 1000 Meter gestiegen. Der Pilot erbat darauf die Freigabe zur Umkehr und leitete den Sinkflug ein.

Die DC-8 sollte in der Dunkelheit einen vom Boden aus geleiteten Radaranflug (GCA) auf Landebahn 33 rechts ausführen. Die Besatzung würde dabei Bezug auf die Anzeigen des Instrumentenlandesystems

(ILS) nehmen. In den letzten Sekunden des Fluges warnte der Fluglotse die Flugbesatzung: »...fallen unter den Gleitpfad, drei bis fünf, sechs Meter zu tief...gehen Sie kurz in den Horizontalflug...erreichen Minimum für Präzisionsanflug, gehen Sie in den Horizontalflug, sieben Meter tief.« Das Besatzungsmitglied am Funk des Flugzeuges erwiderte darauf nur: »Kontrollturm, würden Sie...die Landebahnbefeuerung kleiner drehen?«

Die Düsenpassagiermaschine sank dennoch mit ausgefahrenen Fahrwerken und Landeklappen weiter. Als sie schließlich circa 850 Meter vor der Landebahnschwelle mit dem Hauptfahrwerk gegen die Anflugbefeuerungsanlage stieß, befand sie sich jedoch fast in einer horizontalen Fluglage. Nach dem ersten Schlag prallte sie mit der Rumpfunterseite gegen eine Kaimauer und wurde dann über dieses Hindernis hinweggeschleudert. Zuletzt schlug sie kurz vor dem Ende der Landebahn auf und begann zu brennen. 64 Insassen wurden bei dem Unfall getötet, darunter die gesamte zehnköpfige Besatzung. Acht Passagiere überlebten verletzt. Sie hatten im mittleren Abschnitt der Kabine gesessen und es geschafft, durch ein beim Absturz entstandenes Loch im Rumpf oder die vordere Ausgangstür zu entkommen.

Die Hauptunfallursache war nach dem Urteil der Untersuchungskommission in dem Entschluß des Flugkapitäns zu sehen, unter den gegebenen Umständen überhaupt eine Landung zu versuchen. Wahrscheinlich hatte er die hohe Sinkrate mit der Absicht eingeleitet, den Endanflug in einer niedrigeren Höhe ausführen zu können. Die schlechten Sichtbedingungen in der trügerischen Nebellage hatten den Piloten wahrscheinlich irregeführt und sein Urteilsvermögen beeinträchtigt.

Datum: 5. März 1966, circa 14:15 Uhr
Ort: In der Nähe des Gotemba, Shizouka, Japan
Unternehmen: British Overseas Airways Corporation (BOAC)
Flugzeugmuster: Boeing 707–436 (G-APFE)

Es muß ein schrecklicher Anblick für die Insassen von Flug 911 gewesen sein, als sie auf dem Weg zur Startbahn an den Trümmern der Canadian Pacific DC-8 vorbeirollten, die in der vergangenen Nacht beim Landeanflug abgestürzt war (siehe oben). Die 707 sollte sie von dem Internationalen Haneda Flughafen von Tokio nach Hongkong bringen, einer weiteren Teilstrecke eines Fluges um die Welt, dessen Ausgangs- und Zielort London war. Keiner von ihnen dürfte geahnt haben, daß sie nur etwa eine viertel Stunde später dasselbe Schicksal treffen würde.

Flugkapitän Bernhard Dobson entschied sich für ein Abflugverfahren nach Sichtflugregeln, abseits der festgelegten Luftstraße. Damit wollte er entweder den Steigflug beschleunigen, oder vielleicht seinen Passagieren einen malerischen Ausblick auf den majestätischen Fudschijama ermöglichen. Diese Abweichung sollte bei dem kommenden Flugunfall eine wichtige Rolle spielen, da diese Flugstrecke in ein Ge-

biet mit starker Turbulenz führte. Der Himmel war an diesem Tag besonders klar. Am Berggipfel wehte der Wind aber mit einer Geschwindigkeit von 110 bis 130 km/Std.

Nachdem die Düsenpassagiermaschine den ungefähr 80 Kilometer südsüdwestlich von Tokio gelegenen Ort Gotemba in circa 5000 Meter Höhe mit westlichem Kurs überflogen hatte, begann sie zu sinken und Teile zu verlieren. Zuerst riß das Leitwerk ab. In 2000 Meter Höhe folgte der vordere Teil des Rumpfes. Das äußere Stück der rechten Tragfläche, alle vier Triebwerkseinheiten mit den Gondeln und weitere Teile lösten sich beim Sturz Richtung Erde. Das Hauptstück des Rumpfes mit den noch befestigten Tragflächenteilen zog eine Rauchfahne hinter sich her und stürzte in ein Waldgebiet am östlichen Fuße des Berges. Das vordere Teilstück des Rumpfes schlug 300 Meter davon entfernt auf und fing Feuer. Alle 124 Insassen der Maschine (113 Passagiere und elf Besatzungsmitglieder) wurden bei dem Unfall getötet. Wrackteile wurden auf einer Fläche von circa 16 Kilometer Länge und eineinhalb Kilometer Breite verstreut gefunden.

Man nahm an, daß die Maschine auf eine übermäßig starke Windboe gestoßen war. Die dabei enstandene Belastung muß weit über ihrer Bruchgrenze hinausgegangen sein und wenige Augenblicke später zu ihrem Auseinanderbrechen geführt haben. Die Vorhersage solch einer Boe war unmöglich, ihre Existenz konnte auch nicht nachgewiesen werden. Trotzdem schloß die Untersuchungskommission nicht aus, daß eine so starke Turbulenz ein Düsenpassagierflugzeug zerstören könnte. Sie hätte von einem mächtigen Föhnsturm erzeugt werden können, wie er auf der Leeseite des Fudschijamas anzutreffen war. In einer Theorie wurde die Ansicht geäußert, daß es einen

Oben *Die BOAC Boeing 707 G-APFE rollt auf ihrem Weg zur Startposition auf dom Internationalcn Haneda Flughafen von Tokio an den Trümmern der Canadian Pacific DC-8 vorbei, die in der Nacht davor abgestürzt war.* (Wide World Photos)

Unten *Nachdem die BOAC Boeing 707 in der Luft auseinandergebrochen war, stürzte das Vorderteil des Rumpfes mit den noch befestigten Tragflächenteilen der Erde entgegen.* (Black Starte)

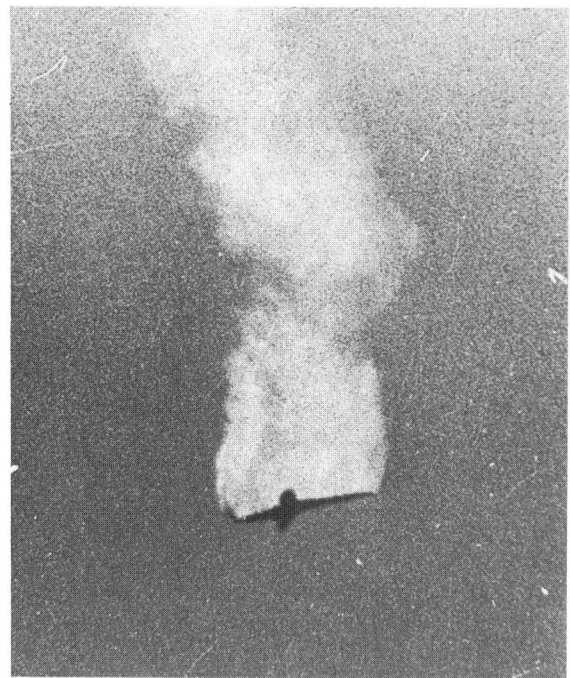

Unterschied zwischen Föhnstürmen an einem einzel stehenden Berg, wie es hier der Fall war, und an längeren Gebirgsketten gäbe.

Bei den metallurgischen Untersuchungen wurden Ermüdungsrisse in einem Schraubenloch der rechten hinteren Holmverbindung der Seitenflosse der G-APFE nachgewiesen. In wie weit dieser Umstand zum strukturellen Bruch beigetragen hatte, konnte nicht einwandfrei geklärt werden.

Unter den Passagieren befand sich eine Gruppe von 75 Amerikanischen Kaufleuten und Geschäftsführern mit ihren Frauen, die für eine Firma in Minneysota arbeiteten. Sie hatten die Reise in den Fernen Osten als Anerkennung für überragende Verkaufsergebnisse erhalten.

Datum: 22. April 1966, 20:30 Uhr
Ort: In der Nähe von Ardmore, Oklahoma, USA
Unternehmen: American Flyers Airline Corporation, USA
Flugzeugmuster: Lockheed 188C Electra (N183H)

Das Flugzeug befand sich im Auftrag des US-amerikanischen Lufttransportkommandos (MATS) auf einem transkontinentalen Inlandflug von Monterey, Kalifornien, nach Columbus, Georgia. Mit Ausnahme eines nicht diensthabenden Flugingenieurs, der auf dem Klappsitz in der Pilotenkabine saß, waren alle Passagiere junge Rekruten, die sich auf dem Weg zu ihrer weiteren Ausbildung in Fort Benning befanden.

Der viermotorige Turboprop sollte unterwegs auf dem Municipal Flughafen von Ardmore zwischenlanden, um Treibstoff aufzunehmen. Beim Landeanflug stürzte die Maschine in die Ausläufer der Arbuckle Berge und fing Feuer. 83 Insassen (77 Passagiere, fünf Besatzungsmitglieder und der nicht diensthabende Flugingenieur) fanden bei dem Absturz den Tod. Die 15 Überlebenden trugen unterschiedliche Verletzungen davon. Der letzte Wetterbericht beinhaltete eine tiefliegende Hauptwolkenuntergrenze mit mehr als 5 / 10 Bedeckung in 200 Meter und einer geschlossenen Wolkendecke in 300 Meter. Die Sichtweite betrug bei Sprühregen im Dunst fünf Kilometer.

Die Besatzung wollte eigentlich mit Hilfe des Niederfrequenz-Funkfeuer Instrumentenanflugverfahrens (ADF) auf Landebahn 08 landen. Sie wich jedoch von der vorgeschriebenen Anflugroute nach Norden ab. Wahrscheinlich versuchte sie damit, ein Gewitter zu umfliegen. Anschließend begann sie ein kreisförmiges Anflugverfahren nach Sicht auf Landebahn 30. Die Electra stürzte schließlich mit ausgefahrenen Fahrwerken und Landeklappen nordöstlich des Flughafens gegen einen Hügel. Der Aufschlagort befand sich nur knapp unterhalb der Kuppe.

Die US-amerikanische Luftverkehrsbehörde (CAB) konnte bei ihrer Unfalluntersuchung keine Hinweise auf ein technisches Versagen oder sonstiger Mängel an dem Flugzeug finden. Die Autopsie der Leiche des Flugkapitäns war dagegen weitaus aufschlußreicher. Er hatte an einer schweren Arterienverkalkung der Herzkranzgefäße gelitten. Sein gesundheitlicher Zustand wurde von zwei Pathologen so schlecht beurteilt, daß sie es für sehr wahrscheinlich hielten, daß er vor dem Absturz an einem Herzversagen gestorben war. Der Flugkapitän war gleichzeitig der Präsident der Fluggesellschaft gewesen. Das machte die Tatsache noch beunruhigender, daß er bei der Beantragung seiner Passagierbeförderungslizenz die erforderliche einwandfreie Gesundheitsbescheinigung verfälscht hatte. Es wurde entdeckt, daß er seit 18 Jahren schon unter Herzbeschwerden litt und zusätzlich zuckerkrank war. Beide Krankheiten hätten die Erteilung der Lizenz ausgeschlossen.

Die CAB ging davon aus, daß der Flugkapitän die Elektra selbst steuerte, als er in der Endphase des Anfluges zusammengebrochen ist. Er dürfte dabei über das Steuerrad oder zurück in den Sitz gefallen sein. In beiden Fällen würde die Maschine dann in eine rechte Querlage gerollt sein. Der Erste Offizier dürfte während dieser Zeit wahrscheinlich nach außen geschaut haben, um den Flughafen im Auge zu behalten. Er dürfte deshalb den Zusammenbruch seines Flugkapitäns erst bemerkt haben, als sich die Fluglage der Maschine veränderte oder einer oder beide der zwei anderen Besatzungsmitglieder in der Pilotenkabine ihn darauf aufmerksam machten. Das zu späte Erkennen der Situation hat in Verbindung mit der Schwerfälligkeit des Fluzeuges dann ein Abfangen der Maschine in dieser niedrigen Flughöhe unmöglich gemacht. Der Flugkapitän war an diesem Tag bereits 16 Stunden im Dienst. Das könnte zusätzlich dazu beigetragen habe, daß er diesen schweren Anfall erlitten hat.

Die CAB kündigte nach diesem Unfall an, daß sie zusammen mit dem US-amerikanische Bundesamt für Luftfahrt FAA nach Wegen suchen werde, die Beschaffenheit der Gesundheitsauskünfte zu verbessern, die sie von den Piloten erhielt.

Datum: 1. September 1966, 00:47 Uhr
Ort: In der Nähe von Ljubljana, Slowenien, Jugoslawien
Unternehmen: Britannia Airways, England
Flugzeugmuster: Bristol Britannia 102 (G-ANBB)

Die Turboprop-Passagiermaschine befand sich auf einem Charterflug von Luton, England, nach Ljubljana, als sie beim Landeanflug auf den Brniki Flughafen abstürzte. 98 der 117 Insassen (92 Passagiere und sechs Besatzungsmitglieder) fanden dabei den Tod. Alle Überlebenden wurden verletzt. Unter ihnen befand sich auch eine Stewardess.

Beim Anflug auf Landebahn 31 hatte die Besatzung zuerst gemeldet, daß sie den Flughafen in Sicht habe. Kurze Zeit später forderte sie die Unterstützung des Bodenradars an, da sie die Landebahn aus den Augen verloren hatte. Anschließend sah der Fluglotse auf seinem Bildschirm das Radarecho der Maschine nach rechts vom Kurs abkommen. Er forderte die Besatzung auf, drei Grad nach links zu kurven, konnte aber keine Reaktion feststellen. Die Britannia schlug dann mit ausgefahrenen Fahrwerken und Lan-

Diese BOAC Bristol Britannia 102, die später zur Flugzeugflotte der Britannia Airways gehörte, war ein Schwesterflugzeug der Maschine, die in Jugoslawien abgestürzt ist. (British Aerospace)

deklappen in einem Waldgebiet auf, brach auseinander und ging in Flammen auf. Die Absturzstelle lag ungefähr zweieinhalb Kilometer vor der Schwelle der Landebahn und 700 Meter nördlich ihrer verlängerten Mittellinie. Das Unglück ereignete sich bei Dunkelheit. Die Sicht war trotz des flachen Bodennebels in dem Gebiet gut. Es gab vereinzelte Stratocumuluswolken in 1800 Meter Höhe.

Der Flugkapitän hatte seinen Höhenmesser nicht auf den Luftdruck des Flughafens (QFE) eingestellt, führte den Anflug aber aus, als ob er die Einstellung vorgenommen gehabt hätte. Die Maschine flog deshalb circa 380 Meter unterhalb der vorgeschriebenen Mindestsicherheitshöhe des Verfahrens. Der Höhenmesser des Ersten Offiziers war ebenfalls nicht richtig umgestellt worden, wies aber eine andere Einstellung als die des Flugkapitäns auf. Diese Nichtübereinstimmung blieb unentdeckt, weil die Besatzung offenbar den vorgeschriebenen Vergleich der beiden Höhenmesser nicht durchgeführt hatte.

Die Nichteinhaltung der richtigen Verfahren dürfte mit dem Umstand zu erklären sein, daß der Anflug bei guten Wetterverhältnissen und Mondschein erfolgte. Die Besatzung konnte die Landebahn daher schon aus einer Entfernung von mindestens elf Kilometer sehen. Obwohl die Piloten die Landebahnbefeuerung offensichtlich gesehen haben dürften, waren sie nicht in der Lage, ihre niedrige Flughöhe zu erkennen. Der optische Effekt der schrägansteigenden Landebahn verschlimmerte die Lage noch, da er zu einem falschen Eindruck des Anflugwinkels führte. Das Versäumnis des Fluglotsen, der Besatzung Höheninformationen zu übermitteln, wurde nicht als beitragende Unfallursache bewertet.

Eine der Empfehlungen der Untersuchungskommission beinhaltete, die Anweisungen in den Betriebsverfahren präzise und gut definiert zu formulie-

ren. Das Verfahren der Britannia Airways ließ es zu, den Höhenmesser zu »einer angenehmen Zeit« auf den QFE Wert umzustellen. Das wurde als Beispiel für eine unpräzise Anweisung angeführt, die zu Fehler der Piloten beitragen konnte.

Datum: 24. November 1966, circa 16:30 Uhr
Ort: In der Nähe von Bratislava, Tschechoslowakei
Unternehmen: Transportno Aviatsionno Bulgaro-Soviet Obshchestvo (TABSO), Bulgarien
Flugzeugmuster: Iljuschin IL-18 (LZ-BEN)

Der viermotorige Turboprop stürzte nur zwei Minuten nach dem Start von dem Internationalen Flughafen Bratislava ab und fing Feuer. Der Absturzort lag circa zehn Kilometer von dem Flughafen der Hauptstadt entfernt in den Kleinen Karpaten. Alle 82 Personen an Bord (74 Passagiere und acht Besatzungsmitglieder) fanden den Tod.

Flug 101 führte von Sofia, Bulgarien, nach Ostberlin. Aufgrund schlechter Wetterverhältnisse war er nach Bratislava umgeleitet worden. Der Pilot entschied sich fünf Stunden später, den Flug nach Prag fortzusetzen, wo er ursprünglich hatte zwischenlanden wollen.

Nach dem Abflug hielt die IL-18 die zugewiesene Flughöhe ein. Die Anweisung, eine Kurve nach rechts einzuleiten, befolgte sie nicht. Das Flugzeug schlug dann mit eingefahrenen Fahrwerken und Landeklappen in einer leichten linken Querlage in 420 Meter Höhe gegen einen bewaldeten Berg. Der Unfall ereignete sich während der Abenddämmerung. Das Flugplatzwetter beinhaltete zur Unfallzeit eine 6/8 Bedeckung mit Stratuswolken in 350 Meter und eine 8/8 Bedeckung mit Nimbostratuswolken in 1000 Meter Höhe. Die Sicht betrug bei mäßigem Dauerregen sieben Kilometer.

Die Unfallursache konnte nicht mit absoluter Sicherheit bestimmt werden. Die Untersuchungskommission kam aber zu dem Schluß, daß der wahrscheinlichste Grund für den Absturz in dem Versäumnis der Piloten zu suchen war, sich genau über die Wetterverhältnisse und die Beschaffenheit des Geländes zu informieren und den Flug dann den gegebenen Umständen anzupassen. Die Situation wurde nur gefährlich, weil sich die Besatzung nicht an die von ihr bestätigte Flugfreigabe gehalten hat. Das kann entweder absichtlich oder aufgrund eines Vorfalles geschehen sein, den sie nicht verstanden hatte oder mit dem sie nicht fertig geworden ist.

Die verzugslose Beantwortung aller Anweisungen der Bodenkontrollstelle ließ hinsichtlich der erstgenannten Theorie Zweifel darüber aufkommen, ob die gesamte fliegende Besatzung genau und konzentriert genug achtgegeben hat, wenn Entscheidungen zu treffen waren. Ein bemerkenswerter Punkt war, daß der Bordfunker in der englischen Sprache nicht voll bewandert gewesen ist. Das könnte die Arbeit der Piloten noch erschwert haben.

Was die zweite Theorie betrifft, konnte die Möglichkeit einer falschen Anzeige des Kreiselhorizontes aufgrund eines Gerätefehlers nicht ausgeschlossen werden. Solch eine unrichtige Anzeige würde das Versäumnis der Piloten erklären, die geforderte 15 Grad Querlage einzuhalten. Das könnte dann in Verbindung mit einer überhöhten Geschwindigkeit zu der Abweichung von der Route geführt haben. Ein weiterer beitragender Grund könnte das Antreffen von Turbulenz gewesen sein.

Datum: 20. April 1967, 02:13 Uhr
Ort: In der Nähe von Nicosia, Zypern
Unternehmen: Globe Air AG, Schweiz
Flugzeugmuster: Bristol Britannia 313 (HB-ITB)

Die Turboprop-Passagiermaschine befand sich auf einem außerplanmäßigen Flug von Bangkok, Thailand, nach Basel, Schweiz. Bei dem Versuch, auf dem Flughafen von Nicosia zu landen, stürzte die Maschine ab und fing Feuer. 126 Insassen (117 Passagiere und neun Besatzungsmitglieder) wurden dabei getötet. Drei Passagiere und eine Stewardess wurden verletzt neben den Trümmern des Rumpfhecks gefunden und überlebten den Absturz.

Die Britannia hätte eigentlich in Kairo zu einem der drei unterwegs eingeplanten Zwischenaufenthalte landen sollen, war dann aber umgeleitet worden. Es konnte nicht festgestellt werden, warum der Flugkapitän nicht den vorgesehenen Ausweichplatz in Beirut, Libanon, angeflogen hatte, zumal dort bessere Wetterverhältnisse als in Nicosia bestanden hatten.

Nachdem der Pilot bei dem ersten Anflug die Landebahn verfehlt hatte, begann er einen zweiten Landeversuch nach Sicht auf Landebahn 32. Dabei verschätzte er sich in der Platzrunde offensichtlich in der

Die Leiche eines Opfers wird vom Wrack der schweizer Britannia weggetragen, die in Zypern abgestürzt war. (Wide World Photos)

Entfernung zum Flughafen und sank über dem ansteigenden Gelände zu tief. Die Maschine schlug in einer linken Kurvenlage mit einem Kurs von 68 Grad gegen einen Hügel. Die Absturzstelle lag nur circa sechs Meter unterhalb der Kuppe.

Das Unglück ereignete sich bei Nacht. In dem Gebiet herrschte Gewittertätigkeit. Die Hauptwolkenuntergrenze lag mit 5/8 Bedeckung in 75 Meter. Darüber bestand eine weitere 5/8 Bedeckung in 600 Meter. Die Sicht unter den Wolken betrug sieben Kilometer, der Wind wehte mit 13 km/Std aus Osten.

Beide Piloten hatten zur Unfallzeit ihre erlaubte Arbeitszeit um fast drei Stunden überschritten. In dem Unfalluntersuchungsbericht wurde auch vermerkt, daß der Erste Offizier weniger als 50 Flugstunden auf Britannia Flugzeugen verbracht hatte.

Datum: 3. Juni 1967, 22:06 Uhr
Ort: In der Nähe von Prats-de-Mollo-la-Preste, Provinz Roussilon, Frankreich
Unternehmen: Air Ferry Ltd, England
Flugzeugmuster: Douglas DC-4 (G-APYK)

Britische Charterfluggesellschaften waren an einem einzigen Wochenende an zwei schweren Flugzeugabstürzen beteiligt. Bei dem ersten Unfall endete eine Urlaubsreise an das Mittelmeer auf tragische Art und Weise.

Die alte Passagiermaschine sollte am Ende des Charterfluges von Manston, England, in Perpignan landen. Als sie aber näher an ihr Ziel herankam, wich sie von dem vorgeschriebenen Flugweg ab. Die Abweichung betrug bei der letzten Positionsmeldung fast 15 Kilometer und vergrößerte sich noch, als die Besatzung eine Art Anflug- und Landeverfahren einleitete. Der Fluglotse fragte kurz vor dem Absturz den Flug: »Yankee Kilo, haben Sie meinen Flughafen nicht in Sicht?« Ein Besatzungsmitglied erwiderte darauf mit »das stimmt.« Aufgrund der negativen Fragestellung kam es aber zu einem Mißverständnis. Der Fluglotse erkannte nicht, daß die Besatzung den Flughafen wirklich nicht in Sicht hatte.

Die DC-4 leitete kurz vor dem Absturz eine weite Linkskurve ein, um dann in einer engen Rechtskurve die Flugrichtung um fast 90 Grad zu ändern. Danach folgte sofort eine Steilkurve nach links. Die Maschine schlug in der letzten Kurve mit ungefähr 60 Grad Querlage in circa 1150 Meter über dem Meeresspiegel gegen einen Felsvorsprung. Dabei brach die gesamte linke Tragfläche ab. Die Flugzeugnase zeigte beim ersten Aufprall nach Norden, Fahrwerke und Landeklappen waren eingefahren. Die Passagiermaschine zerschellte schließlich 200 Meter unterhalb am Boden einer Bergschlucht und ging in Flammen auf. Alle 88 Insassen (83 Passagiere und fünf Besatzungsmitglieder) fanden dabei den Tod.

Der Unfall ereignete sich bei Nacht und guten Wetterverhältnissen circa 40 Kilometer südwestlich von Perpignan in dem Mont Canigou Massiv in den Pyrenäen. Es gab vereinzelte Cumulus- und Sratocumu-

luswolken. Die Sicht betrug über zehn Kilometer, und der Wind war schwach.

Der Unfall wurde als das Ergebnis einer Reihe von Fehlern angesehen, die der Flugbesatzung unterlaufen waren. Die Piloten hatten das UKW-Drehfunkfeuer (VOR) Perpignan offensichtlich nicht als Navigationshilfe benutzt und sich bei der Navigation nach der Landkarte verfranzt. Wahrscheinlich hatten sie zwei Städte verwechselt und Prades für Rivesealtes gehalten. Ihre geschätzte Ankunftszeit hatte auch nicht gestimmt und zehn Minuten hinter der normalerweise erwarteten Zeit gelegen. Die Gesellschaft hatte offenbar eine bestimmte Zeit für den Anflug und die Landung mit in den Flugplan einberechnet. Die Piloten hatten die Landebahn nicht gesehen und offenbar keinen Bezug auf die Radionavigationsgeräte an Bord genommen. Trotzdem ließen sie die Maschine über einem Ort, den sie nicht sicher identifiziert hatten, unter die Mindestsicherheitshöhe sinken.

Wahrscheinlich hatte ein Pilot den Berg vor sich auftauchen gesehen, als die Landescheinwerfer eingeschaltet wurden und daraufhin versucht, mit der linken Steilkurve vor dem Absturz auf genau den entgegengesetzten Kurs zu gelangen.

Das unlogische Verhalten der Flugbesatzung hatte jedoch eine bestimmte Ursache, die in dem medizinischen Teil der Unfallbehandlung aufgedeckt wurde. Die toxologische Untersuchung von Gewebeteilen der drei Piloten (darunter befand sich ein außerplanmäßig mitfliegender Flugzeugführer) ergab einen hohen Kohlenmonoxydgehalt. Da bei dem Unfall keine Überlebenschance bestanden hatte, mußten die giftigen Gase vor dem Absturz eingeatmet worden sein. Die dadurch hervorgerufene Vergiftung hätte ausgereicht, das Urteilsvermögen herabzusetzen. Die Reiseflughöhe der Maschine hatte 2700 Meter betragen. Die dünnere Luft in dieser Höhe hätte die Lage noch verschlimmert und zu Sauerstoffmangel-Erscheinungen geführt. Das Kohlenmonoxyd konnte nur aus dem Heizungssytem der Maschine gekommen sein. Falls dessen Abgasrohr-Dichtungen rissig oder anderweitig beschädigt gewesen sind, hätten die Abgase leicht in die Pilotenkabine eindringen können.

Weitere Umstände haben zu dem Unfall beigetragen. Zwischen der Besatzung und dem Fluglotsen hatte es Verständigungsschwierigkeiten gegeben. Hauptursachen hierfür waren neben den Sprachschwierigkeiten das Abweichen von der standardisierten Ausdrucksweise. Der Fluglotse hatte außerdem bei dem Funkverkehr mit der DC-4 versäumt, Richtungspeilungen durchzuführen, mit deren Hilfe er ihr Abweichen von dem Flugweg erkannt hätte.

Datum: 4. Juni 1967, circa 10:10 Uhr
Ort: Stockport, Grafschaft Cheshire, England
Unternehmen: British Midland Airways
Flugzeugmuster: Canadair C-4 (G-ALHG)

Die C-4 war eine in Kanada hegestellte Version der bekannten Douglas DC-4. Die Britischen Fluggesellschaften nannte sie »Argonaut«. Sie galt seit ihrer

Der Absturz der British Midland Airways Argonaut auf eine freie Fläche in der Innenstadt von Stockport verhinderte eine mögliche höhere Anzahl an Todesopfern. (Wide World Photos)

Indienststellung in den späten vierziger Jahren als äußerst zuverlässig. Es klingt daher eigentümlich, daß dieser Unfall zwei Jahrzehnte später einen möglicherweise schweren Konstruktionsmangel an der viermotorigen Passagiermaschine zum Vorschein brachte.

Das betroffene Flugzeug sollte nach einem außerplanmäßigen Flug von der Spanischen Baleareninsel Palma de Mallorca nach Manchester auf dessen Ringway Flughafen landen. Die Maschine war mit Britischen Urlaubern voll ausgebucht. Außerdem waren fünf Besatzungsmitglieder an Bord.

Während des mit Radarüberwachung durchgeführten Instrumentenlandesystem-Anfluges (ILS) auf Landebahn 24 versagten beide rechten Triebwerke. Flugkapitän Harry Marlow meldete über Funk, daß er ein Durchstartverfahren eingeleitet und »...ein wenig Schwierigkeiten mit der Drehzahl« habe. Die C-4 flog eine volle 360 Grad Kurve und kam dabei unter die tiefliegende Wolkendecke. Sie hatte den ILS-Anflugkurs fast erreicht, als sie etwa zehn Kilometer vor der Landebahnschwelle in das Stadtzentrum stürzte. Ihre linke Tragfläche brach beim Schlag gegen ein dreistöckiges Gebäude ab. Die Passagiermaschine kam dann in fast horizontaler Fluglage auf dem Boden auf. Zum Zeitpunkt des Aufschlages waren ihre Fahrwerke eingezogen und die Landeklappen in der 10 Grad Stellung.

Zuerst gab es nur vereinzelte kleine Brandherde. Zehn Minuten nach dem Absturz erfolgte aber eine Explosion in der rechten Tragfläche. Die Flammen breiteten sich dann schnell bis zum Rumpf aus. Sie zwangen die Rettungsmannschaft zum Rückzug, nachdem sie nur zehn verletzte Passagiere hatte bergen können. Daneben überlebte noch eine Stewardess verletzt den Absturz. Sie war durch einen Riß in der Kabine ins Freie geschleudert worden. Flugkapi-

tän Marlow wurde ebenfalls lebend aufgefunden. Er hatte keine schweren physischen Verletzungen davongetragen, litt aber an einer rückläufigen Erinnerungslosigkeit und konnte sich über den Flug an nichts erinnern. Die übrigen 72 Insassen der Maschine fanden den Tod, darunter auch der Erste Offizier, ein zusätzlich mitgeflogener Bordingenieur und ein Steward. Am Flughafen herrschten kurz vor dem Unfall folgende Wetterverhältnisse: Der Himmel war mit 3/8 Wolken in 100 Meter, 7/8 in 120 Meter und 8/8 in 1500 Meter bedeckt. Die horizontale Sichtweite betrug ungefähr eineinhalb Kilometer.

Der Antriebsverlust an beiden rechten Triebwerken war die unmittelbare Absturzursache. Er führte zu Steuerungsschwierigkeiten, die es der Besatzung nicht mehr ermöglichten, die Höhe zu halten, zumal eine der beiden Luftschrauben im Fahrtwind drehte. Die Triebwerke selbst waren aber nicht die Quelle des Problems. Sie lag eher in der Konstruktion der Treibstoffabsperrventile und der Anordnung ihrer Betätigungshebel in der Pilotenkabine. Letztere waren so unglücklich auf der Konsole eingebaut, daß der Pilot leicht einen oder mehrere in eine falsche Stellung bringen konnte. Eine kleine Abweichung in der Hebelstellung konnte aber schon dazu führen, daß ein Umwälzungsventil aufsprang oder nicht vollständig geschlossen wurde. Der Treibstoff konnte so unbeabsichtigt von einen in den anderen Kraftstofftank fließen. Dieser Umstand konnte nach einem langen Flug die Sicherheit gefährden, falls Treibstoff von einem Tank umgewälzt werden mußte, von dem die Besatzung annahm, daß er noch ausreichend gefüllt war.

Andere Luftfahrzeughalter hatten bei der C-4 auch schon Erfahrung mit unbeabsichtigten Treibstoffumwälzungen gemacht, sie aber den zuständigen Regierungsbehörden nicht mitgeteilt. Die Herstellerfirma

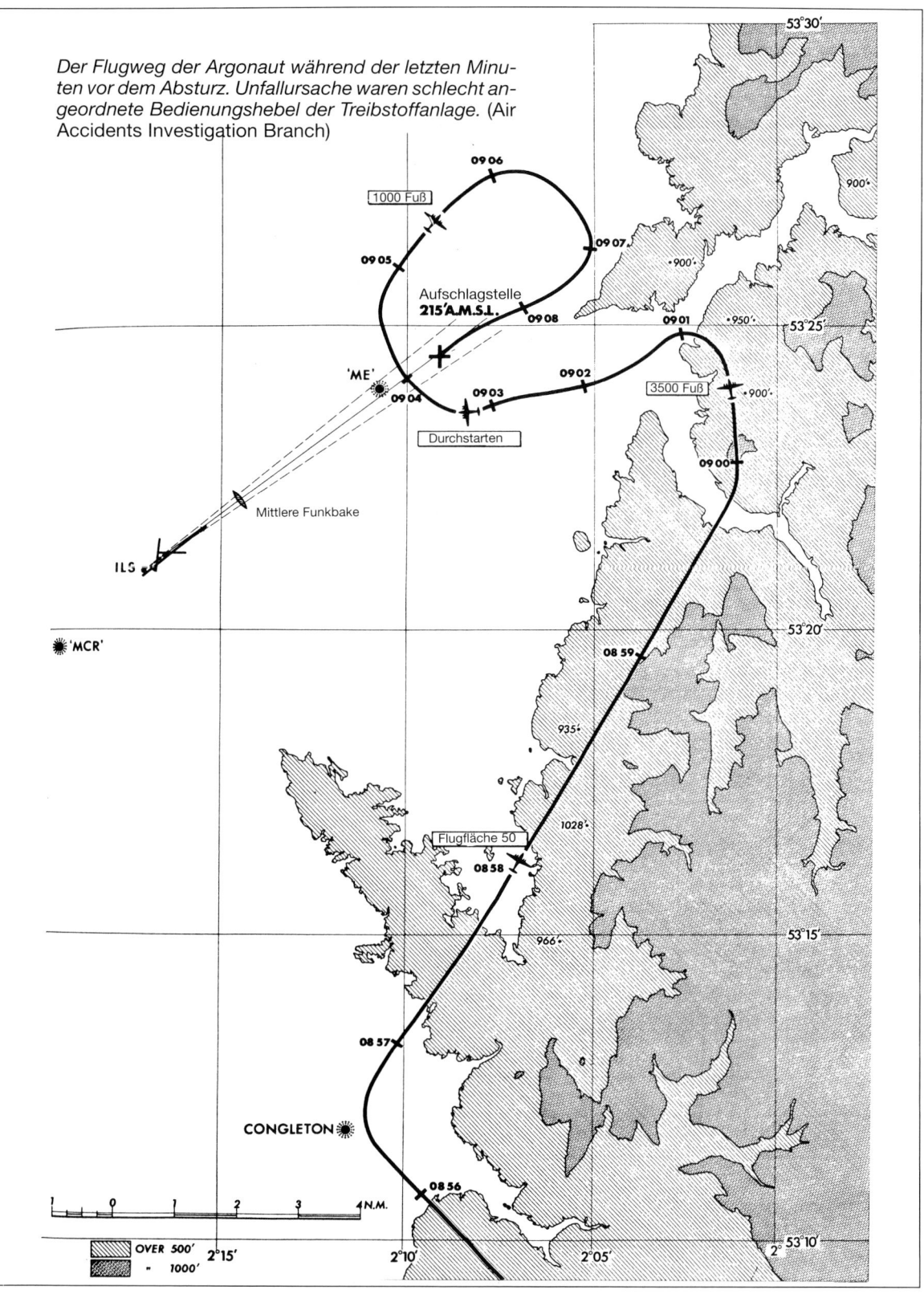

Der Flugweg der Argonaut während der letzten Minuten vor dem Absturz. Unfallursache waren schlecht angeordnete Bedienungshebel der Treibstoffanlage. (Air Accidents Investigation Branch)

hatte zudem die Betreiber der Maschine nicht ausreichend über die mögliche Gefahr unterrichtet. Die Ingenieure von British Midland Airways wußten noch nicht einmal, daß solch eine ungewollte Umwälzung überhaupt möglich war. Diese Situation hatte jedoch zweifellos bei der G-ALHG das Ausbleiben der Treibstoffzufuhr bewirkt und zum Antriebsverlust des Triebwerks Nummer vier geführt. Das Triebwerk Nummer drei könnte aus demselben Grund ausgefallen sein. Der Pilot könnte es aber auch irrtümlich für das zuerst ausgefallene Triebwerk gehalten haben. Anschließend hat er vielleicht seinen Fehler bemerkt und die Luftschraube Nummer vier vorschriftsmäßig in Segelstellung gefahren. Er schaffte es aber nicht mehr rechtzeitig, die Antriebskraft von Nummer drei wiederherzustellen und so den Absturz zu vermeiden.

Die schlechten Steuerungseigenschaften der C-4 bei dieser Art von Triebwerksausfällen erschwerten die Lage der Besatzung zusätzlich. Die Untersuchungskommission bemerkte hierzu in ihrem Unfallbericht, daß die Maschine nach den Richtlinien des Jahres 1967 keine Neuzulassung erhalten hätte, da sie keine Anzeigeinstrumente für einen Triebwerkausfall besäße und die Bedienungshebel der Treibstoffanlage schlecht angeordnet seien.

Der Flugkapitän wurde unter den gegebenen Umständen nicht dafür getadelt, daß er durchgestartet war, obwohl diese Entscheidungen verheerende Folgen gehabt hatte. Er hatte sein Können unter Beweis gestellt, als er offensichtlich die Triebwerke abgestellt und die Maschine auf dem einzigen vorhandenen freien Platz aufgesetzt hatte.

Tragisch war, daß viele der Opfer den eigentlichen Absturz überlebt hatten, dann aber in der Falle saßen und in dem Inferno umkamen. Es hätte aber noch schlimmer ausgehen können. Direkt hinter der Absturzstelle standen große Häuserblocks, das Rathaus mit der Polizeistation und das Stockporter Krankenhaus.

Datum: 19. Juli 1967, 12:01 Uhr
Ort: In der Nähe von Hendersonville, North Carolina, USA
Erstes Flugzeug
Unternehmen: Piedmomt Airlines, USA
Flugzeugmuster: Boeing 727–22 (N68650)
Zweites Flugzeug
Unternehmen: Lanseair Inc, USA
Flugzeugmuster: Cessna 310 (N3121S)

Die 727 startete zwei Minuten vor der Mittagszeit als Flug 22 von dem Municipal Flughafen Asheville in Richtung Roanoke, Virginia, einer Teilstrecke des Inlandfluges von Atlanta, Georgia, nach Washington, DC. Zur gleichen Zeit bereitete sich die 1955er Version der zweimotorigen Cessna am Ende eines innerstaatlichen Fluges von Charlotte nach Asheville auf ihre Landung vor. Beide Flüge wurden nach Instrumentenflugregeln (IFR) durchgeführt.

Die Firmenmaschine hatte die Freigabe erhalten, von dem UKW-Drehfunkfeuer (VOR) Asheville zum As-

heville Funkfeuer im Nordwesten des Flughafens weiterzufliegen. Sie wich jedoch 15 Kilometer nach Südwesten von dem vorgeschriebenen Flugweg ab und flog in den freigehaltenen Luftraum der Düsenpassagiermaschine ein. Die beiden Flugzeuge stießen dann ungefähr 25 Kilometer südöstlich der Stadt Asheville in circa 1800 Meter Höhe zusammen. Alle 79 Personen an Bord der Düsenpassagiermaschine (74 Passagiere und fünf Besatzungsmitglieder) und die drei Insassen des Flugzeuges der allgemeinen Luftfahrt (darunter ein erfahrener Berufs- und ein qualifizierter Privatpilot) kamen bei dem Absturz ums Leben.

Der Grund für die Flugwegabweichung der N3121S

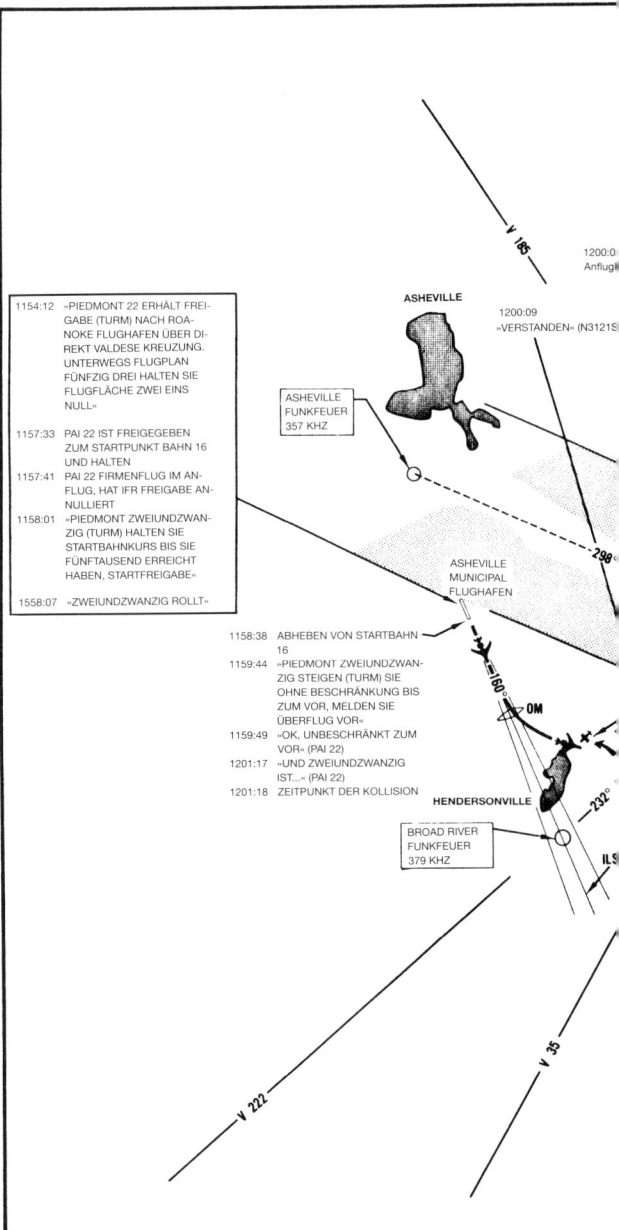

konnte nicht bestimmt werden. Die Unfalluntersuchung konzentrierte sich aber auf eine mögliche falsche Identifizierung oder ein nicht ausfindig machen des Asheville Funkfeuers.

Die Bemerkung des Fluglotsen des Atlanta Kontrollzentrums an die Cessna, einen »ILS-Anflug nach Asheville« zu erwarten, war das erste Glied in der Kette zu diesem Unfall. Diese Mitteilung hatte nicht als Freigabe aufgefaßt werden sollen. Falls das aber doch geschehen war, könnte sie der Wegbereiter zu dem Unfall gewesen sein. Asheville verfügt über vier verschiedene Anflugverfahren. Das Instrumentenlandesystem-Verfahren (ILS) benutzt das südöstlich vom

Flughafen gelegene Broad River Funkfeuer als Bezugsstation.

Der Fluglotse der Asheville Anflugkontrolle erteilte der N3121S einige Minuten später über Funk eine Anweisung, die einen Fehler enthielt. Er sagte: »Drei eins zwei eins Sugar ist über dem VOR freigegeben

Eine Luftstraßenkarte stellt die zugewiesene Flugroute des Leichtflugzeuges (von Osten nach Westen) und dessen Abweichung nach Südwesten dar, die zur Kollision mit der Düsenpassagiermaschine führte. (US-amerikanische Transport-Sicherheitsbehörde NTSB)

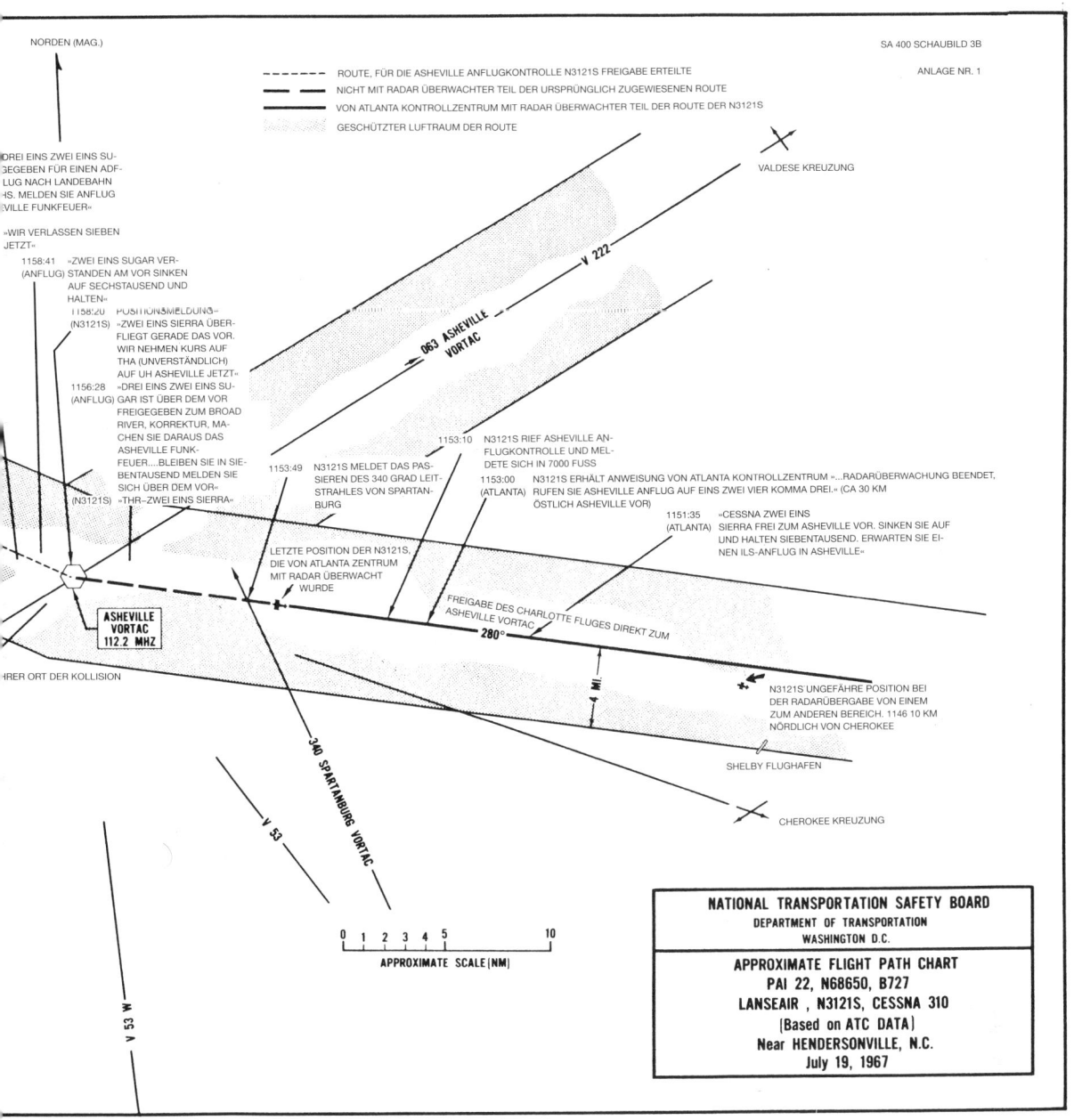

zum Broad River, Korrektur, machen Sie das Asheville Funkfeuer«.

Die anfängliche Nennung von Broad River in dem Funkspruch könnte, obwohl sie sofort verbessert worden war, die Serie der Mißverständnisse fortgesetzt haben. Zusätzlich enthielt die Freigabe keinen Hinweis auf die Art des Anflugverfahrens. Der Fluglotse erteilte der Cessna später die Freigabe für ein ADF-2 Anflugverfahren vom Asheville Funkfeuer. Das Flugzeug war aber zu dieser Zeit bereits weit vom Kurs abgewichen und nur noch 76 Sekunden von dem Zusammenstoß mit der 727 entfernt.

Die Besatzungen wußten von einander nichts, da sie auf verschiedenen Frequenzen mit der Bodenkontrolle verbunden waren. Die Piloten der Cessna könnten jedoch einen Funkspruch an einen anderen Piedmont-Flug mitgehört haben, der für einen ILS Anflug freigegeben wurde. Das würde zu ihrer weiteren Verwirrung beigetragen haben.

In dem Wrack des Firmenflugzeuges wurde ein Stück einer drei Jahre alten Instrumentenanflugkarte gefunden, auf der die geographische Lage des Asheville Funkfeuers noch nicht einmal verzeichnet war. Zusätzlich wurde festgestellt, daß das Radiokompaß-Empfangsgerät der Cessna auf das Broad River Funkfeuer eingestellt war.

Der letzte Funkspruch der N3121S lautete: »Wir nehmen jetzt Kurs auf...Asheville«. Möglicherweise

Das in Flammen eingehüllte Wrack der Piedmont Airlines Boeing 727, die nach der Kollision mit einer zweimotorigen Cessna 310 abgestürzt war. (Wide World Photos.)

hatten die Piloten gedacht, daß das Asheville Funkfeuer identisch mit dem Broad River Funkfeuer wäre. Sie müssen während der gesamten Zeit, in der sie die Navigationshilfe gesucht haben, denselben südwestlichen Kurs beibehalten haben. Vielleicht hatten sie die Suche auch ganz eingestellt und flogen nach Bodensicht weiter.

Die Flugzeuge kamen mit einer geschätzten Annäherungsgeschwindigkeit von 560 bis 640 km/Std aufeinander zu. Dabei flogen sie durch eine unterbrochene Wolkendecke. Das reduzierte die zur Verfügung stehende Zeit, um sich gegenseitig zu entdecken und auszuweichen. Die Besatzung der Cessna war außerdem mit ihren Navigationsproblemen und die Piloten der 727 mit dem normalen Abflugverfahren beschäftigt. Das könnte ihre Wachsamkeit herabgesetzt haben.

Nach Berichten von Augenzeugen fand die eigentliche Kollision in einem wolkenfreien Raum statt. Die Cessna soll kurz vor dem Zusammenstoß noch scharf nach oben gezogen worden sein. Es gab keine Anzeichen dafür, daß die Besatzung der Verkehrsmaschine das andere Flugzeug jemals gesehen hat.

Bei der Kollision stießen zuerst die linke Tragflächenspitze und die Nase der Cessna mit dem linken vorderen Rumpf der 727 zusammen. Letztere befand sich in einer leichten linken Kurvenlage auf einem Kurs von 100 Grad. Die Düsenpassagiermaschine überschlug sich nach dem Zusammenprall, stürzte dann in Rückenlage mit hoher Sinkgeschwindigkeit in ein bewaldetes Gebiet und explodierte beim Aufschlag. Das Firmenflugzeug fiel in der Luft auseinander und wurde nach der Kollision nicht weiter beobachtet.

Die Katastrophe dürfte im wesentlichen durch folgende Umstände ausgelöst worden sein: Der verantwortliche Luftfahrzeugführer der Cessna besaß unzureichende Kenntnisse über das Gebiet von Asheville. Seine Flugvorbereitung war mangelhaft. Er hatte offensichtlich nicht die aktuellen Anflugkarten geprüft und sich nicht mit den darin enthaltenen Verfahren vertraut gemacht. Das Flugsicherungssystem (ATC) hatte versäumt, rechtzeitig die Verkehrsinformationen zur Verfügung zu stellen, die das Flugzeug auf den richtigen Kurs zurückgebracht oder den Piloten wenigstens auf sein Mißverständnis aufmerksam gemacht hätten. Hierzu muß jedoch festgestellt werden, daß der Pilot der Cessna zu keiner Zeit um Unterstützung oder Abklärung bei irgendeiner der Anweisungen der Flugsicherung gebeten hat.

An dem Flughafen gab es keine Möglichkeit der Radarüberwachung. Die damalige Verkehrsdichte war einfach zu niedrig, um so eine Installation erhalten zu können. Dieser Umstand spielte bei dem Unfall eine wesentliche Rolle. Obwohl Radarüberwachung keine unfehlbare Methode ist, um Flugzeuge voneinander getrennt zu halten, hätte der Fluglotse mit ihrem Einsatz bei diesem Unfall die Abweichung des Leichtflugzeuges von seinem zugewiesenen Flugweg erkennen und dann korrigieren können.

Das US-amerikanische Bundesamt für Luftfahrt FAA legte später als Sicherheitsvorkehrung fest, daß

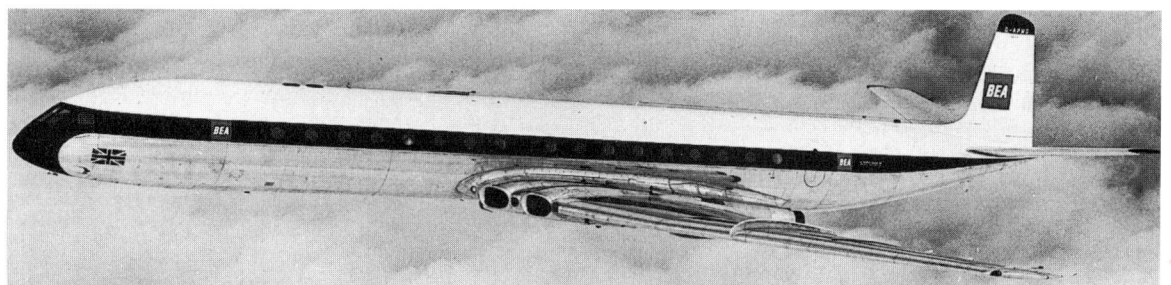

Eine British European Airways Comet 4B. Eine Maschine dieses Typs wurde über dem Mittelmeer Opfer eines Bombenanschlages. (British Aerospace)

alle vorhandenen Navigationshilfen in den Anflug/Landeverfahren-Karten enthalten sein müssen.

Datum: 12. Oktober 1967, circa 07:25 Uhr
Ort: Vor der Küste der südwestlichen Türkei
Unternehmen: British European Airways (BEA)
Flugzeugmuster: de Havilland Comet 4B (G-ARCO)

Flug 284 war aus London kommend in Athen, Griechenland, zwischengelandet. Er startete dann zum Weiterflug nach Nicosia, Zypern. Diese letzte Teilstrecke des Fluges wurde von der BEA im Auftrag der Cyprus Airways unter derselben Flugnummer bedient.

Die Düsenpassagiermaschine befand sich gegen sieben Uhr im Reiseflug auf der Flugfläche 290 (circa 8800 Meter). Dabei begegnete sie einer nach Westen fliegenden BEA Comet. Deren Flugkapitän beschrieb die Wetterverhältnisse in dem Gebiet später als wolkenlos und frei von Turbulenz. Die CY 284 meldete sich zuletzt um 07:18 Uhr bei dem Nicosia Kontrollzentrum. Danach gab es keine weitere Funkverbindung mehr.

Trümmer der G-ARCO wurden drei Stunden später etwa 150 Kilometer ostsüdöstlich der Insel Rhodos entdeckt. Sie trieben in der Nähe der Absturzstelle auf der Wasseroberfläche des Mittelmeeres. Die 66 Insassen (59 Passagiere und sieben Besatzungsmitglieder) hatten bei dem Absturz keine Überlebenschance gehabt. Später konnten die sterblichen Überreste von 59 Opfern und ein kleiner Teil der Trümmer aus dem Wasser geborgen werden. Letztere bestanden hauptsächlich aus Stücken der Kabinenausrüstung und Privatsachen. Der Hauptteil der Trümmer versank in dem über 1800 Meter tiefen Wasser und konnte nicht geborgen werden.

Die Streuung und der Zustand der treibenden Wrack- und Körperteile ließen darauf schließen, daß die Maschine in der Luft auseinandergefallen war. Es wurden aber keine Anzeichen von vor dem Unfall aufgetretenen strukturellen Schwächen oder Beschädigungen an dem Flugzeug gefunden.

Die Untersuchung eines von mehreren geborgenen Sitzkissen durch das Königliche Waffenforschungs- und Entwicklungsinstitutes führte zu dem entscheidenden Hinweis bei den Nachforschungen. Sein Zustand hatte bemerkenswerte Ähnlichkeit mit Kissen, die beim Aufbrechen von Panzerschränken zur Dämpfung des Explosionsknalls benutzt worden waren. Zusätzlich zu den zahlreichen typischen äußeren Merkmalen wurden in dem Kissen kleine Metall- und Faserstoffteilchen sowie ungefähr 20 Löcher entdeckt. Die Laborteste bestätigten dann, daß hochexplosive Stoffe auf das Kissen eingewirkt hatten; ein unwiderlegbarer Beweis dafür, daß die Düsenpassagiermaschine einem Sabotageakt zum Opfer gefallen war.

Mit Hilfe der Analyse der Ausbreitung der Trümmerteile konnte festgestellt werden, daß die Comet nicht in ihrer Reiseflughöhe von circa 8800 Meter auseinandergebrochen war. Die Explosion hatte offensichtlich zu schweren Beschädigungen und dem Verlust der Steuerbarkeit geführt. Das strukturelle Versagen des Flugzeuges fand in einer Höhe von ungefähr 5000 Meter statt. Dabei brach sein Rumpf in mindestens zwei größere Teile.

Es konnten nie Verdächtige festgenommen oder Beweggründe nachgewiesen werden. Der Bombenanschlag könnte aber ein Versuch gewesen sein, den Befehlshaber der Griechischen Streitkräfte auf Zypern zu ermorden. Man hatte ihn irrtümlich als einen der Passagiere identifiziert, die in Athen an Bord der Düsenpassagiermaschine gegangen waren. Der Anschlag kann aber auch eine Form von Versicherungsbetrug gewesen sein. Zwei der Passagiere besaßen ungewöhnlich hohe Lebensversicherungen, und einer der Versicherungsscheine war erst kurz vor dem Flug ausgestellt worden.

In dem Unfalluntersuchungsbericht wurde empfohlen, die Flugleistungsschreiber so auszurüsten, daß sie leichter aus tiefem Wasser geborgen werden könnten. Diese Empfehlung ist später in die Tat umgesetzt worden.

Datum: 11. November 1967, (Uhrzeit unbekannt)
Ort: In der Nähe von Swerdlowsk, Russische Sozialistische Föderative Sowjetrepublik, Sowjetunion
Unternehmen: Aeroflot, UDSSR
Flugzeugmuster: Iljuschin IL-18

Beim Absturz der viermotorigen Turboprop kurz nach dem Start von dem Flughafen Swerdlowsk im Ural kamen alle 130 Insassen ums Leben.

Der Unfall ereignete sich nach Presseberichten bei

Eine Trans World Airlines Convair 880. Eine Maschine des gleichen Typs stürzte beim Landeanflug auf den Greater Flughafen von Cincinnati ab. (Trans World Airlines)

schlechten Wetterverhältnissen, nachdem das Radar in der Passagiermaschine ausgefallen war.

Datum: 20. November 1967, circa 21:00 Uhr
Ort: In der Nähe von Covington, Kentucky, USA
Unternehmen: Trans World Airlines (TWA), USA
Flugzeugmuster: Convair 880 (N821TW)

Flug 128 sollte auf dem transkontinentalen Inlandflug von Los Angeles, Kalifornien, nach Boston, Massachusetts, auf dem Greater Fluhafen von Cincinnati, Ohio, zwischenlanden. Die Düsenpassagiermaschine stürzte jedoch bei ihrem Landeanflug ab und ging in Flammen auf. Dabei fanden 70 Insassen (65 Passagiere und fünf Besatzungsmitglieder) den Tod. Zehn Passagiere und zwei Flugbegleiter überlebten den Absturz mit unterschiedlichen Verletzungen.

Das Leitwerk ist, wie so oft nach Flugzeugabstürzen, das einzige erkennbare Teil der TWA Düsenpassagiermaschine, die anschließend ausbrannte. (UPI/Bettmann)

Der Landekurs-Leitstrahl des Instrumentenlandesystems (ILS) war zur Unfallzeit in Betrieb. Der Gleitweg-Leitstrahl des ILS, die Anflugbefeuerung und die erste Funkbake waren dagegen wegen Startbahnarbeiten außer Betrieb. Die Besatzung war über diesen Zustand informiert worden.

Das Flugzeug hielt den vorgeschriebenen Kurs von 180 Grad ein und befand sich fast im Horizontalflug, als es mit einer Eigengeschwindigkeit von circa 350 Km/Std gegen Bäume stieß. Seine Fahrwerke waren zu dieser Zeit ausgefahren und die Landeklappen auf 50 Grad gesetzt. Der erste Aufprall geschah etwa 2850 Meter vor der Schwelle der Landebahn und 130 Meter rechts von ihrer verlängerten Mittellinie. Die Düsenpassagiermaschine stürzte dann in eine Wiese.

Der Anflug nach Sicht war bei Nacht unter sich verschlechternden Wetterverhältnissen ohne ausreichende Bezugnahme auf den Höhenmesser durchgeführt worden. Der Flugkapitän könnte im Hinblick auf die Höhe über Grund zusätzlich einer Sinnestäuschung zum Opfer gefallen sein.

Der Anflug verlief bis zu der ersten Funkbake normal. Ab hier wurden die vorgeschriebenen Verfahren nicht mehr eingehalten. Der Erste Offizier las weder die Höhe über Grund unter 500 Fuß (circa 150 Meter) in 100 Fuß (circa 30 Meter) Abständen laut von seinen Instrumenten ab, noch meldete er das Erreichen der Entscheidungshöhe. Er wies auch nicht auf Abweichungen von dem Landekurs-Leitstrahl und den vorgegebenen Werten der Eigengeschwindigkeit, Höhe und Sinkgeschwindigkeit hin. Aus der Aufzeichnung der Gespräche innerhalb der Pilotenkabine ging hervor, daß der Copilot zu dieser Zeit zusammen mit dem Bordingenieur die letzten in der Kontrolliste vorgeschriebenen Überprüfungen vor der Landung durchgeführt hat. Obwohl er dabei auch die Flugüberwachungsinstrumente im Auge behalten haben dürfte, wird diese Tätigkeit in Verbindung mit seinem Vertrauen in die Fähigkeiten des Flugkapitäns zu der Unterlassung geführt haben. In der Flugzeugführer-Kabine hat eine ruhige Atmosphäre geherrscht. Die beiden Piloten waren schon früher miteinander geflogen.

Der Flugkapitän wird zu dieser Zeit seine Aufmerksamkeit zwischen dem Versuch, Bodensicht zu bekommen und der Überwachung der Instrumente geteilt haben. Die Maschine flog dann in der Nähe des

Ohio in einen Schneeschauer hinein, wo sich die Sichtweite auf zwei bis drei Kilometer verringerte. Über dem Flughafen hing eine verschwommene Wolkendecke, deren Untergrenze bei 300 Meter lag. Diese Bedingungen dürften den Flugkapitän zu dem Versuch veranlaßt haben, sich wieder auf seine Instrumente umzuorientieren.

Wahrscheinlich hatte er die Lichter im Flußtal als optische Bezugspunkte für die Bestimmung seiner Höhe im Endanflug benutzt. Bei Dunkelheit und abnehmender Flugsicht kann aber die Höhe der Lichter über Normalnull leicht mit der Flughafenhöhe verwechselt werden. Dabei entsteht der Eindruck, hoch genug zu sein, um die Bodenfreiheit zu gewährleisten. Untersuchungen haben zudem ergeben, daß Lichter in einem Gebiet mit ansteigendem Gelände das Gefühl vermitteln können, höher zu sein, als das in Wirklichkeit der Fall ist.

Aus den in der Pilotenkabine aufgezeichneten Gesprächen ging weiter hervor, daß der Pilot sich nicht genau an die Mindesthöhe erinnern konnte. Er ging über dem Fluß in 120 Meter Höhe in den Horizontalflug. Die vorgeschriebene Höhe betrug 400 Meter. Das waren 120 Meter über der Flughafenhöhe. Wenige Sekunden vor dem Absturz dürfte er gemerkt haben, daß irgendetwas nicht gestimmt hat. Er hat nämlich kurz vor dem Aufschlag noch versucht, die Maschine hochzuziehen. Dabei hörte man ihn sagen: »Na komm schon«.

Der Unfall wurde von der US-amerikanischen Transport-Sicherheitsbehörde NTSB untersucht. Sie wies die Einwände der Fluggesellschaft zurück, der Unfall könnte durch eine falsche Anzeige der Instrumente verursacht worden sein, da die Staudruckanlage des

Flugzeuges möglicherweise mit Wasser oder Eis verstopft gewesen sei.

Datum: 5. März 1968, 20:32 Uhr
Ort: Basse-Terre, Guadeloupe, Westindien
Unternehmen: Air France
Flugzeugmuster: Boeing 707–328C (F-BLCJ)

Flug 212 hatte die Freigabe zur planmäßigen Zwischenlandung aus einem Sichtanflug auf dem Le Raizet Flughafen von Pointe-à-Pitre auf der Insel Guadeloupe erhalten. Die Düsenpassagiermaschine war zuvor schon auf ihrem Flugweg von Lima, Peru, nach Paris in Quito, Ecuador, und Caracas, Venezuela, gelandet.

Der Flugkapitän hatte bereits vor der Freigabe »den Flughafen in Sicht« gemeldet. Knapp zwei Minuten später stieß die 707 gegen den La Soufriere, einem untätigen Vulkan. Er ist der höchste Berg auf der Insel. Die Unfallstelle lag etwa 25 Kilometer südsüdwestlich des Flughafens. Alle 63 Insassen der Maschine (49 Passagiere, eine reguläre elfköpfige Besatzung und drei nicht Dienst habende Besatzungsmitglieder) fanden beim Unfall den Tod.

Beim Absturz befand sich das Flugzeug mit einem Kurs zwischen 50 und 60 Grad wahrscheinlich in einem leichten Sinkflug. Die Düsenpassagiermaschine schlug in circa 1200 Meter Höhe in einem bewaldeten Gebiet auf und explodierte. Das Wrack brannte eine Woche später immer noch. Der in den Trümmern gefundene Geschwindigkeitsmesser zeigte ungefähr 595 km/Std an, der ebenfalls geborgene Höhenmesser eine Höhe zwischen 1060 und 1310 Meter.

Zur Unfallzeit war es dunkel. Der Mond stand im er-

Alle 63 Insassen fanden den Tod, nachdem die 707 in den untätigen Vulkan gestürzt und sich förmlich in ihre Bestandteile aufgelöst hatte. (UPI / Bettmann)

sten Viertel. Augenzeugen berichteten, daß der Himmel in der Umgebung klar gewesen ist. Der Gipfel des La Soufriere war aber in eine Wolke eingehüllt und am Osthang des Berges wurden ein paar stratusförmige Wolken beobachtet.

Man nahm an, daß die Besatzung den Sinkflug über einem nicht genau identifizierten Bodenpunkt eingeleitet hatte. Die bei der Herstellung der Funkverbindung mit dem Flughafen aufgetretenen Schwierigkeiten hatten den Flugkapitän wahrscheinlich ungeduldig werden lassen. Als Konsequenz kann er die Übersicht über die abgelaufene Zeit verloren und dabei übersehen haben, daß er sich nicht mehr auf der üblichen Anflugroute befand. Das wiederum könnte den falschen Eindruck erweckt haben, näher am Flughafen zu sein, als das tatsächlich der Fall gewesen ist.

Die französische Untersuchungskommission bezweifelte, daß der Flugkapitän den Flughafen von Pointe-à-Pitre von seiner Position und Höhe aus gesehen haben könnte. Seine Meldung wurde so ausgelegt, daß er die Lichter der Stadt gesehen hatte, nicht aber als eine einwandfreies Erkennen des Flughafens. Dabei muß er jedoch Pointe-à-Pitre mit der Stadt Basse-Terre auf derselben Insel verwechselt haben. Augenzeugen hatten ein ungewöhnlich tief fliegendes Flugzeug in diesem Gebiet gesehen. Diese Verwechslung führte zu dem Unterschreiten der Mindest-Sicherheitshöhe. Der Fehler wurde anschließend auch nicht mehr durch den Einsatz der vorhandenen Navigationshilfen korrigiert.

Der Flugschreiber der 707 konnte trotz intensiver Suche nicht geborgen werden. Dieser Umstand verhinderte in Verbindung mit der Lage und dem Zerstörungsgrad des Wracks, daß die Untersuchungskommission den Grund oder die Ursachen ermitteln konnte, die zu dem Fehler der Besatzung geführt hatten. Es konnte auch keine Erklärung dafür gefunden werden, warum der Flugkapitän ein Flugprofil gewählt hatte, das seine Ankunft in Pointe-à-Pitre zweifelsohne um zwei bis drei Minuten verzögert haben würde.

Es gab kein Anzeichen dafür, daß irgendein technischer Fehler zu dem Unfall geführt haben könnte.

Datum: 24. März 1968, circa 12:10 Uhr
Ort: Vor dem Wexforder Hafen, Irland
Unternehmen: Aer Lingus – Irish International Airlines
Flugzeugmuster: Vickers Viscount 803 (EI-AOM)

Dieser mysteriöse Unfall traf Flug 712 unterwegs auf der Strecke von Cork, Irland nach London. An Bord der viermotorigen Turboprob befanden sich 61 Personen (57 Passagiere und vier Besatzungsmitglieder). Die Besatzung gab vor dem Verlust des Funkkontaktes noch eine Meldung ab, die später so gedeutet wurde: »Zwölftausend Fuß, wir sinken...wir trudeln heftig«.

Die Viscount war wahrscheinlich aus ihrer Reiseflughöhe von 5200 Meter ins Trudeln, in einen spiralförmigen Sturzflug oder einen anderen vergleichbaren Flugzustand geraten. Der Besatzung scheint es noch ge-

lungen zu sein, die Maschine unter 3700 Meter wieder abzufangen. Dabei muß sich aber die Flugzeugzelle strukturell verformt haben. Besonders betroffen waren wahrscheinlich die Höhen- und Seitenruder. Das löste dann Probleme mit der Steuerung aus und führte 15 Kilometer östlich von Carnsore Point zum Absturz der Passagiermaschine in den St George Kanal. Taucher konnten die Leichen von 14 Opfern bergen. Es gab keine Überlebenden.

Circa 60 Prozent des Wracks wurde später aus dem 70 Meter tiefen Wasser geborgen. Zusätzlich wurde ein an Land geschwemmtes Teil der Trimmklappe des linken inneren Höhenruders gefunden, das sich offensichtlich schon in der Luft abgelöst hatte.

Die Viscount scheint mindestens noch zehn Minuten in dem manövrierunfähigen Zustand weitergeflogen zu sein, bevor sie in einem steilen Sturzflugwinkel mit hoher Sinkgeschwindigkeit auf das Wasser gestürzt war. Ihre Vorwärtsgeschwindigkeit war dabei mit unter 250 km/Std relativ niedrig. Vor dem Aufschlag wurden die Triebwerke offenbar absichtlich gedrosselt. In dem Unfallgebiet war der Himmel mit 3/8 Stratuswolken zwischen 150 und 500 Meter und mit 6/8 hoher Schichtbewölkung zwischen 3700 und 5000 Meter bedeckt. Darüber befanden sich noch hohe Schäfchenwolken.

Es gab nicht genügend Anhaltspunkte, um den Grund für den ersten Sinkflug bestimmen zu können, der zu der strukturellen Beschädigung geführt hatte. Der Ausbruch eines Feuers im Flug, eine Explosion, ein Triebwerksausfall, ein Vogelschlag, eine Handlungsunfähigkeit der Besatzung und das Einfliegen in starke Turbulenz wurden völlig ausgeschlossen oder als äußerst unwahrscheinlich angesehen. Die bekannten Tatsachen deuteten auf eine mögliche Kollision mit einem anderen Flugzeug oder vielleicht mit einem unbemannten Flugkörper hin. Denkbar war auch ein Beinahe-Zusammenstoß, der ein scharfes Ausweichmanöver notwendig gemacht hatte oder ein Durchfallen, das durch die Verwirbelung der Luft in der Nachströmung eines Flugobjektes verursacht worden war. Es gab aber keine handfesten Beweise für diese Vermutungen. Mehr als sechs Jahre nach dem Unfall erhielt diese Theorie aber neue Nahrung. In der Nähe der Absturzstelle der Passagiermaschine wurde Berichten zufolge die Tragfläche eines unbemannten Zielflugzeuges gefunden. An dem Tag des Unfalls war aber kein Abschuß eines solchen Flugobjektes irgendwo in dem Gebiet bekannt geworden.

Datum: 20. April 1968, circa 18:50 Uhr
Ort: In der Nähe von Windhuk, Südwest-Afrika (Namibia)
Unternehmen: South African Airways
Flugzeugmuster: Boeing 707–344C (ZS-EUW)

Flug 228/129 bediente die Strecke von Johannesburg, Südafrika, nach London. Vor ihrem Weiterflug nach Luanda, Angola, war die Maschine auf dem J.G. Strijdom Flughafen der Hauptstadt Windhuk zwischengelandet. Von hier stieg die 707 nach dem Abheben von Startbahn 08 ungefähr 180 Meter über die Flughafenhöhe. Dort ging sie kurz in den Horizontalflug über, um dann wieder zu sinken. Nur eine Minute nach dem Start stürzte die Düsenpassagiermaschine circa fünf Kilometer hinter dem Startbahnende ab und ging beim Aufschlag in Flammen auf. Der Unfall kostete 123 Personen an Bord das Leben. Darunter befand sich auch die gesamte zwölfköpfige Besatzung und ein Passagier, der am Unfallort noch lebend gefunden wurde, aber einige Tage später seinen Verletzungen erlegen war. Fünf weitere Passagiere, die in der Nähe der vorderen Kabine gesessen hatten, überlebten mit unterschiedlichen Verletzungen.

Die ZS-EUW war weder mit einem Flugschreiber noch mit einem Aufzeichnungsgerät für die Gespräche in der Pilotenkabine ausgerüstet. Daher konnte die genaue Reihenfolge der Ereignisse und die Handlungsweise der fliegenden Besatzung nicht exakt ermittelt werden. Die Untersuchung des Unfalles erlaubte jedoch die Feststellung, daß der Absturz eher auf menschliches Versagen als auf technische Fehler am Flugzeug oder eines seiner Systeme zurückzuführen war.

Das Fahrwerk war im Augenblick des Abhebens eingezogen worden. Kurz darauf wurden die Landeklappen voll eingefahren und die Triebwerke von Startschub auf Steigflugleistung gedrosselt. Diese Veränderungen der Landeklappen-Stellung und Antriebskraft standen im Einklang mit den Verfahren im Flugbetriebshandbuch. Sie konnten aber bis zum Erreichen einer bedeutend höheren Geschwindigkeit zu einem Höhenverlust führen, wenn der Pilot dieser Tendenz nicht entgegenwirkte und die Steigfluglage durch entsprechende Steuerausschläge beibehielt. Der Flugkapitän schien aber stattdessen die Höhenruder-Trimmung so eingestellt zu haben, daß der alte Anstellwinkel erhalten blieb. Er muß geglaubt haben, das Flugzeug würde weiter steigen. In Wirklichkeit sank die 707 zu dieser Zeit aber bereits wieder. Der Copilot muß zusätzlich versäumt haben, die Flugüberwachungs-Instrumente genau zu kontrollieren. Sonst hätte er feststellen müssen, daß die Maschine an Höhe verlor.

Es war eine dunkle Nacht ohne Mondschein. Das Wetter war gut. Es herrschte Windstille. Am Boden gab es in dieser Gegend nur wenige Lichter. Die Abwesenheit von solchen sichtbaren Bezugspunkten hat wahrscheinlich in Verbindung mit einem räumlichen Desorientiertsein der Besatzung, die mit der Durchführung der normalen Kontrollist-Verfahren nach dem Start beschäftigt war, zu dem Unfall beigetragen.

Weitere Umstände können ebenfalls mitgewirkt haben. Dazu gehört eine zeitweise gedankliche Unsicherheit des Flugkapitäns über die genaue Lage des Trägheits-Variometers. Die Ursache hierfür war, daß die Anordnung der Instrumente am Armaturenbrett in der C-Version der Boeing 707–344 von der bei den A und B-Modellen abwich, mit denen der Flugkapitän und der Erste Offizier vertraut waren. Die Piloten könnten auch die Anzeige des Trommel-Höhenmessers um 1000 Fuß (300 Meter) falsch interpretiert haben, da

dieser Typ eine zweideutige Auslegung auf der 1000 Fuß Skala zuließ. Außerdem könnte die Besatzung durch einen Vogel oder Fledermausschlag oder andere kleinere Ereignisse abgelenkt worden sein. Das könnte Rauch aus einem überhitzten elektrischen Gerät oder ein plötzliches Geräusch, das durch Herunterfallen eines Gegenstandes in der Bordküche ausgelöst wurde, gewesen sein.

Obwohl die Handlungsunfähigkeit der Besatzung als Ursache ausgeschlossen worden war, wurde in dem Unfalluntersuchungs-Bericht vermerkt, daß der Flugkapitän einen leicht erhöhten Blutdruck besaß und sein Sehvermögen etwas nachgelassen hatte.

Die 707 war in einer leichten linken Querlage mit über 480 km/Std auf dem Boden aufgeschlagen. Ihre Trümmer wurden dabei über eine Fläche von eineinhalb Kilometer Länge und 200 Meter Breite zerstreut.

Augrund dieses Unfalles wurde empfohlen, die Mindesthöhe zum Einfahren der Landeklappen von 120 auf 300 Meter zu erhöhen, und die normale Höhe für diese Verfahren auf 600 Meter festzulegen.

Datum: 3. Mai 1968, circa 16:50 Uhr
Ort: In der Nähe von Dawson, Texas, USA
Unternehmen: Braniff International Airways, USA
Flugzeugmuster: Lockheed 188A Electra (N9707C)

Das Wetterbüro hatte eine Wetterwarnung über eine Gewitterfront herausgegeben, die sich über Mittel-Texas erstreckte. Der geplante Flugweg von Flug 352 führte durch dieses Gebiet. Die Piloten hatten die Wettermeldung vor ihrem Abflug in Houston erhalten.

Aushilfsarbeiter und Gesetzeshüter durchsuchen das Wrack der Braniff International Airways Electra nach dem Absturz auf texanisches Ackerland. (UPI/Bettmann)

Die Turboprob-Passagiermaschine flog nach dem Start mit nördlichem Kurs Richtung Dallas, dem ersten geplanten Zwischenlande-Flughafen auf dem Inlandsflug nach Memphis, Tennessee. Circa 20 Minuten später erreichte die Electra das Gebiet mit den Cumulo-Nimbus-Anhäufungen. Die Besatzung stand nun vor der Aufgabe, den schnellsten und ruhigsten Weg zum Durchfliegen des Unwetters herauszufinden.

Das Kontrollzentrum in Fort Worth empfahl der Besatzung, nach Osten auszuweichen, wohin schon der restliche Flugverkehr umgeleitet worden war. Diese bestand jedoch darauf, die Reise nach Westen fortzusetzen. Nachdem der Flug einige Minuten später die Freigabe zum Sinkflug auf 1500 Meter und zum anschließenden Halten dieser Höhe erhalten hatte, meldete die Besatzung das Erreichen einer Wolkenlücke und bat um Auskunft, ob es irgendeine Meldung über das Auftreten von Hagel für dieses Gebiet gäbe.

Der Fluglotse erwiderte darauf: »Nein, so nah wie Sie ist bisher noch keiner herangekommen«.

Knapp eine Minute später bat die Besatzung um die Erlaubnis, den Kurs um 180 Grad ändern zu dürfen und erhielt die Freigabe hierzu. Die Anfrage war nicht begründet worden. Aus den Aufzeichnungen der Gespräche in der Pilotenkabine ging aber eindeutig hervor, daß die Flugzeugführer den Fehler erkannt hatten, den sie beim Einfliegen in die Gewitterzone gemacht hatten.

Der Flugkapitän wies seinen Ersten Offizier in Bezug auf den Fluglotsen an: »Reden Sie nicht so viel mit ihm, er will nur unser Eingeständnis haben, daß wir eine große Dummheit gemacht haben, hier durchzufliegen«.

Als erstes war die Entscheidung des Flugkapitäns, in die Gewitterzone überhaupt einzufliegen, falsch gewesen. Sie wurde als Hauptursache für den späteren Absturz angesehen. Sein Entschluß, wieder umzudrehen, und aus dem Sturm herauszufliegen zu versuchen, sollte sich ebenfalls als verhängnisvoller Fehler herausstellen. Dieses Manöver konnte bei schwerer Turbulenz zum Verlust der Steuerbarkeit der Maschine führen und stand ausdrücklich im Widerspruch zu der Verfahrensweise seiner Gesellschaft.

Der Flugkapitän leitete eine Kurve nach rechts ein, die über 90 Grad hinaus weiterging. Das führte zu einem Verlust an Auftrieb und hatte das Abkippen der Flugzeugnase zur Folge. Man nahm an, daß die Verkehrsmaschine gleichzeitig auf Turbulenz traf, die ein seitliches Umschlagen verursachte. Anschließend dürfte sie von einer aufsteigenden Windböe getroffen worden sein. Das bewirkte in Verbindung mit dem verlorenen Auftrieb ein Abkippen um die Längsachse oder ein spiralförmiges Flugmanöver.

Als der Pilot dann versuchte, das Flugzeug aus dieser ungewöhnlichen Fluglage wieder in den Horizontalflug zu steuern, wurde die Innenbordseite der rechten Tragfläche Biege- und Verwindungskräften ausgesetzt, die schließlich ihre berechnete Bruchgrenze überschritten. Die Tragfläche brach dann in der Nähe des Ansatzes und genau an der äußeren Seite des vierten Triebwerkes ab.

Der erste Bruch ereignete sich bei einer geschätzten Geschwindigkeit von circa 600 km/Std in etwa 2050 Meter Höhe. Die Verkehrsmaschine hielt zu dieser Zeit einen Kurs von ungefähr 200 Grad. Fast gleichzeitig riß dann das Leitwerk vom Rumpf ab. Es folgte die Abtrennung der zwei linken Triebwerke, der linken Landeklappen und weiterer Teile. Danach entzündete sich der Treibstoff aus den aufgerissenen Tragflächentanks, und die Electra stürzte circa 30 Kilometer südwestlich von Corsicana brennend auf einen Acker. Alle 85 Insassen (80 Passagiere und fünf Besatzungsmitglieder) fanden den Tod.

Zeugen berichteten, daß zu der Unfallzeit in dem unmittelbaren Absturzgebiet Regen, Hagel, hohe Windgeschwindigkeiten und Blitzschläge beobachtet wurden. Nach Auffassung der Untersuchungskommission hatte das jedoch keinen Einfluß auf das Unfallgeschehen.

Die Möglichkeit, daß die Tragflächen-Konstruktion schon vorher eine Schwachstelle besessen hatte, ließ sich nicht völlig ausschließen. Dabei hätte es sich zum Beispiel um eine Ermüdungserscheinung in Form eines kleinen Risses handeln können. Beweise hierfür gab es aber nicht.

Es gab aber Anzeichen dafür, daß die Antenne des Wetterradars leicht nach oben geneigt gewesen sein könnte. Das hätte zu einer irreführenden Darstellung auf dem Bildschirm in der Pilotenkabine geführt. Da Hagel allgemein ein geringeres Radar-Reflexionsvermögen als andere Niederschlagsformen besitzt, könnte dieser Umstand die Besatzung dazu veranlaßt haben, auf eine Kursabweichung nach Westen zu bestehen.

Eine der Empfehlungen in dem Untersuchungs-Bericht der US-amerikanischen Transport-Sicherheitsbehörde NTSB lautete, das Wetterradar hauptsächlich zur Vermeidung von Gewittern einzusetzen, und es nicht als Hilfsmittel zum Durchfliegen derselben zu betrachten.

Datum: 22. Mai 1968, circa 17:50 Uhr
Ort: Paramount, Kalifornien, USA
Unternehmen: Los Angeles Airways, USA
Flugzeugmuster: Sikorsky S-61L (N303Y)

Die Hubschrauberverbindung von dem Disneyland Vergnügungspark in Anaheim zu dem Internationalen Flughafen von Los Angeles ist wahrscheinlich die beliebteste und mit Sicherheit die belebteste Route im Luftverkehrsnetz der Los Angeles Airways. Der Absturz von Flug 841 ereignete sich auf dieser Strecke.

Der von Turbomotoren angetriebene Drehflügler startete um 17:40 Uhr in Anaheim zu dem 40 Kilometer langen Flug. Die Besatzung eines weiteren Hubschraubers der Gesellschaft, die in der entgegengesetzten Richtung unterwegs war, beobachtete die Maschine dann in circa 600 Meter Höhe. Ungefähr eine Minute danach wurde ein Notruf von Flug 841 gehört, der später als »Los Angeles, wir stürzen ab, helft uns!« entziffert wurde.

Sikorsky S-61 Hubschrauber der Los Angeles Airways waren 1968 innerhalb von drei Monaten in die beiden schwersten Unfälle der zivilen amerikanischen Personenbeförderung mit Drehflüglern verwickelt. (Sikorsky)

Augenzeugen hatten den Hubschrauber auf eine Höhe zwischen 180 und 250 Meter sinken und dann von einem westlichen auf einen südwestlichen Kurs ausscheren gesehen, bevor er fast senkrecht in einen Milchhof einer Vorstadt von Los Angeles herabfiel und in Flammen aufging. Alle 23 Insassen (20 Passagiere und 3 Besatzungsmitglieder) fanden dabei den Tod.

Die Untersuchung des Wracks ergab, daß die Hauptrotorblätter so extremen Abstandschwankungen nach vorne und hinten ausgesetzt gewesen sind, daß in einigen Fällen sogar ein Blatt das angrenzende überlappt hatte. Diese Ausschläge setzten sich fort, als das nur noch teilweise steuerbare Flugzeug Höhe verlor. Schließlich löste sich ein Blatt von der rotierenden Trommelscheibe (diese Vorrichtung überträgt die Eingangssignale der Blattwinkel-Verstellung) aufgrund der Überbeanspruchung seines Blattverstellungs-Gestänges von dem unteren Ende der Lagerbefestigung. Es geriet dann völlig außer Kontrolle und schlug gegen den Hubschrauber. Dadurch entstand eine Unwucht. Sie führte dazu, daß die anderen Rotorblätter dasselbe taten. Aufgrund der laufenden Schläge brachen dann alle fünf Hauptrotoren und verursachten schwere strukturelle Schäden am Hubschrauber, darunter die Abtrennung der hinteren Rumpf- und Heckausleger-Konstruktion.

Das Hauptrotorsystem der S-61 war dafür ausgelegt, den Blättern eine begrenzte Bewegungsfreiheit nach vorne und hinten, sowie nach oben und unten zu erlauben. Jedes einzelne Blatt besaß eine Dämpfungseinrichtung, um seine Stabilität zu gewährleisten. In dem vorliegenden Fall hat der Dämpfer an dem einen Rotorblatt des Hubschraubers keine ausreichende Wirkung erbracht, oder eine Dämpfungsvorrichtung an einem andern Blatt war völlig ausgefallen. Die Ursache für die erste Möglichkeit konnte nicht ermittelt werden. Bei der zweiten Theorie könnte ein Fehler in der Laufbuchse oder im Lager vorgelegen haben. Da aber wichtige Teile der Dämpfungsanlage in einiger Entfernung von der Absturzstelle des Hubschraubers heruntergefallen waren, die nie mehr gefunden worden sind, konnte das nicht bewiesen werden. Untersuchungen ergaben, daß Schwingungen eines Blattes ähnliche Unregelmäßig-

keiten bei den beiden gegenüberliegenden Rotoren auslösen können.

Der Unfall führte zu mehreren Verbesserungen der S-61 Version. Dazu gehörte eine Modifizierung des automatischen Flugreglersystems des Hubschraubers. Die bisher unbegrenzte Betriebszeit am horizontalen Gelenkbolzen am Hauptrotor-Drehkopf wurde zusätzlich auf 5000 Stunden beschränkt.

Datum: 14. August 1968, circa 10:35 Uhr
Ort: Compton, Kalifornien, USA
Unternehmen: Los Angeles Airways, USA
Flugzeugmuster: Sikorsky S-61L (N300Y)

In den zweiten verhängnisvollen Unfall innerhalb von drei Monaten war ein Drehflügler der Gesellschaft verwickelt, der dieselbe Route in umgekehrter Richtung, das heißt vom Internationalen Flughafen Los Angeles zum Hubschrauber-Landeplatz Disneyland / Anaheim flog.

Es handelte sich um Flug 417. Augenzeugen berichteten, daß sie den von Turbomotoren angetriebenen Hubschrauber in einer geschätzten Höhe von 500 Meter über Grund beobachtet hatten. Plötzlich hatten sie dann einen Knall gehört und gesehen, wie eins seiner Hauptrotorblätter abgebrochen war. Die Maschine ging darauf in unkontrollierte Kreisbewegungen über und stürzte in den Leuders Park. Beim Aufschlag ging sie in Flammen auf. Alle 21 Insassen (18 Passagiere und drei Besatzungsmitglieder) fanden dabei den Tod.

Die Untersuchung ergab, daß ein Material-Ermüdungsbruch in der Spindel die Abtrennung verursacht hatte. Dieses Bauteil verbindet die Rotorblätter mit dem Hauptrotor-Drehkopf (und besorgt zusätzlich die Anstellwinkel-Verstellung der Blätter). Der Riß hatte seinen Ausgangspunkt auf der Hinterseite der Spindel und setzte sich über mehr als zwei Drittel der Querschnittsfläche der Stange fort. Er muß sich über einen längeren Zeitraum zu dieser Größe ausgeweitet haben. Der Vorgang wurde weniger durch Rostanfressung beschleunigt, die in dem Bauteil vorhanden gewesen sein könnte, als durch eine unter der Norm liegende Härte des Metalls, das unzureichend

Diese Air France Caravelle ist dasselbe Flugzeug, daß über dem Mittelmeer abstürzte. (Air France)

mit dem Schlaghammer bearbeitet worden war (einem Arbeitsverfahren, das seine Festigkeit erhöhen soll). Die Verbindung mit dem Nickelüberzug könnte zusätzlich eine Spannung in dem schlecht gehärteten Metall erzeugt haben. Der Riß mußte schon bei der letzten Grundüberholung der Spindel vorhanden gewesen sein. Es konnte aber nicht geklärt werden, warum er dabei nicht endeckt worden war.

Das US-amerikanische Bundesamt für Luftfahrt FAA gab zwei Tage nach dem Unfall eine Auflage für die Lufttüchtigkeit der S-61 Hubschrauber heraus. Darin wurde festgelegt, daß nur noch fabrikneue Spindeln benutzt werden durften. Zusätzlich wurde ihre maximale Betriebszeit auf 2400 Stunden beschränkt. Bis zu dem Unfall waren wiederaufgearbeitete Spindeln ohne festgelegte Höchst-Betriebsdauer zugelassen gewesen.

Datum: 11. September 1968, circa 10:30 Uhr
Ort: Vor der Küste von Cap d'Antibes, Seealpen, Frankreich
Unternehmen: Air France
Flugzeugmuster: Sud-Aviation Caravelle III (F-BOHB)

Flug 611 aus Ajaccio, Korsika, sollte planmäßig auf dem Flughafen von Nizza landen. Die Düsenpassagiermaschine stürzte jedoch circa 40 Kilometer südlich ihres Zielflughafens in das Mittelmeer. Alle 95 Insassen (89 Passagiere und sechs Besatzungsmitglieder) fanden dabei den Tod.

Der erste Hinweis auf ein Problem erfolgte weniger als drei Minuten vor dem Verlust der Funk- und Radarverbindung mit der Caravelle. Ein Besatzungsmitglied meldete »Schwierigkeiten« und kurz darauf »Feuer an Bord«. Das Kontrollzentrum von Marseilles gab die Maschine nach Eingang dieses Funkspruches für einen sofortigen unbeschränkten Sinkflug frei. Die letzte Funkmeldung des Fluges lautete: »Wenn das so weitergeht, schmieren wir ab«.

Zur Unglückszeit lag über dem Gebiet eine unterbrochene Wolkendecke mit einer Untergrenze von circa 500 Meter. Die Sicht betrug zwischen fünf und acht Kilometer. Da die Besatzung »Land in Sicht« gemeldet hatte, muß die Düsenpassagiermaschine in den letzten Augenblicken des Fluges bereits unter den Wolken geflogen sein.

Das Wrack wurde später in ungefähr 2300 Meter Tiefe auf dem Grund des Mittelmeeres geortet. Etwa 9000 bis 11.000 Kilogramm Trümmer wurden danach über einen Zeitraum von mehr als zwei Jahren geborgen. Der Zustand der Wrackteile zeugte von einem heftigen Aufprall auf das Wasser, der in einem steilen Sturzflugwinkel erfolgt war. Außerdem wurden Beweise über ein Feuer vor dem Aufschlag im hinteren Teil der Flugzeugkabine gefunden.

Man nahm an, daß der Brandherd in der Gegend der rechten Toilette und der Bordküche gelegen hat. Die Ursache des Feuers konnte nicht ermittelt werden. Es ist möglich, daß ein defektes elektrisches Gerät dafür verantwortlich gewesen ist. Vielleicht war das der Warmwasser-Zubereiter (wie es bei einer anderen Caravelle geschah, die dabei am Boden zerstört wurde). Ein anderer Grund könnte gewesen sein, daß ein Passagier eine brennende Zigarette unüberlegt in den Abfalleimer auf der Toilette geworfen hatte. Es gab keine Hinweise auf ein Flugzeugattentat. Eine Brandstiftung konnte aber auch nicht ganz ausgeschlossen werden.

Die Untersuchungskommission kam zu dem Ergebnis, daß die Maschine schon vor dem Aufschlag nicht mehr unter Kontrolle gewesen war. Die wahrscheinlichsten Gründe hierfür waren eine Beeinträchtigung der Besatzung durch Passagiere, die bei der Flucht vor dem Feuer in die Pilotenkabine eingedrungen waren, oder eine Handlungsunfähigkeit der Piloten. Sie könnte durch das Einatmen des Rauches hervorgerufen worden sein, obwohl die Flugzeugführer wahrscheinlich Sauerstoffmasken und Brillen getragen haben.

Datum: 12. Dezember 1968, 22:02 Uhr
Ort: In der Nähe von Caracas, Venezuela
Unternehmen: Pan American World Airways, USA
Flugzeugmuster: Boeing 707–321B (N494PA)

Eine Pan American Airways Boeing 707–321B. Eine Maschine diesen Typs stürzte beim Landeanflug auf den Flughafen Caracas in das Karibische Meer. (Boeing)

Flug 217 war aus New York in die Venezuelanische Hauptstadt Caracas unterwegs. Die Düsenpassagiermaschine stürzte beim Sinkflug zur Landung auf dem Maiquetia Flughafen in das Karibische Meer und explodierte. Alle 51 Insassen (42 Passagiere und neun Besatzungsmitglieder) kamen dabei ums Leben.

Der Unfall ereignete sich in der Endphase des Landeanfluges, der nach Sichtflugregeln (VFR) durchgeführt wurde. Die Absturzstelle lag 15 Kilometer vor der Küste. Zur Unfallzeit war es dunkel, aber die Wetterverhältnisse waren gut. Die Wolkenuntergrenze lag bei 600 Meter, die Sicht unterhalb der Wolken war unbegrenzt.

Die Leichen von mehr als der Hälfte der Opfer wurden später geborgen. Wichtige Flugzeugteile wie das Heck, zwei Triebwerke und der Flugschreiber konnten ebenfalls aus dem circa 110 Meter tiefen Wasser herausgeholt werden. Einige der Insassen könnten beim Aufschlag bewußtlos geworden und anschließend ertrunken sein.

Die Unfallursache konnte nicht festgestellt werden. Man hielt es jedoch möglich, daß die Piloten einer optischen Sinnestäuschung zum Opfer gefallen waren, die durch die Lichter auf dem ansteigenden Gelände in der Nähe des Flughafens ausgelöst wurde. Untersuchungen haben nachgewiesen, daß dieser Umstand zu dem Eindruck führt, höher zu sein, als das wirklich der Fall ist. Das führt dann zu einem Unterfliegen der vorgeschriebenen Höhe.

Datum: 5. Januar 1969, circa 02:35 Uhr
Ort: Horley, Grafschaft Surrey, England
Unternehmen: Ariana Afghan Airlines, Afghanistan
Flugzeugmuster: Boeing 727–113C (YA-FAR)

Flug 701 aus Kabul, Afghanistan, sollte nach vier Zwischenlandungen unterwegs planmäßig auf dem Londoner Gatwick Flughafen enden. Die 727 begann ihren Anflug auf Landebahn 27 in der nächtlichen Dunkelheit. Das Instrumentenlandesystem (ILS) war auf den Autopiloten der Düsenpassagierma-schine aufgeschaltet. Die Besatzung blieb aber für das Ausfahren der Landeklappen und die Einstellung der Triebwerksleistungen verantwortlich.

Während des Anfluges wurden die Landeklappen 15 Grad ausgefahren. Das stand im Gegensatz zu der empfohlenen 25 Grad Stellung. Dieser scheinbar harmlose Fehler sollte das erste Glied in der Kette der Ereignisse werden, die schließlich zum Absturz der 727 führten. Durch die falsche Klappenstellung bot die Maschine weniger Luftwiderstand als erwartet. Der Autopilot mußte deswegen die Flugzeugnase weiter als normal üblich nach unten drücken, um das Flugzeug auf dem Gleitpfad zu halten. Diese Fluglage bewirkte eine Zunahme der Eigengeschwindigkeit und als Folge eine Erhöhung des Auftriebes. Das erforderte wiederum, die Maschine noch kopflastiger zu trimmen, damit sie auf dem richtigen Gleitpfad blieb. Dieser immer stärker werdende Druck auf dem Höhenruder überforderte schließlich die Leistungsfähigkeit des Systems. Es konnte die Belastung auf der Höhenflosse nicht mehr austrimmen. Das führte zum Aufleuchten des »Höhenruder außerhalb der Trimmung« Warnlichtes in der Pilotenkabine. Da der Flugkapitän sich der falschen Landeklappen-Stellung nicht bewußt war, interpretierte er das Warnlicht als eine Fehleranzeige und schaltete den Autopiloten ab.

Das Flugzeug mußte jetzt von Hand gesteuert werden. Nach dem Ausfahren des Fahrwerkes und dem Überfliegen der ersten Funkbake wurden die Landeklappen von 15 auf 30 Grad gesetzt, ohne vorher die Zwischenstellung von 25 Grad zu wählen. Die durchgehende 15 Grad Änderung der Klappenstellung bewirkte ein deutliches Absinken der Flugzeugnase, einen Anstieg der Sinkgeschwindigkeit und eine Verringerung der Eigengeschwindigkeit. Letztere wurde nicht durch eine Erhöhung der Triebwerksleistungen korrigiert. Das Flugzeug, das zu dieser Zeit circa 250 Meter hoch flog, sank darauf sofort unter den Gleitpfad. Seine Sinkgeschwindigkeit stieg fast auf das Doppelte des normalen Wertes. Die Piloten schienen diese Abweichungen nicht zu bemerken, denn

Die Trümmer der Ariana Afghan Airlines Boeing 727 und die Überreste des Hauses, das sie beim mißglückten Landeversuch auf dem Londoner Gatwick Flughafen zerstörte. (Wide World Photos)

sie unternahmen fast 45 Sekunden nichts, um den Zustand zu korrigieren. Dann rief der Erste Offizier laut aus: "Wir haben 120 Meter". Der Flugkapitän benötigte weitere sechs Sekunden, um seine Steuersäule zurückzuziehen und Vollgas zu geben. Da war es aber schon zu spät.

Kurz nachdem sich die Flugzeugnase nach oben bewegte, streifte die Düsenpassagiermaschine zweieinhalb Kilometer vor der Landebahnschwelle die ersten Baumwipfel, stieß die Schornsteinkappen von einem Dach und schlug dann gegen weitere Bäume. Bei dem letzten Zusammenprall wurden von ihrer rechten Seite die Tragflächenspitze, das Querruder und die äußeren Landeklappen abgetrennt. Das Flugzeug berührte dann mit dem rechten Fahrwerk den Boden, hob wieder ab und zerstörte ein Haus. Anschließend brach es auseinander und ging in Flammen auf.

Bei dem Unfall wurden 48 der 62 Insassen der 727 und zwei Hausbewohner getötet. Unter den Opfern befanden sich fünf der acht Besatzungsmitglieder. Die meisten Todesfälle wurden durch die Feuereinwirkung und nicht durch den Aufschlag verursacht. Drei Besatzungsmitglieder, elf Passagiere und ein kleines Kind am Boden überlebten den Absturz verletzt. Das Kind war die Tochter des Paares, das in dem Haus getötet worden war.

Am Flughafen herrschte zur Unfallzeit gefrierender Nebel. Die Sichtweite auf der Landebahn betrug ungefähr 100 Meter. Das lag unter den festgesetzten Mindestbedingungen. Die Fluggesellschaft legte die Entscheidung aber bis zu einem gewissen Grad in das Ermessen ihrer Piloten. Die Entscheidung des Flugkapitäns, den Anflug unter diesen Bedingungen fortzusetzen, hatte dessen ungeachtet keinen ursächlichen Einfluß auf den Unfallhergang.

Es gab keine Hinweise dafür, daß der Flugregler nicht einwandfrei gearbeitet hatte. Sollte er jedoch versehentlich auf eine falsche Betriebsart eingestellt gewesen sein, würde er keine Leitstrahl-Informationen mehr geliefert haben, bis die YA-FAR nach der Abweichung wieder auf den Gleitpfad zurückgekommen wäre. Vielleicht aber auch dann nicht.

Die Aufmerksamkeit des Flugkapitäns hatte zu einem kritischen Zeitpunkt wahrscheinlich mehr außerhalb der Pilotenkabine als auf den Instrumenten gelegen. Er wird versucht haben, Bodensicht zu bekommen. Aus diesem Grund wird er das Absinken der Maschine unter den normalen Gleitpfad nicht bemerkt haben. Die Besatzung hatte während des Anfluges gemeldet, ein Licht gesehen zu haben. Man stellte fest, daß es sich dabei um das Gefahrenfeuer von Russ Hill gehandelt haben muß. Das Licht könnte bei den vorhandenen Bedingungen höher erschienen sein, als es in Wirklichkeit war, und den falschen Eindruck erweckt haben, zu hoch zu sein.

Datum: 16. März 1969, circa 02:00 Uhr
Ort: Maracaibo, Zulia, Venezuela
Unternehmen: Venezolana Internacional de Aviacion SA (VIASA), Venezuela
Flugzeugmuster: McDonnell Douglas DC-9 Serie 32 (YV-C-AVD)

Flug 742 war aus Caracas unterwegs nach Miami, Florida, USA. Er war planmäßig auf dem Grano del Oro Flughafen zwischengelandet, bevor er zu der zweiten Teilstrecke des internationalen Linienfluges startete. Die Düsenpassagiermaschine stieß Sekunden nach dem Abheben in circa 50 Meter Höhe gegen eine elektrische Hochspannungsleitung und stürzte danach in den Stadtteil La Trinidad. Das Unglück kostete 155 Personen das Leben. Darunter befanden sich alle 84 Insassen der DC-9 (74 Passagiere und zehn Besatzungsmitglieder) und 71 Menschen am Boden. Mehr als 100 Personen wurden verletzt. Zahlreiche Fahrzeuge, darunter ein Omnibus, und mindestens 20 Häuser wurden bei dem Absturz und dem anschließenden Feuer zerstört.

Der Unfall wurde auf fehlerhafte Temperaturfühler entlang der Startbahn zurückgeführt. Die von ihnen gelieferten falschen Informationen waren zur Berechnung der Meßwerte für den Start benutzt worden und hatten eine Überladung der Maschine bei den tatsächlich herrschenden Temperaturbedingungen verursacht. Das wiederum hatte eine längere Startstrecke als berechnet erfordert und zu einem Steigwinkel geführt, der nicht ausreichte, um an der Hochspannungsleitung vorbeikommen zu können (die interessanterweise gegen die Einwände der Luftfahrtbehörden errichtet worden war). Der Einfluß der Temperatur war wegen der Kürze der Startbahn bedeutend.

Die AVENSA, eine andere venezolanische Fluggesellschaft, hatte die zweistrahlige Düsenpassagiermaschine an die VIASA vermietet und bei diesem speziellen Flug auch die Besatzung gestellt.

Datum: 20. März 1969, circa 02:00 Uhr
Ort: In der Nähe von Assuan, Ägypten
Unternehmen: United Arab Airlines, Ägypten
Flugzeugmuster: Iljuschin IL-18D (SU-APC)

Der viermotorige Turboprob kam aus Djidda, Saudi-Arabien, und hatte moslemische Pilger an Bord. Er machte beim Landeversuch in Assuan eine Bruchlandung und fing Feuer. Dabei kamen 100 Insassen ums Leben, darunter die gesamte siebenköpfige Besatzung. Die fünf Überlebenden trugen schwere Verletzungen davon.

Zur Unfallzeit war es dunkel. Die Horizontalsicht hatte sich aufgrund des Flugsandes auf zwei bis drei Kilometer verringert, als die Maschine nach zwei mißglückten Versuchen den dritten Landeanflug mit Hilfe des Radiokompasses begann. Die IL-18 schlug dann in einer rechten Kurvenlage circa 1120 Meter hinter der Schwelle auf die linke Seite der Landebahn auf. Beim Aufprall scherte die rechte Tragfläche ab. Aus deren Tanks liefen danach ungefähr 2700 Kilogramm Treibstoff aus und verursachten das Feuer.

Der Pilot war offensichtlich unter die Mindestsicherheits-Höhe gesunken, ohne die Landebahnbefeuerung deutlich gesehen zu haben. Dazu hat die Übermüdung aufgrund eines ununterbrochenen Dienstes ohne Ruhepausen beigetragen.

Datum: 4. Juni 1969, 08:42 Uhr
Ort: In der Nähe von Salinas Victoria, Nuevo Leon, Mexiko
Unternehmen: Compania Mexicana de Aviacion SA, Mexiko
Flugzeugmuster: Boeing 727–64 (XA-SEL)

Flug 704 aus Mexico City traf am Ende des Inlandfluges Vorbereitungen zur Landung auf dem Flughafen von Monterrey. Dabei stürzte die Düsenpassagiermaschine circa 30 Kilometer nördlich des Stadt ab und brannte aus. Alle 79 Insassen (72 Passagiere und sieben Besatzungsmitglieder) fanden den Tod.

Die 727 war nach den Aufzeichnungen auf dem Flugschreiber in den letzten fünf Minuten vor dem Aufschlag ununterbrochen mit einer Sinkrate von ungefähr 500 m/min gesunken. Ihre Eigengeschwindigkeit hatte circa 465 km/Std betragen. Der Pilot war nach dem Überfliegen des UKW-Drehfunkfeuers (VOR) Monterrey eine Kurve nach links geflogen, ohne offensichtlich seine genaue Position zu kennen. Um in die Warteschleife zu gelangen, wäre eine Rechtskurve erforderlich gewesen. Die überhöhte Geschwindigkeit und der große Kurvenradius führten dazu, daß die Maschine den für den Sinkflug vorgesehenen Luftraum verließ und über ansteigendes Gelände kam.

Die Düsenpassagiermaschine prallte mit eingezogenem Fahrwerk in 1800 Meter Flughöhe knapp unterhalb des Gipfels gegen einen Berg. Das Flughafenwetter zur Unfallzeit umfaßte eine Wolkendecke in circa 150 bis 500 Meter und eine weitere zwischen 600 und 2300 Meter Höhe. In dem Gebiet war es nebelig und es regnete leicht.

Datum: 9. September 1969, 15:29 Uhr
Ort: In der Nähe von London, Indiana, USA
Erstes Flugzeug
Unternehmen: Allegheny Airlines, USA
Flugzeugmuster: McDonnell Douglas DC-9, Serie 31 (N988VJ)
Zweites Flugzeug
Unternehmen: Privat
Flugzeugmuster: Piper PA-28–140 Cherokee (N7374J)

Die DC-9 hatte ihren Sinkflug in Vorbereitung ihrer Landung auf dem Weir Cook Municipal Flughafen Indianapolis begonnen. Es war eine planmäßige Zwischenlandung auf dem Inland-Liniendienst von Boston, Massachusettes, nach St. Louis, Missouri. Flug 853 flog nach Instrumentenflugregeln (IFR) und unter positiver Kontrolle. Er hielt einen Kurs von 282 Grad.

Unterdessen flog eine einmotorige Cherokee mit einem Flugschüler am Steuer nach Sichtflugregeln (VFR) in Richtung Südosten. Die Maschine war von der Forth Corporation gemietet worden. Keine der Besatzungen wußte etwas von der Anwesenheit der anderen.

Die Maschinen stießen in circa 1080 Meter Höhe 15 Kilometer südöstlich der Hauptstadt zusammen. Die Kollision ereignete sich in einem stumpfen Winkel. Die erste Berührung fand zwischen der Seitenflosse der Düsenpassagiermaschine und der linken Seite des Privatflugzeuges, knapp vor dessen Tragfläche statt. Dabei wurde die Höhenflosse der Verkehrsmaschine abgeschert. Sie stürzte dann wie ein Stein in Rückenlage auf ein Feld und schlug mit der Nase leicht unter dem Horizont fast ohne Querlage auf dem Boden auf. Ihre Fahrwerke und Landeklappen waren eingefahren. Das Leichtflugzeug fiel ungefähr eineinhalb Kilometer entfernt in Stücken herunter. Alle 82 Personen an Bord der DC-9 (78 Passagiere und vier Besatzungsmitglieder) und der einzige Insasse der Cherokee kamen dabei ums Leben. Einzelne Wrackteile gingen über einer nahe gelegenen Wohnwagen-Kolonie nieder. Es gab aber keine Verletzten am Boden, und es brach auch kein Feuer aus.

Die lokalen Wetterverhältnisse wiesen eine gebrochene Wolkendecke mit einer Untergrenze in circa 1200 Meter auf. Die Sicht betrug unter den Wolken mehr als 25 Kilometer. Die Kollision geschah ungefähr 150 Meter unterhalb der Wolkendecke. Da sich die Düsenpassagiermaschine aber bis 14 Sekunden vor dem Zusammenstoß noch in den Wolken befunden hatte, blieb beiden Besatzungen nur wenig Zeit, um sich gegenseitig zu sehen und ein Ausweichmanöver einzuleiten. Augenzeugen hatten keine Ausweichbewegungen bei irgendeinem der beiden Flugzeuge vor dem Zusammenprall erkennen können. Die US-amerikanische Transport-Sicherheitsbehörde NTSB bemerkte in ihrem Untersuchungsbericht, daß der Erste Offizier der N988VJ in der besten Position gewesen sei, die N7374J zu sehen. Er habe zu dieser Zeit aber wohl auf den Höhenmesser geachtet und nicht nach Luftverkehr Ausschau gehalten, der zu einem Konflikt

Die Trümmer der Allegheny Airlines DC-9 liegen nach der Kollision mit einem Leichtflugzeug zerstreut auf einem Feld und einer Wohnwagen-Kolonie. (Wide World Photos)

führen könnte. Die Eigengeschwindigkeit der Verkehrsmaschine war außerdem mit 480 km / Std etwas überhöht gewesen, wenn man an die Wetterverhältnisse und die damals gültigen Betriebsverfahren denkt. Sie lag aber noch innerhalb der vorgegebenen Grenzwerte.

Die NTSB führte den Unfall auf Mängel des Flugsicherung-Kontrollsystems im Nahverkehrsbereich zurück, das von dem US-amerikanische Bundesamt für Luftfahrt FAA unterhalten wurde und eine Mischung von Flugbewegungen nach Instrumentenflugregeln (IFR) und Sichtflugregeln (VFR) mit unterschiedlichen Geschwindigkeiten erlaubte. Zu den Schwächen gehörten die Unzulänglichkeit des »Erkennen und Ausweichen« Prinzips unter den Unfallumständen, die technischen Grenzen des Radars in der Auffassung aller Flugzeuge und das Fehlen von Vorschriften zur Trennung des gemischten Luftverkehrs in den Nahverkehrsbereichen.

Weder das Indianapolis Kontrollzentrum noch die Indianapolis Anflugkontrolle, die beide die DC-9 überwacht hatten, meldeten vor der Kollision die Beobachtung der Cherokee auf ihrem Radar-Bildschirm. Im Fall des Kontrollzentrums lag der Grund in der unzureichenden Querschnittsfläche der Cherokee und dem Umstand, daß das Radargerät mit verminderter Kraft arbeitete, um dem Effekt der anomalen Wellenausbreitung entgegenzuwirken, der bei Wetterlagen mit Temperaturumkehrungen auftritt. (Bei diesem Phänomen erscheinen Radarechos von Objekten außerhalb der normalen Reichweite des Radargerätes als Nahziele und füllen den Radar-Bildschirm mit Störzeichen.) Die Anflugkontrolle entdeckte die Cherokee anfangs nicht, weil ihre Winkelgeschwindigkeit im toten Bereich des Radars lag. (Das passiert, wenn die relative Geschwindigkeit des Zielobjektes unter die Umdrehungsgeschwindigkeit der Radarantenne fällt.) Anschließend wurde das Leichtflugzeug von der Anflugkontrolle nicht bemerkt, weil entweder der Temperaturumkehr-Effekt eingetreten war, oder der Fluglotse durch andere Tätigkeiten daran gehindert wurde, den Bildschirm zu überwachen.

Die FAA installierte im folgenden Jahr ein Nahver-

kehr-Kontrollsystem um alle größeren Flughäfen in den USA, das eine positive Kontrolle aller Flugzeuge innerhalb der Zonen vorschrieb. An zahlreichen weiteren Flugplätzen mit geringerem Verkehrsaufkommen wurden für den schneller fliegenden IFR-Verkehr Korridore für den Steig- und Sinkflug eingerichtet.

Datum: 20. September 1969, circa 16:00 Uhr
Ort: In der Nähe von Hoi An, (Süd-) Vietnam
Erstes Flugzeug
Unternehmen: Air Vietnam, Südvietnam
Flugzeugmuster: Douglas DC-4 (XV-NUG)
Zweites Flugzeug
Unternehmen: US Luftwaffe
Flugzeugmuster: McDonnell F4E Phantom II (67–393)

Beide Maschinen befanden sich im Landeanflug auf den Luftstützpunkt Da Nang. Die zivile Verkehrsmaschine kam auf ihrem Inlandsflug aus Saigon (jetzt Ho Chi Minh City), das Düsenjagdflugzeug kehrte von einem Kampfeinsatz zurück. Sie stießen in ungefähr 100 Meter Höhe zusammen. Die DC-4 stürzte sofort ab. 75 der 77 Insassen und zwei Personen am Boden fanden dabei den Tod. Unter den Opfern befand sich auch die gesamte sechsköpfige Besatzung. Zwei Passagiere überlebten ebenso wie zwei Personen am Boden den Absturz verletzt. Der Navigationsoffizier der Phantom stieg mit dem Schleudersitz aus und kam am Fallschirm auf den Boden. Er wurde leicht verletzt. Der Pilot schaffte es, die beschädigte Maschine sicher zu landen. Zur Unfallzeit herrschten folgende Wetterverhältnisse: Es gab eine hohe Wolkendecke mit einzelnen Wolken darunter in niedrigerer Höhe. Die Sicht betrug ungefähr 15 Kilometer.

Die Verkehrsmaschine sollte die Landebahn 17 links benutzen. Die Analyse des Funkverkehrs zeigte, daß ihr Pilot Anweisungen des Kontrollturms an das Militärflugzeug (»...Sie haben Landeerlaubnis auf Landebahn 17 rechts«) irrtümlich auf sich bezogen hatte. Er flog dann in den Flugweg der Phantom hinein. Bei der darauf folgenden Kollision wurde die rechte Höhenflosse von der DC-4 abgetrennt. Die

Die Nigeria Airways VC-10 G-ARVA erhielt später die Registriernummer 5N-ABD. Sie stürzte während eines Landeanfluges auf den Flughafen Lagos ab. (Air Britain Historians Ltd)

Besatzung zog das Fahrwerk ein und versuchte durchzustarten. Das Flugzeug stürzte aber in ein Feld und explodierte.

Datum: 20. November 1969, 08:30 Uhr
Ort: In der Nähe von Ikeja, Nigeria
Unternehmen: Nigeria Airways
Flugzeugmuster: BAC VC-10 (5N-ABD)

Flug 825 aus London sollte am Ende des Linienfluges über Rom, Italien, und Kano, Nigeria, auf dem Flughafen Lagos landen. Die Düsenpassagiermaschine stürzte aber circa 13 Kilometer nördlich ihres Zielflughafens ab und brannte aus. Alle 87 Personen an Bord (76 Passagiere und elf Besatzungsmitglieder) fanden dabei den Tod.

Die VC-10 hatte mit ausgefahrenem Fahrwerk und teilweise gesetzten Landeklappen bei ihrem Anflug ohne Gleitpfadinformationen Baumberührung und stürzte danach auf die Erde.

Am Flughafen herrschte klares Wetter, im Unfallgebiet war es jedoch nebelig.

Es konnten keine Hinweise auf technische Fehler oder Schäden an dem Flugzeug vor dem Aufprall gefunden werden. Obwohl die Unfallursache nicht mit letzter Gewissheit bestimmt werden konnte, nahm man an, daß der Absturz auf eine unzureichende Kontrolle der Flughöhe zurückzuführen war, und die Besatzung wahrscheinlich ihre Instrumente nicht genau genug überwacht hatte. Das führte zum Sinken unter die Sicherheitshöhe, als die Piloten keine Bodensicht hatten.

Eine Übermüdung der Besatzung könnte zu dem vermuteten menschlichen Versagen beigetragen haben.

Datum: 3. Dezember 1969, circa 19:00 Uhr
Ort: In der Nähe von Caracas, Venezuela
Unternehmen: Air France
Flugzeugmuster: Boeing 707–328B (F-BHSZ)

Die Düsenpassagiermaschine stürzte als Flug 212 unter mysteriösen Umständen zehn Kilometer vor der Küste in das Karibische Meer. Alle 62 Insassen (41 Passagiere, eine zehnköpfige Austauschbesatzung und elf reguläre Besatzungsmitglieder) fanden dabei den Tod.

Die 707 war in der Dunkelheit von dem Maiquetia Flughafen Caracas nach Guadeloupe gestartet, einer Teilstrecke des Liniendienstes von Santiago, Chile, nach Paris. Ungefähr drei Minuten nach dem Abheben senkte sich die Flugzeugnase in circa 1000 Meter Höhe aus dem Steigflug plötzlich nach unten, und die Maschine stürzte in das etwa 50 m tiefe Wasser.

Die sterblichen Überreste zahlreicher Opfer wurden später gefunden. Die Untersuchung der geborgenen Trümmerstücke ergab keinen Hinweis auf den Ausbruch von Feuer oder eine Explosion vor dem Aufschlag.

Datum: 8. Dezember 1969, 20:46 Uhr
Ort: In der Nähe von Keratea, Griechenland
Unternehmen: Olympic Airways, Griechenland
Flugzeugmuster: Douglas DC-6B (SX-DAE)

Alle 90 Insassen (85 Passagiere und fünf Besatzungsmitglieder) fanden beim Absturz des Flugzeuges circa 40 Kilometer südwestlich von Athen den Tod. Die Maschine kam aus Canea auf der Insel Kreta und bereitete am Ende des planmäßigen Fluges die Landung auf dem Athener Flughafen vor.

Die DC-6B flog in der Nacht bei Regen und starkem Wind mit eingezogenem Fahrwerk, als sie in circa 600 Meter Flughöhe gegen den Mt. Pan stieß und in Flammen aufging. Obwohl die Wetterverhältnisse widrig waren, wurden sie nicht als gefährlich eingeschätzt.

Die Piloten waren von dem richtigen Flugweg abgewichen und in der Anfangsphase des Instrumentenlandesystem-Anfluges (ILS) unter die Mindestsicherheitshöhe gesunken.

Die siebziger Jahre

Mit der Boeing 747 begann für Flugreisende das »Jumbo-Jet«-Zeitalter. Zu diesem Großraum-Airliner gesellten sich bald die McDonnell Douglas DC-10, die Lockheed L-1011 Tristar und etwas später die Airbus-Familie. Die Größe dieser Flugzeuge führte bei den Fluggesellschaften zu dem Problem der Überkapazität, da sie buchstäblich mehr Sitze anboten, als sie mit Passagieren besetzen konnten.

Die Großraum Düsenpassagiermaschinen führten zu einem beispiellosen Sicherheits- und Leistungsniveau. Der erste schwere Unfall einer 747 ereignete sich erst nach knapp fünf Jahren und mehr als zwei Millionen Flugstunden seit ihrer Indienststellung. Der L-1011 wurde die bedauerliche Ehre zuteil, als erste der neuen Flugzeuggeneration von einem verhängnisvollen Unfall betroffen zu werden. Danach errang sie aber einen ebenso beeindruckenden Sicherheitsstandard wie die anderen.

Das von allen befürchtete Ausmaß eines nicht zu überlebenden Absturzes eines voll besetzten Großraumflugzeuges wurde im Mai 1974 traurige Wirklichkeit, als eine Turkish Airlines DC-10 in der Nähe von Paris verunglückte. Der Absturz kostete 346 Menschen das Leben, einer fast doppelt so großen Anzahl als bei dem schrecklichsten Luftfahrtunglück zuvor. Die Tragödie brachte zusätzlich einen schweren Konstruktionsfehler an der Laderaumklappe des Großraumflugzeuges zum Vorschein, ein Beweis dafür, daß auch die ausgefallenste Technik nicht fehlerfrei ist. Fünf Jahre später führte ein weiterer schwerer Unfall einer DC-10 in den USA zu einem zeitweiligen Flugverbot der gewaltigen Flugzeuge. Ein Konstruktionsmangel erwies sich auch hier als Hauptursache.

Das schlimmste vorstellbare Szenarium ereignete sich im Frühjahr 1977, als zwei 747 aus unverständlichen Gründen auf einer in Nebel eingehüllten Startbahn auf den Kanarischen Inseln zusammenstießen. Fast 600 Menschen verloren bei dieser Katastrophe ihr Leben.

Datum: 15. Februar 1970, circa 18:30 Uhr
Ort: In der Nähe von Santo Domingo, Dominikanische Republik
Unternehmen: Compania Dominicana de Aviacion Capor A, Dominikanische Republik
Flugzeugmuster: McDonnell Douglas DC-9, Serie 32 (HI-177)

Die Düsenpassagiermaschine stürzte circa drei Kilometer vor der Küste in das Karibische Meer. Alle 102 Insassen (97 Passagiere und fünf Besatzungsmitglieder) fanden dabei den Tod.

Knapp zwei Minuten nach dem Start von dem Internationalen Flughafen der Stadt zu einem planmäßigen Linienflug nach San Juan, Puerto Rico, meldete ein Besatzungsmitglied den Ausfall eines der beiden Triebwerke. Das Flugzeug ging nach dem Einleiten einer Rechtskurve in einen steilen Sinkflug über und stürzte schließlich circa fünf Kilometer von dem Flughafen entfernt ab. Das Unglück geschah bei ausgezeichnetem Wetter in der Abenddämmerung.

Einige Trümmerteile und zwei Dutzend der Opfer konnten geborgen werden. Der größte Teil des Wracks, darunter die Triebwerke, die Instrumente und der Flugschreiber, ging im 300 Meter tiefen Wasser verloren und konnte nicht zu einer Untersuchung herangezogen werden. An den gefundenen Trümmerteilen konnte kein Anzeichen für ein Feuer gefunden werden.

Datum: 3. Juli 1970, 19:05 Uhr
Ort: In der Nähe von Arbucias, Gerona, Spanien
Unternehmen: Dan-Air Services Ltd, England
Flugzeugmuster: de Havilland Comet 4 (G-APDN)

Alle 112 Insassen (105 Passagiere und sieben Besatzungsmitglieder) fanden beim Absturz der Düsenpassagiermaschine in der Sierra de Montseny Gegend den Tod. Die Absturzstelle lag 50 Kilometer nordöstlich von Barcelona und 65 Kilometer von dem Flughafen der Stadt entfernt, wo die Chartermaschine aus Manchester, England, hätte landen sollen.

Die Comet flog mit eingefahrenen Fahrwerken und Landeklappen einen Kurs von 140 Grad, als sie in einem leichten Sinkflug in circa 1200 Meter Höhe gegen den bewaldeten Hang der Les Angudes Höhe prallte und explosionsartig in Flammen aufging. Die Geschwindigkeit beim Aufschlag betrug mehr als 400 km/Std. Der Unfall geschah bei Tageslicht. Die Berge waren aber in Stratus- und Stratocumulus-Wolken eingehüllt. Die Wolkenuntergrenze lag bei 800 bis 1000 Meter. In den Wolken reduzierte sich die Flugsicht auf Null.

Die Düsenpassagiermaschine war wegen eines hohen Verkehrsaufkommens im Raum Paris von ihrer geplanten Route im Flugplan umgeleitet worden. Später wich sie aber von der zugewiesenen Luftstraße nach links ab. Diese Verschiebung des Flugweges könnte durch ein fehlerhaftes Gerät im Flugzeug verursacht worden sein. Wichtig war, daß die Besatzung nach dem Überflug des UKW-Drehfunkfeuers (VOR) Toulouse schon in Frankreich ihre genaue Position nur mit Hilfe von Schnittpunkten von verschiedenen Leitstrahlen hätte bestimmen können. Es gab keine Anhaltspunkte für irgendwelche fehlerhafte Anzeigen des Barcelona VORs.

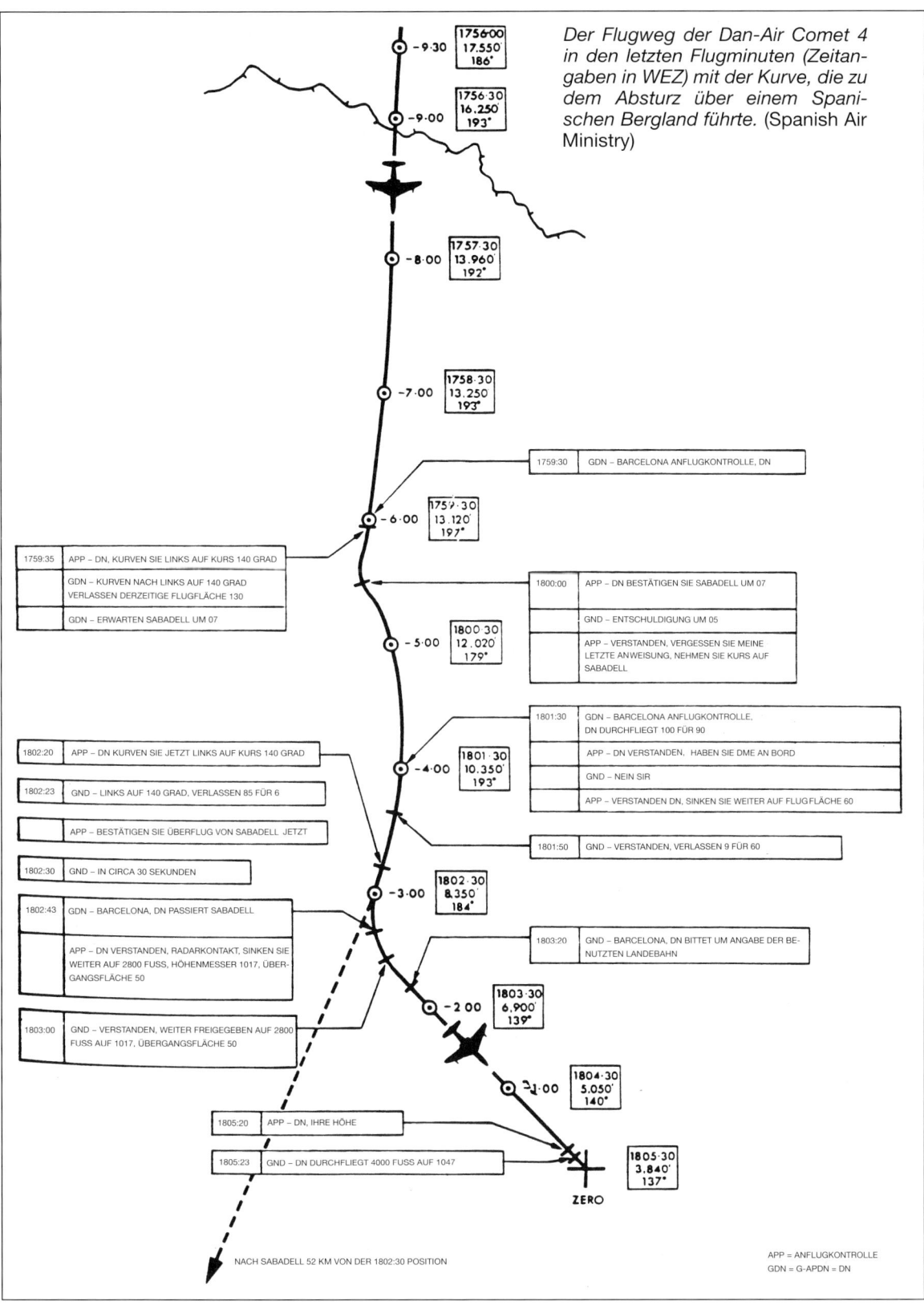

Der Flugweg der Dan-Air Comet 4 in den letzten Flugminuten (Zeitangaben in WEZ) mit der Kurve, die zu dem Absturz über einem Spanischen Bergland führte. (Spanish Air Ministry)

1756·00
17.550'
186°

1756·30
16.250'
193°

1757·30
13.960'
192°

1758·30
13.250'
193°

1759:30 — GDN – BARCELONA ANFLUGKONTROLLE, DN

1759·30
13.120'
197°

1759:35 — APP – DN, KURVEN SIE LINKS AUF KURS 140 GRAD

GDN – KURVEN NACH LINKS AUF 140 GRAD VERLASSEN DERZEITIGE FLUGFLÄCHE 130

GDN – ERWARTEN SABADELL UM 07

1800:00 — APP – DN BESTÄTIGEN SIE SABADELL UM 07

GND – ENTSCHULDIGUNG UM 05

APP – VERSTANDEN, VERGESSEN SIE MEINE LETZTE ANWEISUNG, NEHMEN SIE KURS AUF SABADELL

1800·30
12.020'
179°

1801:30 — GDN – BARCELONA ANFLUGKONTROLLE, DN DURCHFLIEGT 100 FÜR 90

1802:20 — APP – DN KURVEN SIE JETZT LINKS AUF KURS 140 GRAD

APP – DN VERSTANDEN. HABEN SIE DME AN BORD

1802:23 — GND – LINKS AUF 140 GRAD, VERLASSEN 85 FÜR 6

GND – NEIN SIR

APP – BESTÄTIGEN SIE ÜBERFLUG VON SABADELL JETZT

APP – VERSTANDEN DN, SINKEN SIE WEITER AUF FLUGFLÄCHE 60

1801·30
10.350'
193°

1802:30 — GND – IN CIRCA 30 SEKUNDEN

1801:50 — GND – VERSTANDEN, VERLASSEN 9 FÜR 60

1802:43 — GDN – BARCELONA, DN PASSIERT SABADELL

1802·30
8.350'
184°

APP – DN VERSTANDEN, RADARKONTAKT, SINKEN SIE WEITER AUF 2800 FUSS, HÖHENMESSER 1017, ÜBERGANGSFLÄCHE 50

1803:20 — GND – BARCELONA, DN BITTET UM ANGABE DER BENUTZTEN LANDEBAHN

1803:00 — GND – VERSTANDEN, WEITER FREIGEGEBEN AUF 2800 FUSS AUF 1017, ÜBERGANGSFLÄCHE 50

1803·30
6.900'
139°

1804·30
5.050'
140°

1805:20 — APP – DN, IHRE HÖHE

1805:23 — GND – DN DURCHFLIEGT 4000 FUSS AUF 1047

1805·30
3.840'
137°

ZERO

NACH SABADELL 52 KM VON DER 1802:30 POSITION

APP = ANFLUGKONTROLLE
GDN = G-APDN = DN

Der Fluglotse der Spanischen Anflugkontrolle bemerkte nicht, daß die Comet ungefähr 25 Kilometer östlich am Meldepunkt Berga vorbeiflog und ihn nicht überflog. In Verbindung mit der falschen geschätzten Ankunftszeit über dem Niederfrequenz-Funkfeuer (NDB) Sabadell erschwerte das die Identifizierung des Radarechos der Passagiermaschine. Um eine gesicherte Erfassung zu erleichtern, ließ er die Maschine auf einen südöstlichen Kurs drehen, der dann bis zum Absturz beibehalten wurde.

Die Düsenpassagiermaschine meldete circa drei Minuten vor dem Absturz das Überfliegen des Sabadeller NDBs. In Wirklichkeit war sie aber noch fast 52 Kilometer von dieser Position entfernt. Zufällig passierte zu derselben Zeit ein anderes Flugzeug das Funkfeuer (dessen Geschwindigkeit der von der Comet erwarteten ähnelte). Der Fluglotse beobachtete dessen Radarecho auf seinem Kontrollschirm und hielt es irrtümlich für das der G-APDN. Daraufhin gab er die Düsenpassagiermaschine zum Sinkflug auf 850 Meter Höhe frei. Das war die Mindesthöhe für die angenommene Position der Maschine, nicht aber für ihren tatsächlichen Standort.

Nach diesem Unfall erhielt die Barcelona Anflugkontrolle ein Sekundärradar-System, das die richtige Identifizierung aller Flugzeuge sicherstellen sollte, die wie die Comet mit einem Impulsübertrager ausgerüstet waren. Im Unfalluntersuchungs-Bericht wurde auch auf die Notwendigkeit hingewiesen, alle vorhandenen Navigationshilfen zu benutzen. Es wurde empfohlen, die Höhen der bedeutsamen Punkte entlang der festgelegten Routen in den Funknavigations-Karten darzustellen.

Datum: 5. Juli 1970, 08:09 Uhr
Ort: In der Nähe von Malton, Ontario, Kanada
Unternehmen: Air Canada
Flugzeugmuster: McDonnell Douglas DC-8 Super 63 (CF-TIW)

Flug 621 war an diesem Sonntag Morgen früh von Montreal, Quebec, zu dem Linienflug über Toronto nach Los Angeles, Kalifornien, USA, gestartet. Er hatte die Freigabe zur Landung auf Landebahn 32 des Internationalen Flughafens Toronto erhalten. Das Wetter am Flughafen war ideal. Es gab vereinzelte Wolken in 1050 Meter, die Sicht betrug 30 Kilometer.

Den Aufzeichnungen der Gespräche in der Pilotenkabine war zu entnehmen, daß Flugkapitän Peter Hamilton und sein Erster Offizier Donald Rowland den Punkt »Störklappen entsichert« bei den vorgeschriebenen Überprüfungen vor der Landung ausgelassen hatten. Sie hatten sich darauf geeinigt, die Auftriebsverminderungs-Vorrichtungen erst bei dem Abfangen des Flugzeuges zur Landung zu entsichern, damit sie beim ersten Bodenkontakt automatisch ausfahren würden. Als die DC-8 jedoch die Landebahnschwelle in circa 20 Meter Höhe überflog, unterlief dem Ersten Offizier ein Fehler, der verhängnisvolle Auswirkungen haben sollte. Auf die Aufforderung des Flugkapitäns, die Bodenstörklappen zu entsichern, hätte er den entsprechenden Hebel am Armaturenbrett hochlegen müssen. Stattdessen zog er ihn aber nach hinten. Das führte zu einem sofortigen vollen Ausfahren der Störklappen. Der Flugkapitän kommandierte »Nein, nein, nein!«. Der Erste Offizier erkannte seinen Fehler und erwiderte darauf: »Es tut mir leid. Oh, entschuldige Pete«.

Eine Air Canada DC-8 Super 63. Eine Maschine dieses Typs verunglückte nach einem Durchstart-Manöver auf dem Internationalen Flughafen Toronto. (Programmed Communications Ltd)

Um die enstandene hohe Sinkgeschwindigkeit zu vermindern, gab der Flugkapitän auf allen vier Triebwerken Vollgas und zog gleichzeitig die Flugzeugnase nach oben. Das konnte aber das durch die Störklappen verursachte äußerst harte Aufsetzen der Maschine nicht mehr verhindern. Der Hecksporn schlug dabei ebenfalls auf der Piste auf. Die durch den Schlag auf das Hauptfahrwerk freigesetzten Kräfte führten zum Abreißen der Triebwerksgondel Nummer vier und ihrer Aufhängungsvorrichtung. Der Boden des vierten Treibstofftanks wurde dabei durchlöchert. Der daraus ausfließende Kraftstoff entzündete sich dann wahrscheinlich an den Drähten, die beim Abbrechen des Triebwerkes zerrissen waren.

Die DC-8 blieb nur für den Bruchteil einer Sekunde am Boden und stieg dann wieder auf. Der Flugkapitän teilte über Funk mit, daß er den Flugplatz umkreisen und auf derselben Landebahn wieder aufsetzen werde. Das Fahrwerk selbst war offenbar nicht stark beschädigt worden und wurde bei dem Durchstartverfahren eingezogen. Die Landeklappen wurden in die 20 Grad Stellung gebracht. Die Störklappen waren zu dieser Zeit bereits wieder voll eingefahren.

Ungefähr drei Minuten nach der harten Landung wurde die CF-TIW von drei Explosionen erschüttert. Bei der zweiten riß die Triebwerksgondel Nummer drei mit ihrer Aufhängung ab. Die letzte Explosion sprengte ein großes Stück der rechten äußeren Tragfläche weg. Die Düsenpassagiermaschine konnte dann nicht mehr in der Luft gehalten werden und stürzte aus circa 1000 Meter Höhe zehn Kilometer nördlich des Flughafens auf ein Feld. Ihre Geschwindigkeit betrug dabei über 400 km/Std. Beim Aufschlag brach sie in einem Feuerball auseinander. Alle 109 Insassen (100 Passagiere und neun Besatzungsmitglieder) fanden dabei den Tod.

Es ist schwer zu verstehen, daß solch ein harmlos aussehender Fehler, wie ihn der Erste Offizier beging, diese katastrophahlen Folgen haben konnte. Die Untersuchungskommission stellte dazu in ihrem Bericht fest, daß der Unfall im gleichen Maß auf einen Konstruktionsfehler wie auf menschliches Versagen zurückzuführen war. Sie argumentierte, daß ein einzelner Hebel zur Ausführung völlig unterschiedlicher Aufgaben bei einem Sekundärsystem wie der Heizung oder der Lüftung noch annehmbar sei, sich aber absolut nicht für so lebenswichtige Einrichtungen wie die Störklappen eigne. Der Bedienungshebel hätte nach ihrem Urteil mindestens mit einer Art von Schutzvorrichtung oder Abschirmdeckel ausgestattet sein müssen. Vorzugsweise hätte das System so konstruiert sein sollen, daß ein Ausfahren während des Fluges unmöglich wäre.

Die Untersuchungskommission stellte weiter fest, daß die von dem Hersteller zur Verfügung gestellten Bedienungsanweisungen irreführende, unvollständige und sogar ungenaue Informationen enthielten. In ihnen wurde tatsächlich dargestellt, daß in dem System eine Sicherung eingebaut sei, die solch ein Ausfahren der Störklappen in der Luft verhindern würde. Deshalb war nicht einmal dem Ausbildungsstab der Air Canada bewußt gewesen, daß eine unbeabsichtigte Betätigung möglich war, wie sie bei der CF-TIW geschehen ist. Das wiederum hatte zur Folge, daß die Piloten der Gesellschaft nicht auf dieses mögliche Sicherheitsrisiko hingewiesen worden waren.

Diese Umstände paarten sich mit dem Versäumnis des Kanadischen Verkehrsministeriums, die Unter-

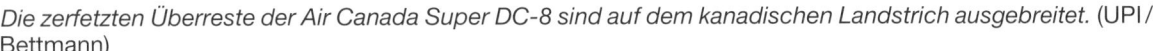

Die zerfetzten Überreste der Air Canada Super DC-8 sind auf dem kanadischen Landstrich ausgebreitet. (UPI/Bettmann)

schiede zwischen den Betriebshandbüchern der Air Canada und den anderen nationalen Fluggesellschaften festzustellen. Ferner hatten sich die Regierungsbehörde und die Gesellschaft mit dem Betrieb eines Flugzeuges einverstanden erklärt, dessen Störklappensystem die Kommission als fehlerhaft bewertet hatte. Alle diese Faktoren wurden als mitwirkende Ursachen bei dem Unfall eingestuft. Die Untersuchungskommission kritisierte auch die Bauweise der Triebwerksgondel- und deren Aufhängungskonstruktion und rügte das Versäumnis der Herstellerfirma, die Integrität der in der DC-8 eingebauten Treibstoff- und Elektriksysteme sicherzustellen.

Die Besatzung von Flug 621 hatte eine eigene Methode zur Entsicherung der Störklappen entwickelt. Sie hielt sich nicht an das bei der Air Canada vorgeschriebene Verfahren, das System zur automatischen Betätigung in 300 Meter Höhe zu aktivieren. Interessanterweise haben die Piloten am Tage des Unfalles aber nicht einmal die eigene Methode benutzt, die sie sich bei ihren vorherigen gemeinsamen Flügen angeeignet hatten, wo sie die Störklappen nach dem Aufsetzen handbetätigt ausgefahren haben.

Hätte das Flugzeug nach dem Fehler des Ersten Offiziers die Landung normal fortgesetzt, wäre aus der Angelegenheit wahrscheinlich nur ein kleiner Zwischenfall ohne Todesopfer geworden. Der Flugkapitän wurde aber wegen seiner Entscheidung, ein Durchstartverfahren auszuführen, nicht getadelt. Die Untersuchungskommission stellte hierzu fest, daß er bei dem Versuch, den Aufschlag auf der Landebahn zu verhindern oder zu mildern, die Maschine in die normale Lage für dieses Verfahren gebracht hatte. Eine Fortsetzung des Starts war unter diesen Umständen die logischte Sache. Zudem gab es keine Anzeichen dafür, daß die Besatzung, noch bevor es zu spät war, das Ausmaß der Beschädigung erkannt hatte, das die DC-8 davongetragen hatte.

Aufgrund dieses Unfalles gab das US-amerikanische Bundesamt für Luftfahrt FAA eine Lufttüchtigkeits-Anordnung für die DC-8 heraus. Sie schrieb allen Betreibern vor, Warnhinweise gegen das Ausfahren der Störklappen in der Luft anzubringen. Drei Jahre später veröffentlichte die FAA nach einem weiteren Unfall ohne Todesopfer eine erneute Lufttüchtigkeitsanordnung. Danach mußten alle Flugzeuge dieses Typs mit einer Störklappen-Verriegelungseinrichtung ausgestattet werden, die solch einen Vorfall verhinderten.

Datum: 9. August 1970, circa 15:00 Uhr
Ort: In der Nähe von Cuzco, Peru
Unternehmen: Lineas Aereas Nacionales SA (LANSA), Peru
Flugzeugmuster: Lockheed 188A Electra (OB-R-939)

Der viermotorige Turboprop verunglückte kurz nach dem Start von dem Flughafen der Stadt zu einem planmäßigen Inlandsflug nach Lima. Dabei fanden 99 Insassen den Tod, darunter auch acht Besatzungsmitglieder. Nur der Erste Offizier überlebte den Absturz schwer verletzt.

Die Electra hatte nach dem Ausfall des Triebwerkes Nummer drei ihren Steigflug geradeaus fortgesetzt. Die Landeklappen wurden eingefahren und in circa 100 Meter über Grund eine Linkskurve begonnen. Da der zur Verfügung stehende Luftraum begrenzt war, war eine Steilkurve erforderlich. Dabei prallte die Verkehrsmaschine aber gegen einen Hügel und explodierte. Berichten zufolge soll es zur Unfallzeit in dem Gebiet neblig gewesen sein.

Der Unfall wurde neben der technischen Störung auf einen Verfahrensfehler des Flugkapitäns zurückgeführt.

Datum: 14. November 1970, 19:35 Uhr
Ort: In der Nähe von Huntington, West Virginia, USA
Unternehmen: Southern Airways, USA
Flugzeugmuster: McDonnell Douglas DC-9, Serie 31 (N97S)

Der Heimflug von Greenville, North Carolina, nach einem Spiel gegen eine Mannschaft eines anderen Bundesstaates endete für die »American Football«-Mannschaft der Marshall Universität tragisch. Die gecharterte Düsenpassagiermaschine stürzte westlich des Tri-State Flughafens ab, auf dem sie landen sollte. An Bord befanden sich 36 Spieler, fünf Trainer, der Cheftrainer, 28 Begleiter und die fünfköpfige Besatzung. Alle 75 Insassen fanden bei dem Absturz den Tod.

Das Flugzeug hatte vor dem Unfall in der abendlichen Dunkelheit die Freigabe für einen Instrumentenlandesystem-Anflug (ILS) ohne Gleitpfadinformationen auf Landebahn 11 erhalten. In dem Gebiet regnete es leicht. Es war dunstig und teilweise neblig. Es gab einzelne Wolken in 100 Meter, eine durchbrochene Wolkendecke in 150 Meter und eine geschlossene Bedeckung in 300 Meter. Die Sicht betrug circa neun Kilometer. Die DC-9 schlug mit ausgefahrenen Fahrwerken und Landeklappen gegen Bäume und stürzte dann circa eineinhalb Kilometer vor der Landebahnschwelle und 85 Meter rechts der verlängerten Mittellinie auf einen Hügel, explodierte und brannte aus.

Die Düsenpassagiermaschine war mehr als 100 Meter unter der Mindestsinkflughöhe geflogen, bevor die Besatzung das Fehlanflugverfahren einleitete. Der Grund hierfür konnte nicht festgestellt werden. Es gab jedoch zwei mögliche Erklärungen. Zum einen könnte ein Fehler in dem Staurohrsystem des Flugzeuges zu einer zu hoch angezeigten Höhe auf dem barometrischen Höhenmesser und einer zu niedrig angezeigten Sinkgeschwindigkeit auf dem Variometer geführt haben. Zum anderen könnte die Besatzung den Radiohöhenmesser als Hauptinstrument zur Bestimmung der Flughöhe benutzt haben.

Die erste Hypothese stützte sich auf die Auswertung der Aufzeichnungen des Flugschreibers, der ein eigenes, unabhängiges Staurohrsystem besitzt, und auf die Analyse des Bandes mit den Gesprächen in der Pilotenkabine. Dabei wurde auf dem Flugschreiber eine überhöhte Sinkgeschwindigkeit festgestellt. Alle Höhen, die von dem Ersten Offizier laut ausgerufen worden waren, lagen ungefähr 60 Meter über der tatsächlichen Flughöhe der Maschine. Die Theorie hatte aber eine Schwachstelle. Ein Fehler im Staurohrsystem hätte zu ähnlich falschen Anzeigen auf dem Geschwindigkeitsmesser führen müssen, die von der Besatzung wahrscheinlich erkannt worden wären. Es gab aber keine Anzeichen für solche unrichtigen Anzeigen.

Bei der zweiten Hypothese wurden die von dem Copiloten ausgerufenen Höhen in Wechselbeziehung zu den Daten des Flugschreibers gebracht. Sie waren dann den Werten ähnlich, die beim Einsatz des Radiohöhenmessers zu erwarten gewesen wären. Die US-amerikanische Transport-Sicherheitsbehörde NTSB äußerte jedoch ihre Zweifel darüber, daß eine erfahrene Besatzung sich alleine auf den Radiohöhenmesser verlassen würde, da das Instrument für diesen Zweck nicht vorgesehen war. Außerdem waren seine Anzeigen über einem unebenen Gelände wie dem Anflugsektor auf dem Tri-State Flughafen unzuverlässig. Die korrekten Betriebsverfahren verlangen von einem Flugkapitän, auch Bezug auf den barometrischen Höhenmesser zu nehmen. Dabei würde er die Unterschiede in den Anzeigen zwischen diesem und seinem Radiohöhenmesser oder dem des Ersten Offiziers entdeckt haben, die sich in dessen ausgerufenen Höhenangaben widerspiegelten.

Es wurde festgestellt, daß der Copilot nicht alle erforderlichen Werte ausgerufen hatte. Darunter befanden sich die Ansage der Flugzeug-Positionen 150 Meter über der Flugplatzhöhe, 30 Meter über der Mindesthöhe und das Erreichen der Entscheidungshöhe. Der Flugkapitän hatte während des gesamten Anfluges den Autopilot benutzt und erst nach dem Unterschreiten der vermeintlichen Mindestflughöhe mit dem Abfangen der Maschine in den Horizontalflug begonnen. Der Einfluß dieser Abweichungen auf das nachfolgende Unfallgeschehen war schwer abzuschätzen.

Die Besatzung hatte offensichtlich die Lichter einer Raffinerie aufleuchten gesehen. Das könnte den Piloten in Verbindung mit der Gewißheit, in Kürze die Wolkenuntergrenze zu erreichen, dazu verleitet haben, unter die Entscheidungshöhe zu sinken. Die NTSB kam jedoch zu dem Ergebnis, daß die Besatzung zu keiner Zeit irgendeinen Teil des Flughafens gesehen und auch nicht gemerkt hat, daß die Maschine unter die Mindestflughöhe gesunken war.

Der Flughafen verfügte zwar über einen Instrumentenlandesystem (ILS) Landekurssender, besaß aber keinen Gleitpfadsender. Letzterer war nicht installiert worden, da die Beschaffenheit des Geländes keine ausreichende Abstrahlfläche für die Antenne erlaubte. Später wurde ein genormter Gleitpfadsender eingebaut, mit dessen Hilfe dieser Unfall vielleicht zu vermeiden gewesen wäre.

Die NTSB empfahl unter anderem in ihrem Unfall-Untersuchungsbericht, genaue Verfahrens-Vorschriften für die Besatzungen bei Anflügen ohne Gleitpfad-Informationen, eingeschlossen die ILS-Verfahren, zu entwickeln.

Datum: 31. Dezember 1970, Uhrzeit unbekannt
Ort: In der Nähe von Leningrad, Russische Sozialistische Föderative Sowjetrepublik, UDSSR
Unternehmen: Aeroflot, UDSSR
Flugzeugmuster: Iljuschin IL-18

Ungefähr 90 Menschen wurden beim Absturz der viermotorigen Turboprop-Passagiermaschine kurz nach dem Start von dem Smolny Flughafen der Stadt getötet. Die Maschine befand sich auf einem planmäßigen Inlandsflug nach Eriwan in der Armenischen Sowjetrepublik. Bei dem Unglück gab es keine Überlebenden. Er wurde nach inoffiziellen Berichten durch den Ausfall mehrerer Triebwerke verursacht.

Datum: 23. Mai 1971, circa 20:00 Uhr
Ort: In der Nähe von Rijeka, Jugoslawien
Unternehmen: Aviogenex, Jugoslawien
Flugzeugmuster: Tupolew Tu-134A (YU-AHZ)

Die Düsenpassagiermaschine aus London befand sich auf einem Charterflug und hatte überwiegend Britische Touristen an Bord. Beim Anflug auf den Flughafen von Rijeka machte sie eine Bruchlandung. Von den 83 Insassen überlebten nur ein Passagier und die vier Mitglieder der fliegenden Besatzung mit schweren Verletzungen. Unter den 78 Toten befanden sich auch die drei Stewardessen der Maschine.

Die Abenddämmerung hatte bereits begonnen, und der Himmel war mit Wolken bedeckt. In dem Gebiet herrschte Gewittertätigkeit. Bei dem Instrumentenlandesystem (ILS) Anflug der zweistrahligen Düsenpassagiermaschine war die Wolkenuntergrenze auf circa 600 Meter gesunken. Vier Kilometer vor der Landebahnschwelle geriet die Maschine in 300 Meter Höhe in einen starken Regenschauer und Turbulenz. Knapp eine Minute vor dem Aufsetzen auf der Landebahn wurde sie nach oben gezogen und rollte dann nach rechts. Ein starker Windstoß, eine Änderung in der Windgeschwindigkeit und das Herausfliegen aus dem Regenschauer könnte die Ursache hierfür gewesen sein. Durch die Störung wurde das Flugzeug von dem richtigen Flugweg abgetrieben.

Die Besatzung konnte dann nicht mehr auf den ILS-Leitstrahl zurückkehren und versuchte, die Maschine nach Sicht auf die Landebahn auszurichten. Das gelang. Sie befand sich aber immer noch über dem Gleitpfad. Die Piloten drückten daher die Nase der Tu-134 weiter nach unten und verringerten die Triebwerksleistungen. Das führte zu einer Abnahme der Eigengeschwindigkeit und einer Zunahme des Gleitwinkels. Die Folge war eine harte Landung mit einer Geschwindigkeit von circa 250 km/Std. Das Hauptfahrwerk erlitt bei dem ersten Aufprall einen starken Schlag, und die linke Tragfläche brach darauf genau an der Innenseite des Fahrgestellbeines ab. Das Flugzeug überschlug sich dann und rutschte ungefähr 700 Meter in Rückenlage die Landebahn hinunter. Bevor es zum Stillstand kam, brach es in Flammen aus. Die Kabine füllte sich dann so schnell mit Kohlenmonoxyd, daß die Helfer keine weiteren Insassen mehr retten konnten, obwohl sie alle die Bruchlandung selbst überlebt haben müßten

Die Besatzung hatte vor der Bruchlandung Fehler in der Bedienung der Steuer- und Antriebsorgane gemacht. Sie könnten mit der Lichtbrechung in dem starken Regen zusammenhängen, die zu einer Sinnestäuschung geführt haben dürften. Diese optische Täuschung führte bei den Piloten zu dem Eindruck, näher an der Landebahn und höher über dem Boden zu sein, als das in Wirklichkeit der Fall war.

Datum: 6. Juni 1971, circa 18:10 Uhr
Ort: In der Nähe von Duarte, Kalifornien, USA
Erstes Flugzeug
Unternehmen: Hughes Air West, USA
Flugzeugmuster: McDonnell Douglas DC-9, Serie 31 (N9345)
Zweites Flugzeug
Unternehmen: US Marine Corps
Flugzeugmuster: McDonnell F-4B Phantom II (151458)

Flug 706 war vom Internationalen Flughafen Los Angeles gestartet und unterwegs nach Salt Lake City, Utah. Dort sollte die DC-9 auf ihrem Inlandsflug nach Seattle, Washington, zum erstenmal zwischenlanden. Die Düsenpassagiermaschine flog nach Instrumentenflugregeln (IFR) und unter positiver Kontrolle.

Sie befand sich noch mit nordöstlichem Kurs im Steigflug auf die ihr zugewiesenen Flughöhe, als sie knapp zehn Minuten nach dem Start mit einem in südlicher Richtung fliegenden Düsenjagdflugzeug zusammenstieß, das nach dem Marinestützpunkt El Toro in Süd-Kalifornien unterwegs war. Die Kollision geschah in einem fast rechten Winkel. Dabei durchdrang das Seitenleitwerk der F-4B die linke untere Seite der Pilotenkabine und die rechte Fläche die Passagierkabine der DC-9.

Der Zusammenstoß ereignete sich etwa 30 Kilometer nordöstlich des Zentrums von Los Angeles in circa 5000 Meter Höhe. Beide Flugzeuge stürzten danach auf die San Gabriel Berge. Die Passagiermaschine ging beim Aufschlag in dem Fish Canyon in Flammen auf. Das Jagdflugzeug fing schon Feuer im Flug und schlug knapp eineinhalb Kilometer entfernt davon auf dem Boden auf. Alle 49 Insassen der Linienmaschine (44 Passagiere und fünf Besatzungsmitglieder) und der Pilot des Militärflugzeuges kamen ums Leben. Letzterer konnte sich offenbar nicht mit dem Schleudersitz retten, weil sich das vordere Kabinendach nicht absprengen ließ.

Der Waffensystemoffizier (WSO) des Jagdflugzeuges konnte sich mit dem Fallschirm in Sicherheit bringen und war der einzige Überlebende des Unfalles.

Die US-amerikanische Transport-Sicherheitsbehörde NTSB führte den Zusammenstoß auf das Versäumnis beider Besatzungen zurück, das Flugzeug der jeweils anderen zu entdecken und auszuweichen. Sie räumte aber ein, daß ihre Chancen, sich gegenseitig zu entdecken, die Lage zu beurteilen und noch rechtzeitig ein Ausweichmanöver einzuleiten, sehr gering gewesen waren. Die hohe Annäherungsgeschwindigkeit, die nach Berechnungen fast 1200 km/Std betragen hatte, und der Umstand, daß der Marinejäger in einen Luftkorridor mit starkem Verkehrsaufkommen nach Sichtflugregeln (VFR) eingeflogen war, ohne mit dem regionalen Kontrollzentrum in Funkverbindung zu stehen, trugen zu dem Unfall bei.

Die Phantom war wegen eines Lecks in ihrem Sauerstoffsystem unterhalb ihrer normalen Reiseflughöhe geflogen. Ein nicht einsatzbereites Impulsübertragungs-Gerät, eine geringere Erfassungsmöglichkeit aufgrund ihrer Bauweise und Außenlasten, sowie eine Temperaturumkehrung in niedriger Höhe ließen das Radarecho des Jagdflugzeuges nicht deutlich genug auf dem Bildschirm erscheinen, um von einem Fluglotsen erkannt zu werden, der über seine Anwesenheit nicht auf andere Weise informiert war. Zusätzlich hatte sein Pilot nicht um Verkehrsinformationen gebeten, die das Unglück vielleicht hätten verhindern können.

Die F-4 besaß ein eigenes Luft-Luft-Radarsystem, das sich aber in einem beschränkt einsatzbereitem Zustand befand. Seine Betriebsart war zudem auf Veranlassung des Piloten auf die Geländeabbildung und nicht auf die Erfassung von Flugobjekten eingestellt.

Die verkohlten Überreste der Hughes Air West DC-9 in einem Canyon. Sie war mit einem Düsenjäger des US Marine Corps zusammengestoßen. (Wide World Photos)

Eine NAMC YS-11A-200 in der Aufmachung der Japan Air System, der Nachfolgegesellschaft der Toa Domestic Airlines. (Japan Aeronautic Association)

Der Pilot hätte unter diesen Umständen seinen WSO anweisen sollen, nach anderen Flugzeugen im Luftraum Ausschau zu halten. Nachdem der WSO sich von seinem Radarschirm abgewandt hatte, hat er die Passagiermaschine auch tatsächlich gesehen und seinem Piloten gemeldet. Dieser hatte bereits eine Rolle nach links eingeleitet. Die Besatzung der Düsenpassagiermaschine dürfte das Jagdflugzeug überhaupt nicht gesehen haben, oder erst dann, als es zu spät für ein Ausweichmanöver war. (Ihr Versäumnis war wahrscheinlich teilweise auf ein fehlendes periodisches Training der Ausschau- und Absuchtechnik zurückzuführen. Zusätzlich hat sie sich zu sehr darauf verlassen, daß die Fluglotsen die Trennung des Luftverkehrs sicherstellen.)

Allgemein herrschten zur Unfallzeit gute Sichtbedingungen vor. Eine Dunstschicht im Hintergrund könnte jedoch die DC-9 für die Phantom-Besatzung weniger deutlich erkennbar gemacht haben. Die Sichtbeschränkungen aus den Pilotenkabinen und die Grenzen des menschlichen Sehvermögens könnten das »Sehen und Ausweichen« Prinzip ebenfalls behindert haben. Zusätzlich befanden sich beide Flugzeuge fast auf dem gleichen Winkel zueinander und blieben daher aus der Sicht der jeweils anderen fast stationär am Himmel stehen.

Nach diesem Unfall begann das Militär, die meisten Flüge nach Instrumentenflugregeln (IFR) durchzuführen. Die NTSB empfahl dem US Verteidigungsministerium, die Radargeräte für die Abfangjagd bei Flugzeugen wie der F-4 auch zur Vermeidung von Zusammenstößen in der Luft einzusetzen.

Datum: 3. Juli 1971, circa 18:10 Uhr
Ort: Hokkaido, Japan
Unternehmen: Toa Domestic Airlines, Japan
Flugzeugmuster: NAMC YS-11A-227 (JA8764)

Alle 68 Insassen (64 Passagiere und vier Besatzungsmitglieder) wurden beim Absturz der zweimotorigen Turboprop in der Nähe des Zielflughafens getötet. Die Maschine befand sich auf einem Inlandsflug von Sapporo nach Hakodate.

Der Pilot meldete in seinem letzten Funkspruch, daß Flug 63 gleich das Niederfrequenz-Funkfeuer (NDB) von Hakodate überfliegen werde. Die Maschine befand sich mit ausgefahrenem Fahrwerk und teilweise gesetzten Landeklappen auf einem ostnordöstlichen Kurs, als sie circa 15 Kilometer nordnordwestlich des Flughafens der Stadt gegen ein Bergrükken prallte. Die Suchmannschaften wurden durch das schlechte Wetter behindert und konnten das Wrack erst an dem folgenden Tag entdecken. In der Umgebung des rechten Triebwerkes waren zwar ein paar Flammen aufgelodert, aber es hatte nach dem Aufschlag keinen größeren Feuerausbruch gegeben.

Die Flughafen- Wetterverhältnisse lagen zur Unfallzeit nahe an den Mindestbedingungen, die für eine Landung aus einem Radiokompaß-Anflugverfahren (ADF) erforderlich waren. Die YS-11 flog kurz vor dem Absturz wahrscheinlich in Wolken, die möglicherweise Regen und Turbulenz enthielten. Der Wind könnte aufgrund der Geländebeschaffenheit in diesem Gebiet aus wechselnden Richtungen gekommen und sehr stürmisch gewesen sein.

Der Pilot hatte vermutlich angenommen, direkt über dem NDB zu sein. Tatsächlich befand er sich aber ungefähr neun Kilometer nördlich der Navigationshilfe, die er zu umkreisen versuchte. Ein starker Südwest-Wind hatte die Maschine zusätzlich weiter nach Norden abdriften lassen. Die geschätzte Ankunftszeit über dem Funkfeuer lag um fast zwei Minuten zu früh. Die Besatzung hat diesen Fehler offenbar nicht bemerkt, der wahrscheinlich durch eine falsche Anzeige am Radiokompaß ausgelöst wurde. Deren Grund war in den atmosphärischen Bedingungen zu suchen. Der von der Fluggesellschaft eingereichte Flugplan war zwar um eine Minute korrigiert worden, berücksichtigte aber nicht die gegebenen Wind-, Temperatur- und Höhenverhältnisse.

Die Untersuchungskommission machte in ihrem Bericht mehrere Vorschläge zur Verbesserung der

Flugsicherheitslage. Sie empfahl, in Hakodate ein Entfernungsmeßgerät (DME-Gerät), ein Instrumentenlandesystem (ILS) und ein UKW-Funkfeuer (VOR) zu installieren. Darüber hinaus sollte eine Radaranlage mit großer Reichweite aufgestellt werden, die in diesem Fall den gesamten Flugweg des Flugzeuges abgedeckt hätte. Einige dieser Vorschläge wurden in das weitreichende Programm zur Verbesserung des Japanischen Flughafen- und Luftstraßensystems aufgenommen, das schon vor dem Absturz von Flug 63 eingeleitet worden war.

Datum: 30. Juli 1971, circa 14:00 Uhr
Ort: In der Nähe von Morioka, Iwate, Japan
Erstes Flugzeug
Unternehmen: All Nippon Airways, Japan
Flugzeugmuster: Boeing 727–281 (JA8329)
Zweites Flugzeug
Unternehmen: Japanische Luftverteidigungs-Streitkräfte (JASDF)
Flugzeugmuster: North American F-86F Sabre (92–7932)

Flug 58 war zuvor zu seinem Inlandsflug nach Tokio von Sapporos Chitose Flughafen auf der Insel Hokkaido gestartet. Die Düsenpassagiermaschine befand sich mit einem Kurs von 190 Grad in 8500 Meter Höhe auf der ihr zugewiesenen Luftstraße im Reiseflug. Circa 440 Kilometer nördlich der Japanischen Hauptstadt stieß sie über dem Dorf Shizukuishi mit einem Düsenjäger zusammen. Beide Maschinen stürzten sofort ab. Dabei fanden alle 162 Insassen der 727 (155 Passagiere und sieben Besatzungsmitglieder) den Tod. Berichten zufolge wurde zusätzlich eine ältere Frau am Boden verletzt, als ein Trümmerstück ihr Hausdach durchschlug.

Am Steuer des Jagdflugzeuges saß ein 22 Jahre alter Flugschüler, der von einem Fluglehrer in einer weiteren F-86 begleitet wurde. Der Schüler war vor dem Flug nicht über die zu fliegenden Höhen und Flugrouten informiert worden.

Der Fluglehrer leitete kurz vor dem Unfall eine Linkskurve ein. Der Flugschüler folgte ihm, wobei er circa 300 Meter unterhalb dessen Flugzeug blieb. Er konzentrierte sich voll darauf, seine Position zur Maschine des Fluglehrers zu halten, ohne den Luftraum nach anderen Flugzeugen abzusuchen. Als der Fluglehrer die 727 auftauchen sah, befahl er dem Schüler sofort, ein Ausweichmanöver einzuleiten. Dieser

folgte der Anweisung, sah die Düsenpassagiermaschine aber erst ungefähr zwei Sekunden vor der Kollision, zu spät, um den Unfall noch vermeiden zu können. Die Besatzung der Verkehrsmaschine könnte das Jagdflugzeug noch kurz vor dem Zusammenstoß bemerkt haben. Keine Anzeichen deuteten aber darauf hin, daß sie noch auszuweichen versucht hat.

Zum Zeitpunkt der Kollision befand sich die Passagiermaschine im Horizontalflug. Ihre Eigengeschwindigkeit betrug circa 900 km/Std. Das Militärflugzeug hatte noch eine linke Querlage. Seine Eigengeschwindigkeit betrug ungefähr 840 km/Std. Die erste Berührung fand zwischen der linken Höhenflosse der 727 und der rechten Tragflächenhinterkante der Sabre statt. Das Jagdflugzeug stellte sich dann senkrecht

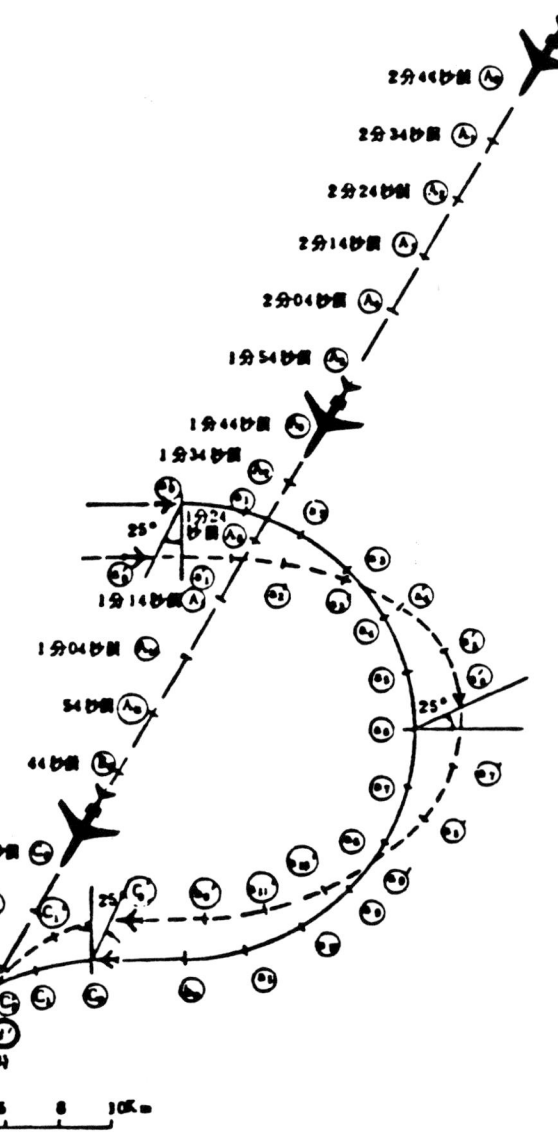

Die Flugwege der beiden F-86 Düsenjäger und der All Nippon Airways 727 in der letzten Phase des Fluges vor der Kollision. (Japanese Ministry of Transport)

auf und schlug mit seinem vorderen unteren Rumpfteil gegen die obere Hälfte des Höhenleitwerks der Düsenpassagiermaschine. Dabei wurde die rechte Tragfläche des Jagdflugzeuges abgerissen und das Höhenleitwerk der 727 beschädigt. Beide Flugzeuge gerieten außer Kontrolle und stürzten ab. Die Wrackteile wurden über eine große Fläche zerstreut.

Das Kabinendach hatte sich von dem Sabre gelöst. Der Pilot konnte aber den Abzughebel des Schleudersitzes nicht erreichen. Es gelang ihm aber aus der Pilotenkabine herauszuklettern und so die Maschine mit dem Fallschirm zu verlassen, die spiralförmig nach unten fiel.

Der militärische Übungsflug hatte in einem eng begrenzten Gebiet in relativ großer Höhe unter Sichtflugregeln (VFR) stattgefunden. Da für die Ausbildung im Verbandsflug mit taktischen Kurven aber in Wirklichkeit ein beträchtlich größerer Luftraum benötigt wird, war es für die Piloten unmöglich, ihre Position immer genau bestimmen zu können. Der Fluglehrer bemerkte deshalb auch nicht, daß er sich zusammen mit seinem Flugschüler von dem zugewiesenen Übungsraum auf die Luftstraße verflogen hatte. Die Wetterverhältnisse hatten auf diesen Unfall offensichtlich keinen Einfluß. Die Sicht war gut, und es gab nur vereinzelte Wolken in niedrigeren Höhen.

Die beiden Flieger wurden später wegen »Fahrlässigkeit im Dienst« zu Gefängnisstrafen verurteilt. Der Unfall hatte auch Folgen innerhalb der Japanischen Luftverteidigungs-Streitkräfte (JASDF). Ihr Generaldirektor nahm die Verantwortung auf sich und reichte seinen Rücktritt ein.

Die Unfall-Untersuchungskommission empfahl in ihrem Abschlußbericht unter anderem, die mit Radar überwachten Lufträume auszudehnen; den Einflug von Flugzeugen in diese Räume zu verbieten, die ständig ihre Kurse und/oder Höhe ändern; und spezielle Übungsräume für militärische Ausbildungsflüge einzurichten. Mit der Durchführung eines von der Regierung beschlossenen Fünfjahresplanes zur Modernisierung des nationalen Flugsicherungs-Kontrollsystems war schon vor dem Unfall begonnen worden. Sie wurde jetzt beschleunigt. Die meisten Ausbildungsflüge der JASDF wurden zusätzlich über das Seegebiet verlegt, abseits der zivilen Luftstraßen.

Datum: 7. August 1971, Uhrzeit unbekannt
Ort: In der Nähe von Irkutsk, Russische Sozialistische Föderative Sowjetrepublik (RSFSR), UDSSR
Unternehmen: Aeroflot, UDSSR
Flugzeugmuster: Tupolew Tu-104

Bei der Düsenpassagiermaschine hat es sich wahrscheinlich um eine B-Version der Tu-104 gehandelt. Sie stürzte kurz nach dem Start von dem Flughafen Irkutsk ab und explodierte. Dabei kamen alle 97 Insassen um ihr Leben. Irkutsk war ein planmäßiger Zwischenlandeplatz auf dem Inlandsflug von Odessa, Ukraine, nach Wladiwostok, RSFSR.

Datum: 4. September 1971, circa 12:15 Uhr
Ort: In der Nähe von Juneau, Alaska, USA
Unternehmen: Alaska Airlines, USA
Flugzeugmuster: Boeing 727–193 (N2969G)

Alaska ist zweifellos der Staat in den USA, der das größte Interesse an der Luftfahrt hat. Hier gibt es auch einige der unberechenbarsten Flugbedingungen auf der Welt. Die Geländeformen und Wetterverhältnisse können hohe Anforderungen an Piloten und Material stellen. 1971 fielen in Alaska mehr Menschen dem Luft- als dem Straßenverkehr zum Opfer. Der Hauptgrund hierfür war das Unglück, das über Flug 63 hereingebrochen war.

Der Linienflug von Anchorage nach Seattle, Washington, wurde als Inlandsflug bezeichnet, obwohl ein Teil seines Flugweges über fremdes Hoheitsgebiet führte. Eine der vier Zwischenlandungen unterwegs war in der Hauptstadt Alaskas geplant.

Die 727 erreichte kurz vor der Mittagszeit die Warteschleife. Sie flog dort eine volle Runde, bevor sie die Freigabe für einen Direktanflug nach dem ILS Landekurssender-Verfahren auf Landebahn 08 des Municipal Flughafens Juneau erhielt. Der Flughafen Kontrollturm übermittelte noch die letzten Wetterinformationen an den Flug, danach gab es keine weitere Funkverbindung mehr.

Die Düsenpassagiermaschine stürzte circa 30 Kilometer westlich des Flughafens in die Chilkat Mountain Range. Alle 111 Insassen (104 Passagiere und sieben Besatzungsmitglieder) fanden den Tod. Das Flugzeug war in ungefähr 750 Meter Höhe über Normalnull gegen die östliche Seite einer Schlucht geprallt und zerschellt. Der Aufschlag erfolgte mit einem Kurs von circa 70 Grad. Das Fahrwerk war ausgefahren und die Landeklappen eingefahren. Die Eigengeschwindigkeit hatte bei circa 370 km/Std gelegen. Einzelne, voneinander unabhängige Feuer sind nachweislich über der gesamten Absturzstelle aufgelodert.

Der Unfall war offenbar durch die Darstellung irreführender Navigationsinformationen ausgelöst worden. Sie versetzten die Besatzung in den Glauben, die Maschine wäre schon weiter den ILS Landekurs-Leitstrahl hinuntergeflogen, als das in Wirklichkeit der Fall war. Das führte zu einem vorzeitigen Sinken unter die Hindernishöhe in dem Gebiet. Diese Theorie entstand, nachdem die Aufzeichnungen der Gespräche in der Pilotenkabine mit den ausgedruckten Daten des Flugschreibers in gegenseitige Abhängigkeit gebracht worden waren. Die 727 befand sich danach an einer Stelle ungefähr 15 Kilometer westlich des von ihr gemeldeten Standortes. Ähnlich falsche Anzeigen waren auch aus den späteren Gesprächen in der Kabine zu entnehmen. Die Quelle und Art der Informationen konnte nicht festgestellt werden.

Nichts wies auf ein Versagen des Doppler UKW-Drehfunkfeuer-Systems hin, völlig auszuschließen war es aber nicht. Keine Beweise konnten für mögliche Schwierigkeiten in der Navigationsausrüstung der 727 gefunden werden. Das Ausmaß der Zerstö-

Von der Alaska Airlines Boeing 727 ist nach dem Absturz in den Bergen nicht viel übriggeblieben. Der Unfall kostete 111 Menschenleben. (Wide World Photos)

rung könnte jedoch dazu geführt haben, daß solch ein Fehler unentdeckt geblieben war. Niemand glaubte an einen Einfluß von Störsignalen beim VOR-Empfang. Eine Unverträglichkeit zwischen den Navigationsgeräten des Flugzeuges und dem Bodensystem konnte nicht nachgewiesen werden.

Eine in dem Gebiet fliegende Piper Apache könnte in dem betrieblichen Ablauf zu dem Unfall beigetragen haben. Sie hatte eine unrichtige Freigabe angenommen und fand sich in der Gegend nicht zurecht. Ihre Lage wurde durch Verständigungsschwierigkeiten noch verschlimmert. Das regionale Flugsicherungs-Kontrollzentrum bat deswegen die Besatzung der Düsenpassagiermaschine, die Funksprüche zwischen ihm und dem Privatflugzeug weiterzuleiten. Das könnte bei der erhöhten Arbeitslast nicht nur die Zusammenarbeit der Besatzung der Linienmaschine beeinträchtigt haben. Das Leichtflugzeug verkörperte auch eine mögliche Kollisionsgefahr für die 727. Aus den Aufzeichnungen der Gespräche in der Pilotenkabine war zu entnehmen, daß sich der Flugkapitän ziemlich verärgert über die Situation geäußert hat. Die Ablenkung wäre bedeutungsvoll gewesen, wenn der Pilot zur Vorbereitung des Einfluges in die Warteschleife vor der dreiseitigen Vermittlung der Funksprüche den Juneau ILS Landekurssender gewählt und anschließend den vorgeschriebenen Leitstrahl-Kurs eingedreht hätte, ohne sein Empfangsgerät zuvor auf die Frequenz der VOR Station umzuschalten.

Die einzige Abweichung in der Routinearbeit der Besatzung war das Auslassen des akustischen Identifizierungs-Verfahrens nach dem Eindrehen der verschiedenen Navigationshilfen. Bei diesem Verfahren wird die Lautstärke des Senders so lange erhöht, bis die Kennung der Navigationshilfe hörbar wird. Die Besatzung machte sich keines der beiden Niederfrequenz-Funkfeuer (NDB) zunutze, die ihr bei der Standortbestimmung während des Fluges hätten helfen können. Das gehörte aber auch nicht zu den vorgeschriebenen Verfahren.

Das aktuelle Wetter in der Umgebung der Unfallstelle wurde durch eine vielschichtige Bewölkung charakterisiert, deren Hauptwolkenuntergrenze zwischen 300 und 500 Meter lag. Das mußte zum teilweisen Aufliegen der Wolken auf dem Gelände führen und verhinderte, daß die Besatzung ihren Navigationsfehler erkennen und korrigieren konnte.

Kurze Zeit nach dem Unfall erhielt der Juneauer Flughafen einen Entfernungsmeßgerät-Sender (DME), um den Piloten eine zusätzliche Möglichkeit zur Standortbestimmung zu geben.

Datum: 2. Oktober 1971, 11:10 Uhr
Ort: In der Nähe von Aarsele, West-Flandern, Belgien
Unternehmen: British European Airways (BEA)
Flugzeugmuster: Vickers Vanguard 951 (G-APEC)

Flug 706 aus London war in 5800 Meter Höhe unterwegs nach Salzburg, Österreich. Beim Reiseflug hoch über der belgischen Landschaft schien alles normal zu sein. Da nahm das Brüsseler Flugsicherungs-Kontrollzentrum plötzlich eine Notfallmeldung von der Vanguard auf: »Mayday, Mayday, Mayday... Wir stürzen senkrecht nach unten«. Kurz darauf folgte: »Außer Kontrolle!«

Die Turboprop-Passagiermaschine drehte sich langsam im Uhrzeigersinn und stürzte circa 15 Kilometer westsüdwestlich von Gent mit einem über die Senkrechte hinausgehenden Sturzflugwinkel auf einen Acker. Beim Aufschlag ging sie in Flammen auf. Alle 63 Insassen (55 Passagiere und acht Besatzungsmitglieder) fanden dabei den Tod. Zusätzlich wurde ein Mitfahrer eines vorbeifahrenden Autos von herumfliegenden Trümmerteilen verletzt.

Der Unfallvorgang schien auf ein mögliches strukturelles Versagen hinzuweisen. Dieser Verdacht bestätigte sich schon bald, nachdem beide Höhenflossen

Eine British European Airways Vanguard 951. Eine Maschine dieses Typs stürzte auf dem Flug von London nach Salzburg ab. (British Aerospace)

und die dazugehörigen Höhenruder in einiger Entfernung von der Stelle des Hauptwracks als einzelne Teile gefunden wurden. Sie waren offensichtlich bereits im Flug abgefallen. Die Grundursache dieses Versagens war jedoch im Inneren des Flugzeuges und nicht außenseitig zu finden. Die Untersuchungen ergaben, daß der Boden des hinteren Druckschottes unter dem aufgetragenen Schutzbelag in einer Länge von 48 Zentimeter durchgerostet war. Das Klebematerial hatte sich vollkommen aufgelöst und das Bodenmaterial war buchstäblich weggefressen worden. Von der durchgerosteten Stelle verliefen Risse auf- und auswärts.

Der Rost hatte sich wahrscheinlich über einen relativ langen Zeitraum hinweg angesetzt. Bei diesem bestimmten Flug gab dann die durch Risse geschwächte Struktur der Belastung durch die Druckbelüftung der Kabine nach. Nach dem Bruch des Druckschottes strömte die Kabinenluft in das Leitwerk, das nicht dafür ausgelegt war, einem solchen Druck von innen standzuhalten. Beschädigungen innerhalb des Leitwerkes und starke Verformungen an seiner Außenhaut führten dann unter den bestehenden Belastungen zum Versagen beider Höhenflossen. Die Vanguard verlor dadurch ihre aerodynamische Stabilität und ging in einen steilen Sturzflug über, aus dem sie unmöglich wieder abzufangen war.

Die Rostbildung wurde auf eine Verunreinigung mit Flüssigkeit zurückgeführt, die aus der Toilette übergelaufen sein könnte. Das war aber nicht zu beweisen. Mit den damals üblichen Verfahren bei der Instandhaltung, die eine optische und eine röntgenographische Untersuchung beinhalteten, konnte die Korrosion nicht entdeckt werden.

Ähnliche Rostansätze wurden nach diesem Unfall an acht weiteren BEA Maschinen des gleichen Typs gefunden. Das war fast die Hälfte der Vanguard Flotte der Fluggesellschaft. Später wurden verbesserte Überprüfungsverfahren eingeführt und die Maschine so modifiziert, daß die Stelle besser zugänglich war. Das gesetzte Ziel bestand darin, den Rostansatz zu entdecken, bevor er die strukturelle Unversehrtheit des hinteren Druckschottes beeinträchtigen konnte. Zusätzlich wurde die Anzahl der Überprüfungen erheblich erhöht.

Datum: 24. Dezember 1971, circa 12:40 Uhr
Ort: In der Nähe von Puerto Inca, Huanuco, Peru
Unternehmen: Lineas Aereas Nacionales SA (LANSA), Peru
Flugzeugmuster: Lockheed 188A Electra (OB-R-941)

Flug 508 war ein Inlandsflug von Lima nach Iquitos. Auf der Strecke zu dem vorgesehenen Zwischenlandeplatz Pucallpa flog die Turboprop Passagiermaschine in ein Gewitter ein. In den Cumulo-Nimbus Anhäufungen gab es schwere Turbulenz und zuckende Blitze.

In einer Flughöhe von 6400 Meter über Normalnull und 3000 Meter über dem Grund erlitt die Electra plötzlich einen katastrophalen strukturellen Schaden. Ihre beiden Tragflächen rissen ab, die rechte davon ganz, und der Rumpf brach in mehrere Teile auseinander. Brennende Trümmerteile wurden auf einer Strecke von 15 Kilometer über die Gebirgslandschaft verstreut.

Das Flugzeug wurde noch vermißt, als drei Jäger ein 17 Jahre altes Mädchen lebend auffanden, das sich als Passagier an Bord der Maschine befunden hatte. Sie hatte beim Absturz Verletzungen erlitten. Zusätzlich mußte sie wegen der Auswirkungen des zehntägigen Fußmarsches durch die Wälder behandelt werden, bei dem sie den Naturelementen ungeschützt ausgesetzt gewesen war. Das Wrack der OB-R-941 wurde erst zwei Wochen nach dem Verschwinden der Maschine entdeckt. Unter den verbliebenen 91 Insassen, darunter sechs Besatzungsmitglieder, gab es keine Überlebenden mehr. Anzeichen sprachen aber dafür, daß mindestens ein Dutzend weitere Personen das Auseinanderbrechen in der Luft und den Aufschlag überlebt hatten. Es wurde die Theorie aufgestellt, daß der Fall durch einen gewaltigen Aufwind gedämpft worden war.

Der zuerst eingetretene Verlust der rechten Tragfläche wurde auf die aerodynamische Belastung durch die Turbulenz und die Kräfte zurückgeführt, die die Besatzung bei dem Versuch freigesetzt hatte, den Horizontalflug zu halten oder wiederherzustellen.

Datum: 7. Januar 1972, circa 12:15 Uhr
Ort: (Spanische) Balearen Inseln
Unternehmen: Lineas Aereas de Espana SA (Iberia), Spanien
Flugzeugmuster: Sud-Aviation Caravelle VI-R (EC-ATV)

Flug 602 aus Madrid war während des Inlandfluges auf dem Spanischen Festland in Valenzia zwischengelandet. Auf ihrem Weiterflug stürzte die Düsenpassagiermaschine in der Nähe von San Jose auf der Insel Ibiza ab. Alle 104 Insassen (98 Passagiere und sechs Besatzungsmitglieder) fanden dabei den Tod.

Die Caravelle prallte mit eingezogenem Fahrwerk beim Landeanflug auf den Flughafen Ibiza in 300 Meter Höhe über Normalnull 30 Meter unterhalb des Gipfels gegen den Rocas Altas Peak. Der Aufschlag erfolgte mit einer Eigengeschwindigkeit von circa 515 km/Std. Danach explodierte die Maschine und löste

Das Mißachten der Flughafen-Platzrunde führte zu dem Absturz der Alitalia DC-8, bei dem 115 Insassen den Tod fanden. (UPI/Bettmann)

sich in ihre Bestandteile auf. Die Wetterverhältnisse zur Unfallzeit bestanden aus einer hohen Wolkendecke und einzelnen Cumulus- und Stratuswolken, deren Untergrenze bei 750 Meter lag. Die Sicht betrug ungefähr zehn bis 15 Kilometer. Der Wind kam mit 18 km/Std aus nördlicher Richtung.

Die Untersuchungskommission stellte fest, daß der Pilot während des Endanfluges auf Landebahn 07 die Mindestflughöhe nicht eingehalten hatte.

Datum: 14. März 1972, circa 22:00 Uhr
Ort: In der Nähe von Al Fujayrah, Vereinigte Arabische Emirate
Unternehmen: Sterling Airways, Dänemark
Flugzeugmuster: Aerospatiale Caravelle Super 10B (OY-STL)

Alle 112 Insassen (106 Passagiere und sechs Besatzungsmitglieder) fanden den Tod, als die Düsenpassagiermaschine bei den Vorbereitungen zur Landung auf dem Internationalen Flughafen Dubai abstürzte. Der Charterflug von Colombo, Ceylon (Sri Lanka), nach Kopenhagen, Dänemark, sollte in Dubai aufgetankt werden.

Die Caravelle hatte die Freigabe für ein UKW-Drehfunkfeuer (VOR) Instrument-Direktanflugverfahren erhalten, als sie in einer ungefähren Flughöhe von 500 Meter gegen einen Bergrücken stieß und in Flammen aufging. Die Unfallstelle lag circa 80 Kilometer von dem Flughafen entfernt und 30 Kilometer nördlich der verlängerten Mittellinie der Landebahn 30. Der Unfall geschah in der Nacht. Das Flugplatzwetter wies einzelne Cumulus- und Stratocumuluswolken in 600 Meter und eine unterbrochene Wolkendecke mit einer Untergrenze von 2500 Meter aus. Die Sicht betrug circa 10 Kilometer.

Das Flugzeug war unter die vorgeschriebene Mindesthöhe gesunken. Die Piloten hatten wahrscheinlich angenommen, näher an dem Flughafen zu sein, als das in Wirklichkeit der Fall war. Der Fehler wurde offenbar durch unrichtige Informationen auf dem benutzten überholten Flugplan und eine Mißdeutung des Wetterradars, oder eine Kombination dieser Umstände verursacht. Der Fehler in der Standortbestimmung muß sich noch verstärkt haben, als die Besatzung die Lichter von Al Fujayrah oder einer anderen Stadt sah und diese irrtümlich für Dubai hielt.

Datum: 5. Mai 1972, 22:24 Uhr
Ort: In der Nähe von Carini, Sizilien, Italien
Unternehmen: Alitalia, Italien
Flugzeugmuster: Douglas DC-8, Serie 43 (I-DIWB)

Flug 112 aus Rom sollte am Ende des Inlandfluges auf dem Punta Raisi Flughafen von Palermo landen. Die Düsenpassagiermaschine stürzte circa fünf Kilometer südöstlich des Platzes ab. Alle 115 Insassen (108 Passagiere und sieben Besatzungsmitglieder) fanden dabei den Tod.

Die DC-8 prallte mit eingezogenem Fahrwerk in circa 600 Meter Höhe über Normalnull weniger als

100 Meter unterhalb des Gipfels gegen den Montagna Lunga (Langer Berg) und ging beim Aufschlag in Flammen auf. Der Unfall ereignete sich bei Nacht, als sich die Maschine in der Zwischenphase des von Norden begonnenen Anfluges befand. Die Wetterverhältnisse zu Unfallzeit bestanden aus einer 3/8 Bedeckung mit Cumuluswolken, hohen Schäfchenwolken und einer Sichtweite von circa fünf Kilometer. Es herrschte Windstille.

Die Schuld an dem Unfall wurde der Besatzung zugeschrieben, weil sie sich nicht an die Vorschriften für die Flughafen-Platzrunde gehalten hatte. Das führte zu einem Flug in zu niedriger Höhe, um die Bodenfreiheit zu gewährleisten.

Knapp sechs Monate später ereignete sich an der Unfallstelle eine weitere Tragödie. Ein Mann wurde von herabfallenden Trümmerteilen erschlagen. Er hatte für seine Tochter gebetet, die als Passagier an Bord des Flugzeuges gewesen war.

Datum: 18. Mai 1972, Uhrzeit unbekannt
Ort: In der Nähe von Charkow, Ukraine, UDSSR
Unternehmen: Aeroflot, UDSSR
Flugzeugmuster: Antonov An-10A

Die viermotorige Turboprop Passagiermaschine aus Moskau befand sich auf einem planmäßigen Inlandsflug. Sie erlitt Berichten zufolge einen strukturellen Schaden und stürzte beim Landeanflug auf den Flughafen Charkow ab. Alle 108 Insassen fanden dabei den Tod.

Datum: 14. Juni 1972, circa 20:20 Uhr
Ort: In der Nähe von Neu-Delhi, Indien
Unternehmen: Japan Air Lines (JAL)
Flugzeugmuster: Douglas DC-8, Serie 53 (JA8012)

Flug 471 hatte die Genehmigung zur Landung auf dem Internationalen Flughafen Palam erhalten, einem planmäßigen Zwischenstopp auf der Route von Tokio nach London. Die Düsenpassagiermaschine stürzte jedoch während des direkten Instrumentenlandesystem- (ILS-)Anfluges auf Landebahn 28 ab und fing Feuer. Die Absturzstelle lag circa 15 Kilometer vor der Landebahnschwelle an dem Ufer des Yamuna. 86 der 89 Insassen des Flugzeuges und vier Personen am Boden fanden den Tod. Darunter befand sich auch die gesamte elfköpfige Besatzung. Die drei überlebenden Passagiere erlitten verschiedene Verletzungen.

Zur Unfallzeit war es dunkel. Die Sicht hatte sich im Dunst auf eineinhalb Kilometer verringert. Der Himmel war mit Wolken bedeckt, und der Wind wehte mit 28 km/Std aus westlicher Richtung.

Die Schuld an dem Unfall wurde der Besatzung zugeschrieben. Sie hatte die vorgeschriebenen Verfahren mißachtet und kennzeichnenderweise ihre Flugüberwachungs-Instrumente vor dem Erreichen des Sichtkontaktes mit der Landebahn nicht mehr beachtet. Bei der Unfalluntersuchung wurden mehrere Umstände festgestellt, von denen einige oder auch alle

zu dem Absturz beigetragen haben können: Die vergleichsweise geringe Erfahrung sowohl des Flugkapitäns als auch des Ersten Offiziers und die Entscheidung des ersteren, den Anflug durch den letzteren fliegen zu lassen, ohne selbst die Aufgaben des Copiloten zu übernehmen; die mangelnde Vertrautheit mit dem Flughafen und dessen vorhandenen Einrichtungen; und ihr Versäumnis, die notwendigen vorgeschriebenen Überprüfungen vor der Landung durchzuführen, was auf Lässigkeit und mangelnde Disziplin hindeutete. Nachdem die Besatzung Lichter erblickt hatte, die sie irrtümlich für die Landebahnbefeuerung hielt, ignorierte sie die Höhenmesser vollständig. Anstatt in den Horizontalflug überzugehen, sank die DC-8 unter die Mindesthöhe. Eine schlechte Geländeorientierung ließ die Piloten glauben, sie hätten den Rand des Flughafens erreicht.

Die Besatzung stellte diesen Irrtum erst im letzten Augenblick fest. Die Maschine befand sich zu dieser Zeit fast in der Höhe, die sie beim Überfliegen der Landebahnschwelle haben sollte. Die Piloten gaben Vollgas. Das Flugzeug schlug jedoch auf dem Boden auf, bevor die Triebwerke ihre volle Schubkraft entwickeln konnten.

In dem indischen Untersuchungsbericht wurde angemerkt, daß am Instrument eine Warnmarke erschienen wäre, wenn sich der Schalter des Flugreglers in der UKW-Drehfunkfeuer/Gleitpfad- (VOR/GS-)Position befunden hätte. Das hätte die Besatzung unter der Voraussetzung alarmieren müssen, daß sie das Instrument überwachte. Ein anderer Umstand hatte offensichtlich Einfluß auf die Schwere des Unglückes gehabt. Die Uferbefestigung stieg auf der Westseite des Flusses an.

In dem Bericht wurde die Behauptung der Fluggesellschaft und der Japanischen Regierung zurückgewiesen, der vorzeitige Sinkflug hätte auf falsche Signale des Gleitpfadsenders beruht.

Datum: 15. Juni 1972, circa 14:00 Uhr
Ort: In der Nähe von Pleiku, (Süd-)Vietnam
Unternehmen: Cathay Pacific Airways, Hongkong
Flugzeugmuster: Convair 880M (VR-HFZ)

Flug 700Z befand sich nach einer Zwischenlandung in Bangkok, Thailand, unterwegs nach Hongkong. Die Düsenpassagiermaschine hatte sich in einer Reiseflughöhe von 8800 Meter gemeldet, ehe der Funkkontakt verlorenging. Ihr brennendes Wrack wurde kurz darauf entdeckt. Es lag auf einer Fläche von eineinhalb mal zweieinhalb Kilometer zerstreut in dem Dschungel des zentralen Gebirgslandes. Alle 81 Insassen (71 Passagiere und zehn Besatzungsmitglieder) waren tot.

Das verhängnisvolle Unglück mußte augenscheinlich ganz plötzlich eingetreten sein. Zuerst wurde die Vermutung geäußert, das Flugzeug wäre mit oder ohne Absicht abgeschossen worden. Das war bei dem Jahrzehnte andauernden Krieg am Boden durchaus verständlich. Die Unfallexperten konnten aber bei ihrer Untersuchung der Trümmer keine verräterischen Anzeichen für solch einen Abschuß finden. Die Metallsplitter hätten nach einer Einwirkung von militärischen Raketen oder Geschossen viel größer, schwerer und dicker sein müssen als diejenigen, die in einigen Flugzeugteilen und Körpern von Opfern gefunden wurden. Außerdem waren die Splitter von innen nach außen geflogen. Das wies auf eine Explosion innerhalb des Flugzeuges hin. Die bekannten Tatsachen führten zu der unbestreitbaren Schlußfolgerung, daß die VR-HFZ durch eine Bombe zerstört worden war.

Die Reihenfolge der Ereignisse konnte mit Hilfe der ausgedruckten Daten des Flugschreibers rekonstruiert werden. Die Düsenpassagiermaschine flog bei gutem Wetter in der zuletzt gemeldeten Reiseflughöhe mit einer Eigengeschwindigkeit von ungefähr 560 km/Std und hielt einen Kurs von circa 70 Grad, als der hochexplosive Sprengstoff in oder nahe der mittleren Kabinenposition detoniert ist. Mindestens ein Opfer und möglicherweise einige Sitze wurden dabei aus der Passagierkabine hinausgeschleudert. Sie schlugen gegen die Seitenflosse, die anschließend abbrach. Die Explosion zerriß auch den Tank Nummer drei in der rechten Tragfläche. Der aus ihm strömende Treibstoff entzündete sich in der Luft.

Sehr wahrscheinlich wurden durch die Detonation auch die Steuerorgane beschädigt, die unterhalb des Bodens der Passagierkabine entlanglaufen. Das verursachte dann in Verbindung mit der verlorenen Seitenflosse unberechenbare Flugbewegungen mit hohen Geschwindigkeiten und den fortschreitenden Zerfall des Flugzeuges.

Ein thailändischer Polizeioffizier wurde angeklagt, die Bombe in Bangkok heimlich in einen Handkoffer versteckt zu haben, um seine Verlobte und seine Tochter wegen einer neuen Heiratsabsicht zu töten. Sie hatten sich beide als Passagiere an Bord der Maschine befunden und waren vor dem Abflug von ihm hoch versichert worden. Er wurde zwei Jahre später aus Mangel an Beweisen freigesprochen.

In dem Untersuchungsbericht wurde empfohlen, den Verkauf von Flugunfallversicherungen an Flughäfen zu unterbinden. Zudem sollten die Versicherungsgesellschaften die zuständigen Behörden und Fluggesellschaften auf Passagiere aufmerksam machen, die auf kurzfristiger Basis hoch versichert waren.

Datum: 18. Juni 1972, 17:11 Uhr
Ort: Staines, Grafschaft Surrey, England
Unternehmen: British European Airways (BEA)
Flugzeugmuster: Hawker Siddeley Trident 1C (G-APRI)

Die Düsenpassagiermaschine war als Flug 548 beim Abflug von dem Londoner Heathrow Flughafen nach Brüssel, Belgien, voll besetzt. Nach dem Abheben von der Startbahn 28 rechts begann die Trident eine Linkskurve. Der letzte Funkspruch, der von dem Flug abgegeben wurde, war eine knappe »bis auf 60« Bestätigung der Freigabe zum Steigflug auf 1800 Meter (6000 Fuß). Die Maschine stürzte 40 Sekunden später und genau eine Minute und 46 Sekunden nach dem Start ungefähr fünf Kilometer südwestlich des Flughafens in ein Feld. Die Unfallstelle

Eine British European Airways Trident 1C in der früheren äußerlichen Aufmachung der Gesellschaft. Sie ist ansonsten der gleiche Typ, der nach dem Start von dem Flughafen Heathrow abstürzte (British Aerospace)

lag neben der A 30, einer größeren Hauptverkehrsstraße.

Das ausgebrochene Feuer wurde, bevor es sich ausbreiten konnte, schnell gelöscht. Die Rettungsmannschaften bargen sogar noch einen Mann lebend aus dem Wrack. Er verstarb aber kurz danach. Damit gab es unter den 118 Insassen (112 Passagiere und sechs reguläre Besatzungsmitglieder) keine Überlebenden. Es war der erste Unfall in der Luftfahrt auf den Britischen Inseln, der mehr als 100 Menschenopfer gefordert hatte.

Der Unfall war offensichtlich nicht auf irgendeinen Fehler oder Schaden am Flugzeug zurückzuführen. Er war eher durch die Handlungsweise der Besatzung ausgelöst worden. Die G-APRI besaß kein Aufzeichnungsgerät für die Gespräche in der Pilotenkabine. Die Untersuchungskommission konnte deshalb nicht mit letzter Sicherheit bestimmen, was sich auf dem Flugdeck abgespielt hatte. Sie konnte aber mit Hilfe der Informationen auf dem Flugschreiber und anderen, im Laufe der Untersuchung gewonnenen Erkenntnissen, den wahrscheinlichen Ablauf der Ereignisse feststellen. Die an dem Leichnam des 51 Jahre alten Flugkapitäns Stanley Key durchgeführte Autopsie war besonders aufschlußreich. Er hatte an einer schweren Arterienverkalkung, beziehungsweise an einer Verengung der Schlagaderlichtungen in seinem Herzen gelitten, deren Ursache Fettablagerungen waren. Außerdem wurde ein Riß in der Gefäßwand einer Arterie festgestellt. Das bedeutete, daß er höchstens zwei Stunden vor seinem Unfalltod eine Blutung gehabt hatte.

Flugkapitän Key dürfte zumindest beträchtliche Schmerzen empfunden haben. Im schlimmsten Fall könnte er über der Steuersäule zusammengebrochen sein. Im November des Vorjahres war bei ihm eine elektrokardiographische Untersuchung durchgeführt und seine körperliche Verfassung als flugtauglich befunden worden. Sein angegriffener Gesundheitszustand ließ jedoch auf eine stark verminderte Lebenserwartung schließen. Vor dem Flug hatte er in dem Aufenthaltsraum der Besatzungen mit einem anderen Piloten einen heftigen Wortwechsel über ein Arbeitsproblem geführt. Dabei könnte sich sein Blutdruck so stark erhöht haben, daß es zu der Blutung kam.

Bei der Fluggesellschaft gab es genaue Anweisungen, wie bei einer Handlungsunfähigkeit des Piloten zu verfahren war. Die Unpäßlichkeit von Flugkapitän Key hatte aber nachteilige Auswirkungen auf die restlichen Mitglieder der Flugbesatzung, den 22 jährigen Ersten Offizier Jeremy Keighley und den 24 Jahre alten Zweiten Offizier Simon Ticehurst. Zusätzlich befand sich noch der BEA Flugkapitän John Collins in der Pilotenkabine. Er hatte dienstfrei. Flugkapitän Key wurde offensichtlich durch seine Krankheit davon abgelenkt, das Flugzeug aufmerksam genug zu steuern. Das führte zu einer stetigen Abnahme der Geschwindigkeit. Der Auslöser für den Absturz war das Einfahren der Vorflügel bei einer Eigengeschwindigkeit von nur 299 km/Std, das waren circa 110 km/Std unter der vorgeschriebenen Geschwindigkeit. Die Vorflügel sind ein- und ausfahrbare Hilfsflügel, die zur Erhöhung des Auftriebes bei niedriger Geschwindigkeit dienen. Sie wurden sofort nach den Landeklappen in

Das Wrack der G-APRI liegt nach dem Absturz, der 118 Menschenleben kostete, auf einem Feld in der Nähe von London. (Wide World Photos)

540 Meter Höhe eingefahren. Da zuvor auch schon die Triebwerksleistungen als Teil der Verfahren zur Verminderung der Lärmbelästigung zurückgenommen worden waren, brachte das die Düsenpassagiermaschine in die Nähe des überzogenen Flugzustandes.

Das einzigartige Durchsack-Warn-/Vermeidensystem der Trident war so konstruiert, daß es die Besatzung durch ein Schütteln der Steuersäule alarmierte und diese außerdem nach vorne schob. Dadurch senkte sich die Flugzeugnase automatisch, wenn sich solch ein Zustand entwickelte, wie es hier der Fall war. Das System wurde aber bei der G-APRI beim zweiten Einsetzen mit der Hand übersteuert. Daraufhin sackte die Düsenpassagiermaschine jäh durch, verlor Höhe und weiter an Geschwindigkeit. Sie geriet zuerst in den aerodynamischen und dann in den voll überzogenen Flugzustand, aus dem sie nicht mehr abzufangen war. Die Wolkenuntergrenze lag an diesem regnerischen, späten Sonntag Nachmittag bei 300 Meter. Unter der geschlossenen Wolkendecke befanden sich weitere vereinzelte Wolken. Die Maschine flog daher zu dem kritischsten Zeitpunkt in den Wolken und erlaubte der Besatzung keine Bodensicht.

Der Flugkapitän oder der Copilot muß den Bedienungshebel für die Vorflügel betätigt haben. Flugkapitän Key könnte ihn unter Berücksichtigung seines Leidens irrtümlich für den Hebel der Landeklappen gehalten haben. Der Erste Offizier Keighley würde ihn dagegen bewußt betätigt haben. Vielleicht hatte er das »Durchsack-Abfang« Warnlicht versehentlich für das »Vorflügel nicht in Position« Warnlicht angesehen. Er könnte auch eine Anweisung des Flugkapitäns irrtümlich so verstanden haben, daß er die Vorflügel einfahren sollte (Wie zum Beispiel die Anordnung »Stell das hoch«, die ihn in Wirklichkeit dazu veranlassen sollte, einen neuen Wert in das Fenster des Höhenmessers einzudrehen). Auch er könnte aber bei der Ausführung eines ähnlichen Kommandos den Bedienungshebel für die Vorflügel mit dem der Landeklappen verwechselt haben.

Aus welchen Gründen die Besatzung auch versagt haben mag, sie erkannte jedenfalls nicht, daß das zu frühe Einfahren der Vorflügel der Grund für die Auslösung des Durchsack-Warn-/Vermeidensystems gewesen war. Die eigentlichen Unfallursachen lagen in dem angegriffenen Gesundheitszustand des Flugkapitäns Key; der unzureichenden Ausbildung der Piloten über die Gefahr einer langsam eintretenden Handlungsunfähigkeit; der fehlenden Erfahrung des Ersten Offiziers Keighley; den mangelnden Kenntnissen der Besatzung über die Auswirkungen bei Änderungen der Konfiguration auf das Durchsack-Warn-/Vermeidensystem. Die Piloten wußten offenbar nicht, daß beide Komponenten des Systems gleichzeitig ansprechen konnten und was der Grund dafür war. Die Anwesenheit von Flugkapitän Collins kann zu einer zusätzlichen Unruhe in der Pilotenkabine geführt haben und den Zweiten Offizier Ticehurst in seiner Konzentration gestört haben.

Das Flugzeug wäre trotz seiner mißlichen Lage noch zu retten gewesen. Dazu hätten die Vorflügel voll ausgefahren, die Schubkraft der Triebwerke erhöht und die Steuersäule nach vorne bewegt werden müssen. Letzteres hätte entweder per Hand oder durch die fortlaufende automatische Betätigung des Durchsack-Warn-/Vermeidensystems erfolgen können.

Auf den Unfall hatte auch das Fehlen einer Vorrichtung Einfluß, die das Einfahren der Vorflügel bei einer zu niedrigen Geschwindigkeit verhindern würde. Die Britische Flugunfall-Untersuchungsbehörde empfahl daher in ihrem Abschlußbericht über den Absturz der G-APRI, eine Sperre einzubauen, die über die Geschwindigkeit gesteuert wird. Weiterhin legte sie nahe, die Piloten in ihrer Ausbildung mehr Erfahrung sammeln zu lassen, bevor sie die Stellung eines Ersten Offiziers übernehmen dürfen. Zusätzlich sollte bei den Flugzeugführern anstelle eines Ruhe ein Belastungs-Elektrokardiogramm (EKG) durchgeführt werden. Viele der Empfehlungen wurden später umgesetzt. So mußte in alle großen Verkehrsflugzeuge, die in Großbritannien zugelassen waren, eine Aufnahmevorrichtung für die Gespräche in der Pilotenkabine eingebaut werden, um die Unfalluntersuchungen zu erleichtern.

Datum: 14. August 1972, circa 17:00 Uhr
Ort: In der Nähe von Königs Wusterhausen, Ostdeutschland (DDR)
Unternehmen: Interflug Gesellschaft, DDR
Flugzeugmuster: Iljuschin IL-62 (DM-SEA)

Die Düsenpassagiermaschine war von dem Ost-Berliner Flughafen Schönefeld zu einem Charterflug nach Burgas, Bulgarien, gestartet. 30 Minuten später stürzte sie circa 15 Kilometer südöstlich der Hauptstadt in ein Feld und explodierte. Alle 156 Insassen (148 Passagiere und acht Besatzungsmitglieder) fanden den Tod.

Der Flugkapitän hatte in 10.000 Meter Höhe Schwierigkeiten mit dem Höhenruder der Maschine gemeldet und sich entschlossen, zum Startplatz zurückzukehren. Danach ging der der Funkkontakt verloren.

Bei der Unfalluntersuchung wurde festgestellt, daß ein von der Besatzung offensichtlich nicht bemerkter Brand die hintere Rumpfstruktur der IL-62 so stark beschädigt hatte, daß das Leitwerk abbrach. Die Ursache des Feuers konnte aufgrund der extremen Zerstörung des Flugzeuges nicht bestimmt werden.

Datum: 2. Oktober 1972, Uhrzeit unbekannt
Ort: In der Nähe von Sochi, Russische Sozialistische Föderative Sowjetrepublik, UDSSR
Unternehmen: Aeroflot, UDSSR
Flugzeugmuster: Iljuschin IL-18

Bei dem Absturz der viermotorigen Turboprop kurz nach dem Start von dem Flughafen der Stadt starben alle 100 Insassen der Maschine. Das Flugzeug befand sich auf einem planmäßigen Inlandsflug nach Moskau.

Datum: 13. Oktober 1972, 21:50 Uhr
Ort: In der Nähe von Krasnaya Polyana, Russische Sozialistische Föderative Sowjetrepublik, UDSSR
Unternehmen: Aeroflot, UDSSR
Flugzeugmuster: Iljuschin IL-62 (CCCP-86671)

Die Düsenpassagiermaschine aus Paris, Frankreich, war auf einem Charterflug nach Moskau unterwegs. Nach einer Zwischenlandung in Leningrad verunglückte sie bei einem Landeversuch auf dem Moskauer Scheremetowo Flughafen. Alle 176 Insassen (168 Passagiere und acht Besatzungsmitglieder) fanden dabei den Tod.

Zur Unfallzeit war es dunkel. Die Wolkenuntergrenze lag tief und die Sicht war schlecht. Die vierstrahlige Düsenpassagiermaschine hatte Berichten zufolge bereits zwei erfolglose Anflüge unternommen. Der dritte endete mit dem Absturz circa fünf Kilometer vor der Landebahnschwelle.

Zu dem Unfall könnte wesentlich der Umstand beigetragen haben, daß das Instrumentenlandesystem (ILS) in der Unfallnacht nicht in Betrieb gewesen war.

Datum: 27. Oktober 1972, circa 19:20 Uhr
Ort: In der Nähe von Noiretable, Loire, Frankreich
Unternehmen: Air Inter, Frankreich
Flugzeugmuster: Vickers Viscount 724 (F-BMCH)

Der viermotorige Turboprop aus Lyon war als Flug 696 auf einem Inlandsflug nach Clermont-Ferrand unterwegs. Die Viscount hatte nach einer Warteschleife die Freigabe zum Sinkflug auf 1100 Meter erhalten. Ein Besatzungsmitglied meldete noch die Einleitung einer Verfahrenskurve, um die Landung auf dem Flughafen Aulnat vorzubereiten. Danach gab es keine Funkverbindung mit dem Flug mehr.

Das Wrack wurde am nächsten Morgen 44 Kilometer östlich des Flughafens entdeckt. Es lag ungefähr in Anflugrichtung auf der verlängerten Mittellinie der Landebahn. Die Maschine war mit eingezogenem Fahrwerk und teilweise ausgefahrenen Landeklappen in 300 Meter Höhe über Normalnull knapp unterhalb der Kuppe auf einen Hügel aufgeschlagen. Bei dem Unfall kamen 80 Personen an Bord ums Leben, darunter die gesamte fünfköpfige Besatzung. Acht Passagiere überlebten verletzt. Zur Unfallzeit war es dunkel und es regnete. Die Sicht betrug circa zehn Kilometer. Der Himmel wies eine 4/8 Wolkenbedeckung in 700 Meter und eine geschlossene Wolkendecke in circa 2500 Meter auf.

Der Unfall wurde in erster Linie auf eine Verschiebung der Anzeigenadel des Radiokompasses um 180 Grad zurückgeführt. Diese unrichtige Anzeige kann durch den falschen Einbau der Antenne in die F-BMCH in Verbindung mit den vorhandenen atmosphärischen Bedingungen verursacht worden sein. Wahrscheinlicher war aber, daß die lokalen Regenfälle über dem Bergland dafür verantwortlich waren. Die dabei aufgetretenen elektrischen Entladungen waren stark genug, um die Signale des Niederfrequenz-Funkfeuers Clermont-Ferrand blockieren zu

können. Bei dem Flug in den Nimbostratuswolken war die Maschine zudem einem starken elektrischen Feld ausgesetzt. Die Gewittertätigkeit in dem Gebiet könnte zusätzlich zu der falschen Leitstrahlanzeige beigetragen haben. Die zwischenzeitliche Aufnahme der Signale des Instrumentenlandesystems (ILS) kann die Besatzung in ihrer falschen Auffassung ebenso bestärkt haben wie die Lichter der Stadt Thiers, die wahrscheinlich zu sehen waren.

Die Piloten hätten ihren Standort natürlich mit anderen Navigationshilfen überprüfen können. Das haben sie aber offensichtlich aus einem übermäßigen Vertrauen in den Radiokompaß unterlassen. In Verbindung mit dem Versäumnis, die zurückgelegte Flugzeit zu überprüfen, oder sie richtig abzulesen, kann das dazu beigetragen haben, daß sie die Überflugzeit über das NDB falsch eingeschätzt haben. Die Situation kann noch dadurch erschwert worden sein, daß der Flugkapitän und der Erste Offizier sich möglicherweise durch das Auftreten von Turbulenz oder die Anwesenheit eines Fluglehrers in der Pilotenkabine ablenken lassen haben.

Datum: 28. November 1972, 19:51 Uhr
Ort: In der Nähe von Moskau, Russische Sozialistische Föderative Sowjetrepublik, UDSSR
Unternehmen: Japan Air Lines (JAL)
Flugzeugmuster: McDonnell Douglas DC-8 Super 62 (JA8040)

Flug 446 aus Kopenhagen, Dänemark, war nach einer Zwischenlandung in Moskau zum Weiterflug nach Tokio gestartet. Das Unglück ereignete sich kurz nach dem Abheben der Düsenpassagiermaschine vom Flughafen Scheremetowo in der abendlichen Dunkelheit.

Das Flugzeug stieg mit einem Kurs von 248 Grad auf circa 100 Meter, verlor dann plötzlich an Höhe und schlug 150 Meter hinter dem Startbahnende und 50 Meter links von der verlängerten Mittellinie auf. Die DC-8 traf mit ausgefahrenem Fahrwerk zuerst mit dem Leitwerk auf dem Boden auf, brach dann auseinander und ging in Flammen auf. 62 der 76 Insassen (53 Passagiere und neun ihrer 15 Besatzungsmitglieder) fanden den Tod. Alle Überlebenden erlitten Verletzungen.

Die Besatzung hatte die Maschine nach Erreichen der Mindestgeschwindigkeit in den Bereich des überhöhten Anstellwinkels kommen lassen. Das führte zu einem Verlust an Höhe und Geschwindigkeit. Eine sowjetische Untersuchungskommission schrieb das dem unbeabsichtigten Ausfahren der Störklappen zu, das eine Verminderung des Auftriebes und eine Zunahme des Widerstandes bewirkte. Die Piloten könnten aber auch die Kontrolle über das Flugzeug verloren haben. Letzteres hätte eintreten können, wenn eins der beiden linken Antriebsaggregate versagt hätte, nachdem sich an seinem Lufteinlaß zu einer Zeit Eis gebildet hatte, als die Enteisungsanlage ausgeschaltet war.

Für die zweite Annahme sprach, daß es Hinweise auf Triebwerksprobleme vor dem Unfall gab. Auf dem

Eine Convair 990A Coronado. Eine Maschine diesen Typs der Spanischen Chartergesellschaft Spantax stürzte in Teneriffa ab. (General Dynamics)

Aufzeichnungsband der Gespräche in der Pilotenkabine war der Kommentar eines Besatzungsmitgliedes enthalten, der eine unregelmäßige Arbeitsweise des Triebwerkes Nummer zwei beschrieb. Gleichzeitig war der charakteristische Klang von Leistungsschwankungen eines Triebwerkes zu hören. Eine Flugbegleiterin, die den Unfall überlebt hatte, sagte aus, daß sie Flammen in der Nähe der linken Antriebsaggregate gesehen hätte. Einige Passagiere wollen nach dem Abheben der Maschine mehrmals eine negative Beschleunigung gespürt haben. Bei der Untersuchung wurden drei Schaufeln in dem Vorverdichter des Triebwerkes Nummer zwei gefunden, die Verbiegungen aufwiesen, die charakteristisch für Schäden nach dem Auftreffen von Eisstücken waren.

Die Piloten können, falls ein Schubverlust eingetreten ist, die Steuersäule zurückgezogen haben, um die Maschine im Steigflug zu halten. Das hätte eine Erhöhung des Widerstandes und eine Abnahme der Steiggeschwindigkeit bewirkt. Die nächtlichen Verhältnisse haben die Lage der Besatzung erschwert. Sie behinderten die Bodensicht und trugen dadurch vielleicht zu dem hohen Anstellwinkel bei, der einen überzogenen Flugzustand hervorrief.

Die Unregelmäßigkeiten in den Triebwerken können aber auch erst aufgetreten sein, nachdem die DC-8 aufgrund der ausgefahrenen Störklappen die extreme Fluglage eingenommen hatte.

Datum: 3. Dezember 1972, circa 06:45 Uhr
Ort: Teneriffa, Kanarische Inseln, Spanien
Unternehmen: Spantax SA Transportes Aereos, Spanien
Flugzeugmuster: Convair 990 A Coronado (EC-BZR)

Die Düsenpassagiermaschine war bei Sonnenaufgang vom Los Rodeos Flughafen von Santa Cruz de Tenerife zu einem Charterflug nach München gestartet. Sie stieg bei nebeligem Wetter bis auf circa 100 Meter Höhe, stürzte dann mit noch ausgefahrenen Fahrwerken und Landeklappen zurück auf die Erde und ging in Flammen auf. Das Wrack kam ungefähr 300 Meter hinter und 15 Meter links der Startbahn zum Stillstand. Alle 155 Insassen (148 Passagiere und sieben Besatzungsmitglieder) kamen ums Leben.

Als Unfallursache wurde der Verlust der Steuerbarkeit festgelegt. Er war ungefähr zur Zeit des Abhebens der Bugrades von der Startbahn eingetreten. Ausgelöst worden war er wahrscheinlich durch die ungewöhnlichen Steuerausschläge des Piloten während des Starts bei null Meter Sicht.

Datum: 29. Dezember 1972, 23:42 Uhr
Ort: In der Nähe von Miami, Florida, USA
Unternehmen: Eastern Airlines, USA
Flugzeugmuster: Lockheed L-1011–1 TriStar (N310EA)

Flug 401 war ein Nonstop-Inlandsflug von New York City zum Internationalen Flughafen von Miami. Er sollte in dem ersten verhängnisvollen Flugunfall einer Jumbo-Düsenpassagiermaschine enden.

Der Flug verlief bis kurz vor der Landung ruhig. Die ersten Probleme traten beim Ausfahren des Fahrwerkes auf. Das grüne Licht, das anzeigt, daß das Bugrad ausgefahren und verriegelt ist, leuchtete nicht auf. So unwahrscheinlich es auch klingt, diese scheinbar belanglose Störung sollte der Auslöser zu dem folgenden Absturz des Flugzeuges und dem Verlust von über 100 Menschenleben werden.

Nachdem ein nochmaliges Ein- und Ausfahren des Fahrwerkes erfolglos blieb, meldete die Besatzung die Störung dem Kontrollturm. Die TriStar erhielt darauf die Freigabe, in 600 Meter Höhe zu kreisen. Der Flugkapitän wies dann den Ersten Offizier an, den Autopiloten einzuschalten. Der Zweite Offizier erhielt den Auftrag, in den Elektronikraum unterhalb des Flugdecks zu steigen und die Stellung des Bugrades mit Hilfe eines optischen Gerätes visuell zu überprüfen. Dem Bordingenieur trat ein Wartungsfachmann zur Seite, der als Passagier auf dem vorderen Beobachtersitz mitflog. Der Flugkapitän und der Erste Offizier konzentrierten sich in der Zwischenzeit auf die Lampe des Bugfahrwerkes und versuchten ohne Erfolg, das Abdeckglas aus seiner Halterung zu lösen. Auf dem Aufnahmegerät der Gespräche in der Pilotenkabine war zu dieser Zeit ein Summton aufgenommen worden, der die Besatzung auf eine Abweichung von der gewählten Flughöhe aufmerksam machen sollte. Allen Anzeichen nach hat aber keiner der Piloten diese Warnung wahrgenommen.

Der den Flug überwachende Fluglotse der Miami Anflugkontrolle bemerkte etwa eine Minute später anhand der alphanumerischen Datenanzeige auf seinem Radarschirm, daß die Maschine nur noch 274 Meter hoch flog. Er erkundigte sich dann: »Eastern 401, wie entwickeln sich die Dinge da oben?« Er gab in seiner Anfrage aber leider keinen Hinweis auf die sich weiter verringernde Flughöhe der Maschine. Der Flugkapitän bat in seiner Antwort um die Freigabe, zurück Richtung Flughafen kurven zu dürfen. Das wurde genehmigt.

In den letzten Sekunden des Fluges stellte die Besatzung fest, daß etwas nicht in Ordnung war. Der Erste Offizier bemerkte: »Wir haben etwas mit der Höhe angestellt.« Der Flugkapitän antwortete darauf mit »Was?«.

Der Copilot fragte dann: »Wir sind noch in 600 Meter Höhe, richtig?«, worauf der Flugkapitän sofort ausrief: »Halt, was geht hier vor?«.

Der Radarhöhenmesser begann nun akustische Warnsignale zu geben. Es blieb aber nicht mehr genügend Zeit, die Situation noch zu bereinigen.

Die TriStar stürzte circa 30 Kilometer westnordwestlich des Flughafens in die Everglades. Ihre Trümmer wurden über eine Fläche von 500 Meter Länge und 100 Meter Breite über das Sumpfgebiet zerstreut. Mit den später ihren Verletzungen erlegenen Personen kamen insgesamt 103 Insassen ums Leben (98 Passagiere, die gesamte dreiköpfige Flugbesatzung und zwei Flugbegleiter). Wie durch ein Wunder überlebten 73 Menschen an Bord das Unglück. Darunter befanden sich acht weitere Besatzungsmitglieder der N310EA und der Wartungsfachmann. Die meisten der Opfer starben beim Aufschlag der Maschine. Einige wenige sollen jedoch Berichten zufolge in dem 15 bis 30 Zentimeter tiefen Wasser ertrunken sein. Die Überlebenden trugen leichte bis schwerste Verletzungen davon. Bei der Autopsie des 55 Jahre alten Flugkapitäns Robert Loft wurde ein Tumor in seinem Gehirn festgestellt. Obwohl die Presse diesem Umstand große Aufmerksamkeit widmete, ging man davon aus, daß er keinen nennenswerten Einfluß auf das Unfallgeschehen gehabt hat.

An der L-1011 wurde jedoch eine technische Besonderheit entdeckt. Das Autopilot-/Flugreglersystem besaß zwei Computer zur Kontrolle der horizontalen Fluglage, einen für jeden Piloten. Dabei bewirkte eine Krafteinwirkung auf eine der beiden Steuersäulen automatisch die Ausschaltung der Funktion, die gewählte Höhe einzuhalten. Normalerweise sollte dann auch das Anzeigelicht für die Höhenbetriebsart erlöschen und das Höhensignal auf beiden Instrumenten verschwinden und so beide Piloten darauf aufmerksam machen, daß die gewählte Flughöhe nicht mehr automatisch eingehalten wird. Bei diesem speziellen Flugzeug waren die Computer jedoch

Eine Eastern Airlines Lockheed L-1011 TriStar wurde als erste Jumbo-Düsenpassagiermaschine in einen schweren Unfall verwickelt. (Eastern Airlines)

nicht richtig aufeinander abgestimmt worden. Der Autopilot des Ersten Offiziers konnte mit einer Krafteinwirkung von neun Kilogramm und der des Flugkapitäns bei einem Druck von sechs Kilogramm ausgeschaltet werden. Der Flugkapitän konnte so seinen Autopiloten auskoppeln, ohne daß das Höhensignal auf dem Instrument des Copiloten verschwand. Das gab letzterem die Illusion, der Autopilot würde weiter die gewählte Flughöhe automatisch einhalten. Da man jedoch davon ausging, daß der Autopilot des Ersten Offiziers eingeschaltet war, dürfte diese fehlerhafte Abstimmung keine entscheidende Bedeutung gehabt haben.

Dessen ungeachtet deutete aber der Vergleich der Auswertung des digitalen Flugschreibers mit seinen 62 aufgezeichneten Meßwerten und des Aufnahmegerätes der Gespräche in der Pilotenkabine auf eine mögliche unbeabsichtigte Ausschaltung des Autopiloten hin. Zur gleichen Zeit, als der Flugkapitän den hinter ihm sitzenden Zweiten Offizier beauftragte, die Stellung des Bugfahrwerkes visuell zu überprüfen, war eine kleine Veränderung der horizontalen Fluglage aufgezeichnet worden. Der Pilot könnte gegen die Steuersäule gestoßen sein, als er sich umdrehte, um mit dem Bordingenieur zu sprechen. Gleichzeitig mit der Änderung des Neigungswinkels wurde auch eine des Kurses festgehalten. Weiterhin gab es einige Veränderungen der aufgezeichneten Triebwerksleistungen. Das könnte mit Absicht geschehen sein. Sollte es aber ungewollt gewesen sein, dürfte einer der Piloten gegen die Leistungshebel gestoßen sein. Die Verringerung der Triebwerksleistungen löste zusammen mit der geringen Veränderung des Neigungswinkels den dann einsetzenden Sinkflug aus, der von der Besatzung nicht wahrgenommen wurde. (Die Unfalluntersuchung ergab eine erstaunliche Wissenslücke unter den Flugbesatzungen über die Leistungen und den Betrieb der Autopilotenanlage der L-1011.)

Keiner der beiden Piloten scheint sich kurz vor dem Absturz verantwortlich für die Steuerung des Flugzeuges gefühlt zu haben. Sie waren so sehr mit dem Anzeigesystem des Bugfahrwerkes beschäftigt, daß sie während der letzten vier Flugminuten die Flugüberwachungsinstrumente nicht mehr kontrollierten. Der Unfall ereignete sich zudem in einer mondlosen Nacht. Trotz unbeschränkter Flugsicht gab es keine sichtbaren Bodenbezugspunkte, anhand derer die Besatzung den Höhenverlust hätte erkennen können.

Man könnte darüber argumentieren, ob der Fluglotse den Absturz nicht hätte verhindern können, wenn er die N310EA über ihre offensichtlich zu niedrige Höhe unterrichtet hätte. Er sagte später aus, daß er mit dem Flugzeug nur deshalb Funkkontakt aufgenommen hatte, weil es sich der Grenze des Flugraumes genähert habe, für den er verantwortlich war. Außerdem mußten die Fluglotsen zumindest in der damaligen Zeit keine solchen Hinweise geben. (Dieses Problem sollte zwei Jahre später nach einem weiteren schweren Unfall in der Zivilluftfahrt der USA erneut auftauchen und zu einer Änderung der Richtlinien führen. Die Fluglotsen würden dann zur Mitteilung von Höheninformationen an die Piloten verpflichtet werden.)

Beim Aufschlag befand sich der Jumbo-Jet in einer linken Querlage von 28 Grad und rollte durch eien Kurs von 240 Grad. Seine Eigengeschwindigkeit betrug circa 370 km/Std. Es blitzten kurz Flammen auf, aber es kam zu keinem anhaltenden Feuer. Die US-amerikanische Transport-Sicherheitsbehörde NTSB

Das Wrack der Eastern Airlines L-1011 liegt weit verstreut in den Everglades in Florida. Der Absturz kostete mehr als 100 Menschenleben. (US-amerikanische Luftverkehr-Sicherheitsbehörde (NTSB))

stufte den Unfall aufgrund des Ausmaßes der Zerstörung des Flugzeuges als nicht überlebbar ein. Wenn trotzdem mehr als ein Drittel der Insassen mit dem Leben davonkamen, war das wahrscheinlich dem Umstand zu verdanken, daß die Sitze an den großen Bodenflächen befestigt blieben, oder daß viele Menschen mit einer deutlich verringerten Geschwindigkeit aus dem Wrack herausgeschleudert wurden. Die Energie absorbierende Konstruktion der Sitze war ein zusätzlicher wichtiger Faktor dabei.

Die Untersuchung des Wracks ergab, daß der Bedienungshebel der Landeklappen in der 18 Grad Position und der Fahrwerkhebel in der ausgefahrenen Stellung stand. Die Sorge der Besatzung über die Position des Bugfahrwerkes erwies sich als unbegründet. Es wurde ebenso wie das Hauptfahrwerk ausgefahren und verriegelt vorgefunden. Die beiden Lampen der Bugfahrwerkanlage waren lediglich durchgebrannt.

Auf Empfehlung der NTSB wurde später ein Kontrollschalter für das Licht im Fahrwerkschacht des Bugrades in der Pilotenkabine der TriStar installiert. Sein Vorhandensein könnte die Arbeit der Besatzung im unteren Kabinenteil der N310EA wahrscheinlich beschleunigt und den Absturz vielleicht verhindert haben. Das US-amerikanische Bundesamt für Luftfahrt FAA wies Eastern Airlines außerdem an, das Höhenwarnsystem des Autopiloten bei ihrer gesamten L-1011 Flotte zu modifizieren. Bis zu diesem Zeitpunkt war es so eingestellt gewesen, daß die bernsteinfarbenen Warnlichter daran gehindert wurden, unter einer Höhe von 750 Meter aufzuleuchten. Der einfache C-Summer blieb dann der einzige Hinweis auf eine Abweichung von der gewählten Flughöhe.

Datum: 22. Januar 1973, circa 09:30 Uhr
Ort: Kano, Nigeria
Unternehmen: Alia Royal Jordanian Airlines
Flugzeugmuster: Boeing 707–3D3C (JY-ADO)

Die von der Nigeria Airways gecharterte Düsenpassagiermaschine befand sich auf einem außerplanmäßigen Flug von Dschidda, Saudi-Arabien, nach Lagos. Die Passagiere an Bord waren ausnahmslos moslemische Pilger. Wegen schlechten Wetters an dem Zielflughafen wurde die 707 nach Kano umgeleitet. Auf dem dortigen Flughafen kam es zu einer Bruchlandung. Dabei wurden 176 Insassen getötet. Darunter befanden sich drei der neun Besatzungsmitglieder. Unter den 33 Überlebenden, die fast alle verletzt waren, befand sich auch der amerikanische Flugkapitän.

Zur Unfallzeit beeinträchtigte Dunst die Sichtverhältnisse. Zusätzlich blies ein böiger Wind von der Seite. Nachdem die Maschine beim Landeanflug zu tief gesunken war, riß das rechte Hauptfahrwerk beim Auftreffen auf die Landebahnkante oder bei einem Schlag gegen ein Hindernis oder eine Bodensenkung in der Betonbahn ab. Die Düsenpassagiermaschine drehte sich dann um die eigene Achse, rutschte von der Landebahn und brannte schließlich völlig aus.

Datum: 21. Februar 1973, circa 14:10 Uhr
Ort: In der Nähe von Isma'iliya, Ägypten
Unternehmen: Libyan Arab Airlines
Flugzeugmuster: Boeing 727–224 (5A-DAH)

Flug 114 aus Tripolis befand sich nach einer Zwischenlandung in Bengasi, Nord-Libyen, auf dem Weiterflug nach Kairo, Ägypten. Nach dem Passieren der ägyptischen Stadt Sidi Barani wich die Düsenpassagiermaschine aber von dem geplanten Flugweg ab und flog im Süden an der Hauptstadt Kairo vorbei. Israelische Luftverteidigungskräfte erfaßten sie kurz vor dem Suezkanal auf ihrem Radarschirm und schickten sofort zwei F-4 Phantom II Jagdflugzeuge in die Luft. Die Militärpiloten identifizierten den Eindringling als libysches Verkehrsflugzeug und versuchten, die Maschine zur Landung zu veranlassen. Sie benutzten dazu Handzeichen, wackelten mit ihren Tragflächen und feuerten schließlich Warnschüsse aus ihren Kanonen vor die Flugzeugnase der Boeing.

Die 707 drehte über der Halbinsel Sinai nach Westen ab. Kurz darauf griffen die Jagdflugzeuge die Verkehrsmaschine in 1500 Meter Höhe an und trafen die rechte Tragflächenspitze mit Leuchtspurmunition. Das löste ein Feuer aus, das sich nach dem Übergang in einen offensichtlich kontrollierten Sinkflug über die ganze Kabine ausbreitete.

Bei dem Versuch, in der Wüste eine Bauchlandung durchzuführen, ging die 727 circa 15 Kilometer östlich des Suezkanals zu Bruch. Fast gleichzeitig mit dem Aufsetzen auf dem Wüstenboden erfolgte eine Explosion in der Gegend des rechten Hauptfahrwerkes. Bis auf fünf Personen fanden alle der 113 Insassen den Tod. Darunter befanden sich auch acht Besatzungsmitglieder. Vier Passagiere und der Copilot überlebten mit unterschiedlichen Verletzungen. Bei der Untersuchung des Wracks wurde festgestellt, daß nur eins der drei Triebwerke der Düsenpassagiermaschine zur Zeit des Unfalls gelaufen war.

Obwohl der Flug den richtigen Kurs ungefähr eingehalten hatte, wurde sein Flugweg nach Osten versetzt. Als der Erste Offizier den Standort der Maschine über Quarum meldete, befand sie sich tatsächlich 150 Kilometer ostsüdöstlich dieser Position. Allen Anweisungen der Bodenkontrollstellen lagen zudem die unrichtigen Positionsmeldungen der Düsenpassagiermaschine zugrunde. Als die Besatzung dann über Funk mitteilte, sie empfange keine Signale der Navigationshilfen mehr, wies sie der Fluglotse an: »Halten Sie sich an das Kairoer Niederfreqenz-Funkfeuer.«

Die 727 flog fast die gesamte Zeit über den Wolken. Es gab tiefe Stratocumuluswolken und eine 6/8 bis 8/8 Bedeckung mit Altocumulus, deren Obergrenze bei circa 5500 Meter lag. Nach dem Erreichen der Halbinsel Sinai wurde der Boden sichtbar. Die Besatzung scheint dann ihren Irrtum bemerkt zu haben. Zu dieser Zeit war das Flugzeug aber bereits außerhalb der Reichweite der Navigationshilfen am Boden.

Obwohl die Aufzeichnungsbänder auf keinen Fehler des Kairoer Funkfeuers hindeuteten, hielt die Internationale Zivilluftfahrt-Organisation (ICAO) in ihrem Untersuchungsbericht ein nicht einwandfreies Arbeiten zu der Zeit für möglich. Das Radar der Kairoer Anflugkontrolle war zudem defekt.

Die Besatzung der 5A-DAH hatte offenbar die Anweisungen der Jagdpiloten nicht verstanden. Als sie zurück nach Kairo drehte und das ausgefahrene Fahrwerk wieder einzog, hielten die Israelis das für einen Fluchtversuch. Verteidigungsminister Moshe Dayan räumte ein, daß der Abschuß der Verkehrsmaschine aufgrund einer falschen Beurteilung der Lage erfolgt war. Die Israelische Regierung sagte den Familien der Opfer finanzielle Entschädigung zu.

Datum: 5. März 1973, circa 13:50 Uhr
Ort: in der Nähe von Nantes, Frankreich
Erstes Flugzeug
Unternehmen: Lineas Aereas de Espana SA (IBERIA), Spanien
Flugzeugmuster: McDonnell Douglas DC-9, Serie 32 (EC-BII)
Zweites Flugzeug
Unternehmen: Spantax SA Transportes Aereos, Spanien
Flugzeugmuster: Convair 990A Coronado (EC-BJC)

Zur Zeit des Zusammenstoßes der beiden Düsenpassagiermaschinen in der Luft streikten die zivilen Fluglotsen in Frankreich. Militärisches Flugsicherungspersonal hatte die Aufgaben des französischen Flugsicherungs-Kontrollsystems übernommen.

Beide Flugzeuge waren nach London unterwegs. Die DC-9 kam als Flug 504 von Palma de Mallorca auf den spanischen Balearen. Die Coronado aus Madrid befand sich auf einem Charterflug. Wenige Minuten vor der Kollision wurde beiden Maschinen die gleiche Flugfläche zugewiesen, obwohl die Besatzungen den Überflug des UKW-Drehfunkfeuers (VOR) Nantes für die selbe Zeit vorhergesagt hatten. Anschließend wurden beide Flüge an eine andere Flugsicherungs-Kontrollstelle übergeben.

Zur Vermeidung einer möglichen Kollisionsgefahr wurde der Spantax Flug aufgefordert, seine Ankunft über der Navigationshilfe um acht Minuten zu verzögern. Da die Düsenpassagiermaschine zu dieser Zeit aber nur noch zehn Minuten Flugzeit bis zu dem VOR vor sich hatte, war diese Aufforderung wirklichkeitsfremd. Auf die Bitte um Bestätigung dieser Anweisung antwortete der Fluglotse nur mit: »Bleiben Sie auf Empfang." Diese Redewendung bedeutet im internationalen Sprachgebrauch gewöhnlich, daß ein weiterer Funkspruch sofort folgen wird. Die Besatzung wurde aber fast zwei Minuten im Ungewissen gelassen, bevor der Funkkontakt wieder aufgenommen wurde. Da eine Verringerung der Geschwindigkeit alleine nicht ausreichte, um das Erreichen des Funkfeuers genügend hinauszögern zu können, bat der Pilot kurz darauf um die Freigabe für eine 360 Grad Kurve.

Dieses Flugmanöver wurde anschließend ohne erteilte Genehmigung in der Nähe des VOR eingeleitet.

Die EC-BJC geriet dabei auf die angrenzende Luftstraße, auf der die EC-BII entlangflog. Der Zusammenstoß erfolgte in circa 8800 Meter Höhe über La Planche, einem kleinen Dorf südöstlich von Nantes in der Provinz Loire-Atlantique. Die Maschinen befanden sich zu diesem Zeitpunkt inmitten einer Wolkendecke, in der die Flugsicht gleich Null war.

Die DC-9 brach nach der Kollision auseinander. Ihre Trümmer fielen weit zerstreut über ein landwirtschaftliches Gelände. Alle ihre 68 Insassen (61 Passagiere und sieben Besatzungsmitglieder) fanden den Tod. Von den 106 Personen an Bord der Coronado wurde niemand verletzt. Sie befand sich im Augenblick der Kollision noch in der Rechtskurve und verlor den außerhalb von Motor Nummer eins gelegenen Teil des Tragflächenendes. Der Besatzung gelang es aber, die Maschine sicher auf einem Militärflugplatz zu landen.

Der Zusammenstoß sollte durch eine zeitliche Trennung der Flugzeuge vermieden werden. Dabei wäre ein einfacher Wechsel der Flughöhe möglich gewesen. Die schlechte Funkverbindung zwischen der Spantax Düsenpassagiermaschine und der Bodenkontrolle erschwerte die Situation noch. Die Coronado hatte weder Funkkontakt mit der zuständigen Kontrollstelle erhalten, noch war sie von letzterer auf dem Radarschirm sicher identifiziert worden. Von der vorherigen Bodenstelle wurde sie auch nicht mehr auf dem Radar erfaßt. So war sie kurz vor dem Zusammenstoß von allen Flugsicherungsdiensten abgetrennt. Die Besatzung ihrerseits hatte versäumt, die Situation richtig einzuschätzen und Funkkontakt mit der zuständigen Kontrollstelle herzustellen.

Die zur Trennung der Flugwege benutzte Methode setzte eine präzise Navigation der Spantax Besatzung oder eine umfassende Führung mittels Radar voraus. In beiden Fällen wäre eine einwandfreie Funkverbindung notwendig gewesen, die aber nicht bestanden hatte.

Datum: 10. April 1973, 10:13 Uhr
Ort: In der Nähe von Hochwald, Solothurn, Schweiz
Unternehmen: Invicta International Airlines, England
Flugzeugmuster: Vickers Vanguard 952 (G-AXOP)

Die Turboprop-Passagiermaschine war auf einem Charterflug unterwegs. Aus Luton und Bristol, England, kommend sollte sie auf dem nahe der französischen Grenze gelegenen Flughafen von Basel-Mulhouse landen. Den ersten Instrumentenlandesystem-Anflug (ILS) auf Landebahn 16 mußte sie abbrechen und durchstarten. Kurz darauf rief ein Meteorologe und pensionierter Flieger den Kontrollturm an und meldete ein viermotoriges Flugzeug, das bedenklich tief über die Sternwarte Binningen geflogen war. Er forderte den Kontrollturm eindringlich auf, die Maschine zum steigen zu veranlassen. Sie wurde später als G-AXOP identifiziert. Der bemerkenswerte Einsatz des Bodenbeobachters konnte aber den Absturz der Vanguard nicht mehr verhindern. Sie streifte kurz danach mit offenbar eingezogenem Fahrwerk

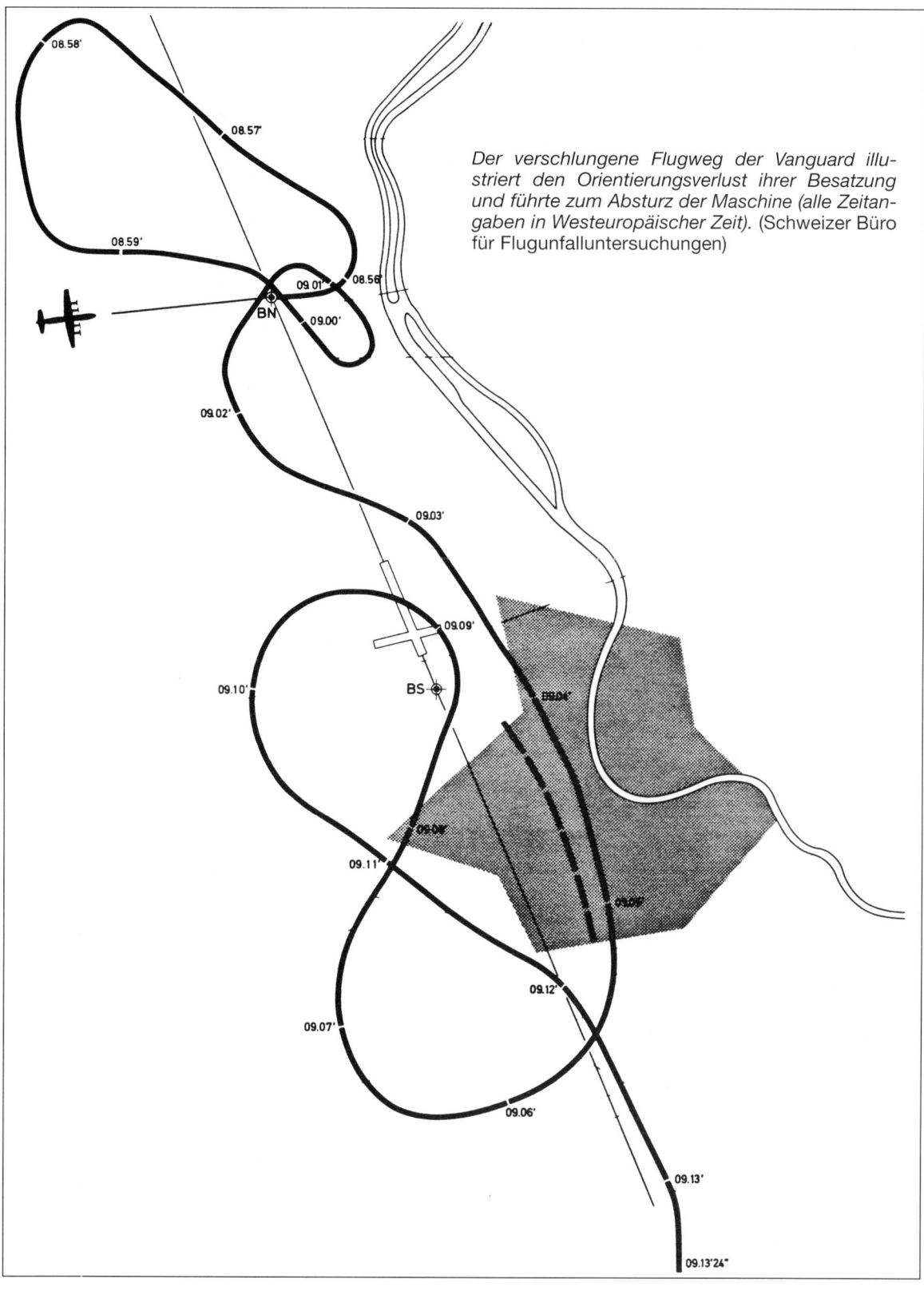

Der verschlungene Flugweg der Vanguard illustriert den Orientierungsverlust ihrer Besatzung und führte zum Absturz der Maschine (alle Zeitangaben in Westeuropäischer Zeit). (Schweizer Büro für Flugunfalluntersuchungen)

und 20 Grad gesetzten Landeklappen einen bewaldeten Bergrücken und stürzte dann in ein mit Schnee bedecktes Waldgebiet.

Der Unfall ereignete sich 15 Kilometer südlich vom Flughafen und kostete 108 Insassen das Leben. Darunter befanden sich vier Besatzungsmitglieder. Von den 37 Überlebenden wurden 35 Passagiere und eine Flugbegleiterin verletzt, eine weitere Stewardess entkam unverletzt. Nach dem Aufschlag war Feuer in der rechten Tragfläche ausgebrochen. Es konnte aber gelöscht werden, bevor es sich über das ganze Wrack ausbreiten konnte. Das dürfte zusammen mit dem Umstand, daß der hintere Rumpf fast unbeschädigt geblieben war, zu der verhältnismäßig hohen Überlebensrate beigetragen haben. Die meisten Opfer waren Frauen aus fünf Städten der englischen Grafschaft Somerset. Sie waren zu einem eintägigen Einkaufsbummel in der Schweiz unterwegs.

Zur Unfallzeit herrschte in dem Gebiet Schneetreiben mit einer Flugsicht von nur 50 Meter. Die Wolken lagen zum Teil auf dem Boden auf, und der Wind blies mit 28 km/Std aus Norden. Die Sichtweite auf der Landebahn des Flughafens lag unter den Mindestbedingungen für den Einsatz der Vanguard. Der Kontrollturm hatte aber eine falsche Messung an das Flugzeug weitergegeben, die knapp über den Minimalbedingungen lag, und die Besatzung hatte keine zusätzlichen Fragen in Bezug auf die Wetterverhältnisse gestellt.

Die Vorgehensweise der Flugzeugführer konnte nicht mit letzter Sicherheit nachvollzogen werden, da die Vanguard kein Aufzeichnungsgerät für die Gespräche in der Pilotenkabine besaß. Die Besatzung scheint aber die Orientierung verloren und dadurch den Absturz der G-AXOP verursacht zu haben. Die fehlerhafte Durchführung der Navigationsverfahren hat hierzu maßgeblich beigetragen. Bezeichnend dafür waren die Einleitung des Endanfluges trotz falscher Höhen- und Standortbestimmung und die Verwechslung der Navigationshilfen. Die Arbeit der Besatzung wurde zusätzlich durch Mängel an den Geräten im Flugzeug behindert, die einen Empfang der Signale der Funkfeuer erschwerten.

Das erste Empfangsgerät des Radiokompasses (ADF) dürfte wegen einer fehlerhaften Instandsetzungsarbeit technisch nicht einwandfrei gearbeitet haben. Vor allem waren die Anschlüsse an seinen Servo-Lautverstärker schlecht angelötet worden. Da die Empfänger des ersten UKW-Drehfunkfeuer- (VOR) und des zweiten Gleitpfadgerätes falsch justiert waren, konnten die Warnflaggen auf beiden Instrumenten nicht rechtzeitig erscheinen und auf eine Abweichung hinweisen. Die fehlerhaften Anzeigen könnten bei der Besatzung den falschen Eindruck erweckt haben, sie flögen genau auf dem Gleitpfad. Schwankungen der Anzeigenadeln könnten zudem die Aufnahme des Landekurssenders erschwert haben.

Die Piloten waren offensichtlich der Meinung, ihre navigatorischen Schwierigkeiten beruhten auf atmosphärischen Störungen (wie die Bemerkung, daß die Anzeigenadel des Radiokompasses bei diesem Wetter überall hinzeige, bewies). Sie vernachlässigten daher vermutlich das ständige Gegenkontrollieren der Instrumente. Nur das hätte aber zu einem Erkennen der Abweichungen und vielleicht zu ihrer Korrektur führen können. Die Besatzung hat die Flugsicherung auch zu keiner Zeit um irgendeine navigatorische Hilfestellung gebeten.

Die Überreste der Vanguard nach dem Absturz in der Schweiz, der 108 Menschenleben kostete. (Schweizer Büro für Flugunfalluntersuchungen)

Nach dem Überflug des Niederfrequenz-Funkfeuers mit der Bezeichnung BN wurde der Flugweg der Vanguard ziellos. Ursache hierfür dürfte der Umstand gewesen sein, daß die ADF Empfangsgeräte nicht auf die beiden Funkfeuer eingestellt waren, die normalerweise nacheinander benötigt wurden.

Schon der erste Anflug, bei dem die Verkehrsmaschine zuerst weit nach rechts und dann nach links von der Landebahnmittellinie abkam, hätte fast zum Absturz geführt, als die Besatzung offensichtlich Bodensicht bekommen hatte. Bei dem zweiten Anflug leiteten die Piloten einen Sinkflug ein. Das läßt darauf schließen, daß sie eine Gleitpfadanzeige empfangen hatten. Zu diesem Zeitpunkt war aber der Orientierungsverlust bereits so weit fortgeschritten, daß wahrscheinlich kaum noch eine sichere Landung möglich gewesen wäre. Die Maschine flog in den letzten Augenblicken vor dem Unfall nach Süden vom Flughafen weg. Der Absturz erfolgte nach Einleitung eines Steigfluges.

Beide Piloten waren qualifizierte Flugkapitäne. Sollte der als Copilot eingesetzte Flugzeugführer allerdings mehr als verantwortlicher Flugkapitän und nicht als Erster Offizier gehandelt haben, könnte das in der Praxis ein Nachteil gewesen sein. Ein Wechsel in der Bedienung des Funkgerätes deutete darauf hin, daß sich die Piloten bei der Steuerung der Vanguard nach dem ersten mißglückten Landeanflug abgewechselt hatten.

Die schweizer Untersuchungskommision empfahl in ihrem Abschlußbericht unter anderem, alle Niederfrequenz-Funkfeuer auf eine Modulation einzustellen, die der ICAO-Norm entsprachen. Weiter sollte in den internationalen Bestimmungen festgeschrieben werden, daß ein nicht veröffentlichter rückwärtiger ILS-Leitstrahl abgeschaltet werden mußte. Alle großen Passagiermaschinen sollten außerdem mit einem Flugschreiber und einem Aufnahmegerät der Gespräche in der Pilotenkabine ausgerüstet werden. Die G-AXOP besaß nur einen Flugschreiber. Später wurde der Einbau eines Gesprächs-Aufnahmegerätes bei ähnlichen Flugzeugmustern von der Britischen Luftfahrtbehörde zwingend vorgeschrieben.

Datum: 11. Juli 1973, circa 15:00 Uhr
Ort: In der Nähe von Saulx-les-Chartreux, Essonne, Frankreich
Unternehmen: SA Empresa de Viacao Aerea Rio Grandense (VARIG), Brasilien
Flugzeugmuster: Boeing 707–345C (PP-VJZ)

Flug 820 aus Rio de Janeiro, Brasilien, war zum Pariser Flughafen Orly unterwegs. Der elfstündige Transatlantikflug verlief bis kurz vor der geplanten Landung routinemäßig. Um 14:58 Uhr gab es den ersten Hinweis auf Schwierigkeiten, als der Funkspruch »Probleme mit Feuer an Bord« aufgenommen wurde. Gleichzeitig bat die Besatzung um die Freigabe für einen Notsinkflug.

Die Düsenpassagiermaschine erhielt die Erlaubnis für einem direkten Anflug auf Landebahn 07. Circa 15 Kilometer vor dem Flughafen meldete der Flugkapitän dann, daß die ganze Maschine in Flammen stand. Zuvor hatte der Chef-Steward berichtet, daß Rauch in die Kabine eindrang und die Passagiere zu ersticken drohten. Die Flugbesatzung setzte ihre Sauerstoffmasken und Brillen auf. Der Rauch in der Pilotenkabine wurde aber so dicht, daß die Flugzeugführer

Der ausgebrannte Rumpf der VARIG Boeing 707 liegt nach der Bruchlandung auf einem Feld in der Nähe von Paris. (UPI / Bettmann)

selbst die Instrumente nicht mehr ablesen konnten. Im Angesicht dieser verzweifelten Lage entschloß sich der Flugkapitän zu einer Notlandung.

Die Piloten schauten aus den geöffneten seitlichen Kabinenfenstern hinaus. Es gelang ihnen, das Flugzeug fast auf der verlängerten Mittellinie circa fünf Kilometer vor der Landebahnschwelle auf einem Feld aufzusetzen. Sein ausgefahrenes Hauptfahrwerk knickte dabei sofort ein. Die 707 rutschte dann noch circa 500 Meter auf dem Bauch entlang. Dabei rissen alle vier Triebwerke und die linke Tragflächenspitze ab.

Die Besatzung hatte bei dieser Notlandung ihr außergewöhnliches Können unter Beweis gestellt. Auch die Rettungsmannschaften trafen innerhalb weniger Minuten an dem Unfallort ein. Trotzdem brannte der Flugzeugrumpf vollständig aus. 123 Insassen fanden dabei den Tod. Außer dem Bordingenieur, der unangeschnallt beim Aufsetzen der Maschine starb, wurden sie Opfer des Feuers (Drei Viertel davon starben an Kohlenmonoxyd-Vergiftung, der Rest durch das Einatmen anderer giftiger Gase). Nur ein Passagier konnte von den Feuerwehrleuten gerettet werden. Zehn der 17 Besatzungsmitglieder gelang es, sich selbst in Sicherheit zu bringen und zu überleben.

Man ging davon aus, daß das Feuer wahrscheinlich in dem Waschbeckenschrank der rechten hinteren Toilette ausgebrochen war. Die Ursache könnte ein elektrischer Kurzschluß oder die menschliche Sorglosigkeit beim Wegwerfen einer brennenden Zigarette gewesen sein. Der wirkliche Grund konnte nie herausgefunden werden.

Es gab keinerlei Anzeichen für einen Sabotageakt, und technische Mängel am Flugzeug wurden nicht endeckt. Das verwendete Material hatte allerdings Einfluß auf die Ausbreitung des Feuers. Die untersuchten Muster der Kabinenausrüstung erwiesen sich als leicht entzündbar, und die Abfalleimer für die gebrauchten Handtücher entsprachen nicht der Anforderung, schwer entflammbar zu sein.

Angehörige der Kabinenbesatzung versuchten nach dem ersten Eindringen von Rauch das Feuer mit den Feuerlöschern an Bord zu löschen. Ihre Bemühungen blieben aber erfolglos, da sie den Brandherd nicht finden konnten. Die Handlungsweise der Flugbesatzung wurde als ziemlich unlogisch aber dennoch richtig eingestuft. Dazu zählte auch die Entscheidung, die Sauerstoffmasken in der Passagierkabine nicht zu entriegeln. (Der aus den unbenutzten Masken ausströmende Sauerstoff hätte die Lage nur noch verschlimmert und wäre kein Schutz gegen die giftigen Gase gewesen, da er aus einer Mischung von reinem Sauerstoff und Kabinenluft bestand.)

Viele nationale Luftfahrtbehörden schrieben später die meisten der von der französischen Untersuchungskommission empfohlenen Sicherheitsvorkehrungen für ihren Bereich zwingend vor. Dazu gehörten die Ausstattung mit feuerfesten Abfallbehältern, die Entfernung aller leicht entzündbaren Einrichtungen und ein absolutes Rauchverbot auf den Flugzeugtoiletten.

Datum: 22. Juli 1973, 22:06 Uhr
Ort: In der Nähe von Papeete, Tahiti
Unternehmen: Pan American World Airways, USA
Flugzeugmuster: Boeing 707–321B (N417PA)

Der Absturz von Flug 816 blieb ungeklärt. Die Maschine war aus Auckland, Neuseeland, kommend auf dem Flughafen Faaa von Papeete zwischengelandet, bevor sie zum Weiterflug nach Los Angeles, Kalifornien, startete. Eine weitere Zwischenlandung war in Honolulu auf Hawaii vorgesehen.

Die 707 startete von Startbahn 07 in die Dunkelheit hinein und begann dann mit der geforderten Linkskurve. Ungefähr 30 Sekunden nach dem Abheben stürzte die Düsenpassagiermaschine drei Kilometer hinter dem Startbahnende und links von der verlängerten Mittellinie in den Pazifischen Ozean. 78 Personen an Bord wurden dabei getötet. Darunter befand sich die gesamte zehnköpfige Besatzung. Ein Passagier überlebte trotz schwerster Verletzungen. Eine ebenfalls noch lebend gerettete Stewardess verstarb später in einem Krankenhaus.

Die Leichen von zehn Opfern und einige Trümmerstücke konnten geborgen werden. Unter letzteren befand sich das Bugrad des Flugzeuges und Teile der Kabinenausrüstung. Der größte Teil des Wracks versank jedoch in dem circa 700 Meter tiefen Wasser und konnte trotz einer dreitägigen Suche mit Sonargeräten nicht geortet werden. Dieser Mangel an Beweismaterial und vor allem der Umstand, daß weder der Flugschreiber noch das Aufnahmegerät für die Gespräche in der Führerkabine gefunden wurden, verhinderten die Festlegung der Unfallursache durch die französische Untersuchungskommission.

Die Düsenpassagiermaschine stieg Berichten zufolge nach dem Start in einem geringeren Steigwinkel, als das normal der Fall ist. Während der Linkskurve in niedriger Höhe ging sie dann in einen leichten Sinkflug über. Beim Aufschlag war das Fahrwerk offenbar eingezogen. Die Landeklappen befanden sich in Startstellung oder fuhren gerade ein.

Nach Aussage des Unfallberichtes hätte der Ausfall eines Triebwerkes den Flug nicht gefährden dürfen, und die bekannten Tatsachen ließen es zweifelhaft erscheinen, daß mehrere Antriebsaggregate versagt haben könnten. Es gab auch keine Hinweise auf einen Fehler in der Flugzeugsteuerung oder eine andere kritische Notlage, und die Besatzung hatte keinen Notruf abgesetzt.

Wahrscheinlicher war, daß die Besatzung während der Kurve durch den Ausfall eines Fluginstrumentes oder Systems abgelenkt worden war, und die dabei entstandene überhöhte Querlage dann den Sinkflug verursacht hatte. Die Kurve führte zudem auf das Meer hinaus. Dort gab es keine erkennbaren Bodenbezugspunkte, um die Änderung des Winkels zu den auf der rechten Seite des Flugzeuges sichtbaren Lichter der Stadt wahrnehmen und ausgleichen zu können. Das könnte zu der Illusion geführt haben, weiter im Steigflug zu sein. Die starke Querlage könnte in sich eine gefährliche Situation heraufbeschworen haben. Dabei spielte es keine Rolle, ob sie beabsichtigt oder ungewollt entstanden war.

Der Flugkapitän und der Erste Offizier befanden sich nur noch ein Jahr vor dem Ruhestand. Beide wurden regelmäßig wegen zu hohen Blutdruckes behandelt. Die Autopsie des Erste Offiziers ergab eine schwere Arteriosklerose. Es gab aber keine Anzeichen dafür, daß der Gesundheitszustand einer der Piloten bei dem Unfall eine Rolle gespielt hatte.

Wenige Minuten vor dem Absturz hatte es geregnet. Eine geschlossene Wolkendecke lag in circa 2500 Meter Höhe. Darunter befanden sich vereinzelte Wolken in 700 Meter. Die Sichtweite betrug ungefähr zehn Kilometer. Den Wetterverhältnissen wurde kein Einfluß auf das Unfallgeschehen beigemessen.

Datum: 31. Juli 1973, 11:08 Uhr
Ort: Boston, Massachusetts, USA
Unternehmen: Delta Air Lines, USA
Flugzeugmuster: McDonnell Douglas DC-9, Serie 31 (N975NE)

Flug 723 war ein Inlandsflug von Burlington, Vermont, nach Boston. Nachdem die Düsenpassagiermaschine zuvor in Manchester, New Hampshire, zwischengelandet war, stürzte sie bei dem Landeanflug auf Landebahn 04 rechts des Internationalen Flughafens Logan ab. Alle 89 Insassen (83 Passagiere und sechs Besatzungsmitglieder, darunter ein Beobachter in der Pilotenkabine) fanden den Tod. Eines der Opfer lebte noch knapp fünf Monate, ehe es seinen Verletzungen erlag.

Die Unfallursache war offensichtlich menschliches Versagen der Piloten. Sie hatten bei dem unstetigen Instrumentenlandesystem-Anflug (ILS) unter schnell wechselnden Wetterverhältnissen versäumt, die Flughöhe genau zu überwachen und das Unterschreiten der Entscheidungshöhe zu bemerken.

Die Reihenfolge der Ereignisse begann mit der Radarführung der N975NE durch die Anflugkontrolle, bei der von den normalen Betriebsverfahren abgewichen wurde. Der Fluglotse war zu dem Zeitpunkt, an dem er die erforderliche Freigabe erteilen mußte, voll mit einer möglichen Kollisionsgefahr zwischen zwei anderen Flügen beschäftigt. Die Besatzung der DC-9 mußte deshalb die Genehmigung für den Anflug und weitere Informationen erst anfordern. Verständigungsschwierigkeiten mit einem anderen Flugzeug verzögerten die Freigabe von Flug 723 zum Sinkflug auf die vorgeschriebene Anflughöhe und die Übergabe an den Flughafen Kontrollturm zusätzlich noch. Trotz der nicht normgerechten Dienste der Flugsicherungskontrolle, die mitverantwortlich für die ungünstige Positionierung des Flugzeuges auf dem Anflugsektor waren, hätte die Besatzung den weiteren Verlauf durch eine genaue Überwachung sicherstellen können.

Die Düsenpassagiermaschine überflog die erste Funkbake mit einer Geschwindigkeit von circa 385 km/Std, das waren 80 km/Std schneller als von der

Die Trümmer der Delta Air Lines DC-9 liegen weit verstreut auf der Landebahnschwelle des Bostoner Internationalen Flughafens Logan. (Wide World Photos)

Gesellschaft empfohlen wurde. Sie befand sich zusätzlich über 60 Meter zu hoch an dieser Stelle. Bei der hohen Geschwindigkeit wäre eine enorme Sinkrate notwendig gewesen, um den Gleitpfad zu erreichen. Eine hohe Sinkrate würde es wiederum für die Besatzung schwieriger gemacht haben, die Anfluggeschwindigkeit auf einen annehmbaren Wert zu vermindern. Die Piloten hätten zudem schneller als normal handeln müssen.

Eine zusätzliche Rolle hat die eingestellte Betriebsart des Flugkommandogerätes des Flugzeuges gespielt, das von der Besatzung als Anflughilfe benutzt wurde. In der normalen Betriebsart wären keine Gleitpfadkommandos erfolgt, wenn die Maschine zu hoch gewesen wäre, um den Gleitpfad-Leitstrahl aufzunehmen. Man vermutete jedoch, daß am Kommandogerät versehentlich die Betriebsart Durchstarten gewählt worden war. Diese Stellung entsprach dem Anflugmodus auf dem Gerät, mit dem die Besatzung sonst vertraut war. Die dadurch verursachten ungewohnten Anzeigen der Instrumente müssen zu den seitlichen Kurskorrekturen und damit zum Abweichen von dem Landekurs-Leitstrahl geführt haben. Der das Flugzeug steuernde Erste Offizier war anscheinend so mit der Anzeige beschäftigt, daß er Höhe, Kurs und Geschwindigkeit vernachlässigte. Der Flugkapitän teilte seine Aufmerksamkeit unterdessen zwischen den Problemen mit dem Flugkommandogerät, der Funkverbindung mit dem Boden und den von dem Fluglotsen übermittelten Wetterinformationen.

Zur Unfallzeit herrschte Nebel. Die Wolkenuntergrenze wurde auf 60 Meter Höhe geschätzt, und es wehte ein leichter Wind. Dem Flug wurde eine Sichtweite von über 1800 Meter auf der Landebahn mitgeteilt. Aufgrund der schnell wechselnden Wetterverhältnisse und der einminütigen Verzögerung der digitalen Anzeige des Landebahn-Sichtmeßgerätes entsprach diese Information nicht den tatsächlichen Bedingungen. Kurz vor der beabsichtigten Landung betrug die Landebahn-Sichtweite in Wirklichkeit nur circa 500 Meter.

Der auf dem Klappsitz im Führerraum mitfliegende, nicht diensthabende Pilot könnte die normal zweiköpfige Besatzung zusätzlich abgelenkt haben. Insbesonders seine Beteiligung beim Vorlesen der Kontrolliste stand im Gegensatz zu den üblichen Betriebsverfahren.

Die Düsenpassagiermaschine setzte ihren Sinkflug mit voll ausgefahrenen Landeklappen und Fahrwerken fort, bis sie gegen eine Kaimauer prallte. Der erste Aufschlag erfolgte circa 1000 Meter vor der Landebahnschwelle und 50 Meter nach rechts von der verlängerten Mittellinie versetzt. Der Kontrollturm bemerkte den Unfall wegen der schlechten Sichtverhältnisse nicht. Das Turmpersonal stellte sogar den vermeintlich falschen Alarm ab, der sich nach dem Absturz aufgrund der Beschädigung der Anflugbefeuerung selbstständig ausgelöst hatte, ohne wie vorgeschrieben die noch anfliegenden Flüge darüber zu informieren. Zwei weitere Maschinen hatten bereits die Landeerlaubnis für dieselbe Landebahn erhalten, auf der ein Teil der Trümmer herumlagen. Zum Glück brachen sie ihren Landeanflug wegen der schlechten Wetterverhältnisse ab.

In Boston wurde später ein Ausbildungsprogramm für Fluglotsen über den Betrieb der Anflugbefeuerung eingeführt. Das US-amerikanische Bundesamt für Luftfahrt FAA änderte die Verfahren der Flugsicherungskontrolle im Nahbereich. Wenn die benutzte Landebahn vom obersten Teil des Kontrollturms nicht mehr zu sehen war, mußten alle wichtigen Informationen an den Lotsen der Bodenkontrolle weitergegeben werden.

Datum: 13. August 1973, circa 11:40 Uhr
Ort: In der Nähe von La Coruna, Spanien
Unternehmen: Aviacion y Comercio SA (AVIACO), Spanien
Flugzeugmuster: Sud-Aviation Caravelle 10-R (EC-BIC)

Die Besatzung der Düsenpassagiermaschine hatte am Ende eines planmäßigen Inlandfluges von Madrid bereits drei erfolglose Landeversuche auf dem Flughafen von La Coruna hinter sich. Der Fluglotse auf dem Kontrollturm berichtete, daß er die Caravelle beim dritten Anflugversuch in den tiefliegenden Nebelschwaden gesehen und das an den Flug weitergege-

ben hatte. Das muß den Flugkapitän in den Glauben versetzt haben, er könne bei einer geringen Unterschreitung der Mindesthöhe sicher landen.

Die Piloten versuchten beim Landeanflug wahrscheinlich, Bodensicht zu erhalten und nahmen dabei nicht mehr genügend Bezug auf ihre Höhenmesser. Kurz bevor das Flugzeug einige Eukalyptusbäume auf der Kuppe eines Hügels köpfte, begannen die Piloten damit, die Maschine hochzuziehen und Vollgas zu geben. Die zweistrahlige Düsenverkehrsmaschine stürzte dann circa drei Kilometer vor der Schwelle von Landebahn 22 in Rückenlage ab und ging beim Aufschlag in Flammen auf. Alle 85 Insassen (79 Passagiere und sechs Besatzungsmitglieder) und ein Arbeiter auf dem Boden wurden dabei getötet.

Kurz vor dem Unfall betrug die vertikale Sicht zwischen 250 und 300 Meter und die horizontale Sicht circa eineinhalb Kilometer.

Der Pilot verletzte mit dem Versuch, bei den vorhandenen Wetterverhältnissen zu landen, sowohl die nationalen Vorschriften und Anweisungen als auch die in Spanien geltenden internationalen Normen. Unter den gegebenen Umständen hätte er den Ausweichplatz anfliegen müssen.

Als mildernder Umstand könnte vielleicht berücksichtigt werden, daß die von der Besatzung benutzten Anflugkarten den 105 Meter hohen Hügel als höchstes Hindernis auswiesen, die Bäume aber noch zwölf bis 15 Meter darüber hinausragten.

Eine der im Untersuchungsbericht empfohlenen Maßnahmen forderte die Flugsicherungs-Kontrollstellen dazu auf, die Piloten vor Erreichen ihres Zielflughafens darüber zu unterrichten, ob die Wetterverhältnisse die Mindestbedingungen unterschritten hatten.

Datum: 22. Dezember 1973, 22:10 Uhr
Ort: In der Nähe von Tetuàn, Marokko
Unternehmen: Sobelair SA, Belgien
Flugzeugmuster: Sud-Aviation Caravelle VI-N (OO-SRD)

Bei dem Absturz der Düsenpassagiermaschine, die von der belgischen Fluggesellschaft SABENA an die Royal Air Maroc ausgeliehen war, kamen alle 106 Insassen ums Leben. Die Maschine befand sich auf einem außerplanmäßigen Flug von Paris, Frankreich, nach Casablanca, Marokko. Das Unglück ereignete sich bei den Vorbereitungen zu einer Zwischenlandung auf dem Boukhalf Flughafen von Tanger. Die meisten Passagiere waren Marokkaner, die über die Feiertage nach Hause fliegen wollten. Bis auf eine Ausnahme waren alle sieben Besatzungsmitglieder Belgier.

Der Pilot hatte offenbar das von dem Flughafen wegführende Teilstück der Verfahrenskurve zu weit nach Osten ausgedehnt. Dabei geriet die Caravelle außerhalb der Sicherheitszone über ein gefährliches Gelände. Das Flugzeug prallte dann mit eingezogenem Fahrwerk circa 40 Kilometer von dem Flughafen entfernt in ungefähr 700 Meter Höhe gegen einen Berg und ging bei dem Aufschlag in Flammen auf.

Diese Turkish Airlines Fokker F.28 Kameradschaft mit der Registriernummer TC-JAO verunglückte beim Start auf dem Flughafen Izmir. (Fokker-VFW)

Das Unglück ereignete sich bei Regen in der Nacht. Der Wind blies mit 37 bis 75 km/Std aus südsüdwestlicher Richtung. In den Wolken trat über 500 Meter Vereisung auf.

Datum: 26. Januar 1974, circa 07:30 Uhr
Ort: In der Nähe von Izmir, Türkei
Unternehmen: Turk Hava Yollari AO (Turkish Airlines)
Flugzeugmuster: Fokker-VFW F.28 Fellowship Mark 1000 (TC-JAO)

Die Düsenpassagiermaschine sollte zu dem planmäßigen Inlandsflug nach Instanbul starten. Bei dem Startvorgang auf dem Flughafen Cumaovasi stürzte sie ab. 66 Insassen (62 Passagiere und vier Besatzungsmitglieder) kamen dabei ums Leben. Sechs Passagiere, darunter ein Säugling, und ein Besatzungsmitglied überlebten verletzt.

Das Flugzeug war von Startbahn 35 abgehoben und dann in circa 10 Meter Höhe über Grund nach links abgekippt. Es schlug in fast horizontaler Fluglage zuerst mit dem äußeren Ende seiner linken Landeklappen und danach mit der linken Rumpfunterseite auf. Schließlich raste es gegen die Böschung eines Abwassergrabens, der auf der Westseite parallel zu der Startbahn verläuft. Die zweistrahlige Düsenpassagiermaschine brach dann auseinander und ging in Flammen auf. Der Hauptteil des Rumpfes kam auf dem Rücken zu liegen.

Zur Unfallzeit herrschte leichter Dunst mit einer Sichtweite von circa fünf Kilometer. Es gab eine gebrochene Wolkendecke.

Auf den Tragflächen der F.28 hatte sich während der Nacht Eis angesetzt. Das hatte in Verbindung mit einem zu weiten Hochnehmen der Flugzeugnase beim Start zu einem überzogenen Flugzustand geführt, aus dem der Pilot die Maschine bei der niedrigen Höhe unmöglich wieder abfangen konnte.

Datum: 30. Januar 1974, circa 23:40 Uhr
Ort: In der Nähe von Pago Pago auf der Insel Tutuila, Us-Territorium Samoa
Unternehmen: Pan American World Airways, USA
Flugzeugmuster: Boeing 707–321B (N454PA)

Die Düsenpassagiermaschine sollte als Flug 806 auf dem Internationalen Flughafen Pago Pago landen. Es war die erste der zwei geplanten Zwischenlandungen auf dem Weg von Auckland, Neu-

seeland, nach Los Angeles, Kalifornien, USA. Die 707 stürzte bei dem Instrumentenlandesystem-Anflug (ILS) auf Landebahn 05 ab und brannte aus. Dabei fanden 97 Insassen, darunter die gesamte zehnköpfige Besatzung den Tod. Vier Passagiere überlebten verletzt.

Der Unfall ereignete sich in der Dunkelheit. Am Flughafen regnete es zu dieser Zeit stark. Die Untergrenze der gebrochenen Wolkendecke lag bei circa 500 Meter, und die Sicht betrug eineinhalb Kilometer. Der Nordostwind hatte eine Geschwindigkeit von 37 km/Std mit Böen bis zu 65 km/Std.

Die US-amerikanische Transport-Sicherheitsbehörde NTSB machte in ihrem erst knapp ein Jahr später veröffentlichten Untersuchungsbericht die Besatzung für den Absturz verantwortlich, da sie nach dem Erreichen der Entscheidungshöhe versäumt hatte, eine überhöhte Sinkgeschwindigkeit zu korrigieren. Die US-amerikanische Verkehrspiloten-Vereinigung beantragte über zwei Jahre nach dem Unfall, die wahrscheinliche Unfallursache nochmals zu überprüfen. Die aus anderen mit Wind zusammenhängenden Unfällen in der Verkehrsfliegerei gemachten Erfahrungen veranlaßten die NTSB, die Untersuchung wieder

Das nach dem Aufschlag der Pan American World Airways auf Samoa ausgebrochene Feuer war für einen großen Teil des Schadens und mit einer Ausnahme für alle Opfer verantwortlich. (Wide World Photos)

aufzunehmen. Sie überprüfte nochmals den Datenausdruck des Flugschreibers, die Niederschrift der Gespräche in der Pilotenkabine und die technischen Leistungsgrößen des Flugzeuges.

In dem 1977 herausgegebenen überarbeiteten Untersuchungsbericht wurde erneut der Fehler der Besatzung als Hauptunfallursache festgelegt. Er enthielt aber auch den Umwelteinfluß, der sich in Form der vorhandenen böigen Winde negativ auf die Flugstabilität ausgewirkt hatte. Ein Mitglied der Untersuchungskommission stimmte gegen die Mehrheit. Er war der Ansicht, daß der Wind in Wirklichkeit hauptverantwortlich für den Absturz gewesen sei.

Die Düsenpassagiermaschine flog 50 Sekunden vor dem Aufschlag in ein Gebiet mit vorwiegend zunehmendem Gegenwind und/oder Aufwinden ein. Die Ursache hierfür ist wahrscheinlich der durch das ansteigende Gelände auf der Insel beeinflußte Wind des Regensturms gewesen. Dabei wurde die Maschine von dem richtigen Gleitpfad nach oben versetzt. Der Flugkapitän hat die Lage erkannt und die Leistung der Triebwerke gedrosselt. Er hat jedoch offensichtlich übersehen, was mit der 707 geschah, als sie wieder aus diesen Windverhältnissen herauskam und nun wahrscheinlich auf einen abnehmenden Gegenwind und/oder eine nach unten gerichtete Strömung traf. Das führte zu einer Zunahme der Sinkgeschwindigkeit, was der Pilot nicht bemerkte, da er seine Aufmerksamkeit nach außen und nicht auf die Instrumente gerichtet haben dürfte. Das Flugzeug flog außerdem zu dieser Zeit bei starkem Regen über ein Gelände ohne Lichter am Boden (der sogenannte »schwarze Loch« Effekt). Daher gab es auch keine sichtbaren Bodenbezugspunkte, mit Hilfe derer die hohe Sinkrate zu erkennen gewesen wäre. Der Regen dürfte das Sehfeld des Piloten (das von der Pilotenkabine aus nach vorne sichtbare Gelände) zusätzlich verringert und zu der Illusion geführt haben, die Flugzeugnase zeige nach oben. Die natürliche Reaktion darauf wäre, die Steuersäule leicht nach vorne zu drücken und den Schub zu drosseln.

Es wurde festgestellt, daß der Erste Offizier auf dem Empfänger seines Navigationsgerätes nicht die ILS Frequenz eingedreht hatte. Er hätte deshalb quer durch die Führerkabine auf das Instrument des Flugkapitäns schauen müssen, um Gleitpfad-Informationen und -Kommandoanzeigen zu erhalten. Dabei wird er die Lichter der Gleitwinkel-Befeuerungsanlage (VASI) neben der Landebahn übersehen haben, die ebenfalls angezeigt haben, daß die Maschine unter den Gleitpfad gesunken war. Nach dem Ertönen des Warnsignals des Radiohöhenmessers meldete er dem Flugkapitän: »Sie sind bei der Entscheidungshöhe« und kurz darauf »Landebahn in Sicht«.

Die 707 bekam dann mit ausgefahrenem Fahrwerk und den Landenklappen in der 50 Grad Stellung circa 1180 Meter vor der Landebahnschwelle Baumberührung und stürzte anschließend in einen tropischen Wald. Bei dem Aufschlag verlor sie ihr Bug- und Hauptfahrwerk, alle vier Triebwerke, die äußeren Tragflächen und zahlreiche weitere Teile.

Der Unfall wäre fast 100 prozentig zu überleben gewesen. Nur der Erste Offizier starb an den bei dem Aufschlag erlittenen Verletzungen. Verbrennungen und/oder Rauchvergiftungen waren die Todesursache bei den übrigen Opfern.

Datum: 3. März 1974, circa 12:40 Uhr
Ort: In der Nähe von Ermenonville, Departement Oise, Frankreich
Unternehmen: Turk Hava Yollari AO (Turkish Airlines)
Flugzeugmuster: McDonnell Douglas DC-10 Serie 10 (TC-JAV)

Vor diesem Unglück hatte man sich seit dem Beginn des Jumbo-Jet Zeitalters gefürchtet. Der nicht überlebbare Absturz einer fast vollbesetzten Großraum-Düsenpassagiermaschine ließ die Verkehrsluftfahrt über ein Jahr nicht zur Ruhe kommen. Kritiker der Industrie bezeichneten diesen Unfall als ein Beispiel für kollektive Dummheit, Kurzsichtigkeit in der Planung und die Nachlässigkeit der Regierung.

Im Mittelpunkt der kontroversen Diskussion stand ein schwerer Konstruktionsfehler an der McDonnell Douglas Maschine. Der Fehler hatte nichts mit ihrer Leistungsfähigkeit oder Bedienung zu tun. Er lag ganz schlicht in der Verriegelungsanlage der hinteren Frachtraumtür. Die Türen der meisten Düsenpassagiermaschinen gingen früher nach innen auf. Sie wurden im Flug von dem Kabinendruck in der richtigen Stellung festgehalten. Die von der Convair Gruppe von General Dynamics hergestellte Tür der DC-10 wurde dagegen nach außen geöffnet. Sie war bei Flügen in größeren Höhen einem ständigen Druck ausgesetzt. Ihr Verriegelungssystem mußte daher absolut haltbar und narrensicher sein.

Die Tür war so konstruiert, daß sie durch die Betätigung eines Schalters geschlossen wurde. Ein elektrisch angetriebener Stellmotor besorgte das Drehen eines Schubrohres, an dem vier Sperrhebel befestigt waren. Bei dem Schließvorgang bewegte sich das Schubrohr, bis die Schlüsselansätze auf den Sperrhebeln in die dazugehörigen Schlösser einschnappten. Danach wurde außen ein Hebel heruntergezogen. Er brachte an der Außenseite jedes Sperrhebels einen Verriegelungsbolzen in Position. Ein Klemmen des Hebels wäre ein sofortiger Hinweis darauf gewesen, daß sich die Sperrhebel nicht in der vorgesehenen Stellung befanden, das heißt nicht ordnungsgemäß gesichert waren. Die Verriegelungsbolzen-Vorrichtung sollte am Ende ihres Arbeitsganges zusätzlich noch mechanisch einen Schalter auslösen, der das »Tür Offen« Warnlicht in der Pilotenkabine zum Erlöschen bringen sollte. Als letzte Sicherung diente eine kleine Öffnung an der Außenseite der Tür. Sie sollte sich schließen, wenn die Verriegelungsbolzen in der vorgesehenen Stellung waren.

Wurde der Außenschalter aber nicht lange genug betätigt, oder bewegte der Stellmotor das Schubrohr aus einem anderen Grund nicht weit genug, konnten die Sperrhebel nicht ordnungsgemäß gesichert werden. Bezeichnend war die Feststellung, daß das Ge-

Die McDonnell Douglas DC-10 wurde nach dem Absturz in der Nähe von Paris Mittelpunkt einer kontroversen Diskussion. Unfallursache war ein fehlerhaftes Verriegelungssystem der Frachtraumtür. (McDonnell Douglas)

stänge zwischen dem Bedienungshebel und der Schiene mit den Verriegelungsbolzen zu schwach war.

Die Unzulänglichkeiten der Verriegelungsvorrichtung wurden klar erkannt, als im Juni 1972 eine American Airlines DC-10 auf einem Inlandsflug in den USA kurz nach dem Start von dem Flughafen Detroit, Michigan, fast abgestürzt wäre. Die Frachtraumtür an der linken hinteren Rumpfseite der Düsenpassagiermaschine öffnete sich beim Steigflug auf die Reiseflughöhe in circa 3700 Meter Höhe. Der sofort erfolgte explosionsartige Druckabfall war wegen fehlender Ausgleichsventile im Frachtraum stärker als in der darüber liegenden Passagierkabine. Der vorhandene Druckunterschied übte nun einen starken Druck nach unten auf den Kabinenboden aus. Er überstieg dessen vorgesehene Belastungsgrenze und brachte ihn zum teilweisen Einsturz. Dabei wurden die Kabel der Höhen- und Seitenrudersteuerung beschädigt, die unterhalb des Kabinenbodens vom Führerraum zu dem Leitwerk verliefen. Der Flugkapitän und seine Besatzung konnten die Maschine mit viel Geschick und Einfallsreichtum sicher landen. Zur Steuerung benutzten sie dabei vor allem die Triebwerke. Keiner der 67 Insassen wurde ernstlich verletzt.

Die Untersuchung des Zwischenfalls ergab, daß der zuständige Gepäck-Lademeister die Tür tatsächlich falsch verschlossen hatte. Die Sperrhebel lagen noch achteinhalb Millimeter vor ihrer richtigen Stellung. Der Lademeister hatte versucht, das System mit der Betätigung des Hebels vorschriftmäßig zu sichern. Die Verriegelungsbolzen wurden dabei aber nur gegen die Zapfen gedrückt und legten sich nicht sauber um die Sperrhebel herum. Mit Unterstützung seines Knies konnte der Lademeister den Hebel dann voll nach unten ziehen. Dabei verbog er aber nur das Gestänge und die Rohre im Inneren, ohne daß die Tür vollständig verriegelt wurde. Durch das Verbiegen kann auch der Schalter des Warnlichtes ausgelöst worden sein, was dessen Aufleuchten in

der Pilotenkabine verhindert hat. Die kleine Öffnung an der Tür erwies sich außerdem als Sicherheitsvorkehrung wertlos. Sie schloß sich konstruktionsbedingt, sobald der Hebel nach unten gezogen worden war, auch wenn die Verriegelungsbolzen nicht in der richtigen Stellung waren.

Der Fehler wurde auch sofort nach dem Zwischenfall der American Airlines in der Verriegelungsvorrichtung vermutet, und veranlaßte die Abteilung West des US-amerikanischen Bundesamtes für Luftfahrt FAA zu handeln. Regierungsbeamte bereiteten eine Lufttüchtigkeits-Anordnung vor, die als Sofortmaßnahme den Einbau eines kleinen Sehschlitzes über einem der Verriegelungsbolzen in der hinteren Frachtraumtür jeder DC-10 vorgeschrieben hätte. Die Stellung der Verriegelungsbolzen hätte so mit einem Blick überprüft werden können. Zusätzlich wurde die Anbringung eines Aufklebers nahegelegt, dessen Inschrift vor einer zu starken Kraftanwendung bei der Betätigung des Hebels warnen sollte. Der Direktor der FAA John Shaffer und der damalige Präsident der Douglas Gruppe von McDonnell Douglas Jackson McGowen trafen dann aber eine heute sehr fragwürdige Vereinbarung auf Treu und Glauben, in der die Lufttüchtigkeits-Anordnung auf drei Betriebsanweisungen herabgestuft wurde. In diesen wurden neben den in der Lufttüchtigkeits-Anordnung vorgesehenen Änderungen folgende weitere Modifizierungen gefordert: Die Neuverkabelung des elektrischen Stellmotors; die Änderung des Schubrohres und der Einbau einer Verstärkerplatte, um sein Verbiegen zu verhindern; und die Abstimmung der Verriegelungsbolzen auf einen vergrößerten Bewegungsspielraum. Die Durchführung der Änderungen stand praktisch außer Frage. Sie mußten aber nicht unter dem gleichen Zeitdruck ausgeführt werden, als wenn sie in einer Lufttüchtigkeits-Anordnung enthalten gewesen wären.

Vielleicht war das der Grund, daß fast zwei Jahre nach der Herausgabe der Betriebsanweisungen nur zwei der drei geforderten Änderungen bei der TC-JAC durchgeführt worden waren, als sie an jenem

Ein Brandflecken im Wald markiert die Aufschlagstelle des ersten nicht überlebbaren Absturzes einer fast voll besetzten Großraum Düsenpassagiermaschine. (Wide World Photos)

Sonntag in ihr Unglück flog. Der Turkish Airlines Flug 981 aus Istanbul, Türkei, startete nach einer Zwischenlandung in Paris von dessen Flughafen Orly zum Weiterflug nach London. Ein Streik bei der British Airways hatte viele Urlauber gezwungen, auf die Türkische Fluggesellschaft umzubuchen. Daher war die Maschine beim Abflug fast voll besetzt. Mehr als die Hälfte der Passagiere waren Engländer.

Die Wetterverhältnisse waren mit nur vereinzelten Cumuluswolken in 1000 Meter Höhe ideal. Die Großraum-Düsenpassagiermaschine hatte die Freigabe zum Steigflug auf Flugfläche 230 (Circa 7000 Meter) erhalten und wurde bei der Einnahme eines nordnordwestlichen Kurses auf dem Radarschirm beobachtet. Kurze Zeit später teilte sich das primäre Radarecho in zwei Teile, wobei der eine Teil bis zum Verschwinden von dem Bildschirm auf der Stelle stehen zu bleiben schien. Das zweite Echo drehte noch nach links auf einen Kurs von ungefähr 280 Grad, bevor es ebenfalls nicht mehr zu sehen war. Der Fluglotse hatte auf seinem Radarschirm die Ablösung der Frachttüre beobachtet. Das geschah in circa 3500 Meter Höhe über dem Dorf Saint-Pathus. Der Kabinendruck müßte zu diesem Zeitpunkt fast noch dem Luftdruck in Meereshöhe entsprochen haben.

Der Verlust der Türe verursachte wie bei der American Airlines DC-10 einen sofortigen Druckabfall und danach den Bruch des Kabinenbodens. Letzterer war jedoch weitaus ausgedehnter, da auf der Konstruktion ein höheres Gewicht lastete. Sechs Passagiere auf zwei dreisitzigen Sitzreihen wurden durch die entstandene Öffnung hinausgeschleudert. Neben den Kabeln der Höhen- und Seitenrudersteuerung müssen auch die Kontrolleitungen zu dem zentralen Triebwerk Nummer zwei stark beschädigt worden sein.

Der durch den plötzlichen Druckabfall verursachte Knall war auf dem Gesprächsaufnahmegerät in der Pilotenkabine aufgezeichnet worden. Der Erste Offizier antwortete auf die Anfrage des Flugkapitäns, was geschehen sei, mit »der Rumpf ist geplatzt«. Die Triebwerke Nummer eins und zwei wurden scheinbar automatisch gedrosselt, und die Maschine fiel dann kopfüber in einen Sturzflug. Die Besatzung konnte die Kontrolle über das Flugzeug nicht mehr zurückgewinnen. Der Sinkwinkel verringerte sich bis zum Aufschlag der DC-10 in einem Wald auf circa vier Grad. Ihre Geschwindigkeit betrug zuletzt in einer leichten linken Querlage fast 800 km/Std. Beim Aufprall brach sie in einem Feuerball in mehrere Teile auseinander. Alle 346 Insassen, darunter zwölf Besatzungsmitglieder, fanden den Tod. Das Hauptwrack lag 40 Kilometer nordnordöstlich der Französichen Hauptstadt verstreut auf einer Fläche von ungefähr 700 Meter Länge und 100 Meter Breite. Nach dem Aufschlag gab es nur noch vereinzelt kleine Brände. Der ganze Flug hatte circa zehn Minuten gedauert. Davon vergingen 77 Sekunden zwischen dem Verlust der Tür und dem Aufprall auf dem Boden.

An den Trümmerstücken der Frachtraumtür wurden verschiedene Mängel entdeckt. Die Sperrhebel hatten offensichtlich ihre vorgesehene Endstellung nicht erreicht. Die zunehmende Belastung während des Fluges wurde von der Tür auf den Stellmotor übertragen. Dieser hielt der Krafteinwirkung zwar stand, übte aber seinerseits Druck auf die beiden Schrauben aus, mit denen er an der Türkonstruktion befestigt war. Sie konnten der Belastung nicht widerstehen und gaben nach. Dadurch verloren die Sperrhebel ihren Halt. Das führte zum Aufgehen der Tür und zum Bruch der oberen Zahnstange des Stellmotors. Die Tür fiel dann in mehrere Teile auseinander und löste sich ganz vom Flugzeugrumpf ab.

Bei der Untersuchung wurde festgestellt, daß erneut die unvollständige Ausdehnung der Zahnstange des Stellmotors zu der nicht ordnungsgemäßen Verriegelung der Sperrhebel geführt hatte. Vermutlich war dies systembedingt durch die Unterbrechung des Stromkreises geschehen, weil der Lademeister den Schalter nicht lange genug gehalten hat. Es könnte aber auch unbeabsichtigt durch das Abgleiten des Drehkraftbegrenzers, die normale Funktion der Überhitzungs-Auschaltanlage oder die zufällige Unterbrechung der Stromversorgung verursacht worden sein.

Die Nachweise der Herstellerfirma, nach denen

alle geforderten Änderungen an der TC-JAV bereits vor ihrer Auslieferung an die Fluggesellschaft im Dezember 1972 durchgeführt worden waren, erwiesen sich als unrichtig. An den Verriegelungsbolzen und dem Kontakt des Verriegelungsschalters waren zwar Änderungen vorgenommen worden, diese entsprachen aber nicht den Anforderungen der Flugtechnik. Der Einbau eines Sehschlitzes war eine Modifizierung, die ausgeführt worden war. Das alleine hätte natürlich die Tragödie verhindern können, wenn ihn irgendjemand vor dem Start benutzt und eine visuelle Überprüfung durchgeführt hätte. Der ebenfalls angebrachte Aufkleber war aus zwei Gründen nutzlos. Er war erstens in Englischer Sprache bedruckt worden, die der in Algerien geborene Gepäck-Lademeister nicht verstand. Der zweite Grund war aber noch ausschlaggebender. Aufgrund der Konstruktion der Vorrichtung und der minderwertigen Durchführung der Modifizierungen war es möglich, den Verriegelungshebel ohne jede ungewöhnliche Kraftanstrengung herunterzuziehen und die innen gelegenen Bausteine dabei zu verbiegen. Die schlechte Montage wird auch für den Umstand verantwortlich gewesen sein, daß das Warnlicht nicht auf dem Armaturenbrett des Bordingenieurs aufgeleuchtet ist.

Nach der Katastrophe gab das US-amerikanische Bundesamt für Luftfahrt eine Lufttüchtigkeits-Anordnung heraus, die bei allen DC-10 Frachttüren einen «geschlossenen Kreislauf« vorschrieb. Das System war ähnlich wie das der Boeing 747 ausgelegt. Es verhinderte ein Schließen der Druckausgleichstüre so lange, bis sich die Verriegelungsbolzen in der vorgesehenen Stellung befanden. Später ergriff die Regierungsbehörde weitere Maßnahmen, um die Sicherheit der DC-10, 747 und Lockheed L-1011 zu erhöhen. Die Kabinenböden mußten verstärkt und das Druckausgleichssystem verbessert werden. Damit sollten die Aussichten erhöht werden, daß die Flugzeuge nach einem größeren Druckabfall oder einem strukturellen Schaden weiter flugfähig blieben.

Die McDonnell Douglas Großraum-Verkehrsmaschine erholte sich von ihrem angeschlagenem Ruf, den sie als Folge des Unfalles erhalten hatte. Nach einem weiteren schrecklichen Absturz in den USA, sollte sie aber fünf Jahre später erneut einer gründlichen Überprüfung unterzogen werden (siehe Seite 150).

Datum: 22. April 1974, 22:26 Uhr
Ort: In der Nähe von Grogak, Bali, Indonesien
Unternehmen: Pan American World Airways, USA
Flugzeugmuster: Boeing 707–321C (N446PA)

Die Düsenpassagiermaschine befand sich als Flug 812 auf einem transpazifischen Linienflug von Hongkong nach Los Angeles, Kalifornien, USA. Auf dem Flughafen Ngurah Rai in der Nähe von Denpasar war die erste von insgesamt vier Zwischenlandungen vorgesehen. Nachdem die 707 die Freigabe zum Sinkflug auf 750 Meter Höhe erhalten hatte, prallte sie in der mittleren Phase des Niederfrequenz-Funkfeuer-Anfluges (ADF) gegen den Mt Mesehe, zerbrach in mehrere Teile und brannte aus. Alle 107 Insassen (96 Passagiere und elf Besatzungsmitglieder) fanden den Tod.

Der Unfall ereignete sich in der mondlosen, abendlichlichen Dunkelheit bei wolkenfreiem Himmel. Das Flugzeug rollte mit ausgefahrenem Fahrwerk gerade in rechter Querlage durch einen Kurs zwischen 155 und 160 Grad, als es in circa 1000 Meter Höhe über dem Meeresspiegel in ein Waldgebiet stürzte.

Die Besatzung hatte vermutlich eine Verfahrenskurve nach rechts auf den mit 263 Grad vom Funkfeuer wegführenden Teil der Platzrunde zu früh eingeleitet, um schneller zur Landung zu kommen. Dieses Manöver scheint auf die Anzeige nur eines Radiokompasses hin erfolgt zu sein. Die Nadel des zweiten Radiokompasses hatte sich nicht bewegt. Die Anzeige, das Flugzeug befinde sich über dem Niederfrequenz-Funkfeuer war jedoch falsch. Die Düsenpassagiermaschine war in Wirklichkeit noch circa 55 Kilometer nördlich dieses Standortes. Wegen der Durchführung eines nicht genormten Verfahrens kannten die Piloten ihre genaue Position nicht.

Die Besatzung hat zwar anschließend versucht, eine richtige Radiokompaßanzeige zu erhalten. Das wird aber wahrscheinlich nicht möglich gewesen sein, da das Funkfeuer zu dieser Zeit von einer Bergkette abgeschirmt worden ist. Der Anflug wurde dann bis zum Aufschlag fortgesetzt.

Die Untersuchungskommission konnte nicht feststellen, warum die Anzeigenadel des Radiokompasses wie bei einem tatsächlichen Überflug des Funkfeuers herumgeschwungen ist. Die Ursache dafür könnte in störenden Beeinflussungen von außen oder innerhalb des Gerätes gelegen haben. Es gab keinen Beweis für eine Überlagerung durch einen Rundfunksender. Man nahm zudem an, daß der verantwortliche Flugzeugführer des Fluges zu wenig mit den Verfahren an diesem speziellen Flughafen vertraut gewesen ist.

Die Empfehlung der Untersuchungskommission, das in Denpasar installierte UKW-Drehfunkfeuer (VOR) durch eine Entfernungsmeßgerätanlage (DME) zu ergänzen, wurde später in die Tat umgesetzt.

Datum: 27. April 1974 (Uhrzeit unbekannt)
Ort: In der Nähe von Leningrad (St Petersburg), Russische Sozialistische Föderative Sowjetrepublik, UDSSR
Unternehmen: Aeroflot, UDSSR
Flugzeugmuster: Iljuschin IL-18V (CCCP-75559)

Bei dem Absturz der viermotorigen Turboprop Verkehrsmaschine wurde alle 118 Insassen getötet. Die Maschine war kurz nach dem Start von dem Flughafen Leningrad in ein Feld gestürzt und explodiert. Das Unglück ereignete sich Berichten zufolge nachts circa drei Kilometer hinter dem Ende der Startbahn. Das Flugzeug war auf einem planmäßigen Inlandsflug nach Krasnodar unterwegs gewesen. Der Ausbruch von Feuer an einem Triebwerk könnte die Unfallsache gewesen sein.

Datum: 8. September 1974, circa 09:40 Uhr
Ort: Vor der Küste von Kefallinia, Griechenland
Unternehmen: Trans World Airlines (TWA), USA
Flugzeugmuster: Boeing 707–331B (N8734)

Die Düsenpassagiermaschine war als Flug 841 von Athen, Griechenland, nach Rom, Italien, gestartet. Das war eine Teilstrecke des Linienfluges von Tel Aviv, Israel, nach New York City. Es wurde kein Notruf empfangen. Insassen einer anderen Maschine beobachteten aber, wie sich die 707 in der Luft aufbäumte, nach links rollte und spiralförmig nach unten sank, ehe sie circa 80 Kilometer westlich der Insel und 320 Kilometer westnordwestlich der Griechischen Hauptstadt in das Ionische Meer stürzte. Alle 88 Insassen (79 Passagiere und 9 Besatzungsmitglieder) wurden dabei getötet.

Das Meer ist in dem Absturzgebiet ungefähr 3000 Meter tief. Die Suchmannschaften konnten nur circa 1140 Kilogramm Trümmerteile und 24 Leichen der Opfer bergen, die auf der Wasseroberfläche trieben. Die meisten der Trümmerstücke stammten vom Inneren des Flugzeuges. Dazu kamen persönliche Gegenstände. Der Flugschreiber und das Gesprächsaufzeichnungsgerät der Pilotenkabine konnten nicht gefunden werden.

Einige der Trümmerteile wiesen Anzeichen auf, die auf eine Explosion an Bord der Maschine vor dem Aufschlag schließen ließen. In dem Schaumstoff eines Handkofferdeckels und in einem Sitzkissen wurden metallische und nicht metallische Splitter gefunden. Außerdem wurden Einschlagstellen an einem geborgenen Teil des Kabinenbodens entdeckt. Diese Funde hatten große Ähnlichkeit mit denen, die 1967 bei der Untersuchung des Absturzes einer British European Airways Comet Düsenpassagiermaschine gemacht worden waren, einem Unglück, das auf einen Bombenanschlag zurückgeführt worden war. Die 707 hat offensichtlich das gleiche Schicksal erlitten.

Man nahm an, daß beim Reiseflug in 8500 Meter Höhe ein hochexplosiver Gegenstand in dem hinteren Frachtraum des Flugzeuges detoniert war. Bei der Explosion wurde der Boden der Kabine wahrscheinlich so stark verbogen und beschädigt, daß ein oder mehrere Kabel der Höhen- und Seitensteuerungsanlage ausgezogen oder eventuell durchschnitten wurden. Das würde das heftige Aufbäumen und Gieren der Maschine verursacht und zum Verlust der Steuerbarkeit geführt haben. Offenbar ist bei diesem Manöver das Triebwerk Nummer zwei aufgrund der Überschreitung seiner Belastungsgrenze abgebrochen.

Es gab keine Tatverdächtigen für den Bombenanschlag. Eine palästinensische Freiheitsorganisation bekannte sich aber zu dem Anschlag. Der Sprengkörper muß auf dem Athener Flughafen an Bord gebracht worden sein, der für seine lasche Sicherheitsvorkehrungen bekannt war. (Tatsächlich war zwei Wochen zuvor ein Sabotageanschlag gegen die gleiche Gesellschaft und Flugnummer versucht worden. Die Zündeinrichtung der Bombe hatte aber im Frachtraum der Düsenpassagiermaschine versagt.) Zu der damaligen Zeit wurde noch nur das Handgepäck überprüft. Nach den Richtlinien der TWA war aber kein Gepäck an Bord erlaubt, das ohne Begleitung aufgegeben worden war. Die Gesellschaft führte später ein Verfahren ein, das die Überprüfung aller Gepäckstücke sicherstellen sollte, bevor sie an Bord genommen wurden.

Datum: 11. September 1974, circa 07:35 Uhr
Ort: In der Nähe von Charlotte, North Carolina, USA
Unternehmen: Eastern Airlines, USA
Flugzeugmuster: McDonnell Douglas DC-9 Serie 31 (N8984E)

Es war nicht der schwerste Unfall einer US-amerikanischen Fluggesellschaft in diesem Jahr. Die Begleitumstände des Absturzes der Düsenpassagiermaschine ließen jedoch allgemein aufhorchen. Bei der Untersuchung wurde ein bedenkliches Abweichen der Besatzung von den vorgeschriebenen Verfahren festgestellt. Das führte bei dem Landeversuch

Eine Eastern Airlines DC-9 Serie 31. Eine Maschine dieser Version stürzte wegen eines Fehlers der Besatzung bei einem Landeversuch ab. (McDonnell Douglas)

zu einem mangelnden Höhenbewußtsein und hatte tödliche Folgen.

Der Unfall geschah, als die Besatzung die Landebahn 36 des Douglas Municipal Flughafens mit Hilfe eines UKW-Drehfunkfeuers/Entfernungsmeßgerätes Verfahrens (VOR/DME) nach Instrumentenflugregeln (IFR) anflog, um dort auf dem Inlandsflug von Charleston, South Carolina, nach Chicago, Illinois, planmäßig zwischenzulanden. Das Fahrwerk der Düsenpassagiermaschine war ausgefahren und die Landeklappen standen auf 50 Grad, als sie Baumberührung bekam und dann auf dem ungefähren Anflugkurs circa fünf Kilometer vor der Landebahnschwelle in ein Feld stürzte. Das Flugzeug brach beim Aufschlag in mehrere Teile auseinander und ging in Flammen auf. 72 der 82 Insassen fanden dabei den Tod. Unter den Opfern befand sich auch der Flugkapitän und eine Flugbegleiterin. Eines der Opfer starb erst einen Monat später. Von den Überlebenden erlitten acht Passagiere und der Erste Offizier Verletzungen. Die zweite Stewardess überlebte ohne körperlichen Schaden.

Die Wetterverhältnisse in dem Gebiet wurden durch flache Nebelschwaden und Bodennebel charakterisiert. Darüber herrschten Sichtflugbedingungen. In dem Nebel ging die Sichtweite aber stark zurück.

Die Piloten unterhielten sich bis zweieinhalb Minuten vor dem Aufschlag über Themen, die nichts mit ihrer Arbeit in der Pilotenkabine zu tun hatten. Die Diskussion wurde als ablenkend gewertet und gab einen Eindruck von der lässigen Atmosphäre im Führerraum. Das blieb auch die restliche Flugzeit so und trug schließlich mit zu dem Unfall bei. Aus der Niederschrift der Gesprächsaufzeichnungen in der Pilotenkabine war zu entnehmen, daß die beiden Männer über eine Reihe von Themen diskutiert hatten, die von der Politik bis zu Gebrauchtwagen reichten. Beide vertraten dabei harte Standpunkte und neigten zu leichten Übertreibungen. Ihre Aufmerksamkeit bei der Überwachung der Fluginstrumente wird während der Diskussion wahrscheinlich nachgelassen haben, und sie werden den Anflug hauptsächlich nach sichtbaren Bodenbezugspunkten durchgeführt haben. Als die DC-9 dann in den Nebel einflog, konnten sie nicht mehr schnell genug auf die Blindflugverfahren umsteigen.

Das Flugzeug überquerte den vorgeschriebenen Festpunkt für den Endanflug etwa 135 Meter unterhalb der Mindestflughöhe und circa 80 km/Std schneller als die empfohlene Richtgeschwindigkeit. In 300 Meter Höhe über Grund setzte das Warnsystem für die Bodenfreiheit ein. Der Alarm wurde aber von der Besatzung nicht beachtet. Der Flugkapitän rief auch nicht das Erreichen von 150 Meter über der Flughafenhöhe und 30 Meter über der Mindestsinkhöhe aus, was er nach den Vorschriften hätte machen müssen.

Die Analyse des Tonbandes des Gesprächsaufzeichnunggerätes in der Pilotenkabine zeigte, daß der Flugkapitän Bezug auf seinen zweiten Höhenmesser genommen hatte. Dieser war nicht auf den Luftdruck in Flughafenhöhe (QFE) sondern auf den Luftdruck in Meeresspiegelhöhe (QNH) eingestellt, und zeigte da-

her 600 Meter (1500 Fuß) als QFE-Höhe anstatt der richtigen 327 Meter (1074 Fuß) an. Der Erste Offizier hat das Flugzeug während des Anfluges gesteuert. Er sagte später aus, daß er in dem Glauben gewesen war, die Maschine hätte sich am Festpunkt zum Endanflug nur 40 Meter unterhalb der Mindesthöhe befunden. Das wäre der Fall gewesen, wenn er die angezeigten 600 Meter als QFE-Höhe angesehen und seinen eigenen Höhenmesser um 300 Meter (1000 Fuß) falsch abgelesen hätte, der auf den Luftdruck in Platzhöhe eingestellt war. Solch ein Ablesefehler hätte entstehen können, wenn der Copilot eine der Höhenanzeigenadeln zwischen den Ziffern 6 und 7 gesehen und dabei die Anzeige in dem Fenster des Instrumentes nicht beachtet hätte, welche die Höhe in 300 Meter (1000 Fuß) Abständen darstellt. Unter Berücksichtigung des falschen QFE hätte sein Höhenmesser dann 510 Meter angezeigt. Das waren noch 390 Meter über der Mindestsinkhöhe von 120 Meter über Grund. Aus diesem Grund wurde der Sinkflug fortgesetzt und die Sinkrate Sekunden vor dem Aufschlag sogar noch erhöht. Diese Theorie wäre auch eine Erklärung für die unterlassenen Ausrufe der Höhen durch den Flugkapitän gewesen. Die US-amerikanische Transport-Sicherheitsbehörde NTSB bezeichnete dies aber als rein spekulativ.

Was auch immer der Grund dafür gewesen ist, daß die vorgeschriebenen Höhen nicht eingenommen und gehalten wurden, es bestätigt nur den von der Besatzung gezeigten Mangel an Disziplin.

Datum: 15. September 1974, circa 11:00 Uhr
Ort: In der Nähe von Phan Rang, (Süd) Vietnam
Unternehmen: Air Vietnam, Südvietnam
Flugzeugmuster: Boeing 727–121C (XV-NJC)

Flug 706 war auf einem Inlandsflug von Da Nang nach Saigon (jetzt Ho Chi Minh City) unterwegs, als ein Passagier die Düsenpassagiermaschine unter seine Kontrolle brachte. Kurze Zeit später teilte die Besatzung über Funk mit, daß sie versuchen werde, auf dem 250 Kilometer nordöstlich der Hauptstadt gelegenen Phan Rang Flughafen zu landen.

Die 727 flog nach dem Einflug in den Queranflugteil der Platzrunde über die verlängerte Mittellinie der Landebahn hinaus, ehe sie eine Linkskurve einleitete. Das Flugzeug stürzte dann aus circa 300 Meter Höhe auf den Boden und explodierte. Alle 75 Insassen, darunter acht Besatzungsmitglieder, kamen ums Leben. Der Luftpirat hatte wahrscheinlich bemerkt, daß der Pilot seiner Anweisung nicht folgte, nach Hanoi, Nordvietnam, zu fliegen, und daraufhin zwei Handgranaten gezündet.

Die vietnamesischen Behörden verstärkten nach diesem Zwischenfall die Sicherheitsvorkehrungen besonders auf den stärker gefährdeten Flughäfen.

Datum: 20. November 1974, circa 07:50 Uhr
Ort: In der Nähe von Nairobi, Kenia
Unternehmen: Deutsche Lufthansa AG, Deutschland
Flugzeugmuster: Boeing 747–130D (D-ABYB)

Der erste schwere Absturz einer Boeing 747 hatte nicht das von vielen befürchtete katastrophale Ausmaß. Die Anzahl der Opfer war nicht höher als bei vergleichbaren Unfällen mit herkömmlichen Düsenpassagiermaschinen oder sogar Propeller-Verkehrsflugzeugen. Die Verkehrsluftfahrt hatte in diesem Jahr natürlich schon ihre erste gigantische Katastrophe mit dem Absturz der DC-10 über Frankreich erlebt.

Flug 540 war ein regulärer Liniendienst von Frankfurt, Deutschland, nach Johannesburg, Südafrika. Nach einer planmäßigen Zwischenlandung auf dem Flughafen von Nairobi, Kenia, hatte die Großraum Düsenpassagiermaschine die Freigabe zum Start von der Startbahn 24 erhalten.

Nach der Beschleunigung auf circa 240 km/Std wurde die Flugzeugnase hochgezogen. Die Maschine hob dann etwa 2500 Meter nach dem Startbahnanfang mit einer Geschwindigkeit von circa 265 km/Std von dem Boden ab. Ein paar Sekunden später trat ein Schütteln oder starkes Vibrieren auf. Der Flugkapitän vermutete zunächst Schwierigkeiten mit einem Triebwerk und anschließend unsymmetrische Laufräder. Im weiteren Startverlauf wurde mit dem Einzug des Fahrwerkes begonnen. Der Copilot vermißte dabei jegliches Gefühl der Beschleunigung.

Die Düsenpassagiermaschine erreichte eine Höhe von circa 30 Meter und begann dann wieder zu sinken. Der Rüttler an der Steuersäule setzte ein und warnte vor einem unmittelbar bevorstehenden Abriß der Strömung über den Tragflächen. Als der Erste Offizier erkannte, daß ein Absturz nicht mehr zu vermeiden war, zog er alle vier Leistungshebel der Triebwerke voll zurück.

Das Fahrwerk der 747 befand sich noch im Einfahrzyklus, als sie circa 1130 Meter hinter dem Startbahnende und 30 Meter nach links von der verlängerten Mittellinie versetzt zuerst Büsche und Gras streifte und dann gegen eine leichte Erhöhung der Zufahrtsstraße schlug und in mehrere Teile auseinanderbrach. Bei dem Aufprall und dem anschließendem Feuer, das durch eine Explosion in der linken Tragfläche ausgelöst wurde und sich schnell über den gesamten Rumpf ausbreitete, starben 59 Insassen (55 Passagiere und vier Besatzungsmitglieder). Von den 98 Überlebenden, darunter die dreiköpfige Flugbesatzung und zehn der 14 Flugbegleiter, erlitten 54 Personen Verletzungen. 44 Insassen kamen körperlich unversehrt davon.

Die Unfallursache war kurz danach bekannt. Man stellte fest, daß die Flugbesatzung die vorderen Flügelklappen nicht ausgefahren hatte. Die weitere Untersuchung ließ es sehr wahrscheinlich erscheinen, daß die zum Betrieb des Klappensystems eingesetzte Druckluftanlage zum Zeitpunkt der Wahl der Startstellung nicht gearbeitet hat, da der Bordingenieur aus Versehen vergessen hatte, die Ablaßventile des Systems zu öffnen. Er muß zusätzlich übersehen haben, daß die vier bernsteinfarbenen »Ventil geschlossen« Lampen ständig brannten und das Kontrollinstrument der Druckluftanlage keinen Leitungsdruck anzeigte.

Die Besatzung hatte in der Tat die vor dem Start in der Kontrolliste vorgeschriebenen Verfahren nicht ordnungsgemäß ausgeführt. Ob der Bordingenieur die entsprechende Frage über die Stellung der Ablaßventile überhaupt beantwortet hatte, konnte nicht festgestellt werden, da die drei Männer in der Pilotenkabine die Bordverständigungsanlage nicht benutzt hatten, und ihre Stimmen auf dem Band des Gesprächsaufnahmegerätes nicht deutlich genug aufgezeichnet worden waren.

Das Flugzeug kam nach dem Abheben von der Piste in einen überzogenen Flugzustand, da sich aufgrund der Klappenstellung der Stirnwiderstand beträchtlich erhöhte, und die Strömung über den Flügeloberflächen teilweise abriß. Erschwerend könnte sich dabei ausgewirkt haben, daß die Besatzung das Bugrad schon knapp unterhalb der festgesetzten Geschwindigkeit von der Startbahn abheben ließ.

Die Piloten drückten dann die Flugzeugnase nach unten, um die Geschwindigkeit zu halten oder zu erhöhen. Das konnte wegen der Bodennähe aber nur in einem sehr begrenzten Ausmaß geschehen und erwies sich schließlich als weitgehend wirkungslos. Dazu könnte die in diesem Gebiet auftretende Windscherung einen Teil beigetragen haben. Die Hauptursache lag jedoch in der Tatsache, daß die Maschine zu diesem Zeitpunkt bereits den Bereich des Bodeneinflusses verlassen hatte, und sich dadurch der Stirnwiderstand weiter erhöhte und die Strömung über den Flügeln noch mehr abriß. Vielleicht ist auch die Zunahme des Stirnwiderstandes beim Ausfahren der Fahrwerkstore während des Einfahrvorganges des Fahrwerkes größer als allgemein angenommen gewesen. Das könnte eine zusätzliche, wenngleich nicht entscheidende Rolle gespielt haben.

Der Absturz hätte wahrscheinlich noch durch eine frühere Verringerung des Steigungswinkels bei gleichzeitiger Erhöhung der Triebwerksleistungen verhindert werden können. Die Besatzung ergriff diese Maßnahmen nicht, da sie anfangs einen durch Vogelschlag verursachten Triebwerksschaden vermutete. Die Durchsack-Warnanlage war außerdem nicht dafür programmiert, die Stellung der vorderen Flügelklappen zu berücksichtigen.

Ein grünes Licht auf dem zentralen Armaturenbrett der Piloten und acht weitere grüne Lichter auf der Warnleuchttafel des Bordingenieurs wurden nicht für ausreichend gehalten, eine falsche Klappenstellung zu bemerken.

Es hatte vor diesem Unfall schon mehrere Zwischenfälle gegeben, bei denen 747 Flugzeuge mit einer falschen Stellung der vorderen Flügelklappen gestartet waren. Keiner davon hatte zu einer Katastrophe geführt, da die Begleitumstände nicht vorhanden gewesen waren, die bei diesem Unfall eine Rolle gespielt haben. Erstmals war im August 1972 eine British Airways Maschine davon betroffen worden. Die Herstellerfirma hatte damals dem Änderungsvorschlag der Fluggesellschaft zugestimmt, das vordere Flügelklappensystem an das Warnhorn der Fahrwerksanlage und der hinteren Landeklappeneinheit anzuschließen.

Eine Trans World Airlines Boeing 727–231. Eine Maschine dieses Musters prallte in der Nähe der Hauptstadt der USA gegen den Mt Weather. (Trans World Airlines)

Boeing machte anschließend alle 747 Betreiber schriftlich darauf aufmerksam, wie wichtig die Überprüfung der vorderen Flügelklappenstellung sei, erwähnte dabei aber nicht die Änderungsvorschläge der Britischen Gesellschaft. Unzulänglichkeiten beim internationalen Austausch von Zwischenfallberichten trugen so zu dem Lufthansa Unfall bei. Selbst in der von Boeing herausgegebenen, überarbeiteten Kontrolliste für die Flugbesatzungen wurde die Überprüfung der Druckluftanlage vor dem Start nicht ausdrücklich gefordert.

Das US-amerikanische Bundesamt für Luftfahrt FAA erließ im folgenden Jahr eine Lufttüchtigkeits-Anordnung für die 747. Sie enthielt die von der Herstellerfirma vorgeschlagenen zusätzlichen Sicherheitsvorkehrungen. Wenn die hinteren Landeklappen in Startstellung waren, sollte ein bernsteinfarbenes Licht auf dem Armaturenbrett der Piloten aufleuchten, falls die vorderen Flügelklappen nicht voll ausgefahren waren. Zusätzlich sollte ein Warnton zu hören sein, wenn sich eines der Klappensysteme nicht in der richtigen Stellung befand.

Datum: 1. Dezember 1974, 11:09 Uhr
Ort: In der Nähe von Berryville, Virginia, USA
Unternehmen: Trans World Airlines (TWA), USA
Flugzeugmuster: Boeing 727–231 (N54328)

Dieser Unfall könnte aufgrund der durch ihn ausgelösten Reaktionen und Veränderungen als ein Meilenstein im Luftverkehr angesehen werden. Er beendete auch ein Jahr, das für die US-amerikanische Luftverkehrsindustrie im Punkte Sicherheit frustrierend gewesen ist.

Flug 514 aus Indianapolis, Indiana, war auf seinem Inlandsflug nach einer Zwischenlandung in Columbus, Ohio, nach Washington, DC, unterwegs. Der National Flughafen in Washington, auf dem die Maschine landen sollte, war wegen starken Seitenwindes geschlossen. Das Flugzeug wurde deshalb zum Dulles International Flughafen umgeleitet.

Die Anflugkontrolle teilte dem Flug drei Minuten nach der Übernahme von der Flugsicherungs-Bereichskontrolle mit: »TWA 514, sie erhalten die Freigabe für einen VOR/DME Anflug auf Landebahn 12« (UKW-Drehfunkfeuer/Entfernungsmeßgerät Anflug nach Instrumentenflugregeln). Dieser Funkspruch sollte nur eine Verkehrsberatung sein und bedeutete, daß die 727 ihre Höhe ohne eine Behinderung anderen Flugverkehrs verlassen könnte. Da die Besatzung noch selber navigierte, war sie dabei auch alleine für die Einhaltung der Hindernisfreiheit zuständig. Die Analyse des Bandes des Gesprächsaufnahmegerätes im Führerraum ergab jedoch später, daß der Pilot den Funkspruch so verstanden hatte, daß der Flug sofort gefahrlos mit dem Sinkflug beginnen könne.

Man hörte den Flugkapitän sagen: »600 ist die Untergrenze«. Er meinte damit die in der Anflugkarte verzeichnete Mindestsinkflughöhe über der Kreuzung mit der Round Hill Luftstraße, die das Flugzeug erst noch erreichen mußte. Die Mindesthöhe außerhalb der Luftstraße betrug 1040 Meter. Sie war auf der Geländeansicht der Anflugkarte nicht vermerkt, stand aber oben auf dem Kartenübersichtsplan. Der Pilot muß jedoch der Überzeugung gewesen sein, er könne unter diese Höhe sinken, da sich die 727 nicht auf einer veröffentlichten Luftstraße befand. Sein Kommentar zu dem Copiloten: »Wenn er Ihnen die Freigabe erteilt, dürfen Sie zu der Ausgangshöhe für den Anflug sinken« bewies sein Vertrauen in die Fluglotsen. Der Erste Offizier begann darauf mit dem Endanflug.

Die örtlichen Wetterverhältnisse zu dieser Zeit beinhalteten tief hängende Wolken, Schneeregen und eine Sichtweite zwischen 15 bis 30 Meter. Der Wind blies aus Osten mit circa 65 km/Std. Es gab Anzeichen dafür, daß der Flugkapitän und der Erste Offizier mehrmals den Boden flüchtig gesehen haben. Keiner der beiden konnte jedoch von dem was er sah, Rückschlüsse auf die Höhe über Grund ableiten.

Das Flugzeug wäre noch äußerst knapp über das Hindernis hinweggekommen, wenn es die Flughöhe von 600 Meter nicht unterschritten hätte. Der Sink-

Die Trümmer der 727 liegen weit zerstreut unter den Bäumen. Der Absturz kostete 92 Menschenleben. (UPI / Bettmann)

flug konnte jedoch offenbar aufgrund der Flugweise des Copliten bei der vorhandenen Turbulenz nicht rechtzeitig angehalten werden. Die Höhenalarmanlage ertönte beim Durchfliegen der Mindesthöhe. Das Alarmsystem des Radiohöhenmessers schaltete sich in 150 und 30 Meter über Grund ein, das letzte Mal kurz vor dem Aufschlag und nachdem der Flugkapitän gemahnt hatte: »Schieben Sie etwas Gas nach«. Dafür war es da aber bereits zu spät.

Die Düsenpassagiermaschine befand sich fast genau auf dem Anflugkurs, als sie in rund 510 Meter Höhe über dem Meeresspiegel mit eingefahrenen Fahrwerken und Landeklappen gegen den Mt Weather prallte, der ungefähr 50 Kilometer nordwestlich des Flughafens und 80 Kilometer von der Hauptstadt entfernt liegt. Die erste Baumberührung fand bei einer Geschwindigkeit von etwa 400 km / Std in 20 Meter Höhe über Grund statt. Das Flugzeug raste dann gegen einen Felsvorsprung, zerschellte und brannte aus. Alle 92 Insassen (85 Passagiere und sieben Besatzungsmitglieder) fanden den Tod.

Zeugen des US-amerikanischen Bundesamtes für Luftfahrt FAA sagten während der Unfalluntersuchung aus, daß der Flug nicht als ein mit Radar zu überwachender Anflug betrachtet worden war, da er nicht mit dessen Hilfe auf den Anflugkurs geleitet worden sei. Aus diesem Grund erhielt er keine Höhenbeschränkungen mitgeteilt. Die US-amerikanische Transport-Sicherheitsbehörde NTSB entschied jedoch, daß sich die Maschine in einer mit Radar überwachten Umgebung befunden hatte, da sie vorher von der Flugsicherungs-Kontrollstelle geführt worden war. Deshalb hätten die Höhenbeschränkungen sehr wohl in der Freigabe enthalten sein müssen. Die Untersuchungskommission kam aufgrund dieser Entscheidung zu dem Ergebnis, daß die Freigabe unvollständig gewesen ist und daher mit zu dem Absturz beigetragen hat. Zwei der fünf Mitglieder der NTSB gingen noch weiter und stimmten gegen die Mehrheit. Sie sahen die Handlungsweise des Fluglotsen ebenso wie das Versäumnis des Piloten, das Verfahren der Anflugkarte zu befolgen, als Hauptunfallursache an.

Die drei anderen Mitglieder machten für die Entscheidung des Piloten, unter eine sichere Höhe zu sinken, die unzulänglichen und unklaren Verfahren der Flugsicherung in der damaligen Zeit verantwortlich. Diese stifteten Verwirrung unter den Piloten und Fluglotsen, wer welche Verantwortung beim Flugbetrieb unter Instrumentenflugbedingungen trage. Die drei Mitglieder hielten aber auch fest, daß die Besatzung die Mindesthöhe in dem Gebiet problemlos aus dem oberen Kartenübersichtsplan hätte entnehmen können.

Bei der Untersuchung wurde auch festgestellt, daß Piloten nicht immer wußten, welche Form der Radarunterstützung sie erhielten, das heißt, ob es nur eine Trennung von anderen Flugbewegungen oder eine Hilfe bei der Navigation war, oder aber eine Überwachung, um Abweichungen in Flugweg und Flughöhe festzustellen. In dem Abschlußbericht wurde auch festgehalten, daß die Piloten seit Einführung der neuen automatisierten Radarnahbereichsanlage (ARTS III), die eine dreidimensionale Darstellung der Flugbewegungen in dem Gebiet auf dem Bildschirm erzeugt, zunehmend abhängiger von den Fluglotsen geworden waren. Das verringerte ihr Bedürfnis, das überflogene Gebiet und in einigen Fällen sogar ihren Standort in Relation zu den Hindernissen und dem Flughafen selbst genau zu kennen.

Die NTSB gab aufgrund der Untersuchung dieses Absturzes 14 Empfehlungen an das FAA weiter. Drei der davon durchgeführten Maßnahmen waren besonders wichtig. Die erste war eine Verfahrensangelegenheit, nach der die Fluglotsen verpflichtet wurden, den Piloten bei Instrumentenanflügen ohne Gleitpfadinformationen Höhenbeschränkungen mitzuteilen. Die beiden anderen enthielten technische Neuerungen. Erstens sollten die ARTS III Geräte so verbessert werden, daß sie die Fluglotsen bei Abweichungen der Flugzeuge von vorher festgesetzten Höhen in der Nahbereichskontrollzone alarmieren würden. Die zweite Neuerung war wahrscheinlich noch bedeutsamer. Alle in den USA registrierten Verkehrsflugzeuge sollten mit einem sogenannten »Bodennähe Warnsystem« ausgerüstet werden. Diese Einrichtung arbeitet ähnlich wie ein Radiohöhenmesser, bietet aber mehr Möglichkeiten. Sie versorgt die Besatzung mit Warnungen in Bezug auf die Bodenfreiheit, Sinkgeschwindigkeit, Abweichungen vom Gleitpfad und die Stellung der Landeklappen. Dieses Gerät gehört seitdem zur Standardausrüstung der Verkehrsflugzeuge auf der ganzen Welt.

Die größeren US-Fluggesellschaften hatten in der ersten Hälfte der siebziger Jahre neun schwere Unfälle im Passagierverkehr mit fast 700 Toten zu beklagen, bei denen die Maschinen »kontrolliert« in den Boden geflogen waren. In der zweiten Hälfte der Dekade gab es nur zwei solcher Abstürze mit insgesamt 13 Toten. Die Tragödie von Flug 514 hinterließ ein Vermächtnis für die Sicherheit aller zukünftigen Flugreisenden.

Datum: 4. Dezember 1974, circa 22:15 Uhr
Ort: In der Nähe von Maskeliya, Sri Lanka
Unternehmen: Martinair Holland NV, Niederlande
Flugzeugmuster: Douglas DC-8 Serie 55F (PH-MBH)

Die Düsenpassagiermaschine befand sich im Auftrag der Garuda Indonesian Airways auf einem Charterflug von Surabaya auf Java nach Dschidda, Saudi-Arabien. Auf dem 15 Kilometer nördlich von Colombo, Sri Lanka, gelegenen Bandaranaike International Flughafen der Hauptstadt war ein technischer Zwischenaufenthalt geplant. Mit Ausnahme zweier indonesischer Stewardessen war die neunköpfige Besatzung holländisch. Die 182 Passagiere waren indonesische Moslems auf einer Pilgerfahrt nach Mekka.

Das Flugzeug stieß bei seinem Sinkflug zur Landung in 1400 Meter Höhe über dem Meeresspiegel gegen einen Berg der Anjimlai Gebirgskette, explodierte und brannte aus. Die Absturzstelle lag 70 Kilometer ostsüdöstlich des Flughafens. Alle 191 Insassen fanden den Tod.

Die DC-8 verlor bei dem ersten Schlag gegen einen nahegelegenen Grat ein Drittel ihrer linken Tragfläche und stürzte dann mit einer Querlage von 30 Grad nach links ab. Ihr Fahrwerk war eingefahren und die Flugzeugnase zeigte leicht über den Horizont. Das Unglück geschah nachts bei wolkenlosem Himmel. Die Wetterverhältnisse hatten keinen Einfluß auf den Unfall.

Die Metallfolie des Flugschreibers der Maschine war in Stücke zerrissen und lieferte keine nutzbaren Informationen mehr. Die Luftfahrtbehörde von Sri Lanka konnte jedoch durch die Analyse der bekannten Tatsachen den wahrscheinlichen Ablauf des Geschehens rekonstruieren.

Die Besatzung war offensichtlich aufgrund eines Navigationsfehlers unter die Sicherheitshöhe gesunken. Im Untersuchungsbericht wurde vermerkt, daß sowohl die Doppler Navigationsanlage als auch das Wetterradar in diesem Flugzeug sich von den Geräten in den anderen Maschinen der Gesellschaft unterschieden. Obwohl das der Flugbesatzung mitgeteilt worden war, ließ es doch Raum für Mißdeutungen. Besonders die »Entfernung zum Ziel« Ziffernrollen bei diesem Dopplergerät waren unterschiedlich. Nur die 100 Meilen (161 Kilometer) Anzeige war ge-

nau. Die Stellungen der 10 Meilen und 1 Meile Abstands-Zählscheiben wurden bei diesem Gerät als willkürlich betrachtet. Die Reichweite dieses speziellen Wetterradars war zudem mit 333 Kilometer um 55 Kilometer größer als die bei den anderen Martinair Flugzeugen.

Da die wenigen vorhandenen Navigationshilfen in diesem Gebiet unzuverlässig arbeiteten, hat die Besatzung wahrscheinlich das Wetterradar zur Bestimmung ihres Standortes über dem Indischen Ozean beim Anflug auf die Küste von Sri Lanka benutzt. Falls sie dabei das Radarbild falsch gedeutet hat, könnte das zu einem Navigationsfehler geführt haben. Die Möglichkeit, daß eine vor der Küste liegende Wolke zu einem falschen Bild der Küstenlinie geführt hat, konnte auch nicht völlig ausgeschlossen werden.

Weiter wurde vermerkt, daß der verantwortliche Flugzeugführer in der letzten Zeit nicht auf dieser Route geflogen war und keine spezielle Streckeneinführung erhalten hatte. Das stand nicht exakt im Einklang mit den internationalen Luftfahrtvorschriften. Der Copilot hatte noch wenig Flugerfahrung auf diesem Flugzeugmuster und keine auf dieser speziellen Maschine und Flugstrecke.

Neben der mangelnden Streckenqualifikation der Besatzung wurden in dem Bericht auch Unzulänglichkeiten der Fluggesellschaft bei der Handhabung der technischen Akten des Flugzeuges erwähnt. Die für den Einsatzbetrieb in Surabaya verantwortlichen Angestellten ließen einen gewissen Grad an Nachlässigkeit erkennen, da sie die Kopien der Wartungs- und Navigationsunterlagen für diesen Flug nicht aufbewahrt hatten. Außerdem waren der Flugkapitän und der Erste Offizier nicht über die richtigen Meldepunkte in dem Fluginformationsbereich von Colombo unterrichtet worden.

Die niederländische Flugunfallkommission stimmte den Ergebnissen der Sri Lankaer Behörde weitgehend zu. Sie bemerkte in Bezug auf die Verschiedenheit des Wetterradars, daß dies von dem Zeitpunkt, an dem die Piloten ihren Standort neu zu bestimmen versuchten, zu einem fortlaufenden Entfernungsfehler von rund 55 Kilometer geführt haben könnte.

Die holländische Untersuchungskommission schloß daraus, daß die Besatzung aufgrund des Navigationsirrtums geglaubt hat, das Flugzeug befinde sich um diese Entfernung näher am Flughafen, als das in Wirklichkeit der Fall gewesen ist. Als sie ihre Entfernung vom Flugplatz mit 26 Kilometer angab, war sie tatsächlich noch rund 81 Kilometer davon entfernt. Die Piloten haben wahrscheinlich auch die Einstellung der »Entfernung zu Ziel« Zählscheiben so verändert, daß sie mit der Radarinformation übereinstimmte.

Eine der Empfehlungen im Abschlußbericht der Sri Lankaer Behörde lautete, nicht einwandfrei arbeitende Instrumente zu verhüllen. Die holländische Untersuchungskommission erwähnte, daß alle in den Niederlanden registrierten Verkehrsmaschinen ab 1976 mit einem Bodennähe Warngerät ausgestattet sein müßten. Das würde Unfälle dieser Art in Zukunft vermeiden helfen.

Datum: 22. Dezember 1974, circa 13:30 Uhr
Ort: In der Nähe von Maturin, Monagas, Venezuela
Unternehmen: Aerovias Venezolanas SA (AVENSA), Venezuela
Flugzeugmuster: Douglas DC-9 Serie 14 (YV-C-AVM)

Flug 358 war ein Inlandsflug von Maturin nach Caracas. Die Düsenpassagiermaschine stürzte fünf Minuten nach dem Start von dem Flughafen der Stadt ab und brannte aus. Alle 75 Insassen (69 Passagiere und sechs Besatzungsmitglieder) fanden den Tod.

Nach dem Abheben von Startbahn 05 stieg die DC-9 in einer linken Kurve unter Instrumentenflugbedingungen weiter und erreichte eine Höhe von rund 1500 Meter. Knapp 90 Sekunden später fiel sie in einen Sturzflug und schlug auf die Erde.

Man nahm an, daß die Maschine aus unbekannter Ursache unkontrollierbar geworden war.

Das Wrack der Eastern Airlines Boeing 727 bedeckt den Rockaway Boulevard nahe der Schwelle der Landebahn 22 links des Internationalen John F. Kennedy Flughafens. (Wide World Photos)

Datum: 24. Juni 1975, 16:05 Uhr
Ort: New York, New York, USA
Unternehmen: Eastern Airlines, USA
Flugzeugmuster: Boeing 727–225 (N8845E)

Der erste von drei schweren Flugunfällen US-amerikanischer Fluggesellschaften zwischen 1975 und 1985, der auf eine Windscherung zurückgeführt wurde, betraf Flug 66 (siehe auch Seite 169 und 181). Der aus New Orleans kommende Inlandsflug sollte auf dem Internationalen John F. Kennedy Flughafen landen.

Zu der Zeit, als sich das Flugzeug auf dem Instrumentenlandesystem Anflug (ILS) auf Landebahn 22 links befand, wütete ein schwerer Gewittersturm. Augenzeugen in der unmittelbaren Umgebung berichteten, daß der Sturm von heftigem Regen und starkem Wind aus wechselnden Richtungen begleitet worden ist. Der Flugkapitän einer DC-8 Frachtmaschine, der knapp zehn Minuten vor dem Unfall auf derselben Rollbahn gelandet war, meldete eine gewaltige Windscherung in Bodennähe. Auf die Aussage des Fluglotsen, der Windmesser zeige nur eine Geschwindigkeit von 28 km / Std an, erwiderte der Pilot schroff: »Mir ist egal, was Sie angezeigt erhalten; ich sage nur, im Endanflug auf diese Landebahn gibt es eine Windscherung. Sie sollten die Richtung der Landebahn nach Nordosten wechseln.«

Einige Augenblicke später wäre fast eine Eastern Airlines L-1011 Großraum-Düsenpassagiermaschine abgestürzt, als sie nach dem Auftreffen auf die widrigen Winde noch zu landen versuchte, dann aber doch erfolgreich durchstartete. Ihr Pilot meldete auch »eine ziemlich starke Scherung«. Zwei nachfolgende Maschinen landeten sicher, bevor Flug 66 mit dem Endanflug begann.

Die US-amerikanische Transport-Sicherheitsbehörde NTSB folgerte daraus, daß die N8845E bei ihrem Sinkflug wahrscheinlich in 150 Meter Höhe über Grund auf zunehmenden Gegenwind und möglicherweise einen Aufwind traf. Das verursachte eine geringe Abweichung vom ILS Gleitpfad nach oben. Dann änderte sich der Wind plötzlich. Der Gegenwind nahm ab, und eine nach unten gerichtete Strömung setzte ein. Die Geschwindigkeit des Abwindes nahm nahezu gleichzeitig mit dem Richtungswechsel seines horizontalen Ausflusses aus dem Kern des Gewittersturms zu und bewirkte eine Abnahme der angezeigten Eigengeschwindigkeit der 727 und eine Erhöhung ihrer Sinkrate. Das führte zu einem Absinken des Flugzeuges unter den Gleitpfad. Je mehr sich die Maschine dem Boden näherte, desto stärker wurden der Abwind und die längs verlaufende Windkomponente (Gegen- und Rückenwind).

Die Düsenpassagiermaschine stieß mit ausgefahrenem Fahrwerk und auf 30 Grad gesetzten Landeklappen circa 730 Meter vor der Landebahnschwelle gegen Masten der Anflugbefeuerung. Dabei verlor sie den äußeren Teil der linken Tragfläche und rollte dann in eine steile Querlage nach links. Die 727 raste weiter durch die Lichtmasten, fing Feuer und löste sich förmlich in ihre Bestandteile auf. Das Hauptwrack kam auf dem Rockaway Boulevard zum Stillstand. Einschließlich der erst später ihren Verletzungen erlegenen Personen fanden insgesamt 115 Insassen den Tod (109 Passagiere und sechs Besatzungsmitglieder, darunter ein zusätzlicher Zweiter Offizier, der dem regulären Bordingenieur seine jährliche fachliche Überprüfung abnahm). Sieben Passagiere und zwei Flugbegleiter, die alle im hinteren Teil der Kabine gesessen hatten, überlebten mit unterschiedlichen Verletzungen. Die bruchsicheren Lichtmasten trugen die Hauptschuld an der völligen Zerstörung des Flugzeuges.

Nachdem die ausgedruckten Daten des Flugschreibers mit der Niederschrift der in der Pilotenkabine aufgenommenen Gespräche in gegenseitige Abhängigkeit gebracht worden waren, wurde festgestellt, daß der Flugkapitän beim Sinkflug durch circa 120 Meter Höhe über Grund Sichtkontakt mit der Anflugbefeuerung erhalten hatte. Man hörte ihn Sekunden später sagen: »Landebahn in Sicht«. Der Erste Offizier antwortete darauf: »Ich sehe sie«. Diese Bemerkung schien anzuzeigen, daß der die Düsenpassagiermaschine steuernde Copilot die Anweisung des Flugkapitäns, weiter auf die Instrumente zu achten, nicht befolgt hat. Er begann nach sichtbaren Bodenbezugspunkten zu fliegen, die er zur eigentlichen Durchführung der Landung benötigte. Da sich beide Piloten nun auf sichtbare Geländepunkte anstatt auf ihre Instrumente verließen, schien keiner bei der durch heftigen Regen beeinträchtigten Sicht die Abweichung unter den normalen Gleitpfad zu bemerken, bis es zu spät war. Der Erste Offizier forderte eine Sekunde vor dem ersten Aufprall »Startschub«. Da war der Absturz aber nicht mehr zu verhindern. Die NTSB räumte ein, daß die Wetterverhältnisse zu extrem für eine erfolgreiche Landung gewesen sein könnten, selbst wenn die Besatzung auf ihre Instrumente geachtet und schnell auf deren Anzeigen reagiert hätte.

Die Mitglieder der Untersuchungskommission versuchten auch herauszufinden, warum die Landebahn trotz der offensichtlich schlechten Wetterbedingungen und angesichts der Meldungen anderer Flugzeuge offen gehalten worden war. Der Fluglotse des Kontrollturmes sagte aus, daß er einen Wechsel der Landebahnrichtung nicht erwogen habe, da die Bodenwinde fast genau auf die Piste 22 links ausgerichtet gewesen wären. Außerdem sei er zu beschäftigt gewesen, um die Empfehlung des DC-8 Piloten an seine Vorgesetzten weitergeben zu können. Die Kommission vertrat in ihrem Abschlußbericht die Meinung, daß ein Wechsel der Landerichtung nicht erfolgt sei, weil man befürchtete, damit den Verkehrsfluß zu unterbrechen und zu verzögern.

Letzten Endes bestimmt aber natürlich der verantwortliche Flugzeugführer, wie zu verfahren ist. Der Flugkapitän von Flug 66 kann sich dabei von den erfolgreichen Landungen der beiden vor ihm anfliegenden Flugzeuge beeinflußt haben lassen. Ein Abbruch des Anfluges und ein Wechsel der Landebahn hätte

außerdem eine Zeitverzögerung von bis zu 30 Minuten bedeuten können.

Die NTSB gab als Ergebnis dieses Unfalles 14 Empfehlungen heraus. Die meisten Maßnahmen befaßten sich mit dem Erkennen und Vermeiden von Windscherungen. Obwohl in den folgenden Jahren Verfahren geändert und technische Fortschritte erzielt wurden, sollte diese Wettererscheinung die zivile Verkehrsfliegerei noch weiter belästigen und leider neue Opfer fordern.

Datum: 3. August 1975, circa 04:30 Uhr
Ort: In der Nähe von Immouzer, Marokko
Unternehmen: Alia Royal Jordanian Airlines
Flugzeugmuster: Boeing 707–321C (JY-AEE)

Die Düsenpassagiermaschine befand sich im Auftrag der Royal Air Maroc auf einem Charterflug von Paris, Frankreich, nach Agadir. Sie stürzte während der Landevorbereitungen in dem gebirgigen Gelände 40 km nordwestlich der Stadt ab und explodierte. Dabei fanden alle 188 Insassen (181 Passagiere und sieben Besatzungsmitglieder) den Tod.

Die Maschine hatte die Freigabe zum Sinkflug erhalten. Der Kontrollturm wies die Besatzung an, das Erreichen des vorgeschriebenen Landekurs-Leitstrahles des Instrumentenlandesystems (ILS) zu melden. Kurz danach stießen die rechte Tragflächenspitze und das Triebwerk Nummer vier in circa 1500 Meter Höhe über dem Meeresspiegel gegen einen Berggipfel und brachen von dem Flugzeug ab. Das Hauptwrack kam dann ungefähr zehn Kilometer weiter im Südwesten und rund 760 Meter unterhalb des ersten Aufschlagpunktes zum liegen. Der Unfall ereignete sich in der morgendlichen Dunkelheit. In dem Gebiet soll es zur Unfallzeit neblig gewesen sein.

Der Pilot hatte die Freigabe zum Sinkflug angenommen. Es konnte nicht festgestellt werden, warum die 707 unter die Mindestsicherheitshöhe gesunken war.

Eine Aeroflot Tupolev Tu-134A. Eine Maschine dieses Typs stürzte Berichten zufolge nach dem Start von dem Vnukovo Flughafen ab. (Aeroflot)

Datum: 20. August 1975, circa 03:00 Uhr
Ort: In der Nähe von Damaskus, Syrien
Unternehmen: Ceskoslovenske Aerolinie, Tschechoslowakai
Flugzeugmuster: Iljuschin IL-62 (OK-DBF)

Der aus Prag, Tschechoslowakai, kommende Linienflug sollte in Damaskus landen. Die Düsenpassagiermaschine stürzte aber circa 15 Kilometer nordöstlich des Flughafens der Stadt ab. Dabei fanden 126 Insassen, darunter elf Besatzungsmitglieder den Tod. Die beiden überlebenden Passagiere waren schwer verletzt.

Das Unglück ereignete sich nachts bei Mondschein und guten Wetterverhältnissen. Die IL-62 stieß beim Anflug gegen einen Sandhügel und ging in Flammen auf. Bei der Untersuchung des Wracks konnten weder technische Fehler noch strukturelles Versagen vor dem Aufschlag festgestellt werden. Die vorhandenen Beweise schlossen den Verlust der Kontrolle oder eine Explosion an Bord vor dem Absturz aus.

Die Nachforschungen erwiesen sich als schwierig, da der Flugschreiber der Maschine durch das Feuer zerstört worden war.

Datum: 1. Januar 1976, circa 05:30 Uhr
Ort: Im Nordosten von Saudi-Arabien
Unternehmen: Middle East Airlines, Libanon
Flugzeugmuster: Boeing 720B (OD-AFT)

Bei dem Absturz der Düsenpassagiermaschine rund 40 Kilometer nordwestlich von Al Qaysumah in der Wüste verloren alle 81 Insassen (66 Passagiere und 15 Besatzungsmitglieder) ihr Leben.

Flug 438 war ein Linienflug von Beirut, Libanon, nach Maskat, Oman, mit einer geplanten Zwischenlandung unterwegs in Dubai, Vereinigte Arabische Emirate. Das Flugzeug befand sich in der morgendlichen Dunkelheit im Reiseflug, als es in circa 11300 Meter Höhe auseinanderbrach.

Man vermutete, daß die 720B einem Terroranschlag zum Opfer gefallen war. Wahrscheinlich war ein hochexplosiver Sprengkörper in ihrem vorderen Frachtraum detoniert.

Datum: 3. Januar 1976 (Uhrzeit unbekannt)
Ort: In der Nähe von Moskau, Russische Sozialistische Föderative Sowjetrepublik, UDSSR
Unternehmen: Aeroflot, UDSSR
Flugzeugmuster: Tupolew TU-134A

Alle 87 Personen an Bord des Inlandfluges nach Brest Litovsk, Weißrussland, wurden getötet, nachdem die Düsenpassagiermaschine kurz nach dem Start von dem Vnukovo Flughafen Feuer fing und abstürzte.

Datum: 5. März 1976 (Uhrzeit unbekannt)
Ort: In der Nähe von Woronesch, Russische Sozialistische Föderative Sowjetrepublik, UDSSR

Unternehmen: Aeroflot, UDSSR
Flugzeugmuster: Iljuschin IL-18

Die viermotorige Turboprop Linienmaschine stürzte auf dem planmäßigen Inlandsflug von Moskau nach Eriwan, Armenien, nach dem Ausfall ihrer Druckkabine ab. Alle 120 Insassen (109 Passagiere und elf Besatzungsmitglieder) und weitere sieben Personen am Boden wurden bei dieser Katastrophe getötet.

Datum: 9. September 1976 (Uhrzeit unbekannt)
Ort: In der Nähe von Anapa, Russische Sozialistische Föderative Sowjetrepublik, UDSSR
Erstes Flugzeug
Unternehmen: Aeroflot, UDSSR
Flugzeugmuster: Antonov An-24 (CCCP-46518)
Zweites Flugzeug
Unternehmen: Aeroflot, UDSSR
Flugzeugmuster: Yakowlew Yak-40 (CCCP-87772)

Alle 52 Insassen der zweimotorigen Turboprop An-24 kamen ums Leben, als das Flugzeug mit der CCCP-87772 in der Luft zusammenstieß und abstürzte. Das Unglück soll sich beim gleichzeitigen Landeanflug der beiden Maschinen ereignet haben. Die dreistrahlige Yak-40 landete sicher.

Datum: 10. September 1976, circa 11:15 Uhr
Ort: In der Nähe von Gaj, Hrvatska, Jugoslawien
Erstes Flugzeug
Unternehmen: British Airways
Flugzeugmuster: Hawker Siddeley Trident 3B (G-AWZT)
Zweites Flugzeug
Unternehmen: Inex Adria Aviopromet, Jugoslawien
Flugzeugmuster: McDonnell Douglas DC-9 Serie 32 (YU-AJR)

Der Luftraum über Jugoslawien ist aufgrund der geographischen Lage der Nation einer der überfülltesten in Europa. Das bringt eine hohe Verantwortung für das dortige Flugsicherungs-Kontrollsystem mit sich und macht eine strikte Einhaltung der vorgeschriebenen Verfahren unabdingbar. Die Folgen einer nur geringen Abweichung von den Bestimmungen wurden nach diesem schrecklichen Zusammenstoß in der Luft klar erkannt.

Flug 476 war am frühen Morgen dieses Freitags mit 54 Passagieren und neun Besatzungsmitgliedern an Bord vom Londener Flughafen Heathrow zum Flug nach Istanbul, Türkei, gestartet und befand sich auf Flugfläche 330 (circa 10.050 Meter) im Reiseflug. Der Kurs der Trident führte direkt über jugoslawisches Hoheitsgebiet. Kurz nach dem Überqueren der Grenze zwischen Österreich und Jugoslawien ging die Zuständigkeit für den Flug auf das Bereichskontrollzentrum Zagreb über.

In der Zwischenzeit war die DC-9 mit 108 Passagieren und fünf Besatzungsmitgliedern von Split, Hrvatska, zu einem Charterflug nach Köln, Deutsch-

Die Skizze zeigt die Kurse und Flugwege der Trident auf der Luftstraße B5 und der DC-9 auf der Luftstraße B9. Die Maschinen stießen über Jugoslawien in der Luft zusammen. (Jugoslawisches Bundesamt für Transport und Verkehr)

land, gestartet. Der Pilot hatte vor dem Abflug als Reiseflughöhe die Flugfläche 310 (circa 9450 Meter) beantragt. Ein Steigflug über Flugfläche 260 (circa 7925 Meter) hinaus wurde jedoch anschließend wegen anderer Flugbewegungen in dem Gebiet abgelehnt. Die Besatzung wurde dann gefragt, ob sie auf Flugfläche 350 (circa 10.670 Meter) steigen könnte, was diese mit »bestimmt...mit Vergnügen« beantwortete.

Das Zagreber Kontrollzentrum war in drei Bereiche aufgeteilt. Jeder davon war für die Kontrolle des Luftverkehrs in einem bestimmten Höhenbereich zuständig. Auf den Radar-Bildschirmen der Bereiche erschienen nur die Ziele mit einer Darstellung der Flugnummer und Höhe, für die sie direkt verantwortlich waren. In den darunter oder darüber liegenden Sektoren erschienen diese Flugbewegungen nur als ein einfaches Radarecho auf den Bildschirmen.

Der mittlere Bereich war zuständig für alle Maschinen zwischen den Flugflächen 250 und 310. Er mußte daher die DC-9 aufgrund der Änderung ihrer Flughöhe an den oberen Sektor übergeben. Diese Übergabe fand aber ohne die notwendige Koordinierung statt. Es wurde kein neuer Streifen zur Markierung des Radarzieles erstellt. Stattdessen wurde der Streifen, der schon bei dem Übergang von dem unteren auf den mittleren Bereich benutzt worden war, einfach abgeändert, ohne ihn jedoch mit einem Pfeil nach oben zu versehen und damit anzuzeigen, daß die Maschine bereits von dem mittleren Sektor die Freigabe zum Steigflug erhalten hatte. Die eigentliche Identifizierung erfolgte, indem der Fluglotse des mittleren Bereiches für seinen Kollegen des oberen Bereiches mit dem Finger auf das Radarecho zeigte.

Bezeichnend war auch die Aufforderung des Fluglotsen des mittleren Sektors an das jugoslawische Verkehrsflugzeug, sein Abfragegerät zur Vorbereitung der Übergabe kurz auf »Bereitschaft« einzustellen. Diese Anweisung stand nicht im Einklang mit den normalen Betriebsverfahren. Als Folge erhielt der Fluglotse des oberen Bereiches nur eine zweidimensionale Darstellung des Fluges auf seinem Bildschirm, das heißt, die Flugnummer und Flughöhe erschienen nicht neben dem Radarecho. Es wäre zwar technisch möglich gewesen, diese zur Anzeige zu bringen, aber das wurde aus Zeitmangel nicht genutzt. Zu dem Zeitpunkt, als der Fluglotse die Zusam-

Die Trümmer der British Airways Trident liegen nach der Kollision mit einer jugoslawischen DC-9 auf einem Feld. (Wide World Photos)

menstoßgefahr zwischen der YU-AJR und G-AWZT erkannte, blieben ihm tatsächlich weniger als 30 Sekunden zum handeln übrig. Seine Lage wurde noch dadurch erschwert, daß die Besatzung der DC-9 fast zwei Minuten verstreichen ließ, ehe sie Funkverbindung mit dem oberen Sektor aufnahm.

Die Trident flog ebenfalls im Zuständigkeitsbereich des oberen Sektors. Der Fluglotse sagte später aus, er könne sich nicht mehr erinnern, ob ihre angezeigte Flugfläche 332 oder 335 betragen habe. Die britische Besatzung hatte jedoch Minuten zuvor gemeldet, daß sie in 10.060 Meter Höhe (33.000 Fuß) fliege. Die weiteren Handlungen des Fluglotsen ließen erkennen, daß er an die Richtigkeit dieser Höhenangabe geglaubt hatte.

Kurz vor dem Unglück versuchte der Fluglotse noch, die DC-9 in ihrer zuletzt gemeldeten Höhe, der Flugfläche 327 (rund 9967 Meter) zu halten. Das wäre ein Höhenunterschied von knapp 100 Meter zwischen den beiden Maschinen gewesen. Diese Gelegenheit blieb jedoch aufgrund fehlerhafter Anweisungen ungenutzt. Der Fluglotse gab die Anordnung: »Bleiben Sie in dieser Höhe und melden den Überflug von Zagreb«. Auf die Anfrage der Besatzung, auf welcher Höhe sie in den Horizontalflug übergehen solle, antwortete der Fluglotse: »Die Höhe, durch die sie gerade steigen«. Er warnte die DC-9 außerdem vor der Anwesenheit der Trident. Der gesamte Funksprechverkehr wurde in Serbokroatischer Sprache geführt. Das war gegen die Regel, im Flugverkehr nur Englisch zu sprechen.

Hätte der Fluglotse die YU-AJR weiter steigen lassen, wäre sie wahrscheinlich sicher über die G-AWZT hinweggekommen. Tragischerweise betrug ihre Höhe aber zu dem Zeitpunkt, als die Besatzung die An-

weisung zum Horizontalflug erhielt, 10.060 Meter. So stießen die beiden Düsenpassagiermaschinen keine 30 Meter von dieser Flughöhe entfernt über oder fast über dem Zagreber UKW-Drehfunkfeuer (VOR) in einem Winkel von etwas über 90 Grad zusammen.

Die Trident flog zum Zeitpunkt der Kollision mit einer Bodengeschwindigkeit von rund 900 km/Std und einem Kurs von 116 Grad der Luftstraße B5 entlang. Die DC-9 befand sich mit einer Geschwindigkeit von rund 860 km/Std und einem Kurs von 353 Grad auf der Luftstraße B9. Die jugoslawische Maschine hatte sich Sekunden vor dem Zusammenstoß sogar noch knapp über der Höhe des britischen Düsenverkehrsflugzeuges befunden, da die Besatzung aufgrund der Beharrungskraft der Maschine die Höhe beim Übergang zum Horizontalflug überschossen hatte. Die DC-9 war daher in einem leichten Sinkflug, als sie mit ihrer linken Tragfläche auf die Pilotenkabine der horizontal fliegenden Trident prallte. Die britische Flugbesatzung war sofort tot.

Beide Flugzeuge fielen anschließend fast ohne Vorwärtsgeschwindigkeit senkrecht nach unten. Die G-AWZT schlug in einem Feld auf. Die YU-AJR hatte bei der Kollision Teile ihrer linken Tragfläche und ihres linken Leitwerkes verloren. Sie stürzte in einen Wald und fing dann Feuer. Alle 176 Personen an Bord der beiden Düsenpassagiermaschinen kamen ums Leben. Zusätzlich wurde nach Presseberichten eine Frau am Boden von einem herabfallenden Wrackteil getroffen und getötet. Die Kollision hatte sich ungefähr 25 Kilometer nordöstlich der Stadt Zagreb ereignet. Die Aufschlagstellen der Maschinen lagen rund sieben Kilometer von einander entfernt. Ihre Trümmer waren über eine Fläche von circa 9 mal 26 Kilometer verteilt.

Die Untersuchungskommission schrieb die Schuld an dem Unfall der Flugsicherungskontrolle und den beiden Besatzungen zu. Erstere habe unvorschriftsmäßige Verfahren benutzt, und letztere versäumten, nach anderen Flugbewegungen Ausschau zu halten. Da die Kollision bei guter Flugsicht und ohne Beeinflussung durch Wolken erfolgt sei, hätten die Piloten über 30 Sekunden Zeit gehabt, Sichtverbindung mit der anderen Maschine zu erhalten, und dann ein Ausweichmanöver einzuleiten. Das war aber nicht geschehen.

Besonders kritisch beurteilte die Kommission das Verhalten der britischen Besatzung. Sie hätte beim Überflug der Luftstraßenkreuzung besonders wachsam sein müssen. Der Funkverkehr zwischen der DC-9 und dem Fluglotsen war auf dem Band des Gesprächsaufzeichnungsgerätes in der Pilotenkabine der Trident zu hören. Das hätte die Piloten darüber alarmieren müssen, daß eine mögliche Kollisionsgefahr bestand. Diese diskutierten stattdessen über Themen, die nichts mit der Führung des Flugzeuges zu tun hatten, und der Erste Offizier war offenbar damit beschäftigt, ein Kreuzworträtsel zu lösen.

Der britische Beauftragte bei der Untersuchung wies jedoch diese Schlußfolgerung im Abschlußbericht zurück. Er gab an, daß bei der Annäherungsgeschwindigkeit von rund 1370 km/Std jeder Versuch der Besatzung, die DC-9 zu entdecken, gescheitert sein mußte. Die jugoslawischen Piloten wären dagegen mit der Sonne im Rücken auf ein Flugzeug zugeflogen, das Kondensstreifen hinter sich hergezogen habe. Sie wären somit in einer besseren Position als die britische Besatzung gewesen, die in die Sonnen schauen mußte. Stattdessen wies er die Schuld für den Zusammenstoß dem Flugsicherungskontrollsystem zu, das unfähig gewesen war, einen ausreichenden Abstand zwischen den beiden Flugzeugen herzustellen.

Beigetragen hatte hierzu, daß der Fluglotse wegen der Abwesenheit seines Mitarbeiters mit Arbeit überladen war, ohne daß seine Vorgesetzten darüber unterrichtet worden waren.

Acht Mitarbeiter der Flugsicherungskontrolle wurden später nach den strengen jugoslawischen Gesetzen wegen grober Fahrlässigkeit angeklagt. Der Fluglotse des oberen Sektors wurde als einziger verurteilt und verbrachte zwei Jahre im Gefängnis.

Datum: 19. Dezember 1976, circa 23:15 Uhr
Ort: In der Nähe von Isparta, Türkei
Unternehmen: Turk Hava Yollari AO (Turkish Airlines)
Flugzeugmuster: Boeing Advanced 727–2F2 (TC-JBH)

Der planmäßige Linienflug aus Mailand, Italien, war nach einer Zwischenlandung in Istanbul nach Antalya unterwegs. Die Düsenpassagiermaschine stieß rund 105 Kilometer nördlich ihres Zielflughafens in circa 1130 Meter über dem Meeresspiegel gegen einen Berg. Beim Aufprall ging sie in Flammen auf. Alle 155 Insassen (147 Passagiere und acht Besatzungsmitglieder) wurden dabei getötet.

Die TC-JBH bat nach dem Überflug des UKW-Drehfunkfeuers (VOR) Afyon um die Freigabe zum Sinkflug von Flugfläche 250 auf 130 (7620 auf 3960 Meter Höhe). Anschließend nahm das Flugzeug Funkverbindung mit dem Kontrollturm des Flughafens Antalya auf und sank weiter auf 3700 Meter. Nachdem der Pilot meldete, die Lichter von Antalya zu sehen, erhielt er die Freigabe, über der Stadt zu kreisen und den Flughafen direkt zur Landung anzufliegen. Danach brach der Funkkontakt mit der 727 ab.

Schon kurz nach der Aufnahme der Unfalluntersuchung war klar, daß die Besatzung in der Dunkelheit Isparta mit Antalya verwechselt hatte. Das führte zum Weiterflug unterhalb der Hindernisfreiheit in diesem Gebiet.

Datum: 6. Oktober 1976, circa 13:30 Uhr
Ort: Vor der Küste von Bridgetown, Barbados
Unternehmen: Empresa Consolidada Cubana de Aviacion, Kuba
Flugzeugmuster: Douglas DC-8 Serie 43 (CU-T1201)

Die Düsenpassagiermaschine startete als Flug 455 von dem Internationalen Seawell Flughafen auf Barbados zum Flug nach Kingston, Jamaika, einer Teilstrecke des Liniendienstes von Georgetown, Guayana, nach Havanna, Kuba. Ungefähr zehn Minuten später setzte die Besatzung einen Notruf ab und meldete: »Wir haben eine Explosion an Bord«.

Die DC-8 drehte dann zurück nach Barbados. Bei ihrem Flug unterhalb der Wolkendecke beobachtete man, wie sie eine Rauchfahne hinter sich herzog. Plötzlich nahm sie in einer rechten Querlage einen hohen Steigungswinkel ein und stürzte dann circa 15 Kilometer vor der Küste in das Karibische Meer. Alle 73 Insassen (48 Passagiere und 25 Besatzungsmitglieder) fanden den Tod. Im Unfallgebiet war das Wasser über 300 Meter tief.

Der Absturz ist wahrscheinlich durch die Detonation eines Sprengkörpers im hinteren Teil der Flugzeugkabine verursacht worden. Das dabei ausgelöste Feuer konnte nicht unter Kontrolle gebracht werden. Die freiwerdenden giftigen Gase haben dann die Besatzung handlungsunfähig werden lassen. Ein im Exil lebender kubanischer Gegner von Castro und drei weitere Personen wurden 1980 von einem venezolanischen Gericht von der Anklage des Flugzeuganschlages aus Mangel an Beweisen freigesprochen.

Datum: 12. Oktober 1976, 01:37 Uhr
Ort: In der Nähe von Bombay, Indien
Unternehmen: Indian Airlines
Flugzeugmuster: Sud-Aviation Caravelle VI-N (VT-DWN)

Die Düsenpassagiermaschine versuchte in der Dunkelheit des frühen Morgens, auf dem Flughafen von Santa Cruz notzulanden, von wo sie nur circa drei Minuten vorher zu einem planmäßigen Inlandsflug nach Madras, Tamil Nadu, gestartet war. Dabei stürzte sie brennend ab. Alle 95 Insassen (89 Passa-

Das Industriegebiet, auf das die Egyptair Boeing bei einem Landeversuch abgestürzt war, glich einem Bild der Verwüstung. (UPI / Bettmann)

giere und sechs Besatzungsmitglieder) fanden den Tod.

Der Ausfall des rechten Triebwerkes zu Beginn des Steigfluges hatte den Piloten zum umdrehen veranlaßt. Bei dem Landeanflug auf Landebahn 09 brach dann in dem Triebwerk Feuer aus. Der Pilot verlor darauf offenbar die Kontrolle über die Höhensteuerung. Die Caravelle schmierte dann aus circa 100 Meter Höhe mit einem Neigungswinkel von 45 Grad ab und krachte rund 300 Meter vor der Landebahnschwelle auf den Boden.

Die Ursache für den Triebwerksausfall war ein Ermüdungsriß in dem zehnstufigen Axialverdichter, der zu einem Bruch des Verdichtergehäuses und der darauf angebrachten Treibstoffleitungen führte. Das bewirkte wiederum den heftigen Feuerausbruch im Triebwerksgehäuse. Die Flammen müssen die gesamte Hydraulikflüssigkeit aufgefressen haben, bevor das Flugzeug landen konnte.

Datum: 25. Dezember 1976, circa 03:45 Uhr
Ort: In der Nähe von Bangkok, Thailand
Unternehmen: Egyptair
Flugzeugmuster: Boeing 707–366C (SU-AXA)

Flug 864 sollte auf dem Linienflug von Rom, Italien, nach Tokio, Japan, einen planmäßigen Zwischenaufenthalt auf dem Don Muang Flughafen von Bangkok einlegen. Er hatte während des Radiokompaß Anflugverfahrens (ADF) die Landeerlaubnis erhalten, nachdem der Pilot die ihm zugewiesene Landebahn (21 links) in Sicht gemeldet hatte. Kurze Zeit später stürzte die Düsenpassagiermaschine mit ausgefahrenem Fahrwerk in ein Industriegebiet und explodierte. Bei dem Unglück fanden insgesamt 72 Menschen den Tod. Darunter befanden sich alle 53 Insassen der 707 (44 Passagiere und neun Besatzungsmitglieder) und 19 Personen am Boden. Mehr als 20 weitere Menschen wurden verletzt.

Der Unfall ereignete sich vor der Morgendämmerung. Das Flugzeug war unter den Gleitpfad gesunken und circa zwei Kilometer vor der Landebahnschwelle in eine Weberei gestürzt. Zur Unfallzeit lag die Wolkenuntergrenze der gebrochenen Wolkendecke bei circa 300 Meter, und die Sicht betrug rund vier Kilometer. Diese Wetterverhältnisse hatten möglicherweise zu dem Fehler des Piloten beigetragen. Eine falsche Einschätzung der Höhe oder ein Verlust der Orientierung könnte zu einem unkontrollierten Sinkflug geführt haben. Fehler bei der Benutzung der Landehilfen und Flugüberwachungsinstrumente könnten ebenfalls bei dem Absturz eine Rolle gespielt haben.

Die Fluggesellschaft warf den Kontrollturm vor, den Flug nicht mit ausreichenden Wetterinformationen versorgt zu haben.

Datum: 13. Januar 1977 (Uhrzeit unbekannt)
Ort: In der Nähe von Alma Ata, Kasakhstan, UDSSR
Unternehmen: Aeroflot, UDSSR
Flugzeugmuster: Tupolew Tu-104

Alle 96 Insassen (90 Passagiere und sechs Besatzungsmitglieder) fanden den Tod, als die Düsenpassagiermaschine beim Anflug zur Zwischenlandung in Alma Ata abstürzte und explodierte. Sie hatte sich auf einem planmäßigen Inlandsflug von Chabarowsk, Russland, nach Duschanbe, Tadschikistan, befunden. Angeblich waren beide Triebwerke, die B-Versionen gewesen sein dürften, in einer Flughöhe von 1000 Meter ausgefallen.

Datum: 15. Februar 1977 (Uhrzeit unbekannt)
Ort: Usbekische SSR, UDSSR
Unternehmen: Aeroflot, UDSSR
Flugzeugmuster: Iljuschin IL-18

Bei dem Absturz der Turboprop Passagiermaschine auf dem Inlandsflug von Taschkent, Usbekistan, nach Mineral'nyye, Russland, sollen annähernd 100 Menschen den Tod gefunden haben.

Datum: 27. März 1977, circa 17:00 Uhr
Ort: Teneriffa, Kanarische Inseln, Spanien
Erstes Flugzeug
Unternehmen: KLM Royal Dutch Airlines

Flugzeugmuster: Boeing 747–206B (PH-BUF)
Zweites Flugzeug
Unternehmen: Pan American World Airways, USA
Flugzeugmuster: Boeing 747–121 (N736PA)

Der Zusammenstoß zweier Großraum-Düsenpassagiermaschinen auf dem Los Rodeos Flughafen von Santa Cruz auf Teneriffa war das schwerste Flugzeugunglück in der bisherigen Geschichte der Zivilluftfahrt. Er kostete 583 Menschen das Leben. Bei der Untersuchung der Begleitumstände dieser Tragödie fällt auf, was das Zusammentreffen verschiedener, scheinbar nebensächlicher Ereignisse für katastrophale Folgen auslösen konnte.

Beide Verkehrsmaschinen befanden sich auf Charterflügen, deren Abflughafen jeweils in dem Land ihrer Zulassung lag. Die *Rhine River* der KLM kam aus Amsterdam. Pan Americans *Clipper Victor* aus Los Angeles, Kalifornien, hatte unterwegs einen Zwischenaufenthalt in New York City eingelegt.

Das erste Glied in der Kette der Ereignisse, die zu der Katastrophe führten, war ein terroristischer Bombenanschlag auf das Abfertigungsgebäude des Flughafens Las Palmas auf der Nachbarinsel Gran Canaria, dem geplanten Bestimmungsflughafen beider Flugzeuge. Bei der Explosion der Bombe waren acht Personen verletzt worden. Da eine zweite Bombendrohung existierte, wurden der Flughafen geschlossen und die beiden 747 ebenso wie mehrere andere Flugzeugen nach Teneriffa umgeleitet.

Sobald Las Palmas wieder geöffnet war, bereiteten sich beide Besatzungen auf den kurzen Flug zur Nachbarinsel vor. Pan Ams N736PA wäre zu einem sofortigen Start bereit gewesen. Sie mußte aber warten, da der Rollweg durch die PH-BUF blockiert war. Deren Abflug verzögerte sich, weil sie erst ihre Passagiere wieder an Bord nehmen mußte, die während des Aufenthaltes in dem Abfertigungsgebäude gewartet hatten. Zusätzlich hatte sich die Besatzung dafür entschieden, schon hier den Treibstoff für den Rückflug von Gran Canaria nach Amsterdam zu tanken. Die KLM Besatzung erhielt schließlich die Freigabe, zum Anfang der Startbahn 30 zu rollen, und dort auf die Starterlaubnis zu warten.

Da Maschinen aus Platzmangel auf dem Vorfeld des Abfluggebäudes sogar auf dem Rollweg abgestellt standen, mußte sowohl der holländische als auch der amerikanische Jumbo-Jet die Startbahn hinunterrollen, um die Abflugposition zu erreichen. Letzterer folgte dabei in einem Abstand hinter der ersteren. In der Zwischenzeit verschlechterten sich an diesem Sonntag Nachmittag die Wetterverhältnisse immer weiter. Die Sicht betrug bei leichtem Regen und Nebel nur noch rund 500 Meter.

Nachdem die KLM Besatzung die Startposition erreicht und die Maschine um volle 180 Grad gewendet hatte, meldete sie über Funk, daß sie »... fertig zum Start« wäre. Der Fluglotse im Kontrollturm begann dann mit der Übermittlung der Flugsicherungsfreigabe und den Navigationsinformationen. Wie wir später sehen werden, war darin keine ausdrückliche Freigabe zum Start enthalten.

Die Pan AM 747 rollte in der Zwischenzeit weiter die Startbahn hinunter. Dabei machten die amerikanischen Piloten eine furchtbare Entdeckung. Aus dem Nebel tauchte plötzlich der Schatten der holländischen Passagiermaschine auf, die auf ihre Abhebgeschwindigkeit beschleunigte und dabei frontal auf sie zukam. Die Pan American Besatzung versuchte noch, ihr Flugzeug nach links zu drehen und mit Vollgas die Startbahn zu verlassen, konnte den Zusammenstoß aber nicht mehr vermeiden.

Die PH-BUF rutschte aufgrund eines zu starken Hochnehmens der Flugzeugnase noch 20 Meter auf ihrem Hecksporn die Startbahn hinunter bevor sie vom Boden abhob. Dabei schlitzte sie mit ihrem

So eine Pan American World Airways Boeing 747–121 war in den Teneriffa-Unfall verwickelt. (Boeing)

Das Bild zeigt die linke Tragfläche der Pan American 747 nach dem Zusammenstoß mit dem KLM Royal Dutch Airlines Flugzeug auf der Startbahn. (UPI / Bettmann)

Hauptfahrwerk die Rumpfoberseite der N736PA in Höhe des Triebwerks Nummer drei auf. Die KLM Maschine prallte dann circa 150 Meter hinter der Kollisionsstelle auf die Erde zurück und rutschte noch circa 300 Meter auf dem Boden entlang. Dabei drehte sie sich im Uhrzeigersinn um die eigene Achse und kam fast seitlich zu der Startbahnmittellinie zum Stillstand. Der Zusammenstoß und der Aufprall dürften keinen sehr großen Schaden angerichtet haben. Dennoch stand die *Rhine River* in Flammen, ehe irgendjemand aus dem Flugzeug entkommen konnte. So fanden alle ihrer 248 Insassen, die 14 Besatzungsmitglieder eingeschlossen, den Tod.

Die *Clipper Victor* hatte sich zum Zeitpunkt der Kollision in einem 45 Grad Winkel zur Startbahn befunden. Sie kann anschließend noch mit aufgeschlitzter Rumpfoberseite und abgetrennter Seitenflosse eine kurze Strecke weitergerollt sein, bevor sie explodierte und völlig ausbrannte. Von den 396 Insassen verloren 326 Passagiere und neun der 16 Besatzungsmitglieder ihr Leben. Einige Opfer starben erst Tage oder Wochen nach dem Unglück. Bis auf zwei Ausnahmen waren alle Überlebenden verletzt, darunter auch der Flugkapitän, der Erste Offizier und der Bordingenieur.

Der KLM Flugkapitän Jacob van Zanten war mit 21.000 Flugstunden ein sehr erfahrener Ausbildungsleiter der Piloten der Gesellschaft. Er trug eindeutig die Hauptverantwortung für diese Tragödie. Seine Handlungsweise, ohne Erlaubnis zu starten, schien schwer verständlich zu sein. Eine Anzahl mildernder Umstände halfen jedoch, seinen fundamentalen Fehler etwas abzuschwächen.

Die holländische Besatzung stand vor dem Zusammenstoß unter einem zunehmenden Zeitdruck.

Wenn Sie noch in der maximal von der Gesellschaft erlaubten Arbeitszeit die in Las Palmas wartenden Passagiere abholen und dann nach Amsterdam weiterfliegen wollte, mußte sie unbedingt bald starten. Die Lage verschärfte sich noch um die Zeit, die zum Auftanken des Flugzeuges benötigt wurde. Weitere Verzögerungen könnten unter anderem noch aufgrund des Fluglotsenstreiks und der sich verschlechternden Wetterverhältnisse eintreten. Die Abflugvorbereitungen waren ebenfalls zeitraubend. Die Besatzung mußte im Nebel die Startbahn hinunterrollen und die riesige 747 am Ende der Piste auf verhältnismäßig schmaler Fläche um 180 Grad in die Startposition drehen. Als sich dann die Sichtverhältnisse für einen Augenblick zu bessern schienen, müssen die Piloten so erleichtert gewesen sein, daß sie unbedingt sofort starten wollten.

Die Verständigung über Funk spielte eine wichtige Rolle bei diesem Unglück. Nachdem die holländische Besatzung ihre Startbereitschaft gemeldet hatte, schloß der Fluglotse folgende Bemerkung in seine Anweisungen ein: »Sie erhalten die Freigabe zu dem Papa Funkfeuer«. Das war eindeutig keine Starterlaubnis, muß von dem KLM Flugkapitän aber als solche ausgelegt worden sein. Der Erste Offizier beendete seine Wiederholung der Flugsicherungsanweisungen mit dem verhängnisvollen Satz: »Wir starten jetzt«. Der Fluglotse schien die Bedeutung dieser Aussage nicht zu begreifen und erwiderte nur: »Halten sie sich zum Start bereit. Ich werde Sie rufen«.

Der Funksprechverkehr war während der gesamten Zeit von der Pan Am Besatzung mit einiger Besorgnis mitgehört worden. Sowohl der Flugkapitän als auch der Erste Offizier gaben hierzu Kommentare über Funk ab. Letzterer sagte: »...wir rollen immer

Außer dem Leitwerk und einem Teil des Rumpfes ist kaum noch etwas von der KLM Düsenpassagiermaschine zu erkennen. (UPI / Bettmann)

noch die Startbahn hinunter": Dieso Mitteilung fiel jedoch unglücklicherweise mit der Anweisung des Kontrollturms zusammen. Das verursachte in der Pilotenkabine der holländischen Passagiermaschine einen schrillen Pfeiffton, der beide Funksprüche überdeckte.

Die anschließende Aufforderung des Kontrollturms an die amerikanische Besatzung: »Melden Sie die Startbahn frei« und deren Antwort: »Okay, wir melden, wenn wir die Starbahn verlassen haben« waren wieder einwandfrei auf dem Tonband des Gesprächsaufnahmegerätes der PH-BUF zu verstehen. Beide Mitteilungen beunruhigten den KLM Bordingenieur so sehr, daß er fragte: »Ist sie nicht von der Startbahn, die Pan Am?«. Sein Flugkapitän entgegnete entschieden: »Oh doch«.

Die *Rhine River* befand sich zu dieser Zeit schon mitten in ihrem Startvorgang und stieß rund 15 Minuten später mit der *Clipper Victor* zusammen.

Der holländische Copilot und der Fluglotse im Kontrollturm verständigten sich in Englisch. Ihr Fehler, sich nicht genau an die Fachausdrücke der Luftfahrt zu halten, trug ebenso zu dem Unfall bei wie ein verhältnismäßig kleiner Irrtum der amerikanischen Piloten. Deren Mißverständnis beruhte auf dem Verbindungsrollweg, auf dem das Flugzeug die Startbahn verlassen und auf den Hauptrollweg zurückkehren sollte. Der Kontrollturm erklärte seine Anweisung über Funk mit: »Den dritten, mein Herr. Eins, zwei, drei... dritten, den dritten.« Trotzdem rollte die 747 an dem Verbindungsrollweg C-3 vorbei und in Richtung C-4 weiter. Die Besatzung schien letzteren irrtümlich für den dritten zu halten. Dieser geringfügige Fehler führte dazu, daß sich die N736PA noch auf der Startbahn befand, als die PH-BUF ohne Erlaubnis mit ih-

rem Startvorgang begann. Die spanische Untersuchungskommission bewertete in ihrem Bericht die Tatsache, daß die Flugzeuge überhaupt auf der Startbahn gerollt waren, als in sich schon gefährlich. Die KLM Besatzung startete mit gedrosselten Triebwerksleistungen. Das trug indirekt auch zu der Kollision bei, da es die Leistungsfähigkeit der Maschine verringerte, über die Pan American Verkehrsmaschine hinweg steigen zu können.

Ein weiterer, scheinbar widersprüchlicher Umstand könnte ebenfalls Einfluß auf die Katastrophe gehabt haben. Obwohl Flugkapitän van Zanten sehr erfahren war, könnten seine Fertigkeiten im Streckenverkehr durch die mehr als zehnjährige Tätigkeit als Lehrer gelitten haben. Das schloß Punkte wie die Starterlaubnis ein. Bei den Flügen im Simulator übernimmt der Lehrer normalerweise auch die Rolle des Fluglotsen. Übungsstarts werden dabei oft ohne jegliche Flugsicherungsfreigabe durchgeführt. Der Erste Offizier sah sich umgekehrt der Situation gegenüber, mit einem der angesehensten Piloten der Gesellschaft zu fliegen. Da er zudem wenig Erfahrung auf Boeing Düsenpassagiermaschinen besaß, wird er das Verhalten des Flugkapitäns kaum in Frage gestellt oder abgelehnt haben.

Die niederländischen Behörden stimmten in ihrer Stellungnahme den Schlußfolgerungen in dem spanischen Untersuchungsbericht weitgehend zu. Sie ergänzten, daß die KLM Besatzung offenbar mit der vollen Überzeugung gestartet war, sie hätte die korrekte Freigabe erhalten. Zusätzlich bemerkte sie, daß bei den aufgenommenen Funksprüchen des Kontrollturms Töne im Hintergrund zu hören waren, die nach einer Rundfunkübertragung eines Fußballspieles klangen. Falls das stimmen würde, könnte es ein zusätzlicher Ablenkungsfaktor gewesen sein. Die holländischen Beobachter wiesen weiter darauf hin, daß der Fluglotse des Kontrollturms auf eine Bestätigung seiner Anweisung »Halten Sie sich zum Start bereit« hätte dringen müssen.

In folgenden Punkten gab es es unterschiedliche Meinungen. Die offiziellen Vertreter der Niederlande bezweifelten, daß der »Ansehen« Faktor den Ersten Offizier der KLM beeinflußt hatte. Weiter stellten sie fest, daß es keine Hinweise auf Eile auf der Seite des Flugkapitäns gab. Sie betrachteten sein im Bericht erwähntes geringes Vorschieben der Triebwerks-Leistungshebel vor der Anfrage um Erlaubnis durch den Copiloten als eine normale Überprüfung der Triebwerke.

In den Empfehlungen beider Länder wurde die Wichtigkeit folgender Punkte zur Erhöhung der Sicherheit besonders hervorgehoben: Die strikte Befolgung aller Flugsicherungsanweisungen und Freigaben; die ausschließliche Verwendung von standardisierten, prägnanten und unmißverständlichen fliegerischen Fachausdrücken im Funksprechverkehr; und der vermehrte Einsatz des Bodenradars und spezieller Lichtanlagen. Einige der Empfehlungen wurden in Spanien aber erst umgesetzt, nachdem sich 1983 auf dem Madrider Flughafen ein weiterer schrecklicher Zusammenstoß zwischen zwei Düsenpassagiermaschinen ereignet hatte. (Siehe Seite 177)

Datum: 4. April 1977, circa 16:15 Uhr
Ort: In der Nähe von Atlanta, Georgia, USA
Unternehmen: Southern Airways, USA
Flugzeugmuster: McDonnell Douglas DC-9 Serie 31 (N1335U)

Weder der Flugkapitän noch der Erste Offizier hatten vor ihrem Abflug von Muscle Shoals in Alabama die geringste Ahnung, welche Wetterverhältnisse sie unterwegs auf der Inlandsroute nach Atlanta antreffen würden. Sie konnten auch nicht wissen, daß dies ihr letzter Flug sein sollte.

Die zweistrahlige Düsenpassagiermaschine flog nach einer planmäßigen Zwischenlandung in Huntsville, Alabama, mit östlichem Kurs ihrem Zielflughafen entgegen. Dabei traf sie auf ein Sturmsystem, das später in den USA als eines der schwersten der letzten Jahre eingestuft wurde.

Der US-amerikanische Wetterdienst hatte zuvor für das Gebiet, über das die DC-9 fliegen sollte, je zwei Wetter- und Tornadowarnungen herausgegeben. In einer Warnung wurden einzelne schwere Gewitter mit Hagel von einer Größe bis zu zehn Zentimeter Durchmesser, äußerst starke Turbulenz, Bodenwinde von fast Orkanstärke und Gewitterwolken mit einer Höhe über 15.000 Meter vorhergesagt. Die Besatzung hatte diese Information vor dem Abflug erhalten. Sie war aber nur eine Vorhersage. Die Piloten waren dieselbe Strecke vor zwei Stunden in umgekehr-

Das Wrack der DC-9 ruht nach der durch einen doppelten Triebwerkausfall verursachten Bruchlandung unter Bäumen in der Gemeinde New Hope. (Wide World Photos)

ter Richtung geflogen und vertrauten wahrscheinlich ihrem persönlichen Kenntnisstand über die Wetterverhältnisse mehr als einer Vorhersage von Bedingungen, die sich entwickelten könnten.

Der Flug erreichte dann mit südöstlichem Kurs das rund 80 Kilometer nordwestlich von Atlanta gelegene Rome, Georgia. Dort traf er auf ein Gewitter. Aus der Niederschrift des Tonbandes des Gesprächaufnahmegerätes war zu entnehmen, daß die Besatzung die Wolkenanhäufung auf dem Wetterradar ihres Flugzeuges entdeckt hatte. Der Flugkapitän meinte: »Sieht mächtig aus…da gibt es kein Durchkommen«. Danach diskutierte er mit dem Ersten Offizier über ein mögliches Loch innerhalb des starken Niederschlaggebietes.

Die Düsenpassagiermaschine flog in einer Höhe zwischen 5200 und 4300 Meter in das Gewitter. Minuten später kam der erste Hinweis auf Schwierigkeiten. Der Pilot teilte mit, daß die Windschutzscheibe der Maschine offenbar durch Hagelschlag geborsten, und das rechte Triebwerk ausgefallen war. Keine 30 Sekunden später kam die noch schicksalsschwerere Meldung: »Das andere Triebwerk ist auch aus«.

Die Atlanta Bereichskontrolle bat um Wiederholung der Mitteilung. Der Flugkapitän stellte darauf die Lage erschreckend klar dar: »Bleiben Sie in Bereitschaft. Unsere beiden Triebwerke stehen«. Ohne Schubkraft war die DC-9 buchstäblich zu einem großen Segelflugzeug geworden, das keinen Platz zur Landung sah.

Die Besatzung bat zuerst um eine Kursangabe zum Luftwaffenstützpunkt Dobbins, der ein Flugzeug dieser Größe hätte aufnehmen können. Anstatt aber den Kurs auf den Militärflugplatz einzuhalten, kurvte die Düsenpassagiermaschine um 180 Grad zurück in die entgegengesetzte Richtung. Die Besatzung hatte vermutlich die Notstromversorgung nicht eingeschaltet, sondern stattdessen versucht, die Triebwerke in einem Gebiet mit Sichtflugbedingungen wieder anzulassen. Schließlich wurde die Notstromanlage doch eingeschaltet und der Funksprechverkehr mit dem Boden nach zwei Minuten Unterbrechung wieder aufgenommen.

Der Flug näherte sich bis auf 16 Kilometer dem Cornelius Moore Flughafen, der trotz seiner verhältnismäßig kurzen Landebahn und dem Fehlen jeglicher Notausrüstung als Notlandeplatz hätte dienen können. Die Piloten waren sich aber offensichtlich nicht seiner Nähe bewußt. Der Platz war auch auf den Bildschirmen der Fluglotsen nicht gekennzeichnet, da er außerhalb des Luftraumes lag, für den sie zuständig waren.

Gut sieben Minuten nach dem Ausfall der Triebwerke wurde die Lage zunehmend kritisch. Die Besatzung mußte jetzt unbedingt eine freie Geländestelle zum aufsetzen der Maschine finden. Der Flugkapitän wies dann auf eine Überlandstraße, worauf der Erste Offizier feststellte: »Wir haben keine andere Wahl«. Es handelte sich um die Staatsstraße 92. Die Besatzung fuhr zur Vorbereitung der Notlandung das Fahrwerk aus und setzte die Landeklappen auf 50 Grad.

Die N1335U streifte mit dem linken Tragflächenende zuerst zwei Bäume. Danach schlug sie noch in der Luft mit beiden Flügeln gegen weitere Bäume und Versorgungsmasten. Beim Aufsetzen des linken Fahrwerks auf dem Straßenbelag stieß sie mit ihrer linken Tragfläche gegen einen Erdwall. Darauf drehte sich die DC-9 nach links, pflügte noch mehr Bäume, Zäune und andere Hindernisse um. Dabei brach sie in mehrere Teile auseinander. Das beim Aufschlag entzündete Feuer breitete sich schnell über fast das gesamte Wrack aus. Die Unglücksstelle lag circa 32 Kilometer nordwestlich von Atlanta in der kleinen Gemeinde New Hope. Bei der Bruchlandung wurden mit den Piloten insgesamt 63 der 85 Flugzeuginsassen und neun Menschen am Boden getötet. Einige der letzteren saßen in einem Auto, das von der Düsenpassagiermaschine zerquetscht wurde. Zwei der Opfer starben erst circa einen Monat nach dem Unglück. Die 22 Überlebenden, unter den sich auch die beiden Flugbegleiter befanden, erlitten unterschiedliche Verletzungen. Sieben Fahrzeuge und eine Tankstelle mit angeschlossenem Lebensmittelgeschäft waren zerstört.

Die genauen Wetterverhältnisse, in die das Flugzeug geraten war, konnten nicht festgestellt werden. Vermutlich hatten die Triebwerke aber eine große Menge Regenwasser und Hagel angesaugt. Darauf fiel die Drehzahl beider Turbinen unter den Mindestwert, der zum Betrieb der motorgetriebenen Generatoren benötigt wird. Das erklärte auch die 36 Sekunden dauernde Unterbrechung der Stromversorgung schon vor dem vollständigen Ausfall der Triebwerke. Die von der Besatzung vor dem Einleiten des Sinkfluges bewußt vorgenommene Schubverringerung hat zusätzlich zu der starken Abnahme der Drehzahl beigetragen.

Durchgeführte Berechnungen verdeutlichten, daß ein massives Ansaugen von Wasser zu einer Störung der Verdichterförderung in den hinteren Stufen des Hochdruckkompressors führen kann. Dabei konnte ein überhöhter Eingangsdruck mit entsprechend großen aerodynamischen Kräften entstehen, dessen Wert alle bisher bei der Entwicklung und dem Betrieb des Triebwerkes gemachten Erfahrungen bei weitem überstieg. Bei der Untersuchung der beiden Niederdruckkompressoren wurde festgestellt, daß sich die Turbinenschaufeln der sechsten Stufe nach vorne gebogen hatten und an die Leitschaufeln der fünften Stufe angestoßen waren. Teile der dabei abgebrochenen Leitschaufeln wurden dann von dem Hochdruckkompressor angesaugt und richteten dort große Schäden an. Das Vorschieben der Triebwerksleistungshebel durch die Piloten war zwar eine normale Reaktion auf den Abfall der Turbinendrehzahl, verschlimmerte die Lage aber zusätzlich. Es wurden Hinweise für eine Überhitzung der Triebwerke vor ihrem Ausfall entdeckt, ein Beweis dafür, daß die Gashebel auch nach der Beschädigung des Kompressors weit nach vorne gestanden hatten. Keines der Triebwerke hätte unter diesen Voraussetzungen in der Luft wieder angelassen werden können. Damit war der Unfall unvermeidbar geworden.

Die US-amerikanische Transport-Sicherheitsbehörde NTSB versuchte hrauszufinden, warum die Piloten in solch einen schweren Gewittersturm hineingeflogen waren. Es gab Indizien dafür, daß ihre einzuhaltenden Ruhezeiten knapp unter den vorgeschriebenen Mindestzeiten gelegen hatten. Außerdem hatten sie einen langen Arbeitstag mit wenig Möglichkeit zur Nahrungsaufnahme hinter sich. Das könnte bei dem Flugkapitän zu Übermüdungserscheinungen und einem Nachlassen des Urteilsvermögens geführt haben. Weder die Besatzung noch das Flugabfertigungs-Personal hatte offenbar versucht, Informationen über die aktuellen Wetterverhältnisse zwischen Huntsville und Atlanta einzuholen. Die Untersuchungskommission schloß daraus, daß sich alle Beteiligten zu sehr auf das Wetterradar des Flugzeuges und die von den Piloten bei ihrem früheren Flug gewonnenen Erkenntnisse über die Wetterverhältnisse verlassen hatten.

Die Besatzung wollte mit der Hilfe des Wetterradars durch den Gewittersturm hindurch navigieren, obwohl dabei schon früher Maschinen abgestürzt waren. Da die Düsenpassagiermaschine zu dieser Zeit aber durch ein Regengebiet flog, kann die Bildschirmauflösung ihres Radars schwach gewesen sein. Das von den Piloten auf dem Radar bemerkte Loch in der Wolkenanhäufung könnte so irreführend ausgesehen haben, als ob dort kein Niederschlag aufgetreten wäre. Als die DC-9 dann ihren Kurs nach links änderte, flog sie in Wirklichkeit in ein Gebiet, wo der Sturm am heftigsten tobte.

Das Versagen des Flugabfertigungsdienstes der Fluggesellschaft bei der Einholung aktueller Wetterinformationen für den geplanten Flugweg wurde ebenfalls erkannt. Die Grenzen des Flugsicherungssystems des US-amerikanische Bundesamtes für Luftfahrt FAA, die eine rechtzeitige Verbreitung von Informationen über gefährliche Wetterverhältnisse verhinderten, wurden als ein weiterer beitragender Faktor bewertet. Aufgrund dieser Unzulänglichkeiten erfuhr die Besatzung nicht, daß im Osten Alabamas mehrere Tornados gesichtet und auf dem Radar in der Umgebung von Rome Gewitter erkannt worden waren. Ein Mitglied der Untersuchungskommission vertrat eine abweichende Meinung. Er sah die wahrscheinlichste Unfallursache in der Entscheidung des Flugkapitäns, in ein erkanntes Unwettergebiet einzufliegen.

In dem US Flugsicherungssystem wurde später eine der im Abschlußbericht der NTSB über den Unfall von Flug 242 gemachten Empfehlungen umgesetzt. Es wurde eine genormte Skala für die Stärke von Gewittertätigkeiten eingeführt, die auf dem von dem Nationalen Wetterdienst benutzten System beruhte. Diese Information wurde auch in dem Informationshandbuch für Flieger veröffentlicht. Das FAA wurde ebenfalls tätig. Es verbesserte die Verbreitungsmöglichkeit von Informationen über gefährliche Wetterverhältnisse und wies in einem Rundschreiben alle Piloten darauf hin, gefährliche Unwetter zu vermeidn. Als Antwort auf eine andere NTSB Empfehlung bemerkte das FAA, daß bereits im August 1975 ein Forschungs- und Entwicklungsprogramm zum besseren Erkennen solcher Wettererscheinungen auf dem Radar eingeleitet worden war.

Datum: 19. November 1977, 21:48 Uhr
Ort: In der Nähe von Funchal, Madeira, Portugal
Unternehmen: Transportes Aereos Portugueses EP (TAP), Portugal
Flugzeugmuster: Boeing Advanced 727–282 (CS-TBR)

Flug 425 aus Brüssel, Belgien, sollte nach einer Zwischenlandung in Lissabon, Portugal, auf dem Santa Catarina Flughafen enden. Zur Ankunftzeit war es dunkel, und es regnete. Der Himmel war zu 6/8 mit Wolken bedeckt, deren Untergrenze bei circa 500 Meter lag. Die Sicht betrug ungefähr drei Kilometer. Nach zwei mißglückten Landeversuchen setzte die Düsenpassagiermaschine im dritten Anlauf rund 600 Meter hinter der Schwelle von Landebahn 24 auf.

Obwohl die Besatzung sofort auf vollen Umkehrschub schaltete und die Störklappen ausfuhr, konnte sie die 727 nicht mehr auf der Landebahn anhalten. Die Maschine raste über das Landebahnende hinaus, stürzte einen Felsen hinunter und schlug schließlich gegen eine Steinbrücke. Hier wurden später ihre rechte Tragfläche und das Leitwerk mit allen drei Triebwerken gefunden. Die restliche Zelle mit dem linken Flügel stürzte fast senkrecht auf einen rund 40 Meter unterhalb der Flughafenhöhe gelegenen Strand und ging beim Aufschlag in Flammen auf. Bei dem Unglück wurden 131 Insassen des Flugzeuges getötet. Darunter befanden sich sechs Besatzungsmitglieder. Neun der Opfer wurden offenbar auf das

Der ausgebrannte Rumpf der TAP Boeing 727, die in Madeira über das Ende der Landebahn hinausgeschossen war. (Wide World Photos)

Eine Boeing 737–200. Eine Malaysian Airline System Maschine dieses Musters stürzte bei einer versuchten Flugzeugentführung ab. (Boeing)

Meer hinausgetrieben und nicht mehr gefunden. Zwei Flugbegleiter und 31 Passagiere überlebten mit unterschiedlichen Verletzungen.

Die Auswertung des digitalen Flugschreibers ergab, daß die Verkehrsmaschine beim Überflug der Landebahnschwelle die richtige Höhe und Konfiguration hatte. Trotzdem setzte sie erst 300 Meter hinter dem Zielpunkt mit einer angezeigten Eigengeschwindigkeit auf, die 30 km/Std über der vorgeschriebenen Landegeschwindigkeit lag. Die Besatzung hatte kurz vor dem Aufsetzen die Stellung der Landeklappen von 40 auf 25 Grad geändert. Wahrscheinlich hatte sie damit das Flugzeug auf den Boden zwingen wollen. Das könnte aber zusammen mit der überhöhten Geschwindigkeit und der leicht abfallenden Landebahn das ungewöhnlich lange Schweben der 727 vor dem Aufsetzen verursacht haben.

Unmittelbar nach der Landung schlug das Seitenruder des Flugzeuges kräftig nach links aus. Die Düsenpassagiermaschine schob daraufhin nach rechts. Aquaplaning könnte bei dem Unfall eine Rolle gespielt haben, da das Regenwasser auf der Startbahn aufgrund von Verwerfungen in ihrem Belag nur schwer abfloß. Neben den bisher aufgeführten Faktoren und den Wetterverhältnissen könnte noch ein anderer Umstand zu dem Unfall beigetragen haben. Die Lichter der 300 Meter Abstandsmarkierungenen waren in dieser Nacht außer Betrieb gewesen.

In dem Untersuchungsbericht war zu lesen, daß die Fluggesellschaft ihre Piloten angewiesen hatte, die Geschwindigkeit beim Anflug auf Landebahn 24 des Funchaler Flughafens wegen einer möglichen Windscherung um 15 km/Std höher als normal zu halten. Das war eine teilweise Erklärung für die zu hohe Aufsetzgeschwindigkeit.

Nach dieser Bruchlandung ließ die Gesellschaft Starts und Landungen auf dieser bestimmten Landebahn nur noch zu, wenn der Belag trocken war.

Datum: 4. Dezember 1977, circa 20:15 Uhr
Ort: In der Nähe von Kampung Ladang, Malaysia
Unternehmen: Malaysian Airline System
Flugzeugmuster: Boeing 737–2H6 (9M-MBD)

Flug 653 näherte sich auf seinem Inlandflug von Penang seinem Zielflughafen Kuala Lumpur. Beim Anflug meldete der Flugkapitän, daß ein Entführer die Maschine in seine Gewalt gebracht hatte, und er den Flug nach Singapur fortsetzen werde. Bevor die Funkverbindung verloren ging, sank die 737 noch von 6400 Meter auf 2000 Meter Höhe.

Nach Berichten von Augenzeugen ist die Flugzeugnase der Düsenpassagiermaschine plötzlich nach oben geschnellt. Anschließend stürzte das Flugzeug in einer leichten Querlage steil nach unten und schlug mit hoher Geschwindigkeit in einem 50 Kilometer südwestlich von Johor Baharu gelegenen Sumpf auf. Die Maschine explodierte beim Aufprall und zerbrach in mehrere Teile. Alle 100 Insassen (93 Passagiere und sieben Besatzungsmitglieder) fanden den Tod.

Obwohl es Berichte über Feuer und Explosionen in der Luft vor dem Aufschlag gab, kam die Untersuchungskommission zu dem Schluß, daß beide Piloten erschossen worden waren. Die Sicherheitsvorkehrungen wurden nach diesem Unglück verschärft.

Datum: 1. Januar 1978, circa 20:15 Uhr
Ort: Vor der Küste von Bandra, Maharashtra, Indien
Unternehmen: Air-India
Flugzeugmuster: Boeing 747–237B (VT-EBD)

Flug 855 startete in der klaren, windstillen Nacht von dem Santa Cruz Flughafen bei Bombay nach Dubai in den Vereinigten Arabischen Emiraten. Er sollte auf eine Reiseflughöhe von 9450 Meter steigen und über Funk das Verlassen von 2400 Meter Flughöhe mitteilen. Der letzte Funkspruch der 747 wurde rund eine Minute nach ihrem Abflug empfangen. Er lautete: »Ihnen ein gutes Neues Jahr, mein Herr. Wir werden das Verlassen von 2400 melden.«

20 Sekunden später stürzte die Großraum Düsenpassagiermaschine drei Kilometer vor der Küste in das Arabische Meer. Sie soll nach Berichten von Augenzeugen mit einem Neigungswinkel von 35 bis 40 Grad auf das Wasser geschlagen und dann sofort explodiert sein. Alle 213 Insassen (190 Passagiere und 23 Besatzungsmitglieder) kamen bei dem Absturz ums Leben.

Der größte Teil des Wracks, der Flugschreiber, das Gesprächsaufnahmegerät der Pilotenkabine und die Leichen von 90 Opfern wurden anschließend geborgen. Das Meer war an der Absturzstelle mit knapp zehn Meter Tiefe so flach, daß Teile des Flugzeuges über die Wasseroberfläche hinausragten.

Eine indische Untersuchungskommission kam zu dem Ergebnis, daß der Flugkapitän für den Absturz verantwortlich war. Er hatte nach dem Ausfall des Künstlichen Horizontes »unsinnige« Ausschläge mit seiner Steuersäule vorgenommen. Das Instrument war wahrscheinlich beim Ausrollen der Düsenpassagiermaschine aus einer leichten Rechtskurve in einer rechten Querlage-Anzeige hängen geblieben. Der Flugkapitän muß dann vollkommen den Überblick über die Fluglage verloren und die Maschine über die 90 Grad Querlage hinaus nach links gerollt haben. Aus dieser Lage konnte die 747 dann nicht mehr abgefangen werden. Die Situation wäre anfangs leicht zu korrigieren gewesen, wenn der Flugkapitän die anderen Flugüberwachungs-Instrumente und den Notkreiselhorizont zu Hilfe genommen hätte.

Der Erste Offizier hatte außerdem versäumt, die Instrumente zu überwachen und den Flugkapitän bei der Feststellung der Fluglage der Verkehrsmaschine zu unterstützen.

Boeing und die Herstellerfirmen der Flugzeugelektronik der 747 machten später als Beklagte in einem Gerichtsverfahren geltend, daß der Flugkapitän eine Vorgeschichte mit Zuckerkrankheit und Alkoholproblemen hatte. Er könnte daher an dem Unfalltag sehr wohl unter dem Einfluß von Medikamenten und Alkohol gestanden und dann einfach eine räumliche Bewußtseinsstörung erlitten haben. Das US Bundesgericht sprach 1985 in seinem Urteil alle drei Gesellschaften von der Anschuldigung der Fahrlässigkeit im Zusammenhang mit dem Absturz frei.

Datum: 25. September 1978, circa 09:00 Uhr
Ort: San Diego, Kalifornien, USA
Erstes Flugzeug
Unternehmen: Pacific Southwest Airlines (PSA), USA
Flugzeugmuster: Boeing 727–214 (N533PS)
Zweites Flugzeug
Unternehmen: Gibbs Flite Center Inc, USA
Flugzeugmuster: Cessna 172M (N7711G)

Der Süden Kaliforniens ist für seine relative Wohlhabenheit und ideales Flugwetter bekannt. Hier gibt es die größte Konzentration an Flugzeugen der allge-

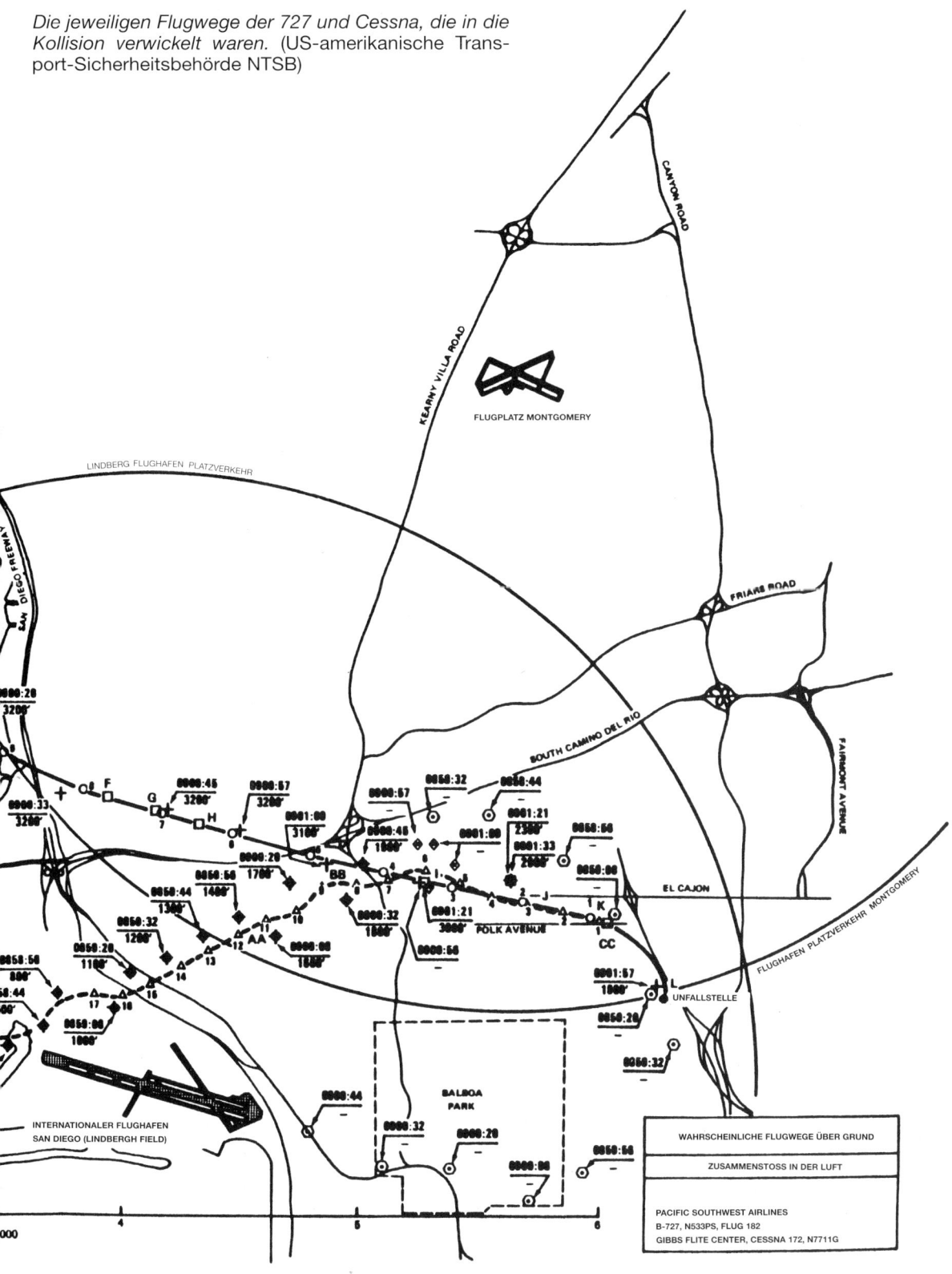

Die jeweiligen Flugwege der 727 und Cessna, die in die Kollision verwickelt waren. (US-amerikanische Transport-Sicherheitsbehörde NTSB)

145

meinen Luftfahrt auf der ganzen Welt. Der Luftraum über diesem Gebiet wird oft als »vollkommen überfüllt« beschrieben, was nicht stimmt. Treffender könnte man den Himmel hier als »belebt« charakterisieren. Mit Sicherheit trifft das auf die Umgebung von Los Angeles zu, hat aber auch in einem etwas geringerem Ausmaß Gültigkeit für den rund 150 Kilometer südlicher gelegenen Raum von San Diego. Bis zu diesem Tag waren beide Gebiete von einem folgenschweren Zusammenstoß zwischen einem Leichtflugzeug und einer Passagiermaschine verschont geblieben, obwohl eine potientielle Gefahr hierzu natürlich bestanden hatte. Das könnte bei den Privat- und Verkehrspiloten eine gewisses Gefühl der Selbstgefälligkeit ausgelöst haben. Dieses wurde aber durch diesen schrecklichen Unfall schnell wieder ausgelöscht.

PSA Flug 182 sollte am Ende des innerstaatlichen Fluges von Sacramento mit einer Zwischenlandung in Los Angeles auf dem Lindbergh Flughafen von San Diego landen. Er wurde nach Instrumentenflugregeln (IFR) durchgeführt. Die Wetterverhältnisse waren an diesem Montag Morgen ideal. Der Himmel war wolkenlos, und die Sicht betrug circa 16 Kilometer. Die 727 wurde daher für einen Sichtanflug nach Landebahn 27 freigegeben. Da die Maschine aus nordwestlicher Richtung kam, flog sie zuerst mit einem südöstlichen Kurs auf dem Rückenwindteil der Flughafen Platzrunde, ehe sie nach Westen kurvte und mit dem Endanflug begann.

Die einmotorige Cessna hatte in der Zwischenzeit einen Instrumentenlandesystem Übungsanflug (ILS) auf den Flughafen beendet. Dieser hatte in der entgegengesetzten Richtung von Landebahn 27 stattgefunden, da nur die Piste 09 die notwendigen ILS Bodeninstallationen besaß. Am Steuer der Cessna saß der 35 Jahre alte, voll ausgebildete Privatpilot David Boswell, der für seine Blindfluglizenz übte. Sein Fluglehrer Martin Kazy hatte bereits 5000 Flugstunden absolviert. Obwohl die Cessna nach Sichtflugregeln (VFR) flog, befand sie sich in Funk- und Radarkontakt mit dem Lindbergh Kontrollturm und der Anflugkontrolle. Sie war außerdem wie die Verkehrsmaschinen mit einem Höhenabfragegerät ausgestattet, das dem Fluglotsen ermöglichte, ihre Flughöhe und errechnete Geschwindigkeit über Grund zu verfolgen.

Um 08:59:30 Uhr erhielt die 727 den ersten von insgesamt vier wichtigen Verkehrshinweisen. Der Fluglotse der Anflugkontrolle teilte mit: »PSA eins achtzig zwei, Flugverkehr in zwölf Uhr, eineinhalb Kilometer, nördlicher Kurs«.

Flugkapitän James McFeron entgegnete: »Wir halten Ausschau«.

Sekunden später warnte der Fluglotse: »Zusätzlicher Luftverkehr in zwölf Uhr, fünf Kilometer, knapp nördlich des Platzes, nordöstlicher Kurs, eine Cessna eins siebzig zwei, steigt VFR über 450 Meter hinaus«.

Der Erste Offizier Robert Fox antwortete darauf: »Okay, wir sehen die andere zwölf«.

Nach dem dritten Hinweis, in dem der Fluglotse der Anflugkontrolle mitteilte: »... Flugverkehr in zwölf Uhr, fünf Kilometer, steigt über 610 Meter hinaus«, bestätigte der PSA Pilot: »Flugverkehr in Sicht«.

Daraufhin wies der Fluglotse den Flug an, selbst Abstand nach Sicht zu halten.

Die Cessna war unterdessen aufgefordert worden, Sichtflugbedingungen in oder unter 1050 Meter Höhe einzuhalten, und einen Kurs von 70 Grad zu steuern. Außerdem erhielt sie von dem Fluglotsen der Anflugkontrolle die Verkehrsinformation, daß sich eine 727 in ihrer sechs Uhr Position befand, deren Besatzung Sichtkontakt zu ihr hatte. Der letzte Hinweis an die 727 kam um 09:00:38 Uhr von dem Kontrollturm, der mitteilte: »Flugverkehr in zwölf Uhr, eineinhalb Kilometer, eine Cessna«.

Der Flugkapitän antwortete diesmal mit der Feststellung: »Okay, wir hatten sie dort vor einer Minute«.

Die Pacifis Southwest Airlines Boeing 727 stürzt nach der Kollision mit einem Leichtflugzeug auf den Boden zu. Sie zieht hinter der beschädigten rechten Tragfläche eine Rauchfahne. (Photo von Hans Wendt, übergeben von der US-amerikanischen Transport-Sicherheitsbehörde NTSB)

Dann fügte er zögernd hinzu: »Ich glaube, sie ist an unserer rechten Seite vorbei«.

Der Fluglotse des Kontrollturms sagte später aus, er hätte den Piloten sagen hören: »Sie fliegt an unserer rechten Seite vorbei«. Deshalb hätte er nichts mehr weiter unternommen, als einfach »ja« zu entgegnen.

Um 09:01:28 Uhr ertönte im Raum der Anflugkontrolle ein Kollisionswarnung-Alarm. Dieser in das Radarsystem eingebaute Mechanismus zur Vermeidung von Zusammenstößen sagte mit Hilfe eines Computers voraus, daß sich die Flugwege zweier Ziele an einem Punkt überschneiden werden. Die einzige Reaktion des Fluglotsen in der Anflugkontrolle bestand jedoch darin, der Cessna einen zweiten Hinweis auf die 727 zu geben. Das war um 09:01:47 Uhr.

Bei der vorhandenen technischen Austattung und nach den erfolgten Verkehrshinweisen war schwer zu verstehen, daß die Flugzeuge in diesem Augenblick trotzdem sechs Kilometer nordöstlich des Flughafens in circa 750 Meter Höhe zusammenstießen. Die Verkehrsmaschine sank kurz vor der Kollision in einer leichten Rechtskurve, und das Leichtflugzeug stieg im Geradeausflug. Die 727 stieß beim Überholen mit der Unterseite ihrer rechten Tragfläche gegen die Cessna. Diese wurde in mehrere Teile zerrissen und explodierte. Danach stürzte sie in die Tiefe und schlug auf einer Straße auf. Die rechte Tragfläche der 727 war bei dem Zusammenstoß schwer beschädigt und größere Teilstücke ihrer vorderen und hinteren Landeklappen abgetrennt worden. An diesen Stellen brach auch Feuer aus, weil die Kraftstoffleitungen wahrscheinlich gerissen waren.

Die Düsenpassagiermaschine war offensichtlich nicht mehr zu kontrollieren. Sie fiel in eine flache Sinkkurve nach rechts. 20 Sekunden nach dem Zusammenstoß schlug sie westlich der Überlandstraße 805 im städtischen Nordpark auf. Die Absturzstelle lag knapp eineinhalb Kilometer vom Balboa Park entfernt, der Heimat des berühmten San Diegoer Zoos. Die Maschine traf mit rund 435 km/Std und einem rechtweisenden Kurs von 200 Grad auf eine Straße auf, explodierte und verwüstete die angrenzende Wohnsiedlung. Ihre rechte Tragfläche hing dabei leicht nach unten, das Fahrwerk war ausgefahren und die Landeklappen befanden sich einer Zwischenstellung. Alle 135 Insassen der Passagiermaschine (128 Passagiere und sieben Besatzungsmitglieder), die beiden Piloten des Leichtflugzeuges und sieben Menschen am Boden wurden getötet. Außerdem gab es neun Verletzte. Unter ihnen befand sich auch eine Frau mit ihrem kleinen Sohn. Der Körper eines Opfers war bei ihrer Fahrt durch das Absturzgebiet durch die Windschutzscheibe ihres Autos geschleudert worden. Durch den Aufschlag und die anschließenden Brände wurden 22 Wohnungen zerstört oder beschädigt.

In den ersten Pressemeldungen wurde, wie schon zuvor bei anderen Unfällen dieser Art, dem Leichtflugzeug die Hauptschuld an der Katastrophe zugewiesen und die unvermeidliche Forderung erhoben, die

Flugbewegungen der allgemeinen Luftfahrt an größeren Flughäfen zu beschränken. Diese Anschuldigung war jedoch ungerecht. Der Unfall konnte kaum als klassische IFR/VFR Kollision angesehen werden. Die Cessna befand sich trotz einer VFR Flugsicherungs-Freigabe unter der positiven Radarkontrolle des Nahverkehrsbezirkes, und die an beide Flugzeuge übermittelten Verkehrshinweise schienen ausreichend gewesen zu sein.

Die US-amerikanische Transport-Sicherheitsbehörde NTSB machte in ihrem Untersuchungsbericht die Besatzung der Passagiermaschine für den Zusammenstoß verantwortlich. Sie hatte weder, wie angewiesen, nach Sicht Abstand zu dem Leichtflugzeug gehalten, noch den Fluglotsen informiert, daß sie die Cessna aus den Augen verloren hatte. Die NTSB nannte die damals gültigen Flugsicherungsverfahren als beitragende Ursache. Diese ermächtigten die Fluglotsen, zwei Flugzeuge durch Verkehrshinweise nach Sichtverfahren voneinander getrennt zu halten, obwohl alle technischen Voraussetzungen für eine horizontale und vertikale Staffelung vorhanden waren.

Die Entscheidung der Untersuchungskommission war aber nicht einstimmig gefaßt worden. Das NTSB Mitglied Francis McAdams vertrat eine andere Meinung und bewertete die Unzulänglichkeiten des Flugsicherungssystems nicht als Nebenumstand sondern als Hauptursache für den Absturz. Er führte noch eine Anzahl weiterer in dem Bericht enthaltener Umstände als beitragende Unfallursachen an. Durch den Wegfall eines jeden einzelnen dieser Ereignisse hätte die Katastrophe wahrscheinlich vermieden werden können.

Hätte die Cessna die Anweisung des Fluglotsen der Anflugkontrolle befolgt, einen Kurs von 70 Grad einzuhalten, würde sie den Flugweg der 727 früher gekreuzt haben, und der Zusammenstoß wäre nicht erfolgt. Die leichte Rechtskurve führte das Leichtflugzeug aber auf einen Flugweg, der sich genau mit der Düsenpassagiermaschine deckte. Die 727 verschwand so auch aus dem Blickfeld der Cessna Piloten, weil sie sich nun genau hinter ihnen befand. Da sie außerdem wußten, daß die Besatzung der Linienmaschine Sichtverbindung zu ihnen hatte, sahen sie keinen Grund, mit ihrem Flugzeug zu kurven, um Ausschau nach der Düsenpassagiermaschine zu halten. Der Fluglotse der Anflugkontrolle machte ebenfalls einen Fehler. Er wies Flug 182 nicht an, bis zum Verlassen der Verkehrszone des Flugplatzes Montgomery in 1200 Meter Höhe zu bleiben. Diese Bestimmung sollte einen Zusammenstoß mit den dortigen Flugbewegungen der allgemeinen Luftfahrt verhindern. Obwohl die Cessna von dem Flughafen Lindbergh kam, wäre die 727 in dieser Höhe sicher über das Leichtflugzeug hinweggeflogen.

Der dritte Verkehrshinweis des Fluglotsen der Anflugkontrolle und die Warnmeldung des Kontrollturmes an die PSA Besatzung entsprachen beide nicht den geltenden Bestimmungen, weil sie weder die Flugrichtung noch das Flugzeugmuster des genannten Flugverkehrs beinhalteten. Die Untersuchungskommission ging auch der Frage nach, warum der Kollisionsalarm keine Reaktionen ausgelöst hatte. Der Fluglotse der Anflugkontrolle stellte dazu fest, daß sich beim Ertönen des Alarms die Datenblöcke der beiden betroffenen Flugzeuge auf dem Bildschirm zu verschmelzen begannen. Er habe aber nichts unternommen, weil die 727 Besatzung schon vorher mitgeteilt hatte, daß sie in Sichtverbindung zu dem gemeldeten Flugverkehr stände. Sein Koordinator und er bemerkten dazu, daß solche Alarme alltäglich auftreten würden.

Die 727 war selbstverständlich das überholende Flugzeug gewesen. Ihre Besatzung hatte die Verantwortung dafür übernommen, die Cessna im Auge zu behalten und einen Zusammenstoß zu vermeiden. Das Tonband des Gesprächsaufnahmegerätes ließ etwas Verwirrung über den Standort des Leichtflugzeuges bei den Piloten nach ihrer ersten Mitteilung »Flugverkehr in Sicht« erkennen.

Nach dem Hinweis des Kontrollturms fragte der Flugkapitän: »Ist das die, auf die wir schauen?«, und der Copilot entgegnete: »Ja, aber ich sehe sie jetzt nicht«.

Kurz darauf wollte der Erste Offizier Fox wissen: »Sind wir an der Cessna vorbei?«, und Flugkapitän McFeron erwiderte: »Ich gehe davon aus«.

Danach hörte man eine Bemerkung von ihm, die seine unangebrachte Zuversicht zeigte: »... ich sah sie in ungefähr ein Uhr, wahrscheinlich ist sie jetzt hinter uns«.

Neun Sekunden vor der Kollision sagte der Copilot: »Da ist eine unter uns«; und fuhr dann fort: »Ich schaue auf die Anfliegende da«.

Die Flugsicht war gut. Die PSA Piloten mußten nicht direkt in die grelle Morgensonne schauen, da sich die Cessna aus ihrem Blickwinkel unterhalb des Horizontes befand. Es gab aber trotzdem Gründe dafür, daß sie die N7711G bei ihrer Annäherung an das Leichtflugzeug schlechter wahrnehmen konnten. Der Aufbau der Pilotenkabine verdeckte in den letzten Sekunden vor der Kollision die Cessna vor den Augen der Piloten. Da beide Flugzeuge zudem buchstäblich den gleichen Flugweg flogen, verringerte sich jede wahrnehmbare Bewegung auf ein Minimum. Ferner verursachte der Blickwinkel eine perspektivische Verkürzung der Cessna und ließ sie kleiner erscheinen. Außerdem war das Flugzeug gegen den vielfarbigen Hintergrund des Wohngebietes schwer zu erkennen.

Kurz nach dem Unfall wurde auch die Möglichkeit ins Spiel gebracht, eine dritte Maschine oder ein »Geisterflugzeug« hätte sich zu der Unfallzeit in dem Gebiet aufgehalten. Zuerst wurde vermutet, die PSA Besatzung könnte das in den Verkehrshinweisen genannte Flugzeug mit einer anderen Maschine verwechselt haben. Diese Theorie wurde durch Berichte von Augenzeugen und insbesondere durch den ersten Flugverkehrshinweis an Flug 182 untermauert. Das Kommissionsmitglied McAdams wies in seinem Bericht sogar auf die Möglichkeit einer falschen Identifikation hin.

Zwei Jahre später wurde bestätigt, daß sich am Tage des Unfalls tatsächlich eine kleine einmotorige Cessna 150 gegen neun Uhr in dem Gebiet aufgehalten hatte. Die US-amerikanische Vereinigung der Verkehrspiloten (ALPA) bat aufgrund dieser Enthüllung die NTSB, die wahrscheinliche Unfallursache neu zu überdenken. Die Anfrage wurde jedoch zurückgewiesen, weil die 150 den Flugweg der 727 so früh gekreuzt hatte, daß sie unmöglich mit den Verkehrshinweisen verwechselt werden konnte. Die NTSB ließ auch die Einlassung nicht gelten, daß der Copilot von Flug 182 eine andere vor ihm fliegende PSA Düsenpassagiermaschine für das in den Verkehrshinweisen genannte Flugzeug gehalten habe. Nie geklärt wurde aber, ob sich der Erste Offizier Fox bei seiner Meldung »... wir sehen die andere zwölf« auf das Flugzeug des ersten Verkehrshinweises oder die N7711G bezogen hatte.

Die Eingabe der ALPA hat die NTSB aber dazu veranlaßt, ihre ursprünglichen Entscheidungen teilweise zu ändern. Bei der Neufestlegung der wahrscheinlichen Unfallursache wurde jetzt der Fehler der PSA Besatzung genauso wie der Fehler der PSA Besatzung als Hauptfaktor bewertet. Als beitragende Umstände wurden festgelegt: Das Versäumnis des Fluglotsen, Flug 182 die Flugrichtung der Cessna mitzuteilen; das Abweichen der Cessna von dem ihr zugewiesenen Kurs; und die falsche Reaktion auf den Kollisionsalarm.

Die Empfehlungen der NTSB enthielten die Verwirklichung eines Radardienst-Nahverkehrsbezirkes an dem Flughafen Lindbergh in vollem Umfang, und die Änderung der Verfahren zur Staffelung der Flugzeuge in allen Nahverkehrsbezirken. Das bedeutete nicht, daß die Katastrophe von San Diego auf einem Fehler in dem Flugsicherungssystem beruhte. Die technische Ausstattung war umfangreicher als gefordert und arbeitete an dem Tag des Zusammenstoßes einwandfrei. Keinem der Beteiligten war grobe Fahrlässigkeit nachzuweisen, dafür aber eine Reihe scheinbar unbedeutender, aber in Wirklichkeit kritischer Fehler. Der eigentliche Grund für die Tragödie könnte vielleicht treffend mit dem einen Wort beschrieben werden: Selbstgefälligkeit.

Datum: 15. November 1978, 23:30 Uhr
Ort: In der Nähe von Katunyake, Sri Lanka
Unternehmen: Loftleidir HF (Icelandic Airlines)
Flugzeugmuster: McDonnell Douglas DC-8 Super 63CF (TF-FLA)

Die Düsenpassagiermaschine war im Auftrag der Garuda Indonesian Airways auf einem Charterflug von Saudi-Arabien nach Indonesien unterwegs. Sie sollte auf dem circa 30 Kilometer nördlich von Colombo gelegenen Internationalen Bandaranaike Flughafen zwischenlanden. Ihre Passagiere waren moslemische Pilger, die von Mekka heimkehrten. Die Maschine stürzte beim Landeanflug ab. Dabei wurden 184 Personen an Bord des Flugzeuges getötet. Darunter befanden sich acht ihrer 13 Besatzungsmitglieder. Viele der 78 Überlebenden trugen schwere Verletzungen davon.

Die DC-8 stürzte bei dem Instrumentenlandesystem Anflug (ILS) circa eineinhalb Kilometer vor der Landebahnschwelle in eine Kokosnuß-Plantage, brach auseinander und ging in Flammen auf. Das Fahrwerk war beim Aufschlag ausgefahren. Der Unfall ereignete sich bei leichtem bis mäßigen Regen in der Dunkelheit. Die Untergrenze der tiefen Wolkendecke lag bei 300 Meter, und die Sicht betrug rund sechs Kilometer. In dem Gebiet herrschte außerdem Gewittertätigkeit.

Sri Lankas Luftfahrtbehörde führte die Katastrophe auf die Nichteinhaltung der festgelegten Anflugverfahren durch die Besatzung zurück. Sie stellte ausdrücklich fest, daß die Piloten versäumt hatten, alle ihnen zur Verfügung stehenden Instrumente zu überwachen und zur Kontrolle der Flughöhe und Sinkgeschwindigkeit zu benutzen. Der Erste Offizier hatte zudem einige Male das vorgeschriebene Ausrufen der Flughöhe und Sinkrate unterlassen. Der Flugkapitän hatte ferner kein Fehlanflugverfahren eingeleitet, als er nach dem Erreichen der zugehörigen Höhe die Startbahn nicht sah. (Später begann er durchzustarten und gab Vollgas. Da war die Höhe aber schon zu gering, um den Absturz noch vermeiden zu können.)

Zusätzlich war wahrscheinlich der Radiohöhenmesser irrtümlich auf 50 Meter eingestellt worden. Das Bodennähe-Warngerät hatte daher die Besatzung nicht über das Erreichen der beabsichtigten Fehlanflughöhe von 75 Meter alarmiert.

Das Isländische Zivilluftfahrtamt machte in seinem Bericht die unzureichende Wartung der ILS Anlage für den Absturz verantwortlich. Nach seiner Ansicht war dadurch der Gleitpfad-Leitstrahl in Richtung Boden abgelenkt worden. Das wiederum ließ die Düsenpassagiermaschine die Entscheidungshöhe zu weit vor der Landebahnschwelle über einem Gelände erreichen, wo ein erfolgreiches Abfangen des Flugzeuges nicht möglich war. Das Amt sah außerdem die unrichtigen Informationen des Fluglotsen der Radarkontrolle und das Fehlen einer einsatzbereiten Anflugbefeuerungs-Anlage auf dem Flughafen als beitragende Faktoren für den Unfall an.

Die Unfalluntersuchungs-Spezialisten aus Island und Sri Lanka stimmten darin überein, daß die Besatzung in der kritischen Phase des Fluges durch heftigen Regen und/oder Fallwinde bei dem Versuch behindert worden ist, wieder an Höhe zu gewinnen.

Datum: 23. Dezember 1978, 00:30 Uhr
Ort: In der Nähe von Cinisi, Sizilien, Italien
Unternehmen: Alitalia, Italien
Flugzeugmuster: McDonnell Douglas DC-9 Serie 32 (I-DIKQ)

Flug 4128 war ein Inlands-Anschlußflug von Rom nach Palermo. Die Düsenpassagiermaschine stürzte beim Anflug auf den Punta Raisi Flughafen in das Tyrrhenische Meer. Dabei kamen 108 Insassen, darunter die gesamte fünfköpfige Besatzung, ums Leben. Fischerboote retteten 21 überlebende Passagiere.

Der Unfall ereignete sich beim Endanflug des UKW-Drehfunkfeuer/Entfernungsmeßgeräte Instrumenten-Anflugverfahrens (VOR/DME) auf Landebahn 21. Das Flugzeug war dabei vom Radar erfaßt. Zur Unfallzeit war es dunkel, und es regnete leicht. Der Himmel war zu 4/8 mit Kumuluswolken in 750 Meter und zu 8/8 Mit hoher Schichtbewölkung in 2500 Meter Höhe bedeckt. Die Sicht betrug neun Kilometer, und der Wind kam aus 190 Grad mit 31 km/Std.

Die DC-9 stürzte rund sechs Kilometer vor der Landebahnschwelle mit ausgefahrenem Fahrwerk in das Meer. Der Rumpf brach beim Aufprall in drei große Teile, und beide Tragflächen und ein Triebwerk rissen ab. Das Hauptwrack, in dem sich viele der Opfer befanden, wurde später geborgen.

Schuld an dem Absturz hatten offensichtlich die Piloten. Sie hatten ihre Flughöhe nicht genau genug überwacht und waren zu früh von den Blindflugverfahren auf Sichtflug übergegangen. Dabei waren sie über der Wasseroberfläche ohne sichtbare Lichter gesunken, was leicht zu optischen Täuschungen führen konnte.

Datum: 25. Mai 1979, 15:04 Uhr
Ort: In der Nähe von Chicago, Illinois, USA
Unternehmen: American Airlines, USA
Flugzeugmuster: McDonnell Douglas DC-10 Serie 10 (N110AA)

Fünf Jahre nach dem Absturz bei Paris (siehe Seite 120) wurde die DC-10 nach dem bis heute schwersten Unfall einer US Inlandsfluglinie erneut Mittelpunkt einer Kontroverse.

Flug 191 startete nach Erhalt der Freigabe von der Startbahn 32 rechts des Internationalen Flughafens O'Hare zum Nonstop-Inlandsflug nach Los Angeles, Kalifornien. Das Wetter war an diesem Freitag Nachmittag ideal. Der Himmel war wolkenlos, und die Sicht betrug 25 Kilometer. Das Flugzeug beschleunigte normal bis zum Abheben, worauf ein schwerer struktureller Fehler eintrat. Bei oder kurz vor dem Hochnehmen der Flugzeugnase brach das Triebwerk Nummer eins zusammen mit seiner Aufhängevorrichtung ab. Das Antriebsaggregat schleuderte als ganzes über die linke Tragfläche und blieb anschließend auf der rechten Seite der Startbahn liegen.

Die DC-10 stieg dann noch bis zu einer Höhe von circa 100 Meter über Grund, bevor sie trotz vollem Gegenausschlag der Quer- und Seitenruder nach links rollte und zu sinken begann. Nur 31 Sekunden nach dem Abflug schlug die Großraum Düsenpassagiermaschine in einem freien Gelände auf. Ihr Fahrwerke waren noch eingefahren und die Landeklappen in Startstellung. Beim Aufschlag mit einer Geschwindigkeit von rund 290 km/Std brach die Maschine in einer gewaltigen Explosion auseinander. Die Absturzstelle lag ungefähr eineinhalb Kilometer hinter dem Startbahnende und 300 Meter links von ihrer verlängerten Mittellinie. Alle 271 Insassen (258 Passagiere und 13 Besatzungsmitglieder) und zwei Menschen am Boden fanden den Tod. Zwei weitere Personen erlitten schwere Verletzungen. Ein Wohnwagen und eine alte Flugzeughalle waren zerstört.

Wie schon bei dem Absturz der türkischen Maschine 1974 spielten auch bei diesem Unfall Konstruktionsmängel eine wichtige Rolle. Die Hauptursache der Tragödie von Flug 191 war aber nicht konstruktions- sondern einsatzbedingt; oder genauer gesagt beruhte sie auf unrichtigen Verfahren bei der Flugzeuginstandhaltung.

Bei der Untersuchung des Wracks wurde an dem vorderen Rand des linken hinteren Pylonspantes eine Bruchstelle entdeckt. Der Hauptbruch und der sich anschließende Ermüdungsbruch hatten aufgrund der Belastungen insgesamt eine Länge von 33 Zentimeter erreicht. Der Bruch verlief an einem Ende bis zu dem oberen, innen gelegenen Befestigungselement, das den vorderen Teil des Spantes mit dem hinteren verband. Am anderen Ende setzte sich der Ermüdungsbruch nach vorne und leicht nach außen bis zu dem entferntesten Punkt des vorderen Randes fort. Bei der Belastung während des Startvorganges der DC-10 versagte dann die geschwächte Konstruktion ganz. Reihenfolge und Richtung der Abtrennung entsprachen den Beanspruchungen, denen das Flugzeug beim Hochziehen der Nase in Verbindung mit den aerodynamischen Luftkräften und der Schubleistung des Triebwerkes selbst ausgesetzt war.

Der Triebwerkverlust hätte alleine nicht zum Absturz führen dürfen. Verhängnisvoll für den Flug war der Schaden, den er angerichtet hatte. Zusammen mit dem Antriebsaggregat war auch ein circa ein Meter langes Teil der Tragflächenvorderkante abgerissen. Dadurch wurden die Ausfahr- und Einfahrleitungen Nummer eins und drei der zugehörigen Hydrauliksysteme und die Rückführkabel des Stellmotors der äußeren Vorflügel beschädigt. Nach dem Verlust der Hydraulikflüssigkeit konnte dann der Fahrtwind die äußeren Vorflügel der linken Tragfläche einfahren. Die inneren Vorflügel an dieser und die äußeren und inneren an der rechten Tragfläche blieben aber ausgefahren. Die so entstandene asymmetrische Vorflügelstellung erschwerte die Steuerung der Maschine durch die Piloten und bewirkte eine Zunahme der kritischen Strömungsabriß-Geschwindigkeit an der linken Tragfläche. Dazu kamen noch weitere Schwierigkeiten. An dem Triebwerk Nummer eins hingen eine Anzahl von Systemen und Instrumenten, die nach seinem Verlust alle ausfielen. Besondere Auswirkungen hatten der Verlust der Steuersäulen-Rüttleranlage, die auf einen unmittelbar bevorstehenden überzogenen Flugzustand hinweisen soll, und der Vorflügel-Asymmetriewarnanlage.

Die von der Besatzung durchgeführten Maßnahmen konnten nicht mehr genau festgestellt werden, da sowohl das Gesprächsaufnahmegerät in der Pilotenkabine als auch bestimmte Meßwerte des digitalen Flugschreibers von der Stromversorgung des verlorenen Triebwerkes abhingen. Vermutlich ist die Stromversorgung auch nicht mehr hergestellt worden. Die Verwirrung in der Pilotenkabine war bei den vielen zugleich auftretenden Ausfällen wahrscheinlich zu groß dazu, oder es stand nicht mehr genug Zeit zur Verfügung.

Die Piloten müssen über das Rollen der DC-10 besonders erstaunt gewesen sein, da sie das Manöver nach dem Ausfall der Steuersäulen-Rüttleranlage nicht mehr als den Anfang eines überzogenen Flugzustandes erkennen konnten. Das damit einhergehende Schütteln der Flugzeugzelle könnte durch Turbulenz überdeckt worden sein, deren Vorhandensein bestätigt wurde. Von der Pilotenkanzel aus konnte der Triebwerkverlust und die Stellung der Vorflügel nicht gesehen werden. Man ging daher davon aus, daß die Besatzung die Situation nicht mehr bereinigen konnte.

Der Anbruch, der den Abriß des Pylon verursachte, wurde auf ein fragwürdiges Wartungsverfahren der American Airlines zurückgeführt, das neben ihr noch Continental Air Lines anwendete. Bei dieser Me-

Die American Airlines DC-10 wurde kurz vor dem Aufschlag ohne das fehlende linke Triebwerk photographiert. (Sygma)

thode wurde das Triebwerk mit seiner Halterung als verbundene Einheit ab- und anmontiert. Man hing das Triebwerk an einer Laufkatze auf und stützte das ganze Aggregat mit einem Gabelstapler ab. Das bedeutete mit Sicherheit weniger Zeitaufwand. Bei seiner Einführung glaubte man aber auch, daß dieses Verfahren sicherer wäre. Die Ganzheit-Methode verringerte die Anzahl der zu trennenden Hydraulik- und Treibstoffleitungen sowie der elektrischen Kabel- und Drahtverbindungen. In den technischen Handbüchern von McDonnell Douglas stand jedoch, daß Triebwerk und Pylon einzeln abzunehmen und zu ersetzen seien. Als die Herstellerfirma von dem neuen Verfahren erfuhr, stellte sie fest, daß sie es nicht empfehlen könne.

Die Methode war heikel. Es gab beim Aus- und Einbau zahlreiche Gelegenheiten, rißbildende Kräfte anzuwenden. Schäden konnten an dem Anschluß unter dem Bolzen entstehen, der den Auslegerarm des oberen hinteren Spantrandes mit der Aufhängevorrichtung an der Tragfläche verband, wenn das gesamte Aggregat zu weit abgesenkt, und damit sein volles Gewicht auf den Spant einwirken würde. Man fand heraus, daß die Fahrer der Gabelstapler nicht eindringlich genug auf die notwendige Genauigkeit bei ihrer Arbeit hingewiesen worden waren.

Der bei der N110AA festgestellte Anbruch war wahrscheinlich zwei Monate vor dem Unglück in der Instandsetzungs-Einrichtung der Fluggesellschaft in Tulsa, Oklahoma, verursacht worden. Das Antriebsaggregat war damals ausgebaut worden, um die Kugellager in den Verbindungstellen zwischen Pylon und Tragfläche auszuwechseln. Der Gabelstapler mußte damals bei der Wartung des Flugzeuges umgestellt werden. Außerdem soll ihm in diesem Zeitraum das Benzin ausgegangen sein.

Bei der Untersuchung wurde auch festgestellt, daß auf der Oberseite des vorderen Spantrandes drei Ausgleichsscheiben installiert worden waren, um den Zwischenraum zu verringern. Die NTSB stellte in ihrem Untersuchungsbericht fest, daß diese Scheiben die Belastung weiter verteilt und das Ausmaß des Anbruches vergrößert, oder die auf das Bauteil einwirkende Kraft effektiv erhöht haben könnten. Man war auf alle Fälle davon überzeugt, daß sich die Bruchstelle während des Flugbetriebes so lange weiter ausgedehnt hatte, bis das Bauteil schließlich unter normalen Einsatzbelastungen vollständig gebrochen war.

Continental Air Lines hatte McDonnell Douglas Monate vor dem Chicagoer Unfall über eine Beschädigung bei der Anwendung der Ganzheits-Methode unterrichtet. Diese Information war aber versehentlich nicht als Flugsicherheits-Mitteilung an das US-amerikanische Bundesamt für Luftfahrt FAA weitergegeben worden.

Die NTSB gab der Konstruktion der Pylonanlage eine Mitschuld an dem Triebwerkverlust. Sie stellte fest, daß der Abstand an einigen Stellen unnötig gering war und die Wartungsarbeiten behinderte. Bei dem Unfall kam auch zu tragen, daß wichtige Flugzeugsysteme untereinander abhängig waren, und es keine Ausweichmöglichkeiten für den Notfall gab. Der Motor der Steuersäulen-Rüttleranlage bezog seine elektrische Energie von dem linken Triebwerk und konnte nicht mit Batterie betrieben werden. Selbst wenn er nach dem Triebwerkverlust noch funktioniert hätte, wäre keine Warnung erfolgt, weil der Computer, der die dafür notwendigen Informationen über die Stellung der äußeren Vorflügel verarbeitete, auch von dem Stromausfall betroffen war.

Das FAA hatte die Lufttüchtigkeit der DC-10 in Übereinstimmung mit den damals gültigen Bestimmungen bescheinigt. Die NTSB stellte jedoch fest, daß diese Vorschriften unzulänglich waren. Sichere Flugeigenschaften bei einer asymmetrischen Vorflügelstellung waren zwar demonstriert worden, aber nicht unter Startbeanspruchung. Eine genaue Analyse ergab zwar, daß der Ausfall eines Triebwerkes

Flug 191 hatte auf Chicagos Internationalen Flughafen O'Hare begonnen. Er endete in einer furchtbaren Explosion. (Sygma)

und das gleichzeitige ungewollte Einfahren eines Vorflügels die notwendige Leistungsfähigkeit des Flugzeuges gefährdete, weiter beschleunigen und einen sicheren Abstand zu dem kritischen Überziehungsbereich einhalten zu können. Das Eintreten solch einer Situation wurde aber als äußerst unwahrscheinlich angesehen. Die NTSB stellte auch Mängel bei den Überwachungs- und Meldeverfahren des FAA und Unzulänglichkeiten in der Produktion und Qalitätskontrolle bei der Herstellerfirma fest. Das FAA ergriff rund drei Jahre nach dem Unfall die Initiative, um einen erkannten Konstruktionsmangel bei der DC-10 zu korrigieren. Es ordnete eine Änderung der Vorflügelanlage an. Jede DC-10 mußte zusätzlich mit einem Federsatz ausgerüstet werden, dessen Druck die Vorflügel selbst dann in ihrer Stellung hielt, wenn eines der mit ihnen verbundenen Kabel brechen sollte. Außerdem sollte ein zusätzliches Ventil sicherstellen, daß die Anlage bei einem Flüssigkeitsverlust in einer Leitung weiter unter Hydraulikdruck stand.

Der Besatzung wurde kein Vorwurf wegen der Fortsetzung des Starts nach dem strukturellen Versagen gemacht. Sie hatte die Art der Notlage nicht erkennen können. Der Erste Offizier hatte das von der Fluggesellschaft festgelegte Verfahren bei einem Triebwerkausfall angewandt und versucht, die erreichte Geschwindigkeit zu halten. Die Düsenpassagiermaschine verlor aber unglücklicherweise bei diesem Versuch noch an Geschwindigkeit und geriet in den überzogenen Flugzustand. (Als Folge dieses Unfalles wurden höhere Steigfluggeschwindigkeiten im Falle eines Triebwerkausfalles in dieser Flugphase empfohlen.)

Eine unmittelbar nach dem Absturz durchgeführte Überprüfung der DC-10 Flotte ließ zahlreiche Unstimmigkeiten erkennen. An sechs verschiedenen Flugzeugen wurden Anbrüche an den oberen Rändern der hinteren Pylonspante gefunden. Das FAA war darüber so besorgt, daß es die Aufhebung der Lufttüchtigkeits-Bescheinigung des Flugzeugmusters verfügte. Diese Maßnahme behielt in den USA 37 Tage Gültigkeit.

Die Anordnung eines zeitweisen Flugverbots traf erstmals seit über 30 Jahren wieder ein in Amerika hergestelltes Flugzeug. Sie erwies sich nicht nur als ein schwerer Schlag gegen die DC-10 sondern auch gegen die Vormachtstellung der gesamten Flugzeugindustrie der Nation. Für American Airlines, die von dem Ganzheit-Verfahren Abstand nahm, diente sie als bittere Lektion, Wartungsarbeiten genau nach Vorschrift durchzuführen.

Datum: 11. August 1979, circa 14:00 Uhr
Ort: In der Nähe von Dnjeprodserschinsk, Ukraine, UDSSR
Erstes Flugzeug
Unternehmen: Aeroflot, UDSSR
Flugzeugmuster: Tupolew Tu-134
Zweites Flugzeug
Unternehmen: Aeroflot
Flugzeugmuster: Tupolew Tu-134

Die zwei Düsenpassagiermaschinen befanden sich beide auf planmäßigen Inlandsflügen. Eine war von Taschkent in Usbekistan nach Minsk in Weißrussland unterwegs, die andere von Tscheljabinsk in Russland nach Kischinjow in der Moldauischen SSR. Berichten zufolge stießen sie in circa 8000 Meter Höhe in der Luft zusammen, und stürzten dann beide ab. Bei dem Unglück wurden alle 173 Personen an Bord der beiden Flugzeuge getötet.

Datum: 31. Oktober 1979, 05:42 Uhr
Ort: Mexiko City, Mexiko
Unternehmen: Western Air Lines, USA
Flugzeugmuster: McDonnell Douglas DC-10 Serie 10 (N903WA)

Flug 2605 war ein Ergänzungsflug nach Mexiko City. Er verließ Los Angeles, Kalifornien, USA, hinter der regulären Linienmaschine. Bei den Vorbereitungen zur Landung auf dem Internationalen Benito Juarez Flughafen informierte der Fluglotse des Kontrollturms die Großraum Düsenpassagiermaschine, daß Landebahn 23 rechts in Betrieb wäre. Die dazu parallel verlaufende Start- und Landebahn 23 links war wegen der Erneuerung ihres Pistenbelages geschlossen. Nur sie besaß aber die Bodeneinrichtungen für das Instrumentenlandesystem (ILS) und eine Anflugbefeuerung. Der Flugkapitän zog es aus diesem Grund offensichtlich vor, einen seitlich versetzten ILS Anflug auf Landebahn 23 links zu fliegen, bevor er auf die Piste 23 rechts überwechselte. Die Besatzung mußte dabei den Anflug laut Vorschrift abbrechen, falls sie in 180 Meter Höhe über Grund keinen Sichtkontakt erreicht hatte.

Der Fluglotse auf dem Kontrollturm machte die Besatzung während des Endanfluges darauf aufmerksam, daß sie nach links vom richtigen Flugweg abgewichen war. Er wies nochmals darauf hin, daß die Landebahn 23 links geschlossen war. Die DC-10 flog dann in circa 250 Meter Höhe in eine Nebelbank, und ein Besatzungsmitglied teilte mit, daß kein Sichtkontakt mit der Anflugbefeuerung bestände.

Die Düsenpassagiermaschine landete dann aus unverständlichen Gründen nicht auf Landebahn 23 rechts. Stattdessen setzten die Räder ihres linken Hauptfahrwerkes links neben der Landebahn 23 im Gras und die des rechten auf der Startbahnschulter auf. Das Flugzeug kam anschließend auf die Landebahn zurück. Die Besatzung gab dann Vollgas, um durchzustarten.

Beim Abheben stieß die DC-10 gegen einen mit Erde beladenen Kipper, der auf der Schulter der geschlossenen Landebahn fuhr. Bei dem Aufprall brach ihr rechtes Hauptfahrwerk ab, das seinerseits gegen die rechte Höhenflosse schleuderte und diese vom Flugzeug abtrennte. Teile der rechten Landeklappen waren ebenfalls abgerissen. Die Düsenpassagiermaschine rollte aufgrund dieser Beschädigungen in eine steile rechte Querlage. Ihre rechte Tragfläche scheuerte dabei auf der Landebahn entlang und brach schließlich.

Der Internationale Flughafen von Mexiko City bot nach der Bruchlandung einer Western Air Lines DC-10 ein Bild der Verwüstung. (Wide World Photos)

Der rechte Flügel der DC-10 schlug danach gegen eine Werfthalle. Dabei platzten die Treibstofftanks auseinander. Schließlich krachte die Maschine in ein weiteres Gebäude, brach vollkommen auseinander und war sofort in Flammen eingehüllt. Bei dem Unfall wurden 72 der 89 Insassen des Flugzeuges (61 Passagiere und elf Besatzungsmitglieder) und der Fahrer des Kippers getötet. Die 17 Überlebenden erlitten unterschiedliche Verletzungen. Das Unglück ereignete sich in der Dämmerung. Außerhalb den Nebelbänken war es stark dunstig, und die Sicht war auf Null zurückgegangen.

Die Flugbesatzung hatte sich nicht an das vorgeschriebene Anflugverfahren gehalten und war ohne die Landebahn zu sehen, unter die Mindesthöhe gesunken. Die Auswertung des Tonbandes des Gesprächs-Aufnahmegerätes der Pilotenkabine ergab, daß der im Sinkflug vorgeschriebene Ausruf der Höhen nicht erfolgt war.

***

Datum: 26. November 1979, circa 02:00 Uhr
Ort: In der Nähe von Ta'if, Saudi-Arabien
Unternehmen: Pakistan International Airlines
Flugzeugmuster: Boeing 707–340C (AP-AWZ)

Flug 740 war weniger als eine halbe Stunde in der Luft, als ein Flugbegleiter Feuer im hinteren Teil der Passagierkabine meldete. Die Düsenpassagiermaschine stürzte nach weiteren 17 schrecklichen Minuten mit südsüdöstlichem Kurs in eine Felswüste und zerbrach in einem gewaltigen Feuerball, der von Piloten eines anderen Flugzeuges aus 50 Kilometer Entfernung beobachtet wurde. Alle 156 Insassen der 707 (145 Passagiere und elf Besatzungsmitglieder) fanden dabei den Tod.

Der Unfall ereignete sich nachts bei guten Wetterbedingungen circa 145 Kilometer östlich von Dschidda, wo die 707 auf ihrem Flug von Kano, Nigerien, nach Karatschi, Pakistan, zuvor planmäßig zwischengelandet war. Die Ursache des Feuerausbruches, der zum Absturz führte, konnte aufgrund des schlechten Zustandes des Wracks nicht festgestellt werden.

Der Flugschreiber des Flugzeuges lieferte keine aufschlußreichen Hinweise. Dagegen enthielt das unversehrt geborgene Tonband des Gesprächs-Aufnahmegerätes der Pilotenkabine viele wertvolle Informationen für die Untersuchung. Nach den daraus gewonnenen Erkenntnissen war das Feuer neben der Kabinentür und/oder in der Toilette ausgebrochen. Man vernahm eine Stimme »Feuer, Feuer, es steht alles in Flammen« rufen. Der Klang zahlreicher weiterer Stimmen verriet, daß sich Passagiere vor oder in der Pilotenkabine in Panik zusammengedrängt hatten, um den Flammen zu entkommen.

Bis zur Unterrichtung der Flugbesatzung über das Feuer war offenbar wertvolle Zeit verloren gegangen. Der Flugkapitän verzögerte die Umkehr der Maschine nach Dschidda zusätzlich. Vermutlich setzte er den Steigflug auf die zugewiesene Flughöhe auch nach seiner Unterrichtung über das Feuer an Bord fort. Anschließend führte er einen Notsinkflug mit einer unter den gegebenen Umständen zu geringen Sinkrate durch. Außerdem schien er voll mit dem Versuch beschäftigt zu sein, den Kabinendruck abzusenken.

Ungeklärt blieb, ob die Sauerstoffmasken der Passagiere ausgeklinkt worden waren. Wäre das der Fall gewesen, hätte der ausströmende reine Sauerstoff das Feuer weiter verstärkt und ausgebreitet.

Die von dem Fluglotsen der Bereichskontrolle erteilte Freigabe des Flugzeuges zum Sinkflug war unvollständig gewesen, da sie keine Mindesthöhe für dieses Gebiet enthalten hatte. Das blieb jedoch ohne Folgen, weil die Besatzung den Fehler erkannt hatte und in 3400 Meter Höhe in den Horizontalflug übergegangen war. Da das Gelände an der Unfallstelle nur ungefähr 1000 Meter über dem Meeresspiegel lag, muß die 707 die letzten 2400 Meter außer Kontrolle gesunken sein.

Es wurden keine Anzeichen einer Explosion vor dem Aufschlag gefunden, und ein Einsatz brandstiftender Vorrichtungen stand nicht im Einklang mit den bisherigen Aktivitäten der Terroristen im Mittleren Osten. Die Untersuchungskommission schloß daher einen Sabotageakt praktisch aus. Es gab nicht bestätigte Hinweise, daß das Feuer einen elektrischen Ursprung gehabt hatte.

Die wahrscheinlichste Ursache war aber, daß ein Passagier das Feuer versehentlich ausgelöst hatte. Die meisten Reisenden an Bord waren moslemische Pilger auf dem Rückflug von Mekka. Viele von Ihnen trugen kleine Benzin- oder Petroleumöfen zur Teezubereitung bei sich. Falls einer oder mehrere dieser Öfen betankt und druckdicht verschlossen waren, würde sich beim Steigflug ein beträchtlicher Druck in den Tanks aufgebaut haben. Eine nicht einwandfrei arbeitende Dichtung könnte so zum Auslaufen von Brennstoff in den Kabinen- oder Frachtraum führen. Ein einzelner Funke oder die Glut einer Zigarette würde dann ausreichen, um die Katastrophe auszulösen. Der Rauch des sich schnell ausbreitenden Feuers muß die Besatzung trotz der Benutzung ihrer Sauerstoffmasken schließlich handlungsunfähig gemacht haben.

Die Untersuchungskommission empfahl der Pakistan International Airlines in ihrem Untersuchungsbericht, ihre Ausbildungsrichtlinien zu überarbeiten. Den Mitgliedern der Kabinenbesatzung müßte eindringlich die Notwendigkeit bewußt gemacht werden, die Flugbesatzung über jede Unregelmäßigkeit an Bord, wie es zum Beispiel der Ausbruch von Feuer darstellt, unverzüglich zu unterrichten. Den Piloten müßte eingeschärft werden, beim Auftreten einer Notsituation sofort die entsprechenden Notverfahren durchzuführen. Der Saudi-Arabischen Flugsicherung legte die Kommission nahe, ihre Verfahren zu revidieren und sicherzustellen, daß sich die Fluglotsen über die Sicherheitshöhen in allen Sektoren bewußt wären. Außerdem sollte Flugzeugen in Notfällen wie bei Flug 740 sofort eine gesonderte Funkfrequenz zugewiesen werden.

Datum: 28. November 1979, 12:49 Uhr
Ort: Rossinsel, Antarktis
Unternehmen: Air New Zealand Ltd
Flugzeugmuster: McDonnell Douglas DC-10 Serie 30 (ZK-NZP)

Was als letzter von vier Aussichts-Rundflügen der Fluggesellschaft in den arktischen Sommer 1979 begann, sollte mit dem ersten Absturz einer zivilen Passagiermaschine in der Geschichte des mit Eis bedeckten Kontinents enden. Die daran beteiligte Luftverkehrslinie hatte seit ihrer Gründung vor fast 40 Jahren noch keinen Passagier verloren, und die betroffene Nation bis zu diesem Tag keinen Unfall mit einer zivilen Verkehrsmaschine erlebt, der mehr als ein paar Dutzend Tote gefordert hatte.

Nach dem Abflug von Auckland auf Neuselands Nordinsel nahm das Flugzeug Kurs nach Süden. Es war ein Sonderflug, der ohne unterwegs zwischenzulanden, auf der Südinsel des Landes in Christchurch enden sollte. Die DC-10 war in Übereinstimmung mit einem vom Computer erstellten Flugplan abgefertigt worden, der auch in ihr Trägheits-Navigationssystem eingespeist war.

Die Flugbesatzung bestand aus einem Flugkapitän und je zwei Ersten Offizieren und Bordingenieuren. Der zweite Copilot flog anstelle eines zweiten Flugkapitäns, was eine Voraussetzung für die Antarktisflüge bei der Air New Zealand war. Von diesen fünf Männern war interessanterweise nur einer der Bordingenieure jemals zuvor bei einem Antarktisflug dabeigewesen. Zwei der drei Piloten hatten jedoch eine extra hierfür entwickelte audiovisuelle, schriftliche und Streckenqualifikations-Einweisung im Flugsimulator erhalten. An Bord der Maschine waren außerdem 15 Flugbegleiter zur Versorgung der 237 Passagiere bei diesem Sonderflug.

Die Kursanzeigen des Magnetkompasse werden in der Nähe der magnetischen Erdpole unbrauchbar. Standort- und Richtungsbestimmungen können in diesen Gebieten daher sehr verwirrend sein. Um trotzdem folgerichtig navigieren zu können, wurde das Gitternetz-Verfahren angewandt. Bei dieser Methode wird ein quadratisches Liniennetz über die Navigationskarte gelegt. Es veränderte praktisch die Kursrichtungen, welche die Besatzung von Neuseeland auf dem Weg zur Antarktis einhalten mußte. Geographisch-Nord konnte dabei im Extremfall Gitter-Süd werden. Das war nur einer von mehreren Punkten, die Polarflüge komplizieren machen.

Die Rossinsel lag zur Ankunftszeit unter einer tiefen geschlossenen Wolkendecke, deren Untergrenze mit 600 Meter gemeldet wurde. Es schneite leicht. Der Wetterdienst in McMurdo teilte der Besatzung jedoch mit, daß die Sicht unter der Wolkendecke rund 65 Kilometer betrug. Das ebenfalls in McMurdo stationierte Flugsicherungs-Kontrollzentrum der US-Marine schlug der Maschine vor, bei der Einleitung des Sinkfluges die Hilfe seines Überwachungsradars in Anspruch zu nehmen.

Der Flugkapitän entschied sich jedoch, durch ein Loch in der Wolkendecke über dem Rossmeer durchzustoßen. Dazu führte er im Sinkflug zwei Vollkreise durch, den ersten nach links und den zweiten nach rechts. Nach der zweiten Schleife sank die DC-10 auf 600 Meter Höhe. Um eine bessere Aussicht unter der Wolkendecke zu erhalten, gab sie danach nochmals 150 Meter Höhe auf. Der Pilot unterschritt damit nicht nur die bei Instrumentenflug-Wetterbedingungen vor dem Passieren von McMurdo einzuhaltende Mindesthöhe von 4877 Meter (16.000 Fuß), sondern auch die bei jeder Wetterlage geltende absolute Mindesthöhe von 1829 Meter (6000 Fuß).

Die Besatzung hatte gerade mit der Einleitung des Steigfluges begonnen und auf allen drei Triebwerken Vollgas gegeben, als die Düsenpassagiermaschine in circa 500 Meter Höhe über dem Meeresspiegel gegen das schrägansteigende Eis krachte und in einem Flammenmeer auseinanderbrach. Alle 257 Insassen kamen dabei ums Leben.

Die Neuseeländische Flugunfall-Untersuchungsbehörde sah in ihrem Bericht die Entscheidung des Flugkapitäns, vor dem Erreichen von McMurdo im Sichtflug unter die Mindestsicherheitshöhe zu sinken, als Haupt-Absturzursache an. Bei der Untersuchung wurden aber auch zahlreiche Mängel in den Verfahren der Fluggesellschaft bei ihren Antarktisflügen aufgedeckt, die zu der Katastrophe beigetragen haben. Einige Mitglieder der Kommission meinten sogar, sie hätten den Unfall verursacht.

Eine besondere Bedeutung bekam ein einzelner unrichtiger Wert in dem im Computer gespeicherten Flugplan. Er führte zu falschen Koordinaten des Flugplatzes Williams. Dieser liegt in der Nähe von McMurdo und war zugleich der Standort des von der Air New Zealand Besatzung benutzten Niederfrequenz-Funkfeuers (NDB) und militärischen Flugfunk-Navigationssystems (TACAN). Als Folge wurde die Einrichtung als um zwei Grad und zehn Minuten weiter rechtweisend West befindlich angezeigt, als sie

sich in Wirklichkeit befand. Obwohl das unbedeutend zu sein schien, verlegte dieser Fehler den Flugweg nach McMurdo auf dem Gitternetzsystem um nahezu 50 Kilometer nach rechts. Die vorausgegangenen Flüge hatten unter Sichtflug-Wetterbedingungen stattgefunden, bei denen die vorgeschriebene Flugroute nicht genau eingehalten worden war. Trotz der in den letzten 14 Monaten durchgeführten Einsätze war der Fehler daher erst genau zwei Wochen vor dem Absturz endeckt und in der Nacht vor dem Abflug abgestellt worden.

Die Änderung rückte den Flugweg zurück nach Osten und fast genau über die höchste Erhebung der Rossinsel, den 3800 Meter hohen, noch aktiven Vulkan MtErebus. Zwei der Piloten der abgestürzten DC-10 hatten einen Ausdruck mit dem falschen Flugweg, das heißt mit der Route über das Packeis gesehen. Ihnen war aber keine Karte gezeigt worden, aus der abzulesen gewesen wäre, daß der geplante Flugweg über höheres Gelände führte. Ein drei Wochen zuvor bei der Streckeneinweisung ausgehändigtes Flugweg- und Entfernungsdiagramm enthielt keine topographischen Angaben, und der Maßstab der Reliefkarten an Bord des Flugzeuges war zu klein. Die audiovisuelle Darbietung bei der Einweisung wurde als möglicherweise irreführend angesehen. Ein Dias zeigte die Ansicht des MtErebus. Das Bild war von hinter dem Sitz des Copiloten aus aufgenommen worden und ließ keine Rückschlüsse auf den Flugweg in Bezug auf den Vulkan zu. So war das Drehbuch für

Eine dreidimensionale Darstellung des Flugweges der Air New Zealand DC-10 in den letzten Minuten vor dem Absturz in der Antarktis. (Internationale Zivilluftfahrt-Organisation ICAO)

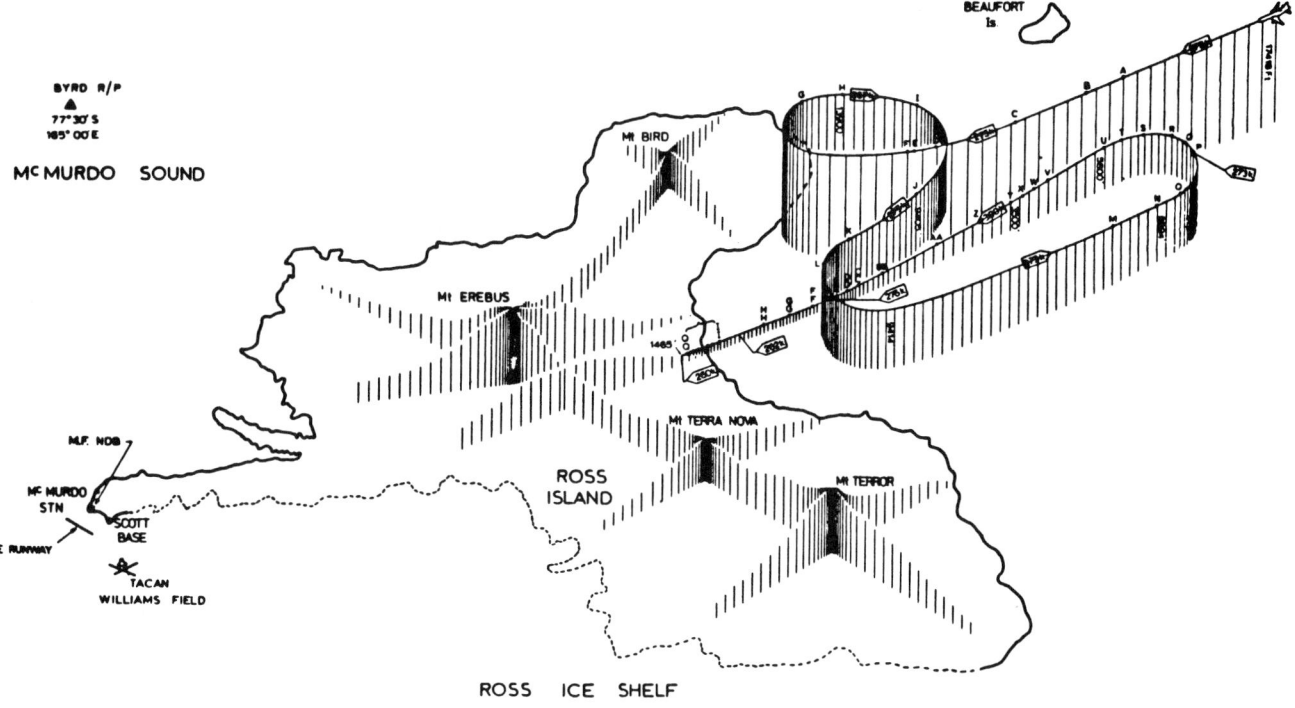

die Katastrophe am Mittwoch Morgen beim Abflug der Düsenpassagiermaschine bereits vorbereitet. In das Trägheits-Navigationssystem waren die richtigen Daten eingegeben worden. Die Besatzung hatte aber weder eine Information über den ursprünglichen Fehler noch über seine Korrektur erhalten.

Bei der Streckeneinweisung war zusätzlich versäumt worden, das sogenannte »White-Out« Phänomen anzusprechen. Es tritt gewöhnlich bei einer tiefen, dichten Wolkendecke über weit ausgedehnten Schneeflächen auf. Die dabei auftretende diffuse Beleuchtung läßt jegliche Kontouren und Schattenbildungen vermissen. Himmel und Erde fließen scheinbar in einem weißen Hintergrund zusammen. Diese Voraussetzungen waren am Unfalltag gegeben.

Die auf dem Tonband des Gesprächsaufnahmegerätes in der Pilotenkabine aufgezeichneten Bemerkungen der Besatzung bewiesen, daß sie sowohl eine falsche Vorstellung über die Flugfläche besaß, auf der die Höhenmesser auf den lokalen Luftdruck umgestellt werden mußten, als auch über die Mindestsinkhöhe in VMC und die Geländebeschaffenheit unter ihnen auf der Strecke von Cape Hallett nach McMurdo. So waren die Haupthöhenmesser der DC-10 nicht vorschriftsgemäß auf der Flugfläche 180 (5486 Meter), sondern erst nach dem Sinkflug auf 1050 Meter umgestellt worden. Das verursachte eine Höhenanzeige, die 175 Meter über der tatsächlichen Höhe über Grund lag.

Trotz des Angebotes des Kontrollzentrums sank die ZK-NZP ohne Radarführung. Das verstieß gegen die Richtlinien der Fluggesellschaft. Als die Besatzung auf einem Gitternetz-Kurs von 180 Grad um die Freigabe zum weiteren Sinkflug auf 600 Meter nachfragte, sah der Fluglotse keinen Grund zur Besorgnis. Der Pilot kurvte aber im Sinkflug auf einen Gitternetz-Kurs von 357 Grad zurück, ohne das Kontrollzentrum zu unterrichten. Dieser Kurs führte zurück auf das wolkenbedeckte höhere Gelände.

Die Navigationseinrichtungen am Boden arbeiteten einwandfrei. Trotzdem konnte die Besatzung das Entfernungsmeßgerät (DME) des Flugzeuges nicht auf das TACAN aufschalten. Zusätzlich verlor sie die Funkverbindung mit McMurdo. Ursache hierfür war wahrscheinlich die geringe Höhe der Düsenpassagiermaschine. Der Berg befand sich also genau auf der Sichtlinie zwischen ihr und der Bodenstation.

Anzeichen für eine ungewöhnliche Arbeitsweise der Navigations- und Flugsteuerungssysteme konnten nicht gefunden werden, und die angezeigten Werte lagen alle innerhalb der zulässigen Toleranz. Der Flugkapitän war zudem ein voll ausgebildeter Navigator, von dem man ein wirklichkeitsnahes Mitkoppeln des Geländes und besonders des Mt Erebus erwarten durfte. In den letzten Flugminuten hatte er aber trotzdem ebenso wie der Erste Offizier offenbar keine Ahnung über den Standort der Maschine. Das Wetter und das Gelände hatten sogar den bekannten Polarforscher Peter Mulgrew getäuscht, der als Reiseführer für die anderen Passagiere in der Pilotenkabine saß. Nur die beiden Bordingenieure waren nicht so zuversichtlich. Sekunden vor dem Aufschlag hörte man einen von ihnen sagen: »Mir gefällt das alles nicht«.

Der Flugkapitän entschied schließlich, das Gebiet im Steigflug zu verlassen, das er genau westlich von der Insel vermutet haben muß. Er diskutierte noch mit dem Copiloten über die Wahl des geeignetsten Flugweges, als das Bodennähe-Warngerät ertönte und ansagte »Hochziehen«. Die Besatzung reagierte auf den Alarm ohne unnötige Verzögerung, und der Flugkapitän forderte »Durchstart-Schub« an. Zwischen dem Standort bei der Alarmauslösung und der Absturzstelle lagen aber nur noch sechseinhalb Sekunden Flugzeit. Das war zu kurz für die DC-10, um auf die Befehle des Flugkapitäns noch reagieren zu können. Sie schlug mit leicht angehobener Flugzeugnase fast im Geradeausflug auf dem Eis auf. Der Alarm des Bodennähe-Warngerätes war nicht früher ertönt, weil der Anflug nicht über ein gleichmäßig ansteigendes Gelände sondern eine Klippe erfolgte, die 100 Meter hoch herausragte. Außerdem war die Geschwindigkeit beim Aufprall mit fast 480 km/Std relativ hoch. Eine niedrigere Reisegeschwindigkeit wäre mit ausgefahrenen Landeklappen und Vorflügeln möglich gewesen. Das war aber ironischerweise bei Antarktisflügen aus Sicherheitsgründen verboten. Man befürchtete nämlich, daß der hohe Luftwiderstand bei dieser Konfiguration den Treibstoffverbrauch erhöhen und einen sicheren Rückflug verhindern könnte, falls bei einem Systemfehler ein Einfahren nicht mehr möglich wäre.

Obwohl der Sinkflug durch den Flugkapitän eingeleitet worden war, wurde der Copilot getadelt, weil er diesen nicht kontrolliert und wegen seiner Handlungsweise kritisiert hatte. Stattdessen hatte der Erste Offizier bei dem Versuch, die Funkverbindung mit McMurdo wiederherzustellen, unnötig viel Zeit aufgewendet. Im Untersuchungsbericht war auch das offensichtliche Versäumnis der Besatzung vermerkt, den Geländemodus des Wetterradars der Maschine zum Vermeiden von Hindernissen einzusetzen.

Eine unabhängige Königliche Untersuchungskommission stimmte den Beschlüssen der Unfall-Untersuchungsbehörde nicht zu. Sie bezeichnete den Entschluß des Führungspersonals der Fluggesellschaft, den Flugplan ohne Unterrichtung der Besatzung zu ändern, als »alleinige, entscheidende und tatsächliche Ursache« für die Katastrophe. Sie befand die Gesellschaft aufgrund von »mangelhaften Verwaltungsverfahren« für schuldig und warf dem Personal vor, eine »Litanei an Lügen« herausposaunt zu haben, um ihre Fehler zu vertuschen. Ein Berufungsgericht milderte später die gegen Air New Zealand erhobenen Anschuldigungen ab. Es urteilte, daß die Kommission mit der Verurteilung des Führungspersonals der Luftlinie ihre Zuständigkeit überschritten hatte.

Die Besichtigungsflüge wurden als Ergebnis des Unfalls eingestellt. Luftreisende haben seitdem keine Möglichkeit mehr, Rundflüge in die Antarktis zu unternehmen.

Die achtziger Jahre

Die achtziger Jahre waren im Hinblick auf die Flugsicherheit von Höhen und Tiefen geprägt. 1984 war das sicherste Jahr der Passagierfliegerei. Es gab nur einen schweren Flugunfall. Die Summe der zu beklagenden Todesopfer blieb in diesen zwölf Monaten geringer als in den zurückliegenden Jahren, in denen die Fluggesellschaften nur einen Bruchteil des heutigen Passagieraufkommens befördert hatten.

Schon das folgende Jahr brachte aber eine dramatische Verschlechterung. Die Zahl der Opfer schnellte auf mehr als 2000. Fünf schwere Unfälle waren für fast die Hälfte dieser Toten verantwortlich, und zum ersten Mal verloren in der Geschichte der Luftfahrt bei dem Absturz eines einzigen Flugzeuges über 500 Menschen ihr Leben.

Es wurde auch klar, daß die Gefahr von Terroranschlägen, unter denen die zivile Verkehrfliegerei die gesamte siebziger Jahre gelitten hatte, erst noch gebannt werden mußte. Die beiden folgenschwersten nachgewiesenen Sabotageanschläge in der Luft waren das Bombenattentat auf eine Air India Boeing 747 im Juni 1985 über dem Nordatlantik und die Explosion an Bord des Pan American World Airways Fluges 103 im Dezember 1988 vier Tage vor Weihnachten über Lockerbie in Schottland. Neben den Terroranschlägen gab es noch andere feindselige Akte gegen den zivilen Flugverkehr. Am meisten Aufsehen erregten die zwei Fälle, in welche die beiden damaligen Supermächte verwickelt waren. Die UDSSR schoß im September 1983 eine vom Kurs abgewichene Korean Air Lines Boeing 747 ab, und ein Kriegsschiff der US-Marine holte knapp fünf Jahre später einen Iranischen Airbus vom Himmel. Beides waren vermutlich tragische Fälle einer falschen Identifizierung. Die feindseligen Akte wurden in der Tat zu der größten Einzelbedrohung der zivilen Verkehrsfliegerei. In den beiden letzten achtziger Jahren verursachten sie vier schwere Unfälle, die mehr als 800 Menschenleben kosteten.

Datum: 21. Januar 1980, circa 19:10 Uhr
Ort: In der Nähe von Laskarak, Markazi, Iran
Unternehmen: Iran National Airlines Corporation (Iran Air)
Flugzeugmuster: Boeing 727–86 (EP-IRD)

Alle 128 Insassen (120 Passagiere und acht Besatzungsmitglieder) wurden getötet, als die Düsenpassagiermaschine beim Landeanflug auf den Internationalen Mehrabad Flughafen circa 30 Kilometer nördlich von Teheran abstürzte und ausbrannte. Das Unglück ereignete sich in der abendlichen Dunkelheit am Ende des planmäßigen Inlandfluges von Babol Sar (Meshed-i-Sar), nachdem das Flugzeug die Freigabe für einen Instrumentenlandesystem Anflug (ILS) auf Landebahn 29 erhalten hatte. Im Absturzgebiet war es nebelig und schneite.

Die Regierung führte in einer Erklärung das Unglück auf die Tatsache zurück, daß zur Unfallzeit weder das Bodenradar noch das ILS in Betrieb gewesen waren. Außerdem hatten weitere Einrichtungen des Flughafens nicht einwandfrei gearbeitet. Der Leiter der Nationalen Luftfahrtbehörde und fünf weitere Beamte wurden später wegen fahrlässiger Tötung angeklagt.

Datum: 14. März 1980, circa 11:00 Uhr
Ort: In der Nähe von Warschau, Polen
Unternehmen: Polskie Linie Lotnicze (LOT), Polen
Flugzeugmuster: Iljuschin IL-62 (SP-LAA)

Unter den Passagieren, die auf dem Internationalen John F. Kennedy Flughafen bei New York City an Bord von Flug 007 gingen, befanden sich auch 14 Sportler und acht Betreuer der Box-Nationalmannschaft der USA. Sie waren zu Wettkämpfen in Polen unterwegs.

Als die Düsenpassagiermaschine nach ihrer Atlantiküberquerung zum Landeanflug auf den Okecie Flughafen ansetzte, schien nach der Anzeige das Fahrwerk nicht voll ausgefahren und verriegelt zu sein. Die Piloten starteten deshalb durch. Als sie jedoch die Gashebel nur wenig nach vorne schoben, fiel das innen links liegende Triebwerk Nummer zwei auseinander. Seine Bruchstücke beschädigten dann zwei weitere Triebwerke und durchtrennten die lebenswichtigen Steuerseile der Seiten- und Höhenruder.

Die unkontrollierbar gewordene IL-62 stürzte mit einem Neigungswinkel von circa 20 Grad 800 Meter vor der Landebahnschwelle in den Wallgraben einer angrenzenden Festung aus dem 19. Jahrhundert und explodierte beim Aufschlag. Alle 87 Insassen, darunter die zehnköpfige Besatzung, kamen bei dem Unfall ums Leben.

Metallermüdung hatte offenbar zum Bruch eines Turbinenlaufrades in dem Triebwerk geführt.

Datum: 25. April 1980, 13:21 Uhr
Ort: Teneriffa, Kanarische Inseln, Spanien
Unternehmen: Dan-Air Services Ltd, England
Flugzeugmuster: Boeing 727–46 (G-BDAN)

Die Charter Düsenpassagiermaschine aus Manchester, England, sollte auf dem Los Rodeos Flughafen bei Santa Cruz auf Teneriffa landen. Nach

Die Trümmer der LOT Iljuschin IL-62, die nach dem Bruch eines Triebwerkes in einen Wallgraben stürzte. (UPI / Bettmann)

der Übergabe an die Teneriffa Anflugkontrolle erhielt die Besatzung die letzten Wetterinformationen und anschließend die Freigabe zum Sinkflug auf Flugfläche 60 (1829 Meter). Nachdem sie das Passieren des UKW-Drehfunkfeuers (VOR) TFN und den Weiterflug in Richtung des Platzfunkfeuers FP gemeldet hatte, wurde sie über das nicht veröffentlichte Verfahren der Warteschleife unterrichtet. Anschließend meldeten die Piloten über Funk: »... wir fliegen jetzt in den Warteraum ein«. Daraufhin erhielten sie die Freigabe zum weiteren Sinken auf 1525 Meter Höhe über Grund. Knapp eine Minute später teilte die Besatzung mit: »... wir haben einen Bodennähe Alarm gehabt«.

Sekunden nach ihrem letzten Funkspruch krachte die 727 in circa 1660 Meter Höhe über dem Meeresspiegel und rund zehn Kilometer südwestlich von dem Flughafen gegen einen Berg und brach beim Aufprall auseinander. Alle 146 Insassen (138 Passagiere und acht Besatzungsmitglieder) fanden dabei den Tod. Nach dem Absturz flammten kleinere Feuer auf, die von selbst wieder ausgingen. Die Wetterverhältnisse zur Unfallzeit beinhalteten eine gebrochene Wolkendecke mit einer Untergrenze von circa 1000 Meter, schwache Winde und keine Turbulenz.

Der Anflugweg der Düsenpassagiermaschine war bezeichnend für die ungenaue Navigation der Besatzung, die sich bis zum Aufschlag fortsetzte. Bei der Ankunft über dem VOR TFN war ihr Flugweg fast eineinhalb Kilometer nach Osten von dem richtigen Funkleitstrahl versetzt. Die Besatzung meldete den Überflug des VOR auch erst 33 Sekunden nach diesem Ereignis. Der zum Einflug in die Warteschleife festgesetzte Leitstrahl von 255 Grad wurde nicht aufgenommen. Die Besatzung nahm auch entgegen ihrer Meldung nicht Kurs Richtung FP, sondern passierte die Navigationshilfe drei Kilometer südlich. Die 727 flog überhaupt nicht in die Warteschleife ein, sondern blieb auf ihrem südwestlichen Kurs. Dieser führte direkt auf das bergige Gelände zu. Die Mindestsicherheitshöhe betrug dort 4420 Meter.

Nach den Aufzeichnungen des Gesprächs-Aufnahmegerätes in der Pilotenkabine ertönte der Alarm des Bodennähe-Warngerätes 27 Sekunden vor dem Aufschlag. Er stellte sich wieder ab, als die Maschine über ein Tal flog. Der Alarm veranlaßte den Piloten, nach rechts zu kurven, und ein Durchstartverfahren einzuleiten. Er hatte zu dieser Zeit aber offensichtlich die Orientierung verloren.

Den Aufzeichnungen war ebenfalls zu entnehmen, daß die Besatzung durch einen Funkspruch des Fluglotsen der Anflugkontrolle in Verlegenheit geraten war. Dieser hatte von einer »Standard Warteschleife« gesprochen und die Anweisung erteilt: »... drehen sie nach links«. Die Verunsicherung rührte von der Tatsache her, daß in einer Standard Warteschleife alle Kurven nach rechts geflogen werden. Das veranlaßte den Erste Offizier zu der Bemerkung: »Verdammt komische Warteschleife, nicht wahr?«. Der Fluglotse der Anflugkontrolle wurde aber nicht um Klarstellung gebeten.

Die Besatzung drückte anschließend ihre Besorgnis über ihre Position aus. Der Flugkapitän sagte bezüglich des Fluglotsen: »Er führt uns auf das hohe Gelände zu«. Die Besatzung schien jedoch nicht gut zusammenzuarbeiten. Der Copilot schlug vor, Kurs Richtung Südosten zu nehmen. Der Flugkapitän kurvte aber weiter nach rechts, da er der Überzeugung war, die Düsenpassagiermaschine fliege direkt auf die Berge zu.

Der Aufschlag erfolgte mit circa 480 km / Std rund 40 Meter unterhalb des Berggipfels. Das Flugzeug

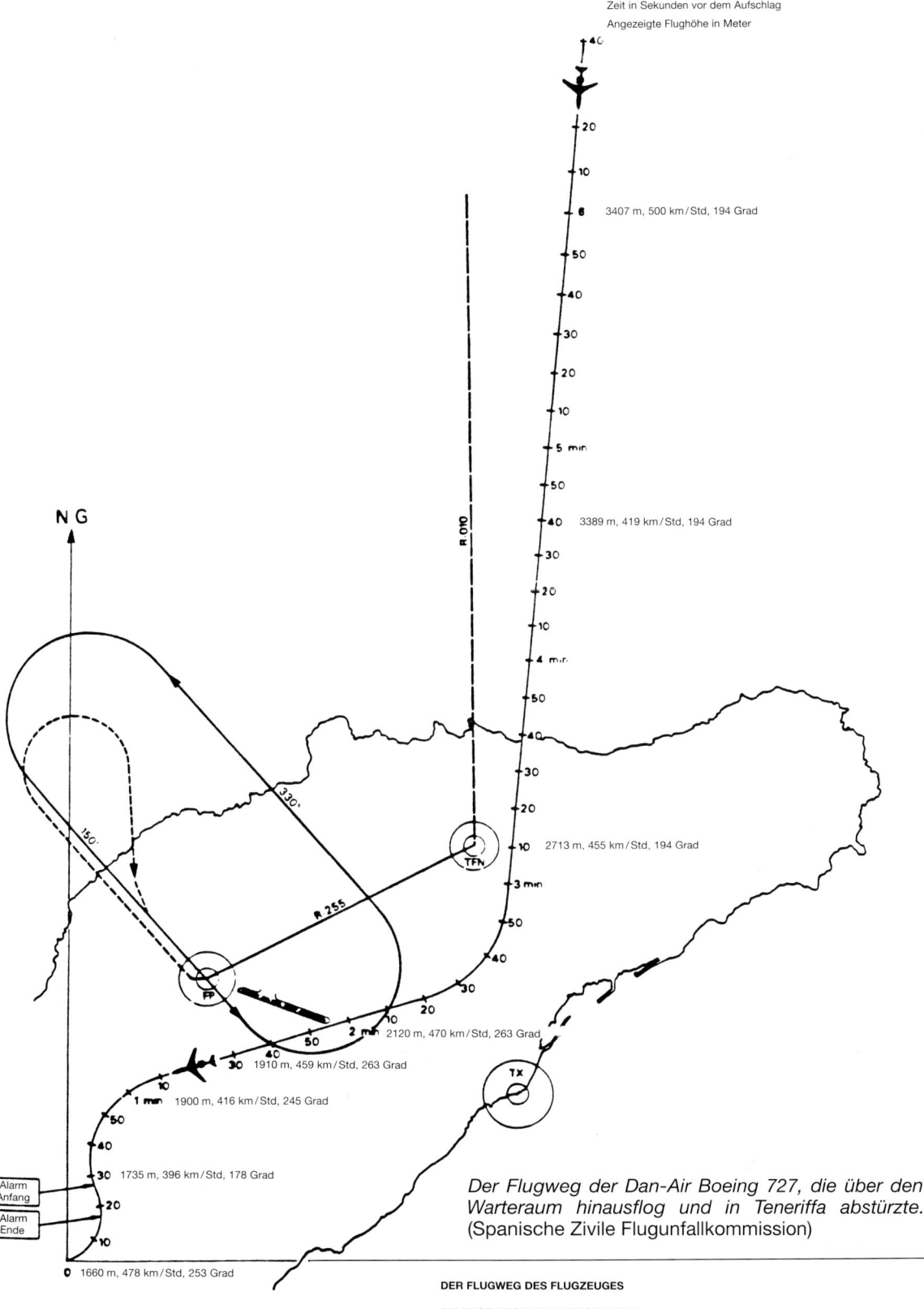

3407 m, 500 km/Std, 194 Grad

3389 m, 419 km/Std, 194 Grad

R 010

N G

330°

150°

R 255

2713 m, 455 km/Std, 194 Grad

TFN

FP

TX

2120 m, 470 km/Std, 263 Grad

1910 m, 459 km/Std, 263 Grad

1900 m, 416 km/Std, 245 Grad

1735 m, 396 km/Std, 178 Grad

Alarm
Anfang

Alarm
Ende

1660 m, 478 km/Std, 253 Grad

Der Flugweg der Dan-Air Boeing 727, die über den Warteraum hinausflog und in Teneriffa abstürzte.
(Spanische Zivile Flugunfallkommission)

DER FLUGWEG DES FLUGZEUGES

DIE ZUGEWIESENE WARTESCHLEIFE

rollte zu dieser Zeit mit einer geschätzten Querlage von 30 bis 40 Grad durch einen Kompaßkurs von 250 Grad und befand sich in einem leichten Sinkflug. Fahrwerk und Landeklappen waren eingefahren. Der Pilot nutzte durch das Beibehalten der Querlage die Steigfähigkeit der Maschine nicht optimal aus, sondern verminderte nur ihre Sinkrate. Außerdem flog die Düsenpassagiermaschine schneller als angebracht. Das ist mit ein Grund für die kurze Zeitspanne zwischen dem Empfang der Warteschleifen-Anweisungen und dem Vorbeiflug an dem Funfeuer FP gewesen, was mit zu dem Unfall beigetragen hat.

Der britische Vertreter bei der Unfalluntersuchung stimmte den Ergebnissen der Spanischen Untersuchungskommission weitgehend zu. Er bezeichnete jedoch die von dem Fluglotsen der Anflugkontrolle erteilten Anweisungen als »unklar« und sagte, sie seien mit Schuld an dem Orientierungsverlust der Besatzung gewesen. Er behauptete weiter, daß das genaue Einhalten des aufgezeichneten Flugweges aufgrund der eckigen Wendepunkte unpraktisch war. Außerdem hätten die zuständigen Behörden keine Mindestsicherheitshöhen für den Warteraum und den Anflug berechnet. Er machte geltend, daß der Absturz nicht erfolgt wäre, wenn der Fluglotse die 727 nicht unter 2130 Meter Höhe über Grund hätte sinken lassen.

Der Fluglotse der Anflugkontrolle hat natürlich ohne die Hilfe von Radar gearbeitet und die tatsächliche Position der G-BDAN nicht kennen können. Als er sie zum Sinkflug auf 1525 Meter freigab, vermutete er sie längst in der Warteschleife. Wenn das Flugzeug an dem Standort gewesen wäre, wo er es wähnte, wäre eine Linkskurve zum Verbleiben in der Warteschleife erforderlich gewesen.

Die Spanische Untersuchungskommission empfahl unter anderem der Internationalen Zivilluftfahrt-Organisation ICAO, einige Unklarheiten in ihren Dokumenten zu beseitigen. Besonders wurde auf die Notwendigkeit hingewiesen, alle Warteschleifen zu veröffentlichen und den Begriff »Standard Warteschleife" unmißverständlich zu definieren.

Datum: 27. Juni 1980, circa 21:00 Uhr
Ort: Vor der Küste Westitaliens
Unternehmen: Aerolinee Itavia SpA, Italien
Flugzeugmuster: Douglas DC-9 Serie 15 (I-TIGI)

Flug 870 war von Bologna nach Palermo auf Sizilien unterwegs. Die Düsenpassagiermaschine wurde zuletzt in einer Reiseflughöhe von 7500 Meter gemeldet. Kurz bevor die DC-9 dann circa 25 Kilometer nordöstlich der Insel Ustica in das hier rund 3700 Meter tiefe Tyrrhenische Meer stürzte, war auf dem Radar ein schnell fliegendes unbekanntes Flugobjekt beobachtet worden, das den Flugweg der Passagiermaschine in deren nächster Nähe von Westen nach Osten gekreuzt hat. Suchmannschaften fanden später die Leichen von mehr als 40 Opfern. Unter den 81 Insassen des Flugzeuges (77 Passagiere und vier Besatzungsmitglieder) hat es keine Überlebenden gegeben.

Obwohl der Absturz anfangs sehr rätselhaft erschien, kamen doch bald Theorien darüber in Umlauf, was Flug 870 zugestoßen sein könnte. Eine davon lautete, daß die DC-9 absichtlich von einer Libyschen MiG-23 Jagdmaschine oder versehentlich von einem anderen Kampfflugzeug abgeschossen worden war, das diese verfolgt hatte (Das Wrack eines solchen Flugzeugmusters wurde zusammen mit seinem toten Piloten circa einen Monat später in Süditalien entdeckt). Fast ein Jahrzehnt nach dem Unglück tauchten Beweise dafür auf, daß eine bei einer NATO-Übung auf einen Zielflugkörper abgefeuerte Luft-Luft-Rakete versehentlich die Düsenpassagiermaschine getroffen hatte.

Die an den geborgenen Trümmerteilen durchgeführten Untersuchungen führten ebenso wie die pathologischen Befunde der Opfer zu dem Schluß, daß die I-TIGI entweder mit einem unbekannten Flugobjekt zusammengestoßen oder durch eine Explosion in ihrer unmittelbaren Nähe beschädigt worden war. Auf keinen Fall war sie einem zufälligen strukturellen Bruch oder einer Bombenexplosion an Bord zum Opfer gefallen.

Datum: 7. Juli 1980 (Uhrzeit unbekannt)
Ort: In der Nähe von Alma-Ata, Kassachisische SSR, UDSSR
Unternehmen: Aeroflot, UDSSR
Flugzeugmuster: Tupolew Tu-154

Alle 163 Personen an Bord des planmäßigen Inlandfluges nach Simferopol, Ukraine, wurden getötet, als die Düsenpassagiermaschine kurz nach dem Start von dem Flughafen Alma-Ata abstürzte.

Datum: 19. August 1980, circa 22:00 Uhr
Ort: In der Nähe von Riad, Saudi-Arabien
Unternehmen: Saudi Arabian Airlines (Saudia)
Flugzeugmuster: Lockheed L-1011–200 TriStar (HZ-AHK)

Obwohl er eines der schwersten Unglücke in der Geschichte der Verkehrfliegerei war, kann dieser außergewöhnliche Unfall nicht einmal als Absturz eingestuft werden. Trotz einer geglückten Notlandung brannte die Großraum Düsenpassagiermaschine aus. Dabei fanden alle 301 Insassen (287 Passagiere, darunter 15 Kleinkinder, und 14 Besatzungsmitglieder) den Tod.

Flug 163 aus Karatschi, Pakistan, war vor seinem Weiterflug nach Dschidda planmäßig in Riad zwischengelandet. Nach den Aufzeichnungen des Gesprächsaufnahmegerätes in der Pilotenkanzel wurde die Besatzung nur sieben Minuten nach dem Start von dem Internationalen Flughafen der Hauptstadt optisch und akustisch über Rauch in dem hinteren Frachtraum alarmiert, der mit C3 bezeichnet war.

Der Alarm setzte ein, als die TriStar durch 5000 Meter Höhe stieg. Die Besatzung benötigte danach über vier Minuten, um sich über die Alarmierung zu vergewissern, und nach dem Rauch-Notverfahren zu suchen. Der Flugkapitän entschied sich schließlich, zum Abflughafen zurückzukehren. Auf dem Rückflug konnte das Feuer dann bestätigt werden.

Das Handeln der Besatzung konnte bis zur Umkehr als normal betrachtet werden. Danach wurden ihre Entscheidungen jedoch zunehmend fehlerhafter, wie aus der Tonbandauswertung der Gesprächsaufzeichnungen zu entnehmen war. Der Flugkapitän setzte seinen Ersten und Zweiten Offizier nicht richtig ein. Er hätte vor allem dem Copiloten die Steuerung der Düsenpassagiermaschine anvertrauen sollen, damit er sich voll auf die vorhandene Notsituation konzentrieren konnte. Der Flugkapitän schien aber während des gesamten Ablaufes den Ernst der Lage nicht erkannt zu haben. Mit Schuld daran dürfte der Bordingenieur gewesen sein, der ihm kein genaues Bild über die Lage vermittelte und immer wieder betonte »kein Problem«, obwohl ein ernstes bestand. Der Zweite Offizier hat vermutlich unter einer Leseschwäche gelitten, was zu einer Verwechslung der Instrumente und Verfahren führen konnte. Und der Erste Offizier hatte nur wenig Flugerfahrung auf diesem Flugzeugmuster. Er unterstützte den Flugkapitän nicht bei der Überwachung der Flugsicherheits-Vorkehrungen. Keiner der drei Männer ist offenbar bis nach der Landung mit dem Rauch in Verbindung gekommen, der die Passagierkabine füllte.

Im Gegensatz hierzu gab es Hinweise für eine beispielhafte Pflichterfüllung des Kabinenpersonals bei der Bekämpfung des Feuers und der Beruhigung der in Panik geratenen Passagiere. Die Flugbegleiter konnten aber unter den gegebenen Umständen ihre wichtigste Aufgabe in einer Notsituation nicht erfül-

len, bei der Evakuierung des Flugzeuges zu helfen, selbst wenn der Flugkapitän für eine solche Maßnahme Vorkehrungen getroffen hätte.

Das mittlere Triebwerk Nummer zwei mußte abgestellt werden, da sein Gashebel klemmte. Trotzdem landete die L-1011 sicher. Der Flugkapitän beging dann aber erneut einen schweren Fehler, der wahrscheinlich erst zu den katastrophalen Folgen dieses Unfalles führte, der eigentlich zu überleben gewesen wäre. Anstatt das Flugzeug unter Einsatz aller verfügbaren Bremsmöglichkeiten so schnell wie möglich zum Stehen zu bringen, rollte er von der Landebahn und hielt die Maschine erst zwei Minuten und 40 Sekunden nach dem Aufsetzen an. Danach ließ er die Triebwerke noch weitere drei Minuten und 15 Sekunden laufen. Er verhinderte damit ein sofortiges Eingreifen der am Ort des Geschehens eingetroffenen Rettungsmannschaften und durchkreuzte jeglichen Versuch der Kabinenbesatzung, von sich aus eine Notevakuierung einzuleiten.

Es gab keine Anzeichen für den Beginn einer Evakuierung oder einen Versuch, die Kabinentüren der Maschine von innen zu öffnen. Schuld daran war vermutlich der Flugkapitän. Er hatte vor der Landung angeordnet, das Flugzeug nicht zu evakuieren. Die Passagiere könnten aber auch den Zugang zu den Türen, die vor dem Öffnen zuerst einige Zentimeter nach innen gezogen werden mußten, blockiert haben. Wahrscheinlicher war jedoch, daß ein plötzliches Aufflackern des Feuers den gesamten Sauerstoffvorrat in der Kabine aufgebraucht und die Besatzung damit handlungsunfähig gemacht hatte. Dieses zweite Auflodern der Flammen wurde durch die Verringerung

Trotz einer sicheren Landung überlebte keiner der 301 Insassen der Saudia L-1011 das Feuer, das anschließend den ganzen Rumpf einhüllte. (UPI / Bettmann)

des Sauerstoffes bei gleichzeitiger Zunahme gifiger Gase verursacht, und geschah vermutlich kurz nach dem letzten Funksspruch der TriStar: »Wir versuchen jetzt zu evakuieren«.

Nachteilig wirkte sich aus, daß die Luftumwälzanlage gemäß den normalen Betriebsverfahren ausgeschaltet worden war. Das verhinderte jeglichen Zustrom frischer Außenluft in den Flugzeugrumpf.

Die Rettungs-, Lösch- und Bergungsdienste erwiesen sich ebenfall als völlig unzulänglich. Es fehlte an notwendigen Werkzeugen, Schutzanzügen und einer angemessenen Ausbildung über die Verfahren, gewaltsam in die Kabine einzudringen. Die Anzahl der Türen war ebenso unbekannt wie ihre Funktionsweise. Das traf auch für andere Flugzeugmuster zu, die auf dem Flughafen verkehrten. Nach dem Abstellen der Triebwerke vergingen 23 Minuten, bis das Rettungspersonal in den Rumpf der L-1011 gelangte. Als es die Tür Nummer eins an der linken Rumpfseite schließlich öffnete, war jeder Rettungsversuch aussichtlos geworden. Die Passagiere waren bereits alle an Verbrennungen, dem Einatmen giftiger Gase wie Kohlenmonoxyd, Stickoxide, Zyanwasserstoff, Formaldehyd und Ammoniak und an Sauerstoffmangel gestorben. Die Flammen verbrannten schließlich fast den gesamten oberen Rumpf und ließen das Flugzeug mit unversehrten Tragflächen, Leitwerk, Fahrwerk und Triebwerken stehen. Die ganze Tragödie spielte sich nachts bei Mondschein ab.

Das Feuer war zweifellos im Frachtraum C3 ausgebrochen. Das Klemmen des Leistungshebels von Triebwerk Nummer zwei war ein Beweis dafür. Sein Schubgestänge ist an Halterungsrollen aufgehängt und verläuft durch den Quergang zwischen der Decke des Laderaumes und dem Fußboden der Kabine. Bei einer Erhitzung können die Halterungsrollen verbiegen, schmelzen und an dem Gestänge festkleben. Schon eine geringe Abkühlung verursacht dann einen Reibungsanstieg.

Rauch und Flammen müssen den gleichen Weg durch den Quergang zwischen der Frachtraumdecke und dem Kabinenboden zu Seitenwandung des Flugzeuges genommen haben. Von dort sind sie dann in die Passagierkabine aufgestiegen. Alle Opfer wurden in dem vorderen Teil der Maschine gefunden. Die tödlichen Gase haben sich – wie schon bei früheren Unfällen – beim Verbrennen der Sitze und anderer Kabinenmaterialien gebildet.

Die Brandursache konnte nicht gefunden werden, da der Brandherd von dem Feuer vollkommen zerstört worden war. In einem Frachtraum einer Linienmaschine gibt es selbstverständlich viele mögliche Feuerquellen. In dem Untersuchungsbericht war vermerkt, daß drei solche Feuer vor diesem Unfall durch die ungewollte Entzündung von Steichhölzern in einem Handkoffer ausgelöst worden waren. Es gab keine Hinweise für eine Brandstiftung.

Nach dieser Tragödie nahm Lockheed einige Änderungen an der L-1011 vor. Die Firma entfernte unter anderem die Isolation unter den hinteren Toilettenräumen, wechselte das Isoliermaterial des Wärmeaustauschers zwischen den Frachträumen C2 und C3, und ersetzte die bisherigen Platten der Laderaumdecke durch solche aus durchschlagfestem Kunststoffglas.

Die US-amerikanische Transport-Sicherheitsbehörde NTSB nahm an der Untersuchung teil. Sie empfahl zusätzlich, die Zulassung der Frachträume neu

Das Schaubild zeigt die Plätze der Passagiere und die Schäden bei der TriStar Katastrophe. (Internationale Zivilluftfahrt-Organisation ICAO)

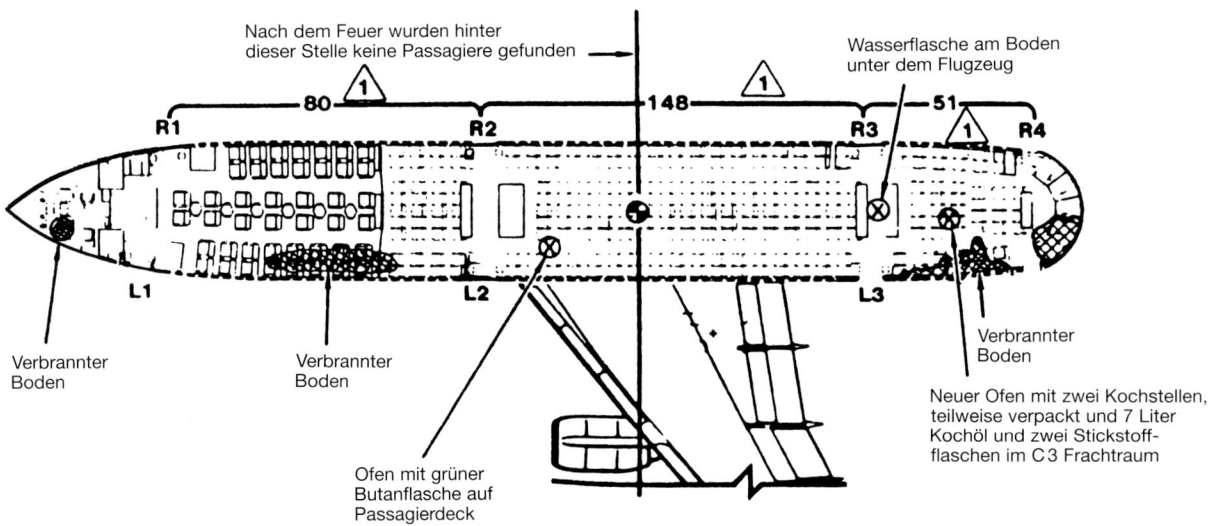

162

zu überprüfen. Die bisherigen Anforderungen beruhten auf dem Prinzip, daß ein Feuer im Frachtraum aufgrund fehlender Sauerstoffzufuhr von selbst wieder erlösch. Das traf für die kleineren Frachträume der konventionellen Verkehrsflugzeuge zu. Testversuche bei Großraum Düsenpassagiermaschinen wie der Tri-Star ergaben aber, daß ein Feuer in deren größeren Laderäumen über zehn Minuten andauern konnte, Zeit genug, um sich durch die Deckenkonstruktion zu fressen.

Für die Einhaltung der Sicherheitsnormen bei in Amerika gebauten Flugzeugen ist das US-amerikanische Bundesamt für Luftfahrt FAA zuständig. Es entschied, daß die von der NTSB empfohlenen Maßnahmen in dieser Situation nicht gerechtfertigt waren.

Saudia sorgte angesichts der Katastrophe bei sich selbst für Abhilfe. Die Notfall-Kontrolllisten wurden überarbeitet und die Ausbildung für die Notevakuierung verbessert. Zusätzlich dichtete die Fluglinie die C3 Frachträume vollkommen ab. Das sollte verhindern, daß sich dort eventuell entzündende Feuer ausbreiten konnten.

Datum: 22. August 1981, circa 10:00 Uhr
Ort: In der Nähe von Sanyi, Taiwan
Unternehmen: Far Eastern Air Transport Corporation, Taiwan
Flugzeugmuster: Boeing 737–222 (B-2603)

Flug 103 befand sich auf einem Inlandsflug nach Kao-hsiung. Die Düsenpassagiermaschine stürzte 160 Kilometer südsüdwestlich von ihrem Abflughafen T'ai-pei über einem bergigen Gelände ab und brannte aus. Alle 110 Insassen (104 Passagiere und sechs Besatzungsmitglieder) kamen bei dem Umfall ums Leben.

Die 737 war Berichten zufolge in circa 6700 Meter Flughöhe auseinander gebrochen. Die Trümmer und Körper der Opfer wurden über eine Strecke von zehn Kilometer verteilt. Als Ursache für den Bruch der Druckkabine wurde starker Rostansatz an der Rumpfunterseite festgelegt.

Datum: 1. Dezember 1981, 08:53 Uhr
Ort: In der Nähe von Petreto-Bicchisano, Korsika, Frankreich
Unternehmen: Inex Adria Aviopromet, Jugoslawien
Flugzeugmuster: McDonnell Douglas DC-9 Super 82 (YU-ANA)

Die Düsenpassagiermaschine war in Ljubljana, Jugoslawien, zu einem Charterflug nach der Mittelmeerinsel gestartet und sollte auf dem Campo dell'Oro Flughafen von Ajaccio landen. An Bord befanden sich 173 Passagiere, ein Mechaniker und eine reguläre sechsköpfige Besatzung.

Nach dem Verlassen ihrer Reiseflughöhe von 10.050 Meter war die DC-9 angewiesen worden, bis zum Erreichen des UKW-Drehfunkfeuers (VOR) eine Höhe von 3350 Meter einzuhalten. Der Pilot meldete dann, daß er sich in dieser Höhe in der Warteschleife

befände. Der Fluglotse der Anflugkontrolle ließ ihn daraufhin auf 1005 Meter Höhe über dem Meeresspiegel sinken.

In seinem letzten Funkspruch teilte der Flugkapitän mit, daß er in Wolken zurück nach Ajaccio kurvte. Knapp eine Minute später war auf dem Tonband des Gesprächsaufnahmegerätes der Pilotenkabine der Alarm des Bodennähe-Warngerätes zu hören, das »Geländehindernis« und »Hochziehen« ansagte. Den Flugkapitän vernahm man neun Sekunden später mit der Forderung nach »mehr Schub«. Seine Anweisung erfolgte jedoch nicht im Befehlston. Das könnte das langsame Vorschieben der Gashebel erklären. Drei Sekunden später prallte die DC-9 mit ihrer linken Tragfläche in 1365 Meter Höhe über dem Meeresspiegel und 30 Meter unterhalb des Gipfels gegen den Mont San Pietro. Beim ersten Auftreffen rollte die Maschine in einer Linkskurve mit 25 bis 30 Grad Querlage durch einen nordwestlichen Kurs. Ihre Geschwindigkeit betrug rund 400 km / Std.

Über die Hälfte der Tragfläche war dabei abgerissen. Das Flugzeug rollte dann unkontrollierbar nach links und schlug circa 700 Meter unterhalb des Berggipfels in einer Schlucht auf. Bei diesem zweiten oder Hauptaufprall rund 32 Kilometer südwestlich von Ajaccio zerschellte die Maschine. Wrackteile lagen in westnordwestlicher Richtung über dem bergigen Gelände verteilt. Nach dem Aufschlag brach kein Feuer aus.

Die Wetterverhältnisse in dem Gebiet beinhalteten zur Unfallzeit starke Westwinde, schwere Turbulenz und eine geschlossene Wolkendecke aus Altokumulus- und Kumuluswolken, welche die Bergipfel einhüllten.

Eine Französische Untersuchungskommission machte die Besatzung der YU-ANA für den Absturz verantwortlich, da sie die Instrumenten-Flughöhe in der Warteschleife unterschritten hatte. Die veröffentlichte Mindesthöhe betrug 2070 Meter über dem Meeresspiegel. Die Kommission stellte weiter fest, daß nach dem Alarm des Bodennähe-Warngerätes der Versuch der Piloten, wieder an Höhe zu gewinnen, scheitern mußte. Das von ihnen eingeleitete Manöver reichte nicht aus, um die enorme Kraft der Fallwinde auszuschalten, die durch die Geländeform und die starken Winde verursacht wurden.

Der Unfallbericht enthielt fünf Faktoren, die mit zu dem Unglück beigetragen haben. Erstens wurde die Vorbereitung der Besatzung auf das Anflugverfahren als völlig unzureichend betrachtet. Die Mindesthöhe und Geschwindigkeitsbegrenzung waren in der Warteschleife eindeutig nicht eingehalten worden. Vielleicht wurden die beiden Piloten auch durch die Anwesenheit einer dritten Person in der Flugzeugkanzel abgelenkt. Diese wurde später als Sohn des Ersten Offiziers identifiziert. Seine Stimme war auf dem Tonband des Gesprächsaufnahmegerätes zu erkennen.

Eine unpräzise Ausdrucksweise führte zudem zu Mißverständnissen zwischen dem Flugkapitän und dem Fluglotsen der Anflugkontrolle. Der Fluglotse nahm vor allem an, das Flugzeug würde seine Höhe

Eine DC-9 Super 80. Eine Maschine dieser Serie der Jugoslawischen Fluggesellschaft Inex Adria Aviopromet stürzte über der Insel Korsika ab. (McDonnell Douglas)

in einem direkten Anflug auf den Flughafen aufgeben. Der Flugkapitän hatte sich aber dafür entschieden, in die Warteschleife einzufliegen. Aufgrund dieses Mißverständnisses hatte der Fluglotse eine falsche Vorstellung über den Fortgang des Fluges. Hätte er die Mitteilungen des Flugkapitäns »Gebe Ihnen Bescheid, wenn im Anflug auf Leitstrahl zwei vierzig sieben« und »Kurven zum Anflug, haben sechstausend verlassen« richtig interpretiert, wäre eine unklare Situation nach dem ersten Funkspruch und eine unvorschriftsmäßige, gefährliche Lage nach der zweiten Meldung zu vermeiden gewesen. Bei der Alarmauslösung durch das Bodennähe-Warngerät nahm

die Besatzung gerade eine Mitteilung des Fluglotsen entgegen. Das kann ihre Reaktion auf den Alarm beeinflußt haben.

Die Auswertung der Meßdaten des Flugschreibers ergab, daß die DC-9 die festgelegte Höchstgeschwindigkeit in der Warteschleife überschritt und keine Windkorrekturen machte. Die später errechnete, durchschnittlich auf den Flugweg einwirkende Windgeschwindigkeit betrug in 3350 Meter Höhe 130 km/Std. Sie verringerte sich von dort bis 1500 Meter Höhe auf 120 km/Std. Die in der Anflugkarte symbolisch dargestellte Warteschleife entsprach dem Flugweg einer Maschine mit einer Geschwindigkeit von

Ein Teil des Rumpfes der YU-ANA liegt zwischen Felsen in einer Schlucht unterhalb des Mont San Pietro. (Serge Assier, Gamma Liaison)

ungefähr 270 km / Std bei Windstille. Die Karte enthielt aber weder die tatsächliche Begrenzung des Warteraumes noch Höhenangaben über das darunter liegende Gelände.

Die Kommission stellte während ihrer Untersuchung auch fest, daß die mit Radar überwachten Anflugverfahren zu einer alltäglichen Routine geworden waren. Das verleitete manche Piloten dazu, selbst nicht mehr genau auf die Mindestsicherheitshöhe zu achten. Eine Jugoslawische Kommission widersprach jedoch den französischen Untersuchungsergebnissen. Sie beurteilte die Mißverständnisse zwischen dem Flugkapitän und dem Fluglotsen der Anflugkontrolle als Haupt-Unfallursache und behauptete, letzterer hätte einwandfrei erkennen müssen, daß der Pilot in die Warteschleife einflog und nicht direkt anfliegen würde.

Der Untersuchungsbericht unterstrich die absolute Notwendigkeit einer genormten, präzisen Ausdrucksweise im Funksprechverkehr zwischen Piloten und Fluglotsen. Er empfahl außerdem, die Anflugkarten übersichtlicher zu gestalten, den Warteraum des Campo dell"Oro Flughafens zu verlegen und ein Radargerät in Ajaccio zu installieren, oder wenigstens das Gebiet durch eine andere Radarstation überwachen zu lassen.

Datum: 13. Januar 1982, circa 16:00 Uhr
Ort: Washington, DC, USA
Unternehmen: Air Florida Inc, USA
Flugzeugmuster: Boeing 737–222 (N62AF)

Es hatte den ganzen Tag über in der Hauptstadt der USA geschneit, die wie der gesamte Nordosten Amerikas unter dem außergewöhnlich rauhen Januar Wetter litt. Der Flugbetrieb auf dem Washingtoner National Flughafen war kurz vor 15 Uhr wieder aufgenommen worden, nachdem der Platz zuvor über eine Stunde lang wegen Schneeräumarbeiten geschlossen gewesen war.

Technische Fortschritte und verbesserte Betriebsverfahren hatten der Verkehrsfliegerei dabei geholfen, viele Wettereinschränkungen zu überwinden, die in früheren Jahren zu einem Startverbot der Flugzeuge geführt hatten. Die auf dem Flughafen am Ufer des Potomac an- und abfliegenden Passagiere hatten noch einen weiteren Grund, sich sicher zu fühlen: Der letzte schwere Absturz einer amerikanischen Verkehrsmaschine lag mehr als zwei Jahre zurück. Als Flug 90 jedoch zum Start zu dem Inlandsflug nach Fort Lauderdale und Tampa, Florida, rollte, stand diese Serie kurz vor ihrem bitteren Ende.

Die N62AF wurde nach Ihrer Enteisung etwas mühsam von dem Abstellplatz auf das Hallenvorfeld geschleppt. Ab hier reihte sich die 737 hinter zahlreichen anderen Flugzeugen ein und wartete darauf, daß sie an die Reihe zum Abflug kam. Knapp eineinhalb Stunden nach Beendigung der Enteisung erhielt Flug 90 endlich die Freigabe zum Abflug von Startbahn 36. Während der gesamten Wartezeit hatte es leicht bis mäßig geschneit, und die Temperaturen lagen unter dem Gefrierpunkt. In der Zeit bis zum Empfang der Starterlaubnis hatte sich erneut eine beträchtliche Menge Schnee und Eis auf der Düsenpassagiermaschine angesammelt. Die Schneehöhe auf ihren Tragflächen betrug sechs bis zwölf Millimeter. Aus den Bemerkungen des Flugkapitäns Larry Wheaton und des Ersten Offiziers Roger Pettit auf dem Tonband des Gesprächaufnahmegerätes war zu entnehmen, daß sie Kenntnis davon hatten.

Schon eine dünne Schneeschicht auf der Tragfläche eines Flugzeuges behindert den glatten Luftstrom über die Flügeloberfläche. Das führt zu einem Abreißen der Luftströmung bei geringeren Anstellwinkeln, als das normalerweise der Fall ist. Dabei verringert sich der Auftrieb bei gleichzeitiger Erhöhung der Durchsackgeschwindigkeit. Kritischer war aber zumindest in diesem Fall der vermutete Eisansatz an den Gebläseeinlässen der Triebwerke. Ihre Meßdaten werden zusammen mit denen der Abgasfühler zur Bestimmung der Schubeinstellung benötigt. Testläufe haben bewiesen, daß bei der Verstopfung eines Eintrittrohres eine höhere Schubleistung angezeigt wird, als in Wirklichkeit vorhanden ist. Solch eine Verstopfung war leicht möglich, falls die Besatzung die Triebwerks-Enteisungsanlage versehentlich nicht eingeschaltet hatte.

Der Copilot scheint eine Abnormität in dem angezeigten Triebwerk Druck-Quotienten erkannt zu haben, dessen Wert den geforderten Startdruck offenbar erreicht hatte, obwohl die Gashebel in einer ungewohnten Stellung standen. Außerdem stimmten die Anzeigen anderer Triebwerkinstrumente nicht mit der Vorgabe überein. Er bemerkte, daß irgendetwas »nicht richtig aussehe«. Der Flugkapitän erwiderte darauf: »Doch es ist, da sind achtzig«, womit er die Geschwindigkeit meinte. Er setzte dann den Startvorgang fort, ohne auf weitere Kommentare des Ersten Offiziers zu achten. Aufgrund der Verstopfung der Eintrittsrohre hat der tatsächliche Druck-Quotient vermutlich nur 1.70 anstelle der geforderten 2.04 betragen, die aber angezeigt gewesen sein müssen.

Der Schnee- und / oder Eisansatz verringerte nicht nur die Leistung der 737, sondern ließ auch ihre Flugzeugnase sofort nach dem Abheben nach oben schnellen. Das führte zur Auslösung des Steuersäulen-Rüttlers des Durchsackwarngerätes. Die Maschine befand sich aber bereits in dem Bereich des überzogenen Flugzustandes und war nicht mehr in der Luft zu halten. Im Scheitelpunkt ihrer Flugbahn wird ihre Höhe vermutlich zwischen 60 und 90 Meter betragen haben. Danach begann sie mit einer leichten linken Querlage zu sinken, ohne den nördlichen Kurs aufzugeben. Die Besatzung hat anfangs sicherlich versucht, die Flugzeugnase nach unten zu drücken, dann aber das Steuer wieder angezogen, um Höhe zu halten. Im letzten Stadium des Fluges schob sie Gas nach. Das war aber zu spät, um sich noch auswirken zu können. Sekunden vor dem Aufschlag hörte man die Stimme des Copiloten: »Larry, wir stürzen ab, Larry!« Der Flugkapitän erwiderte noch darauf: »Ich weiß es«.

Die Düsenpassagiermaschine stürzte mit einem Anstellwinkel von 30 bis 40 Grad und fast ohne Querlage eineinhalb Kilometer hinter dem Startbahnende gegen die nördliche Brückenstütze der 14. Straße, die Virginia mit dem District of Columbia verbindet. Ihre Fahrwerke waren noch voll und die Landeklappen teilweise ausgefahren. Sie fegte über die Fahrbahn hinweg, die voll gestopft mit Autos war, die sich aufgrund der Wetterlage im Schneckentempo vorwärts bewegten. Dabei zerstörte sie sechs besetzte Personenwagen und einen Laster, riß einen Teil der Brücke und rund 30 Meter Brückengeländer ab. Anschließend kippte sie nach vorne und fiel kopfüber in den mit Eis bedeckten Potomac.

Bei dem Unfall wurden 74 der 79 Flugzeuginsassen, darunter vier Besatzungsmitglieder, und vier Personen in den Fahrzeugen getötet. Vier Passagiere und eine Stewardess überlebten verletzt. Sie hatten in der Nähe des Leitwerks im hinteren Teil der Kabine gesessen. Dieses war beim Aufprall abgebrochen und ragte teilweise aus dem Wasser heraus. Vier weitere Personen auf der Brücke erlitten Verletzungen. Die Leichen aller Opfer und fast das gesamte Wrack wurden später geborgen. Die durchgeführten Autopsien ergaben, daß die meisten Opfer an Trauma gestorben waren.

Die US-amerikanische Transport-Sicherheitsbehörde NTSB legte als eine der Haupt-Unfallursachen das Versäumnis der Besatzung fest, die Triebwerk-Enteisungsanlage einzuschalten. Ohne die Verstopfung der Eintrittsrohre wären die tatsächlichen Werte der Druck-Quotienten angezeigt und der erforderliche Startschub richtig eingestellt worden. Hätte sich bei einer schweren Vereisung trotz eingeschalteter Enteisungsanlage dennoch Eis in den Rohren angesetzt, wäre es der Besatzung unmöglich gewesen, den richtigen Druck-Quotienten für die geforderte Antriebsleistung einzustellen. Daraufhin hätte sie zweifelsohne den Start abgebrochen.

Die Besatzung wußte, daß sich erneut Schnee auf den Tragflächen angesammelt hatte. Daß sie trotzdem gestartet war, wurde als eine weitere Haupt-Unfallursache betrachtet. Den Piloten wird bewußt gewesen sein, daß ein Zurückrollen auf das Hallenvorfeld zu einer nochmaligen Enteisung eine weitere lange Wartezeit bedeutet hätte. Bei der schon bestehenden großen Abflugverspätung wird das wahrscheinlich ihre Entscheidung beeinflußt haben. Der Flugkapitän benutzte zudem zwei ungeeignete Verfahren, die den Eisansatz auf der Düsenpassagiermaschine noch verstärkt haben könnten. Erstens versuchte er, das Flugzeug mit Umkehrschub von dem Abfertigungsplatz zurückzurollen. Dabei könnten die heißen Abgase der Triebwerk- und Umkehrsysteme eine Mischung aus nassem Schnee und Schneematsch auf die Flugzeugzelle geblasen haben, die anschließend besonders an den Flügelvorderkanten festgefroren ist. Zweitens gab es Hinweise, daß der Flugkapitän die 737 absichtlich dicht hinter ein ande-

Das Leitwerk der Air Florida Boeing 737 wird nach dem Absturz in Washington, DC, wieder aus dem Potomac herausgezogen. (Wide World Photos)

res Flugzeug gerollt hat. Er wollte mit dessen heißen Abgasen den Schnee von seinen Tragflächen entfernen. Die Wärme könnte jedoch das Gegenteil bewirkt und den lockeren Schnee, der sonst beim Start weggeweht worden wäre, in eine schmierige Masse verwandelt haben, die dann auf den Flügelvorderkanten oder den Kegeln in den Lufteinlaßöffnungen der Triebwerke festgefroren ist.

Die Fortsetzung des Starts trotz normwidriger Anzeigen der Triebwerkinstrumente war ein weiterer Grund, der zu der Katastrophe beigetragen hat. Da der Copilot die 737 zu dieser Zeit steuerte, hätte der Flugkapitän seine ganze Aufmerksamkeit der Überwachung der Instrumente widmen sollen. Tatsächlich schien der Copilot mehr darauf zu achten. Die Besatzung kann sich zudem zur Eile angetrieben gefühlt haben. Der Fluglotse hatte sie gebeten, den Start wegen einer zur Landung anschwebenden Maschine nicht zu verzögern. Die NTSB stellte in der Tat fest, daß eine Eastern Airlines Boeing 727 auf der gleichen Startbahn gelandet war, noch bevor die 737 vom Boden abgehoben hatte. Das war ein Verstoß gegen die bestehenden Richtlinien.

Das Handeln der Besatzung spiegelte ihre unzureichenden Kenntnisse über den Flugbetrieb bei kalten Wetterbedingungen wider. Vor allem der Flugkapitän hatte vermutlich kaum Erfahrung mit dem rauhen Winterwetter in Amerikas Osten. Das lag hauptsächlich an der schnellen Expansion der Fluglinie Ende der siebziger und anfangs der achtziger Jahre. In dieser Zeit stiegen die Piloten schneller als sonst bei Fluglinien üblich auf, um den wachsenden Anforderungen der umfangreicher werdenden Flugpläne gerecht werden zu können.

Der lange Zeitabstand zwischen dem Ende der Enteisung und der Startfreigabe der Maschine wurde ebenso als beitragender Faktor bewertet, wie die augenscheinliche Tendenz der Boeing 737, bei mit Schnee und Eis überzogenen Flügelvorderkanten einen viel zu hohen Anstellwinkel einzunehmen. Letzteres war schon Jahre vor dem Unfall vermutet worden.

Die Kommission konnte nicht feststellen, ob die fehlerhafte Enteisung der N62AF durch das Personal der American Airlines Einfluß auf das Unfallgeschehen gehabt hatte. Das Mischungsverhältnis der aus Glykol und Wasser hergestellten Enteisungsflüssigkeit hatte wegen des Fehlens eines Kontrollmeßgerätes nicht gestimmt.

Neben dem menschlichen Fehlverhalten, daß den Unfall auslöste, kamen an der Absturzstelle selbst einzelne Fälle von Heldentum und Uneigennützigkeit zum Vorschein. Die Überlebenden, die sich an dem Wrack festklammern konnten, verdankten ihr Leben hauptsächlich der Besatzung eines Long Ranger Hubschraubers der US Parkpolizei, der innerhalb von 20 Minuten am Unfallort eintraf und sie aus dem Wasser herauszog. Bei einem Rettungsmanöver hielt der Pilot den Helikopter knapp über der Wasseroberfläche, bis der Passagier auf seine Kufe gehoben worden war. Zwei Zuschauer sprangen sogar in das eisige Wasser. Einer von ihnen war Lenny Skutnik, der bei der Haushaltstelle des US Senates beschäftigt war. Er wurde landesweit wegen der Rettung einer Frau berühmt, die den Griff an der Rettungsleine verloren hatte. Ein Passagier, der den Absturz überlebt hatte, reichte die Leine selbstlos an andere Überlebende weiter. Bis der Hubschrauber zu seiner Rettung zurückkehrte, war er dann untergegangen und ertrunken.

Das US-amerikanische Bundesamt für Luftfahrt FAA setzte nach diesem Unfall einige Änderungen in Kraft. Es verbreitete unter anderem Informationen über die Gefahren der Flugzeugzellen- und Triebwerkvereisung. Der Absturz deckte auch Unzulänglichkeiten der Rettungsdienste an Washingtons National Flughafen auf und führte zur Anschaffung von zwei Rettungsbooten. Eines davon besaß eine bedingte Fähigkeit zum Brechen von Eis. Außerdem wurden die Start- und Landebahn Sicherheits oder Durchrutschflächen verlängert, was sich bei einem Startabruch günstig auswirken konnte.

Datum: 23. Januar 1982 (Uhrzeit unbekannt)
Ort: In der Nähe von Krasnojarsk, Russische Sozialistische Föderative Sowjetrepublik, UDSSR
Unternehmen: Aeroflot, UDSSR
Flugzeugmuster: Tupolew Tu-154

Die Düsenpassagiermaschine stürzte bei ihrem Start von dem Flughafen der Stadt ab. 110 Insassen fanden den Tod. Es kann möglicherweise Überlebende gegeben haben.

Das Sowjetische Ministerium für die Zivilluftfahrt gab fast ein Jahrzehnt später den Absturz einer Tu-154 bekannt, der sich einige Jahre zuvor ereignet hatte. Vermutlich hat es sich dabei um diesen Unfall gehandelt. Als Absturzursache wurde ein Ermüdungsbruch des Turbinenlaufrades in der ersten Stufe des Niederdruckverdichters eines der Triebwerke genannt.

Datum: 26. April 1982, circa 16:45 Uhr
Ort: In der Nähe von Yangshuo, Guangxi, China
Unternehmen: Civil Aviation Administration of China (CAAC)
Flugzeugmuster: Hawker Siddeley Trident 2E (B-266)

Flug 3303 befand sich auf einem Inlandflug von Kanton, Kuangtung, nach Kweilin. Die Düsenpassagiermaschine prallte beim Anflug auf den Flughafen circa 50 Kilometer südöstlich des Zielortes gegen einen Berg. Alle 112 Insassen (104 Passagiere und acht Besatzungsmitglieder) fanden den Tod.

Der Absturz ereignete sich Berichten zufolge bei leichtem Regen und hatte offenbar betriebliche Ursachen.

Datum: 8. Juni 1982, =2:25 Uhr
Ort: In der Nähe von Pacatuba, Ceara, Brasilien
Unternehmen: Viacao Aerea Sao Paulo SA (VASP), Brasilien
Flugzeugmuster: Boeing Advanced 727–212 (PP-SRK)

Flug 168 traf am Ende des Inlandfluges von Sao Paulo über Rio de Janeiro Vorbereitungen zur Landung auf dem Pinto Martins Flughafen von Fortaleza. Die Düsenpassagiermaschine stürzte dabei 25 Kilometer südwestlich ihres Bestimmungsortes ab. Alle 137 Insassen (128 Passagiere und neun Besatzungsmitglieder) kamen ums Leben.

Die 727 hatte beim Verlassen von Flugfläche 330 (10.058 Meter) nur eine Freigabe zum Sinkflug bis auf 1524 Meter Höhe erhalten. Trotzdem sank sie weit unter diese Höhe und krachte schließlich in circa 600 Meter Höhe über dem Meeresspiegel gegen einen Hügel in der Serra Aratanha. Der Unfall ereignete sich in der morgendlichen Dunkelheit. Die Wetterbedingungen in dem Gebiet waren gut. Es gab keine Hinweise auf eine starke Wolkenbildung oder Einschränkungen bei der Flugsicht.

Nach den Aufzeichnungen auf dem Tonband des Gesprächaufnahmegerätes in der Pilotenkabine hatte das Bodennähe-Warngerät vor dem Aufschlag zweimal Alarm gegeben. Der Erste Offizier hatte den Flugkapitän beim Passieren von 1150 Meter Höhe vor dem vorausliegenden Gelände gewarnt, ohne daß dieser den Sinkflug abbrach. Eine Analyse der Meßdaten des Flugschreibers ergab, daß die Besatzung neben der Nichteinhaltung der zugewiesenen Mindesthöhe auch die vorgeschriebene Höchstgeschwindigkeit von 465 km/Std unter 3350 Meter Flughöhe überschritten hatte.

Der Unfall wurde der ungenügenden Vorausplanung des Sinkfluges, der Nichteinhaltung der Luftverkehrsbestimmungen, der Nichtbeachtung der Betriebsanweisungen der Fluglinie und der mangelnden Disziplin in der Pilotenkanzel zugeschrieben. Dazu beigetragen hat, daß der verantwortliche Flugzeugführer offenbar seine ganze Aufmerksamkeit der beleuchteten Stadt gewidmet und andere Flugaspekte wie die Kontrolle der Höhe und Entfernung völlig ignoriert hatte.

Unter dem Kapitel Empfehlung wurde in dem Untersuchungsbericht festgestellt, daß Entscheidungen im Flug auf dem Zusammenspiel der Besatzung beruhen. Der Flugkapitän ist zwar letztlich für den sicheren Betrieb eines Flugzeuges verantwortlich, er sollte aber Hinweise eines Untergebenen nicht einfach beiseite schieben. Die Kommission betonte ausdrücklich, daß der nicht fliegende Pilot ein Recht und die Verpflichtung zum Eingreifen hat, wenn die Sicherheit des Fluges gefährdet ist. Sie empfahl der Brasilianischen Fluglinie, ein besseres System zur Überprüfung der Leistungen ihrer Flugbesatzungen zu entwickeln.

Datum: 6. Juli 1982, circa 00:10 Uhr
Ort: In der Nähe von Moskau, Russische Sozialistische Föderative Sowjetrepublik, UDSSR
Unternehmen: Aeroflot, UDSSR
Flugzeugmuster: Iljuschin IL-62M (CCCP-86513)

Flug 411 war nachts von Moskaus Scheremetowo Flughafen gestartet. Die Düsenpassagiermaschine stürzte kurz nach dem Abheben ab. Alle 90 Insassen (82 Passagiere und acht Besatzungsmitglieder) fanden den Tod.

Die IL-62 war Berichten zufolge nach Afrika unterwegs, und sollte nach einem Zwischenaufenthalt in Dakar, Senegal, nach Freetown, Sierra Leone, weiterfliegen. Sie stürzte circa neun Kilometer westlich des Moskauer Flughafens auf Ackerland. Nach inoffiziellen Meldungen soll der Unfall durch den Ausfall eines oder mehrerer der vier Triebwerke des Flugzeuges verursacht worden sein.

Datum: 9. Juli 1982, 16:09 Uhr
Ort: Kenner, Louisiana, USA
Unternehmen: Pan American World Airways, USA
Flugzeugmuster: Boeing 727–235 (N4737)

Eine Aeroflot Iljuschin IL-62M. Ein Flugzeug dieses Musters stürzte nach dem Start von dem Scheremetowo Flughafen ab. (Aeroflot)

Scherwinde verursachten in den Jahren 1975 bis 1985 drei schwere Flugzeugunfälle US-amerikanischer Fluggesellschaften. In den zweiten war Flug 759 verwickelt, einem transkontinentalen Inlandflug von Miami, Florida, nach San Diego, Kalifornien. Er startete von New Orleans Startbahn 10 nach Las Vegas, Nevada, dem nächsten vorgesehen Zwischenlandeplatz. Die Düsenpassagiermaschine stürzte knapp 30 Sekunden nach dem Abheben circa eineinhalb Kilometer hinter dem Startbahnende ab, explodierte und verwüstete eine angrenzende Wohnsiedlung. Das Unglück kostete insgesamt 153 Tote. Darunter befanden sich alle 145 Flugzeuginsassen (137 Passagiere, einer davon auf dem Klappsitz in der Pilotenkabine, und acht Besatzungsmitglieder) und acht Menschen am Boden. 16 weitere Personen erlitten Verletzungen. Rund ein Dutzend Häuser waren anschließend zerstört oder schwer beschädigt.

Über das Gebiet fegte zur Unfallzeit ein Gewittersturm. Es regnete stark und der Wind kam mit einer Geschwindigkeit von circa 30 km/Std aus nordöstlicher Richtung. Die Untergrenze der gebrochenen Wolkendecke lag bei 1200 Meter und die Sicht betrug rund drei Kilometer. Die Wetterverhältnisse waren oberflächlich betrachtet nicht gefährlich, enthielten aber ein heimtückisches Element, das vermutlich für die Tragödie verantwortlich war.

Die US-amerikanische Transport-Sicherheitsbehörde NTSB hielt in ihrem Untersuchungsbericht fest, daß die N4737 nach dem Abheben von der Startbahn offenbar auf eine »Mikro-Detonation« gestoßen war. Dieses Scherwind-Phänomen ist im Prinzip eine fast vertikal nach unten gerichtete Windböe, die beim Auftreffen auf den Boden in alle Himmelsrichtungen auseinander strömt.

Das Flugzeug war beim Abheben von der Startbahn einem Gegenwind ausgesetzt. Im Zentrum der »Mikro-Detonation« erreichte es einen Abwind und sofort danach einen zunehmenden Rückenwind. Die auseinander laufenden Winde verursachten in rascher Folge zuerst eine Zunahme und dann eine Abnahme der angezeigten Eigengeschwindigkeit, des Auftriebes, des Luftwiderstandes und des Anstellwinkels. Nach dem Erreichen einer Höhe von ungefähr 30 bis 50 Meter über Grund begann die 727 wieder zu sinken. Sie streifte rund 730 Meter hinter dem Startbahnende zuerst drei große Bäume und schlug anschließend gegen eine weitere Baumgruppe. Dabei rissen Teile der voll ausgefahrenen vorderen und der auf 15 Grad gesetzten hinteren Landeklappen ab. Die Linienmaschine drehte dann mit noch ausgefahrenem Fahrwerk nach Norden, rollte in eine Querlage über 90 Grad und schlug schließlich auf dem Boden auf.

Das Flugzeug flog mitten durch den heftigen Regen. Die Besatzung mußte daher ausschließlich Bezug auf ihre Instrumente nehmen. Dabei reichte die den Piloten zur Verfügung stehende Reaktionszeit nicht aus, die Lage alleine nach den einschlägigen Instrumenten zu erkennen und zu korrigieren und so den Absturz zu vermeiden. Neben dem Niederschlag und der mit dem Sturm einhergehenden Turbulenz gab es noch weitere Umstände, die es der Besatzung erschwerten, die Scherwinde zu erkennen. Die notwendige Kraftaufwendung zum Bedienen der Steuersäule und der Anstellwinkel des Flugzeuges waren ungewöhnlich hoch. Man stellte fest, daß der die 727 fliegende Copilot tatsächlich noch Steuerkorrekturen ausgeführt hatte. Als das Flugzeug die ersten Bäume streifte, war es ihm gerade gelungen, den Sinkflug zu beenden. Die Auswertung des Tonbandes des Gesprächaufnahmegerätes ergab, daß der auf Sicherheit bedachte Flugkapitän auf die möglichen Scherwinde vorbereitet war. Er hatte seinen Ersten Offizier vor dem Abflug angewiesen: »Lassen Sie Ihre Eigengeschwindigkeit beim Start steigen«.

Bei dem Unfall hat sich ausgewirkt, daß die damals benutzten Verfahren zur Erfassung der Scherwinde nicht ausgereicht haben, um Fluglotsen und Piloten eine sichere Anleitung zur Vermeidung dieses potentiellen Risikos zur Verfügung stellen zu können. Die zu dieser Zeit auch in New Orleans eingesetzten Meßgeräte entsprachen zwar dem Stand der Technik, hatten aber einige Beschränkungen. So konnten ihre Meßfühler oder Luftströmungsmesser keinen Wind direkt über sich und jenseits ihres Umfanges erfassen. Sie waren außerdem nicht in der Lage, Fall- von Aufwinden zu unterscheiden, und bei einem gleichzeitigen Auftreffen einer Windböe auf einen Außen- und Innenfühler wurde kein Scherwind-Alarm ausgelöst. Die aber wahrscheinlich wichtigste Einschränkung war, daß eine zwischen den Fühlern durchgehende »Mikro-Detonation« überhaupt nicht erfaßt wurde. Bei der Anlage in New Orleans wird die angezeigte Windgeschwindigkeit zudem niedriger als die tatsächliche gewesen sein, da die Meßgeräte in der Nähe von Bäumen standen, die den Luftstrom verlangsamen konnten.

Die Anlage erfaßte aber trotz dieser Unzulänglichkeiten vor dem Absturz das Auftreten von Scherwinden. Das veranlaßte den Fluglotsen fünf Minuten vor dem Start von Flug 759, eine Scherwind-Warnung für alle vier Quadranten herauszugeben. Trotz der für solch ein flüchtiges Ereignis verhältnismäßig langen dazwischen liegenden Zeitspanne äußerte die NTSB ihre Zufriedenheit darüber, daß die Pan American Besatzung ausreichend mit Wetterinformationen versorgt worden war. Sie entschied weiter, daß die Entscheidung des Flugkapitäns, unter den gegebenen Wetterverhältnissen zu starten, vertretbar war. In der unmittelbaren Umgebung wurden weder Blitze noch Donner beobachtet. Nach dem Losrollen fiel zunächst nur leichter Regen auf das Flugzeug, der dann aber immer stärker wurde. Die sich als unheilbringend erweisende »Mikro-Detonation« wurde erst während des Starts der N4737 entdeckt.

Die NTSB war sich nicht schlüssig über die Auswirkung des starken Niederschlages auf das Flugzeug. Sie befürchtete aber, daß sich eine Wasserschicht auf den Tragflächen gebildet haben könnte, die zu Unebenheiten auf ihren Oberflächen geführt hatten. Das bedeutete eine Abnahme des aerodynamischen Wir-

Bei diesem Absturz in der Nähe von New Orleans wurden Häuser in Schutt verwandelt. Es gab 153 Tote. (UPI / Bettmann)

kungsgrades. Der Regen hat vermutlich auch die Leistung des Flugzeug-Wetterradars eingeschränkt, das die Besatzung während des Startlaufes benutzte, um die aktuellen Bedingungen auf ihrem vorgesehenen Flugweg erkennen zu können. Das hat offenbar auch das Entdecken der im Osten gelegenen Sturmzellen verhindert. Aus einer davon ist die »Mikro-Detonation« ausgetreten.

In die 727 war noch ein veraltetes Flugschreiber-Modell eingebaut. Das behinderte die Spezialisten der Untersuchungskommission bei der Suche nach den genauen Auswirkungen der »Mikro-Detonation«. Die NTSB regte daher an, alle US-amerikanischen Verkehrsmaschinen mit einem digitalen Flugschreiber auszurüsten, der zusätzliche Meßwerte wie Inklinations- und Querlagewinkel, Stellung der Höhenrudertrimmung und Leistungen der Triebwerke aufzeichnen kann. Sie schlug außerdem dem US-amerikanischen Bundesamt für Luftfahrt FAA mehrere Verbesserungen in der Unterrichtung der Piloten über Scherwinde vor und betonte die Notwendigkeit, diese Informationen laufend auf den neuesten Stand der Entwicklung zu bringen.

Datum: 13. September 1982, circa 12:00 Uhr
Ort: In der Nähe von Malaga, Spanien
Unternehmen: Spantax SA Transportes Aereos
Flugzeugmuster: McDonnell Douglas DC-10 Serie 30CF (EC-DEG)

D ie Großraum Düsenpassagiermaschine startete vom Flughafen Malaga zu der zweiten Teilstrecke ihres Charterfluges von Madrid nach New York City. Die Besatzung bemerkte kurz vor dem Erreichen der Abhebgeschwindigkeit eine starke Vibration und brach den Start ab. Sie konnte die DC-10 aber nicht mehr zum Stehen bringen. Diese schoß mit einer Geschwindigkeit von über 160 km / Std über das Startbahnende hinaus.

Das Flugzeug krachte zuerst gegen den Betonbau der Instrumentenlandesystem Anlage (ILS). Dabei verlor es das rechte Triebwerk. Danach überquerte es eine Überlandstraße und stieß gegen mehrere Fahrzeuge. Die Maschine kam schließlich an einem Bahndamm zum Stillstand und ging in Flammen auf. 51 der 393 Flugzeuginsassen starben. Darunter befanden sich auch drei der insgesamt 13 Besatzungsmitglieder. Circa 100 Überlebende und zwei Personen am Boden erlitten bei dem Unfall Verletzungen. Ein Gebäude, vier Personenwagen und ein Laster wurden zerstört.

Die starke Vibration, deren Ursache der Pilot nicht erkannt hatte, wurde auf das Loslösen von Teilen der Decke des runderneuerten Reifens am rechten Laufrad des Bugfahrwerkes der DC-10 zurückgeführt. Der Pilot hatte das Flugzeug für unkontrollierbar gehalten und aus diesem Grund den Start noch nach dem Erreichen der Aufrichtgeschwindigkeit abgebrochen. Diese Entscheidung stand nicht im Einklang mit den normalen Betriebsverfahren,

Der ausgebrannte Rumpf der spanischen DC-10, die bei einem Startabbruch auf dem Flughafen von Malaga verunglückte. (Delgado Zavalla, Gamma Liaison)

wurde aber dennoch für vertretbar gehalten. Der Besatzung stand nur eine sehr kurze Zeitspanne für ihre Entscheidung zur Verfügung, und über Reifenschäden war sie nicht unterrichtet. Außerdem gab es für außergewöhnliche Ereignisse nur Notverfahren für Triebwerksprobleme.

Die Runderneuerung des Reifens war fehlerhaft durchgeführt worden. Es wurden Luftbläschen zwischen den Gummiauflagen entdeckt.

Datum: 11. Juli 1983, circa 07:40 Uhr
Ort: In der Nähe von Cuenca, Azway, Ekuador
Unternehmen: Transportes Aereos Militares Ecuatorianos (TAME), Ekuador
Flugzeugmuster: Boeing Advanced 737–2V2 (HC-BIG)

Alle 119 Insassen (111 Passagiere und acht Besatzungsmitglieder) fanden den Tod, als die Düsenpassagiermaschine aus Quito am Ende ihres Inlandfluges beim Landeversuch auf dem Flughafen Cuenca abstürzte.

Die 737 stieß mit offenbar ausgefahrenem Fahrwerk mit ihrem Rumpfheck gegen einen Bergrücken. Sie stürzte danach eineinhalb Kilometer vor der Landebahnschwelle auf das hügelige Gelände und ging explosionsartig in Flammen auf. Wrackteile wurden auf eine 500 Meter lange Fläche zerstreut. Der Unfall ereignete sich bei Nebel.

Wahrscheinlich hat menschliches Versagen den Absturz verursacht. Der Pilot soll nur bedingt geeignet gewesen sein.

Datum: 1. September 1983, circa 06:30 Uhr
Ort: Nordwestlich der Insel Hokkaido, Japan
Unternehmen: Korean Air Lines, Südkorea
Flugzeugmuster: Boeing 747–230B (HL7442)

Über die Hintergründe des Abschusses von Flug 007 durch Sowjetische Luftverteidigungskräfte sind viele Theorien verbreitet worden. Einige waren extrem. Sie reichten von der Behauptung, die USA habe den Flug zu einem provozierenden Einsatz veranlaßt, bis zu der Annahme, die UDSSR habe das Flugzeug über ihr Gebiet gelockt, um mit dessen Abschuss ihren langjährigen Erzrivalen als Supermacht zu brüskieren. Solche Hypothesen liegen am Rande der Logik und können aus politischer und technischer Überzeugung bestritten werden.

Die meisten vernünftigen Beobachter gehen davon aus, daß die Großraum Düsenpassagiermaschine vollkommen unabsichtlich in den Sowjetischen Luftraum eingedrungen war und dann irrtümlich als Spionageflugzeug angesehen und abgeschossen wurde. Zu diesem Ergebnis kam auch die Internationale Zivilluftfahrt-Organisation ICAO, die eine eigene Untersuchung der Tragödie durchgeführt hat.

Flug 007 hatte in New York City begonnen. Er war in Anchorage, Alaska, USA, zwischengelandet, um

Treibstoff zu tanken, und die Besatzung auszuwechseln. Anschließend sollte er nach Seoul, Südkorea, weiterfliegen. Während des Aufenthaltes auf dem Internationalen Flughafen von Anchorage mußten die drei voneinander unabhängigen Trägheits-Navigationssysteme (INS) der Maschine für den zweiten Streckenabschnitt neu programmiert werden. Das erforderte zuerst die Eingabe der genauen Position der 747 auf dem Flughafen-Vorfeld in die Anlagen. Anschließend konnte die korrekte Flugroute planmäßig vorbereitet werden. Hierzu wurden die Koordinaten bestimmter Positionen oder Zwischenstationen entlang des Flugweges eingegeben. Das konnten Navigationseinrichtungen oder gewisse geographische Punkte sein. Nach der Aufschaltung auf den Autopilot würde das INS das Flugzeug dann voll automatisch zu seinem vorausgeplanten Ziel steuern, und dabei sogar jede vorhandene Windkomponente ausgleichen.

Die Düsenpassagiermaschine startete nach einem 50 minütigen Aufenthalt zu dem zweiten Streckenabschnitt ihres transkontinentalen Linienfluges. Neben der dreiköpfigen Flugbesatzung beförderte sie sechs weitere dienstfreie Flugoffiziere der Gesellschaft und 20 Flugbegleiter, die für die Versorgung der 240 Passagiere zuständig waren. Unter diesen befand sich auch der amerikanische Kongressabgeordnete Lawrence McDonald. Alle Insassen sollten nur noch fünfeinhalb Stunden leben.

Die spätere Analyse der Radaraufzeichnungen ergab, daß die Maschine bereits zehn Minuten nach ihrem Abflug von Anchorage begann, nach rechts von ihrer Flugroute abzuweichen. Am Ende der Radarüberwachung befand sie sich rund zwölf Kilometer nördlich ihres geplanten Flugweges. Diese Abweichung wurde nicht als ungewöhnlich betrachtet. Das Anchorage Kontrollzentrum sah daher auch keine Veranlassung, die Besatzung darauf aufmerksam zu machen. Nach den Aufzeichnungen einer militärischen Radarstation befand sich der Flug beim Passieren der UKW-Drehfunkfeuer / Militärischen Flugfunk-Navigation Station (VORTAC) Bethel in Alaska fast 25 Kilometer zu weit nördlich. Die militärischen und zivilen Flugsicherungsstellen arbeiteten aber zu der damaligen Zeit nicht zusammen, und die Abweichung wurde daher nicht überprüft. Das führte zu einer immer größer werdenden seitlichen Verschiebung. Die 747 flog schließlich rund 250 Kilometer westlich ihrer geplanten Flugroute in den Sowjetischen Luftraum ein.

Die Sowjetischen Luftverteidigungskräfte erlebten dann einen gewaltigen Mißerfolg. Ihre nach einem Alarmstart aufgestiegenen Jagdflugzeuge konnten die Verkehrsmaschine beim Überfliegen der Südspitze der Halbinsel Kamtschatka nicht entdecken, auf der ein Raketenabschuß- und ein Unterseeboot-Stützpunkt lagen. Die Militärbehörden mußten hilflos zuschauen, wie das Radarziel von Flug 007 mit südwestlichem Kurs auf das Ochotskische Meer hinausflog.

Die HL7442 drang circa eine Stunde später erneut in den Sowjetischen Luftraum ein. Dieses Mal überquerte sie den Süden der Insel Sachalin, einem weiteren militärisch sensibelen Gebiet. Die Maschine flog zu diesem Zeitpunkt noch in der Dunkelheit, die von dem Halbmond teilweise erhellt wurde. Die Wettermeldungen waren gut. Der Himmel war zu 5/8 mit Schäfchenwolken in 10.000 Meter Höhe bedeckt.

Der Pilot einer Sowjetischen Luftwaffen-Jagdmaschine vom Typ Suchoi Su-15 teilte um 06:05 Uhr mit, daß er Sichtkontakt zu dem Eindringling erhalten hatte. (Der Funksprechverkehr zwischen ihm und der Bodenleitstelle wurde von US-amerikanischen Abhörstellen aufgezeichnet. Eine Niederschrift wurde auf einer Sondersitzung des UNO Sicherheitsrates freigegeben). In keinem der Funksprüche des Piloten an die Leitstelle gab es irgendeinen Hinweis dafür, daß er die 747 als Linienflugzeug identifiziert hatte. Er bezeichnete sie immer nur als »Ziel«. Die Besatzung der koreanischen 747 deutete auf der anderen Seite in ihrem Funkverkehr mit dem Japanischen Kontrollzentrum nie an, daß sie über die Verfolgung durch die Jäger unterrichtet war oder sie sogar gesehen hatte.

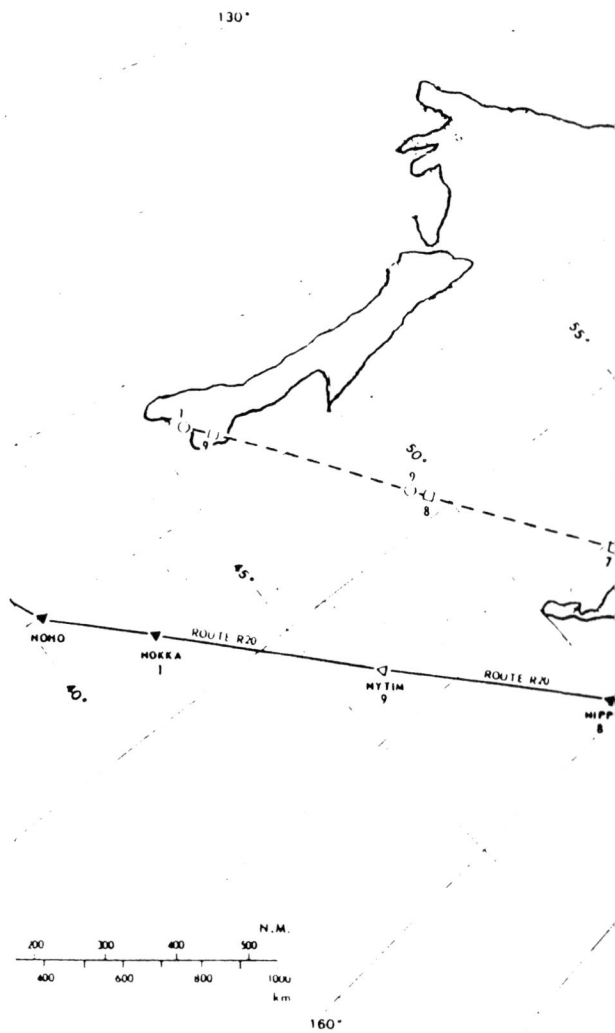

Der Su-15 Pilot hat während der 20 Minuten dauernden Verfolgung vermutlich die internationalen Freund-Feind Identifizierungsverfahren anzuwenden versucht und dann einen Warnschuß mit seiner Kanone abgegeben, um die Aufmerksamkeit der Besatzung der Passagiermaschine auf sich zu lenken. Beide Versuche blieben erfolglos.

Die HL7442 leitete in den letzten Augenblicken des Fluges einen Steigflug von 10.050 auf 10.670 Meter Höhe ein. Das war ein übliches Verfahren nach dem Verbrauch eines Großteiles des Treibstoffes, wurde aber offensichtlich als Ausweichmanöver angesehen. Im Steigflug nahm die Geschwindigkeit der 747 ab, und die Su-15 schoß an ihr vorbei. Der sowjetische Pilot brachte sich dann erneut in Angriffsposition und feuerte zwei Luft-Luft-Raketen ab. Minde-

stens eine davon traf die Düsenpassagiermaschine vermutlich in der Gegend der linken Tragfläche. In diesem Augenblick übermittelte der Jagdpilot über Funk die Nachricht, die bis heute unvergeßlich ist: »Das Ziel ist vernichtet«.

Zu diesem Zeitpunkt war das Verkehrsflugzeug aber nur beschädigt, wenn auch sicherlich schwer. Es konnte aber noch fliegen, und die meisten, wenn nicht alle Insassen lebten wahrscheinlich noch. Während des verzweifelten Sturzfluges konnte der Erste Offizier einen Notruf abgeben, der später wie folgt interpretiert wurde: »Korean Air null null sieben... alle Triebwerke... explosionsartiger Druckverlust. Sinken auf null eins Delta«.

Die 747 schlug vermutlich nach einer Explosion in der Luft auf dem Japanischen Meer auf. Die Absturz-

Eine Darstellung der korrekten Route und des tatsächlich von Flug 007 zurückgelegten Flugweges, der zum Abschuß führte. (Internationale Zivilluftfahrt-Organisation ICAO)

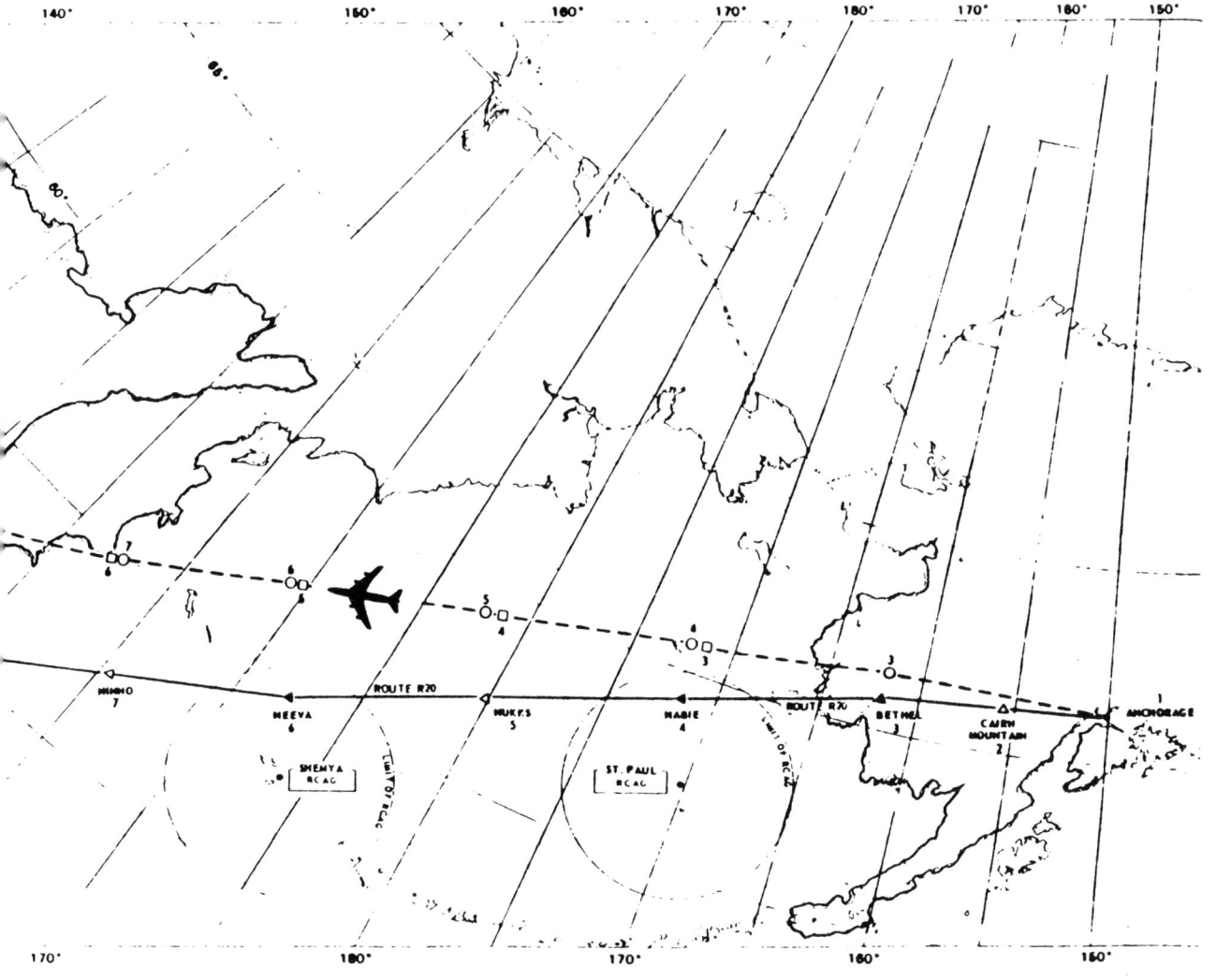

stelle lag wahrscheinlich rund 80 Kilometer südwestlich von Sachalin nahe der Insel Moneron im internationalen Gewässer. Alle 269 Flugzeuginsassen fanden den Tod. Später wurden einige Wrackteile, persönliche Gegenstände und die Überreste einiger Opfer geborgen.

Die Wrackstücke wurden bei Bergungsarbeiten von den Sowjets gefunden und später amerikanischen oder japanischen Behörden übergeben. Ansonsten verweigerten die Sowjets jede Hilfe bei der Such- und Rettungsaktion nach dem Absturz. Ausdrücklich getadelt wurden sie, weil sie den Besuch einer Untersuchungskommission strikt ablehnten. Zur Unfalluntersuchung standen weder der Flugschreiber noch das Gesprächsaufnahmegerät von der Pilotenkabine zur Verfügung. Die ICAO war daher gezwungen, ihre Nachforschungen auf die wenigen sicheren Beweise und Tatsachen, sowie auf Annahmen und Berechnungen zu stützen.

Ein absichtliches Abweichen von der Route aus Spionageabsichten, der Ausfall von Mechanik- oder Navigationssystemen, sowie eine Handlungsunfähigkeit der Besatzung wurden als zu unwahrscheinlich angesehen, um weitere Untersuchungen in dieser Richtung zu rechtfertigen. Ausgeschlossen wurde auch, daß der Flugkapitän bewußt eine Abkürzung gewählt hatte, um Treibstoff oder Zeit zu sparen. Es konnten nicht einmal Anzeichen dafür gefunden werden, daß die Besatzung die Abweichung überhaupt jemals bemerkt hatte. So blieben am Schluß nur noch zwei logische Erklärungen über, deren Flugsimulation ergab, daß sie ungefähr zu der Flugroute führen könnten, die Flug 007 wahrscheinlich genommen hatte.

Nach der ersten Theorie hatte die Besatzung den Autopilot versehentlich in der Betriebsart »rechtweisender Kurs« gelassen. Sie hatte nach dem Abflug von Anchorage wahrscheinlich einen rechtweisenden Kurs von 246 Grad in Richtung Bethel eingeschlagen. Anschließend hätte sie den Autopilot-Wahlschalter eine Stellung weiter entgegen dem Uhrzeigersinn drehen müssen, um das INS die weitere Streckennavigation übernehmen zu lassen. Der Jagdpilot hatte bezeichnenderweise vor dem Abschuß gemeldet, das Ziel fliege auf einem rechtweisenden Kurs von 240 Grad. Das verlieh dieser Hypothese einige Glaubwürdigkeit.

Bei der zweiten Annahme wurde unterstellt, daß während des Aufenthaltes des Flugzeuges in Anchorage eine falsche Flugvorfeld-Position in das INS-System eingegeben worden war, das für die Kontrolle des Autopilot zuständig war. Eine um 10 Grad unrichtige Eingabe (139 anstatt 149 Grad West) würde ebenfalls den tatsächlichen Flugweg der 747 erklärt haben.

In ihrem Untersuchungsbericht hielt die ICAO fest, daß jede dieser Möglichkeiten der Flugbesatzung einen beträchtlichen Mangel an Aufmerksamkeit und Wachsamkeit unterstellte, dessen Ausmaß aber in der Zivilluftfahrt nicht neu sei.

In der Betriebsstellung »rechtweisender Kurs« hätten am Instrumentenbrett im Flug Lichter aufleuchten müssen, die anzeigten, daß die INS-Anlage nicht auf den Autopilot aufgeschaltet war. Nach der Eingabe ei-

ner falschen Flugvorfeld-Position in eines der INS-Systeme hätte die Anlage diesen Fehler automatisch entdecken und durch Blinken anzeigen müssen. Diese Warnung konnte durch ein Drücken des Ausknopfes gelöscht werden. Die Anzeigen der falsch programmierten Anlage würden aber weiter eindeutig von denen der beiden anderen Systeme abweichen. Außerdem würden die tatsächlichen Überflugzeiten der Kontrollpunkte unterwegs nicht mit den vorherberechneten Zeiten übereinstimmen. Das hätte die Besatzung alarmieren müssen, daß irgendetwas nicht in Ordnung war. (Das Anchorage Kontrollzentrum konnte den Verlauf des Fluges nur anhand der Positionsmeldungen der Besatzung verfolgen. Es hatte tatsächlich Unterschiede zwischen den geschätzten und den wirklichen Überflugzeiten festgestellt, diesem Umstand aber keine Bedeutung beigemessen.)

Überdies gab es noch weitere Möglichkeiten, um den Standort des Flugzeuges bestimmen zu können. Da es sich aufgrund des falschen Kurses außerhalb der Reichweite der Navigationshilfen auf der Insel St Paul und bei Shemya befand, konnte die Besatzung diese Stationen nicht empfangen. Das hätte sie dazu veranlassen müssen, ihren eingeschlagenen Flugweg zu überprüfen. Das Wetterradar der HL7442 besaß ferner die Betriebsart »Bodenbilddarstellung«. Mit deren Hilfe hätten die Piloten die Umrisse der Halbinsel Kamtschatka und der Insel Sachalin einwandfrei auf dem Radarschirm erkennen können, was ein weiterer Anstoß zur Überprüfung des Flugweges gewesen wäre.

Die Staatliche Kommission für Flugsicherheit in der Zivilluftfahrt der UDSSR (GOSAVIANADZOR) wies die Entscheidungen der ICAO zurück. Ihre eigenen Ergebnisse standen weitgehend im Einklang mit den Verlautbarungen des Kreml in den Tagen und Wochen unmittelbar nach der Tragödie. Danach hatte sich die 747 auf einem Aufklärungseinsatz befunden. Sie kritisierte außerdem die amerikanischen und japanischen Flugsicherungs-Kontrolldienste, weil diese den Irrtum weder bemerkt noch die Maschine zurück auf den richtigen Flugweg geführt hatten (obwohl das voraussetzte, daß die Abweichung versehentlich geschehen war).

Es gab noch weitere Ungereimtheiten in dem sowjetischen Bericht. Am Auffälligsten waren die Behauptungen, der Jagdpilot hätte die festgesetzten Verfahren zur Warnung der Koreansichen Besatzung befolgt, und die Düsenpassagiermaschine wäre mit ausgeschalteten Navigationslichtern geflogen. Zu der ersten Behauptung konnte die ICAO keine Beweise dafür finden, daß der Jäger nahe neben oder kurz vor der Verkehrsmaschine geflogen war, wie es die normalen Abfangverfahren vorsehen. Die zweite Behauptung wurde durch einen aufgenommenen Funkspruch des sowjetischen Piloten widerlegt, der gemeldet hatte: »Das Licht blinkt«. Die ICAO kam in Ihrem Bericht zu dem Schluß, daß die Sowjets vor der Vernichtung der HL7442 keinen ernsthaften Versuch zu ihrer Identifizierung unternommen hatten.

Die Sowjets behaupteten weiter, die 747 wäre nur ein Element eines größeren Spionageeinsatzes gewesen, an dem auch eine Aufklärungs-Düsenmaschine der US-Luftwaffe vom Typ KC-135 teilgenommen hätte. Die beiden aufeinander zu fliegenden Flugzeuge wären sich an einem Punkt so nahe gekommen, daß sich ihre Radarziele auf dem Bildschirm vermengt hätten. Die USA bestätigten später die Anwesenheit einer KC-135 über dem Gebiet in der Nacht, in der Flug 007 abgeschossen worden war. Die Maschine wäre aber über eine Stunde vor dem Angriff auf die 747 wieder auf ihren Stützpunkt in Alaska zurückgekehrt.

Die Mitte der achtziger Jahre einsetzende Entspannung im Kalten Krieg zwischen den Blöcken brachte kaum zusätzliche Informationen, die zur Klärung des tatsächlichen Ablaufes der Tragödie der 747 hätten dienen können. Über sieben Jahre nach dem Unglück wurde bekannt, daß die Sowjets entgegen ihrer früheren Behauptungen tatsächlich die beiden Flugschreiber der Maschine geborgen hatten. Im Oktober 1992 gaben sie eine auszugsweise Niederschrift der Tonbandaufzeichnung des Gesprächsaufnahmegerätes in der Pilotenkabine frei, die jedoch wenig zur Erleuchtung der Hintergründe beitragen konnte.

Im Dezember 1984 nahm eine zivile Radarstelle auf der Insel St Paul ihren Betrieb auf. Sie konnte den gesamten zivilen Luftverkehr auf der Nordpazifikroute überwachen. Hätte sie schon 16 Monate früher bestanden, wäre die Tragödie von Flug 007 vielleicht zu vermeiden gewesen.

Datum: 23. September 1983, circa 15:30 Uhr
Ort: In der Nähe von Mina Jebel Ali, Vereinigte Arabische Emirate
Unternehmen: Gulf Air Ltd (Bahrain, Oman, Qatar), Vereinigte Arabische Emirate
Flugzeugmuster: Boeing Advanced 737–2P6 (A40-BK)

Flug 771 aus Karatschi, Pakistan, war nach Manama, Bahrain, unterwegs. Die Düsenpassagiermaschine sollte planmäßig auf dem Flughafen von Abu Dhabi zwischenlanden, stürzte aber bei den Vorbereitungen hierzu 50 Kilometer nordöstlich der Hauptstadt über der Wüste ab und brannte aus. Alle 111 Insassen (105 Passagiere und sechs Besatzungsmitglieder) fanden bei dem Unglück den Tod.

Einige Umstände wiesen auf eine Explosion in dem Frachtraum der Maschine vor dem Aufschlag hin, die zu strukturellen Beschädigungen und einem unkontrollierbaren Feuer führte. Die sich dabei bildenden giftigen Gase müssen schnell auf die Insassen eingewirkt haben. Es gab keinen Hinweis dafür, daß die Detonation einen elektrischen Ursprung hatte oder durch ausfließenden Treibstoff ausgelöst worden war. Das führte zu der Schlußfolgerung, daß die 737 einem Bombenanschlag zum Opfer gefallen war. Ein Flugscheininhaber hatte einige Gepäckstücke aufgegeben, ohne an Bord des Flugzeuges gegangen zu sein.

Datum: 8. November 1983, circa 15:20 Uhr
Ort: In der Nähe von Lubango, Hulia, Angola

Unternehmen: Linhas Aereas de Angola (TAAG Angola Airlines)
Flugzeugmuster: Boeing Advanced 737–2M2 (D2-TBN)

Die Düsenpassagiermaschine stürzte sofort nach dem Start zu einem planmäßigen Inlandsflug in die Hauptstadt Luanda ab. Alle 130 Insassen (126 Passagiere und vier Besatzungsmitglieder) wurden dabei getötet.

Nachdem das Flugzeug eine Höhe von circa 60 Meter über Grund erreicht hatte, fiel es in eine steile Linkskurve und knallte rund 800 Meter hinter dem Ende der Startbahn des Flughafens auf den Boden und explodierte beim Aufschlag.

Die Behörden Angolas führten den Unfall auf einen technischen Fehler zurück. Zur Unfallzeit bekämpften jedoch Guerillas die Regierung, die behaupteten, die 737 mit einer Boden-Luft-Rakete abgeschossen zu haben.

Datum: 27. November 1983, 01:06 Uhr
Ort: In der Nähe von Majorada del Campo, Madrid, Spanien
Unternehmen: Aerovias Nacionales de Colombia SA (AVIANCA)
Flugzeugmuster: Boeing 747–283B Combi (HK-2910)

Die Großraum Düsenpassagiermaschine hatte als Flug 11 die Freigabe zur Landung auf Madrids Barajas Flughafen erhalten. Es war die erste von zwei geplanten Zwischenlandungen auf dem Linienflug von Paris, Frankreich, nach Bogota, Kolumbien. Die 747 prallte während des Instrumentenlandesystem Anfluges (ILS) auf Landebahn 33 circa zwölf Kilometer südöstlich des Flughafens gegen einen Hügel. Dabei fanden 181 Insassen den Tod. Unter den Opfern befanden sich alle 19 diensttuenden und vier dienstfreie Besatzungsmitglieder. Elf Passagiere überlebten den Absturz schwer verletzt.

Zur Unfallzeit war es dunkel. Das kurz zuvor gemeldete Flughafenwetter umfaßte eine 3/8 Bedeckung des Himmels mit Stratus-Wolken in 300 Meter, eine 5/8 Bedeckung mit Stratocumulus-Wolken in 550 Meter Höhe und eine Sichtweite von neun Kilometer in Dunst. Der Wind war schwach.

Der Absturz wurde auf Fehler des verantwortlichen Flugzeugführers zurückgeführt. Dieser hatte offensichtlich die Orientierung verloren, als er den ILS Landekurs-Leitstrahl auf einem falschen Flugweg zu erreichen versuchte, ohne sich an die veröffentlichten Instrumenten Anflugverfahren zu halten. Dabei sank er bis zum Aufschlag weit unter die Mindestsicherheitshöhe.

Die Besatzung befolgte vom Kontrollpunkt Barahona bis zum Einleiten einer Rechtskurve nicht die vorgeschriebenen Verfahren. Das führte zu einem Navigationsfehler. Der Copilot hatte etwa zur gleichen Zeit Schwierigkeiten, die Koordinaten des UKW-Drehfunkfeuers (VOR) Madrid in das Träg-

Das über das Gelände verstreute Wrack der AVIANCA Boeing 747 nach dem Absturz in der Nähe von Madrid. (UPI / Bettmann)

heits-Navigationssystem (INS) des Flugzeuges einzugeben.

Die Besatzung flog in Wirklichkeit schon über eine Minute vor dem Erreichen des geschützten Luftraumes unterhalb der Sicherheitshöhe. Außerdem fuhr der Flugkapitän das Fahrwerk außerhalb der vorgesehenen Reihenfolge aus, das heißt, bevor er die Landeklappen auf 20 Grad gesetzt hatte (die 747 befand sich beim Aufschlag in dieser Konfiguration). Offenbar hatte er so versucht, die Geschwindigkeit herabzusetzen.

Der Flugkapitän leitete dann vor dem Erreichen des VOR, dem vorgeschriebenen Standort für den Beginn dieses Verfahrens, die Kurve ein. Wahrscheinlich besaß er zu diesem Zeitpunkt auf dem Entfernungsmeßgerät (DME) keine Entfernungsanzeige zur Station. Auch könnte ein zusätzlicher Fehler im INS bei ihm den Eindruck erweckt haben, näher an der Station zu sein, als das tatsächlich der Fall war. Nach dem Ausrollen aus der Kurve flog die Besatzung weiter, ohne die Entfernung zum VOR zu überprüfen, und ohne ein Signal des ILS zu empfangen. Offenbar verließ sie sich ganz auf die Radiokompaßanzeigen (ADF).

Zuvor hatte der Flugkapitän die falsche Übermittlung einer Überflughöhe der ersten Funkbake durch seinen Copiloten kritiklos hingenommen. Dieser hatte zwei Zahlen vertauscht und 2382 anstatt 3282 Fuß (726 anstatt 1000 Meter) Höhe angesagt.

Der Copilot machte 37 Sekunden vor dem Aufschlag noch eine Bemerkung, die erkennen ließ, daß die Besatzung eine völlig falsche Vorstellung über die Entfernung bis zur Funkbake besaß. Das Tonband des Gesprächsaufnahmegerätes enthüllte auch die mangelhafte Zusammenarbeit in der Pilotenkanzel und die Tatsache, daß beide Piloten auf die Auslösung des Bodennähe-Warnalarms nicht mit entsprechenden Maßnahmen reagierten. Der Höhenalarm ertönte erstmals 23 Sekunden vor dem Aufprall. Der Flugkapitän unternahm darauf zunächst nichts. An-

schließend schaltete er den Autopilot aus, auf den das ILS aufgeschaltet war, und verringerte die Sinkrate des Flugzeuges geringfügig. Unmittelbar vor dem Aufschlag hörte man den Ersten Offizier mit ruhiger Stimme sagen: »Sagen Sie Kapitän, was macht der Boden?«. Er wollte damit offensichtlich seinen Flugkapitän auffordern, unverzüglich zu handeln.

Die von den Piloten und Fluglotsen benutzten Redewendungen und Verfahren standen nicht im Einklang mit den Empfehlungen der Internationalen Zivilluftfahrt-Organisation ICAO. Bei der Übergabe des Fluges durch den Fluglotsen des Kontrollzentrums an seinen Kollegen der Anflugkontrolle stimmten Zeitpunkt und Position nicht mit der vorher getroffenen Absprache überein. Der Fluglotse der Anflugkontrolle gab seinerseits den Flug an den Kontrollturm weiter, ohne diesen und die Piloten über den genauen Standort der Maschine zu dieser Zeit zu unterrichen. Dabei hatte er von der Besatzung noch keine Bestätigung erhalten, daß sie den Leitstrahl einer Anflughilfe erfaßt oder irgenwelche Hinweise über ihren Standort nach Bodensicht erhalten hatte.

Noch bedeutungsvoller war jedoch die unvollständige Unterrichtung der Piloten durch den Fluglotsen der Anflugkontrolle. Er stellte ohne eine Angabe der Entfernung fest, das Flugzeug nähere sich dem VOR. Das oder eine mögliche kurzfristige Bodensicht könnte die Piloten in ihrem Glauben hinsichtlich ihres Standortes bestärkt haben.

Eine weitere Rolle bei dem Unfall spielte, daß der Fluglotse der Anflugkontrolle den Flug nicht über die Beendigung der Radarüberwachung informierte. Er achtete entweder nicht sorgfältig genug auf seinen Bildschirm, oder das Radarziel der HK-2910 war zu undeutlich für ihn, um das Abweichen des Flugzeuges von Kurs und Höhe zu bemerken. Dadurch blieb eine Unterrichtung der Besatzung über ihren Navigationsfehler aus.

Der Aufschlag erfolgte in ungefähr 685 Meter Höhe über dem Meeresspiegel. Die Düsenpassagiermaschine hielt zu dieser Zeit einen rechtweisenden Kurs von 284 Grad. Ihre Nase zeigte leicht nach oben, und ihre angezeigte Eigengeschwindigkeit betrug rund 260 km/Std. Es gab in Wirklichkeit drei Aufschläge hintereinander. Bei dem dritten brach die 747 auseinander und ging in Flammen auf. Der Rumpf zerfiel in fünf Teile und kam in Rückenlage zum Stillstand.

Die Spanische Untersuchungskommission unterstrich in ihrem Untersuchungsbericht die Notwendigkeit einer einheitlichen Ausdrucksweise im Funksprechverkehr zwischen Piloten und Fluglotsen, einer strikten Befolgung der vorgeschriebenen Verfahren, der richtigen Anwendung der Navigationshilfen in den Nahverkehrsbereichen, und der völligen Vertrautheit der Flugbesatzungen im Umgang mit dem Bodennähe-Warngeräten.

Datum: 7. Dezember 1983, circa 09:40 Uhr
Ort: In der Nähe von Madrid, Spanien
Erstes Flugzeug
Unternehmen: Aviacion y Comercio SA (AVIACO), Spanien
Flugzeugmuster: McDonnell Douglas DC-9 Serie 32 (EC-CGS)
Zweites Flugzeug
Unternehmen: Lineas Aereas de Espana SA (Iberia), Spanien
Flugzeugmuster: Boeing Advanced 727–256 (EC-CFJ)

Die beiden Düsenpassagiermaschinen stießen bei dichtem Nebel auf dem Flughafen Barajas zusammen. Dabei wurden insgesamt 93 Personen getötet, alle 37 Passagiere und fünf Besatzungsmitglieder

der DC-9 und 51 der 93 Insassen der 727, darunter eines ihrer neun Besatzungsmitglieder. Bis auf zwölf erlitten alle Überlebenden Verletzungen.

Flug 134 bereitete sich auf den Start zum Inlandsflug nach Santander in Cantabria vor. Dabei rollte die EC-CGS versehentlich auf die Starbahn 01 und kreuzte den Weg der EC-CJF in einem stumpfen Winkel von links nach rechts. Diese startete gerade als Flug 350 nach Rom, Italien, und hatte bereits die Startkontroll-Geschwindigkeit erreicht. Ihr Flugkapitän leitete noch ein Ausweichmanöver ein, um den Zusammenstoß zu vermeiden. Ein vergeblicher Versuch. An beiden Flugzeugen brach nach dem Zusammenstoß Feuer aus. Die 727 hatte fast die gesamte linke Tragfläche und ihr linkes Hauptfahrwerk verloren. Sie rutschte auf der Betonbahn entlang und kam schließlich in entgegengesetzter Richtung zum Abflugkurs zum Stillstand.

Die Sichtweite wurde zur Unfallzeit offiziell mit 300 Meter angegeben. Sie lag aber am Ort des Zusammenstoßes wahrscheinlich weit darunter. Das hatte der AVIACO Besatzung zu wenige sichtbare Bezugspunkte gelassen, um erkennen zu kennen, daß sie einen falschen Weg zum Anfang der Startbahn 01 eingeschlagen hatte. Die Wetterwerte lagen jedoch noch über den Mindestbedingungen für den Start.

Piloten hatten schon früher ihre Bedenken aufgrund der schlechten Führung am Boden, sowie des Fehlens von Abstandslichtern und aufgemalten Haltezeichen an den Kreuzungen zwischen Start- und Rollbahnen gegen den Flughafen Barajas geäußert. Pläne zum Abstellen dieser Bedenken waren auch vorhanden. Sie konnten tragischerweise aber erst ein Jahr nach der AVIACO/Iberia Katastrophe finanziert werden.

Die verkohlten Reste der Iberia Boeing 727 nach dem Zusammenstoß mit der AVIACO DC-9 auf dem Madrider Flughafen. (Cover, Gamma Liaison)

Eine Aeroflot Tu-154. Dieses Flugzeugmuster war in den Zusammenstoß mit einem Tankwagen auf dem Flughafen Omsk verwickelt. (Aircraft Photographic)

Datum: 19. Oktober 1984 (Uhrzeit unbekannt)
Ort: In der Nähe von Omsk, Russische Sozialistische Föderative Sowjetrepublik, UDSSR
Unternehmen: Aeroflot, UDSSR
Flugzeugmuster: Tupolew Tu-154

Ungefähr 150 Menschen wurden wahrscheinlich getötet, als der offenbar planmäßige Inlandsflug bei der Landung auf dem Flughafen Omsk verunglückte. Es gab keine Überlebenden.

Die Tu-154 war Berichten zufolge mit einem auf der Landebahn abgestellten Tankwagen zusammengestoßen und hatte Feuer gefangen.

Datum: 21. Januar 1985, 01:40 Uhr
Ort: Reno, Nevada, USA
Unternehmen: Galaxy Airlines, USA
Flugzeugmuster: Lockheed 188A Electra (N5532)

Die viermotorige Turboprop hatte von Startbahn 16 rechts des Internationalen Flughafen Reno-Cannon zu einem Inlands-Charterflug nach Minneapolis in Minnesota abgehoben. Knapp 30 Sekunden später bat der Erste Offizier den Kontrollturm über Funk um die Freigabe zur Landung und meldete »starke Vibrationen«. Der Fluglotse erteilte die Erlaubnis. Das Flugzeug rollte darauf in eine Linkskurve und stieg auf eine geschätzte Höhe von 60 bis 75 Meter über Grund.

Die Electra stürzte dann mit eingezogenem Fahrwerk circa eineinhalb Kilometer hinter dem Startbahnende und 800 Meter rechts von der verlängerten Mittellinie ab und ging beim Aufschlag in Flammen auf. Von den 71 Insassen überlebte nur ein Passagier das Unglück. Unter den Toten befand sich auch die fünfköpfige Besatzung. Sieben der Erholung dienende Fahrzeuge, die auf dem Parkplatz eines Bootsverleihs abgestellt waren, wurden zerstört. Der Absturz geschah in der Nacht bei klarem Himmel.

Die Begleiterscheinungen des Fluges könnten treffend mit »überhastet« bezeichnet werden. Die Besatzung arbeitete unter einem dicht gedrängten Zeitplan. Sie sollte bereits knapp 90 Minuten nach ihrer Ankunft in Minneapolis wieder nach Seattle im Staate Washington starten. Obwohl dem Flugkapitän eine Änderung des Flugplanes mitgeteilt worden war, müssen sich er und seine beiden Kollegen in der Pilotenkabine so unter Zeitdruck gefühlt haben, daß sie die korrekten Betriebsverfahren außer acht ließen. Der Bordingenieur hatte das Verladepersonal angewiesen, das gesamte Passagiergepäck in den hinteren Frachtraum des Verkehrsflugzeuges zu verstauen, da das vordere Abteil mit den Koffern und Küchenvorräten der Besatzung belegt wäre. Die Aussagen der Überlebenden zeigten außerdem, daß den Passagieren die Sitzplätze in der Kabine nicht vorschriftsmäßig zugeteilt worden waren. Die Plätze vor der Reihe 18 waren nicht zuerst gefüllt worden. Als Folge dieser beiden Maßnahmen wird der Flugzeugschwerpunkt wahrscheinlich weit über die zulässige Grenze hinaus nach hinten gelegen haben. Wenn das auch offenbar keinen Einfluß auf das Unfallgeschehen hatte, offenbarte es doch einen Mangel an ausreichender Planung auf der Seite der Besatzung.

Die Auswertung des Tonbandes des Gesprächsaufnahmegerätes in der Pilotenkabine enthüllte auch die unrichtige Durchführung der »Vor dem Start«-Verfahren der Kontrolliste. Einige Punkte waren abgeändert, andere ganz ausgelassen worden.

Nach Erhalt der Freigabe durch die Bodenkontrollstelle begann die Electra zu rollen. Zu diesem Zeitpunkt war der Luftanlaß-Schlauch noch an die Anschlußvorrichtung des Antriebaggregates drei an der Innenseite der rechten Tragflächenvorderkante angeschlossen. Der Schlauch diente zum Einpumpen von Luft unter genügend hohem Druck in das Triebwerk, um die Turbinenschaufeln zum Drehen zu bringen. Das erleichterte das Anlassen der Triebwerke. Beim Losrollen des Flugzeuges spannte sich der Schlauch dann. Das hinderte die Mechanikerin am Boden daran, ihn zu entkuppeln. Ihr Vorgesetzter gab darauf der Besatzung Handzeichen, das Flugzeug anzuhalten, und löste die Verbindung für sie. Beide konnten sich aber nicht mehr erinnern, ob sie die Zugangsklappe zu der Anschlußvorrichtung anschließend verriegelt hatten.

Aufgrund der auf dem Tonband des Gesprächaufnahmegerätes wahrnehmbaren Geräusche, sowie der Aufschlagbeschädigung des offenen Klappen-Schnappschlosses und der Berichte anderer Piloten über früher mit geöffneten Luftanlaß-Zugangsklappen gemachten Erfahrungen kam die US-amerikanische Transport-Sicherheitsbehörde NTSB zu dem Ergebnis, daß dies in der Tat die Vibrationsquelle gewesen war. Und obwohl die Vibration die N5532 aerodynamisch nicht beeinflußt haben dürfte, führte sie doch zu einer Störung im Zusammenspiel der Besatzung. Der Flugkapitän versuchte vergeblich, die Ursache für das Geräusch zu finden, und gleichzeitig das Flugzeug zu fliegen. Er vermutete offenbar Triebwerkprobleme und ließ deshalb die Gashebel zurücknehmen. Vernünftiger wäre es gewesen, zuerst auf eine sichere Höhe zu steigen und dort die Motoren einzeln zu überprüfen. Durch die beträchtliche Rücknahme der Antriebskraft sank die Eigengeschwindigkeit des Flugzeuges bis zum Erreichen des überzogenen Flugzustandes.

Die NTSB urteilte weiter, daß sich der Erste Offizier nach dem Fehler des verantwortlichen Piloten um seine Hauptverantwortung herumgedrückt hatte. Statt zuerst die Höhe und Geschwindigkeit des Flugzeuges genau zu kontrollieren, befolgte er unverzüglich die Anweisungen des Flugkapitäns und des Fluglotsen des Kontrollturms. Der Flugkapitän war weitaus älter und erfahrener als er. Das könnte einen gewissen Einschüchterung-Effekt gehabt haben. Sein letzter Ausruf von »185 km/Std« kam zu spät, um den Absturz auch mit Vollgas noch vermeiden zu können. Die NTSB war der Ansicht, daß die Vibration das mit dem Einsetzen des überzogenen Flugzustandes verbundene Schütteln der Maschine überdeckt und vermutlich die Einleitung der Korrekturmaßnahmen verzögert haben könnte. Das Versäumnis des Bodenpersonals, die Verriegelung der Luftanlaß-Zugangsklappe zu überprüfen, wurde als beitragende Unfallursache bewertet.

Die Untersuchungskommission empfahl, alle Betreiber der Electra über die mögliche Gefährdung durch offene Zugangsklappen zu informieren. Sie kritisierte daneben das US-amerikanische Bundesamt für Luftfahrt FAA wegen mangelhafter Überwachung der Fluglinie, deren Betriebsweise und Wartungsverfahren sie als »bedenklich unzulänglich« bezeichnete. Darüber hinaus riet sie dem FAA, kleinere Fluggesellschaften wie die Galaxy bei der Einrichtung von Ausbildungsprogrammen zur vollen Ausnutzung der Hilfsmittel in der Pilotenkabine zu unterstützen, da diesen hierfür die notwendigen Mittel fehlen können, die den großen Fluglinien zur Verfügung stehen.

Datum: 19. Februar 1985, 09:27 Uhr
Ort: In der Nähe von Durango, Vizcaya, Spanien
Unternehmen: Lineas Aereas de Espana SA (Iberia), Spanien
Flugzeugmuster: Boeung Advanced 727–256 (EC-DDU)

Alle 148 Insassen der Düsenpassagiermaschine (141 Passagiere und sieben Besatzungsmitglieder) kamen ums Leben, als Flug 610 aus Madrid am Ende des Inlandfluges nach Bilbao während der Landevorbereitungen abstürzte.

Der Unfallort lag circa 32 Kilometer südöstlich des Flughafen Bilbao. Die Maschine befand sich im Zwischenanflug auf Landebahn 30 und führte ein Instrumentenlandesystem Verfahren (ILS) unter Zuhilfenahme des UKW-Drehfunkfeuer/Entfernungsmeßgerätes (VOR/DME) durch. Dabei stieß sie gegen ein

Alle 148 Insassen fanden beim Absturz dieser Iberia Boeing 727 in Nordspanien den Tod. (Reuters/Bettmann.)

Fernseh-Antennengerüst auf dem Gipfel des Mt Oiz, verlor ihre linke Tragfläche und schlug in circa 1040 Meter Höhe über dem Meeresspiegel auf den Boden. Ihre Trümmer verteilten sich auf dem abschüssigen Gelände. Nach dem Aufschlag erfolgte kein großer Feuerausbruch. Kleinere Brandherde bildeten sich aber aufgrund des ausgelaufenen Treibstoffes besonders in der Gegend des Leitwerkes und der Triebwerke.

Am Flughafen wurden circa 30 Minuten vor dem Absturz folgende Wetterbeobachtungen gemeldet: 1/8 Bedeckung des Himmels mit Kumulus-Wolken in 1000 Meter, 2/8 mit Stratokumulus in 1500 Meter und 2/8 mit Altokumulus in 3000 Meter Höhe. Die Sicht betrug vier Kilometer in Dunst, und der Wind war schwach.

Der Unfall wurde auf zu großes Vertrauen in das Höhenalarmsystem des Flugzeuges, sowie der falschen Auslegung seiner Warnsignale und einen vermuteten Ablesefehler des Höhenmessers zurückgeführt. Diese Umstände ließen die Piloten unter die Mindesthöhe sinken.

Datum: 23. Juni 1985, circa 07:15 Uhr
Ort: Nordatlantischer Ozean
Unternehmen: Air-India
Flugzeugmuster: Boeing 747–237B (VT-EFO)

Die Großraum Düsenpassagiermaschine aus Toronto, Kanada, war als Flug 181 auf dem Internationalen Flughafen Montreal gelandet. Sie flog dann als Flug 182 weiter in Richtung London, wo der nächste Zwischenaufenthalt auf dem Linienflug nach Bombay, Indien, geplant war. An ihrer linken Tragfläche trug sie zwischen dem Rumpf und dem Antriebsaggregat zwei ein nicht betriebsbereites fünftes Triebwerk, das zur Reperatur vorgesehen war.

Die VT-EFO hatte die Atlantiküberquerung an diesem Sonntag Morgen fast beendet. Das Wetter war gut, und die Wolkenobergrenze lag bei 5000 Meter. Plötzlich verschwand die 747 vom Radarschirm und stürzte rund 175 Kilometer östlich von Cork, Irland, in das Meer. Alle 329 Insassen (307 Passagiere und 22 Besatzungsmitglieder) fanden dabei den Tod. Die an der Wasseroberfläche treibenden Trümmer machten circa drei bis fünf Prozent des Gesamtwracks aus. Sie wurden später zusammen mit 131 Opfern geborgen. Die meisten Toten wiesen Symtome von Sauerstoffmangel oder plötzlichem Druckabfall auf. Einige wenige hatten auch Schlagverletzungen. Das deutete an, daß sie vermutlich schon in der Luft aus der Flugzeugkabine herausgeschleudert worden waren.

Der Atlantik war an der Absturzstelle rund 2100 Meter tief. Das machte jede Hoffnung zunichte, das Hauptwrack heben zu können. Anstelle seiner Bergung wurde eine photographische Bildkarte seiner Lage am Meeresboden erstellt. Die vorgefundene Verteilung der Trümmer schien zu bestätigen, daß die 747 bereits vor dem Aufschlag auf das Wasser beschädigt worden war.

Wichtig war die Bergung des digitalen Flugschreibers und des Gesprächaufnahmegerätes der Pilotenkabine, die mit tauchfähigen Funksendern ausgestattet waren. Die Auswertung des Flugschreibers ergab, daß sich die VT-EFO mit einer angezeigten Eigengeschwindigkeit von 550 km/Std in 9450 Meter Höhe im Reiseflug befunden hatte, als eine plötzliche Unterbrechung der Stromversorgung beider Aufnahmegeräte erfolgte. Auf dem Tonband des Gesprächaufnahmegerätes war ungefähr eine halbe Sekunde zuvor ein lautes Geräusch zu hören, das nach Aussage der Britischen Flugunfall-Untersuchungsbehörde einen explosionsartigen Druckabfall vermuten ließ. Das Indische Atom-Forschungszentrum Bhabha kam in seinem Bericht außerdem zu dem Ergebnis, daß die auf dem Tonband des Flugsicherung-Kontrollzentrums aufgezeichnete Serie von Detonationsgeräuschen höchst wahrscheinlich von dem Auseinanderbrechen der 747 in der Luft stammte. Vermutlich hatte sich die gesamte Zellenkonstruktion hinter den Tragflächen von dem restlichen Rumpf abgetrennt.

Die Unfallspezialisten konnten bei ihrem Versuch, die Ursache für das Zerfallen des Flugzeuges zu bestimmen, keine Hinweise auf strukturelle Mängel oder schon vorher vorhandenen Beschädigungen finden. Die vorgefundenen Indizien deuteten auf eine Explosion in dem vorderen Frachtraum: Eines der größten vom Boden des Atlantik geretteten Wrackteile war ein Stück eines Dichtungsbleches aus unmittelbarer Nähe des Frachtraumes. Es wies kleine, punktförmige Löcher auf. Ein mit Kunstoff-Schaum gefülltes Aluminiumteil war außerdem mit kleinen »Mondkratern« übersät, und einige der geborgenen Sitzkissen wiesen an ihrer Unterseite Beschädigungen auf.

Die Indische Untersuchungskommission führte die Katastrophe auf einen Sabotageakt zurück, was schon wenige Stunden nach dem Unfall allgemein vermutet worden war. Die Detonation eines hochexplosiven Sprengkörpers im Frachtraum der 747 hatte diese wahrscheinlich so schwer beschädigt, daß der Kabinendruck sofort ausgefallen war. Das eigentliche Auseinanderbrechen geschah dann nach der Einleitung des Notsinkfluges.

Die Bombentheorie wurde durch einen Vorfall untermauert, der sich eine Stunde vor dem Air-India Absturz in dem Abfertigungsbereich des Narita Flughafens von Tokio in Japan ereignet hatte. Dort waren bei der Explosion eines Sprengkörpers zwei Arbeiter getötet und vier weitere verletzt worden. Der Handkoffer mit der Bombe war von dem Flug 003 der Canadian Pacific (CP) Air entladen worden, die aus Vancouver, Britisch Kolumbien, Kanada, eingetroffen war. Er hätte an Bord des Air-India Fluges 003 nach Bangkok, Thailand, gebracht werden sollen.

Ein Mann mit indischem Akzent hatte vier Tage vorher Plätze für zwei Männer auf den CP Flügen 003 und 60 mit Anschlußverbindungen auf Air-India 301 beziehungsweise 181/182 gebucht, deren Nachnamen mit seinem übereinstimmten.

Einen Tag vor den beiden Tragödien war ein Passagier mit einer Platzreservierung für den CP Flug 60 nach Toronto an dem Abfertigungsschalter erschienen, der seinen Koffer auf Flug 181/182 wei-

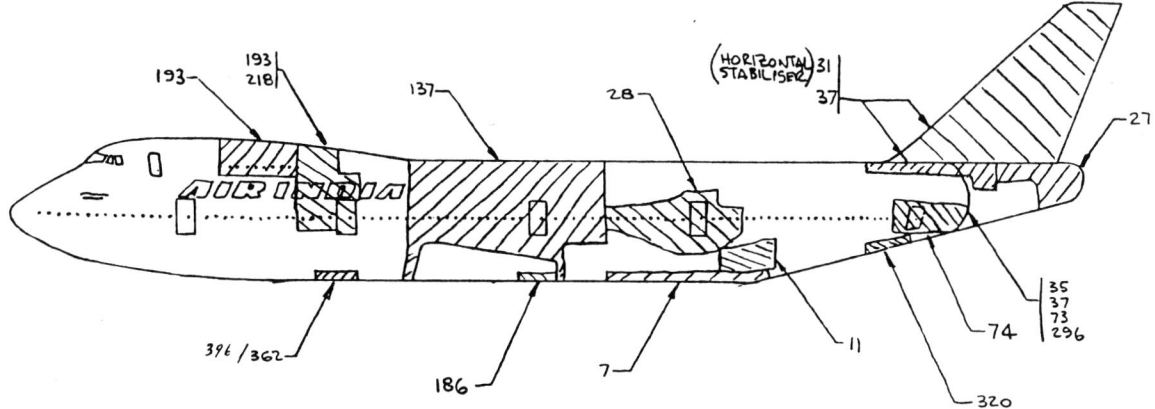

Ein schematische Darstellung der auf dem Meeresboden identifizierten Wrackteile der Air-India Boeing 747. (Kanadische Luftsicherheitsbehörde)

terleiten lassen wollte. Der Agent am Schalter wies ihn darauf hin, daß er für diesen Flug keine feste Platzreservierung besäße, sondern nur auf der Warteliste stände, und er daher seinen Wunsch nicht erfüllen könne. Der Passagier bestand jedoch auf seiner Forderung, und da die Schlange vor dem Schalter lang war, willigte der Agent schließlich ein. Am gleichen Tag gab ein anderer Passagier mit identischem Namen, auf den ein Platz für Flug 003 gebucht war, ein einzelnes Gepäckstück auf. Keiner der beiden Männer schien jedoch an Bord seines jeweiligen Fluges gegangen zu sein.

Das gesamte abgefertigte Gepäck, das in Toronto auf die VT-EFO umgeladen werden sollte, mußte mit einem Hand-Schnüffelapparat abgetastet werden, weil das reguläre Durchleuchtungsgerät zu dieser Zeit nicht betriebsbereit war. Außerdem wurde später festgestellt, daß einige der Angestellten der Sicherheitsfirma, die diese Aufgabe im Auftrag der Air-India erledigte, keinen Auffrischungslehrgang absolviert hatten. Die bei der Untersuchung eingesetzten Geräte wurden zudem als unzulänglich befunden. Das Personal der Fluggesellschaft war überdies von den festgelegten Richtlinien der Fluglinie abgewichen, und hatte das abgefertigte Gepäck nicht den zugestiegenen Passagieren zugeordnet. So konnte ein unbegleiteter Koffer, der wahrscheinlich eine Bombe enthielt, an Bord der abgestürzten 747 gelangen. Die Indische Untersuchungskommission empfahl in ihrem Bericht unter anderem, Gepäck zur Weiterbeförderung und andere Gegenstände mit der Hand durchsuchen zu lassen, und die wichtigen Avionikgeräte des Flugzeuges weiter von dem Laderaum entfernt unterzubringen, um ihre Verwundbarkeit bei solchen Explosionen herabzusetzen.

Im Juli 1992 konnten schließlich die Begleitumstände aufgeklärt werden, die zur Zerstörung von Flug 182 geführt hatten. In Bombay wurde ein 30 Jahre alter Terrorist als Tatverdächtiger des Verbrechens verhaftet, der den Sikhs angehörte.

Datum: 10. Juli 1985 (Uhrzeit unbekannt)
Ort: In der Nähe von Uch Kuduk, Usbekische SSR, UDSSR
Unternehmen: Aeroflot, UDSSR
Flugzeugmuster: Tupolew Tu-154B-2

Alle 200 Insassen (191 Passagiere und neun Besatzungsmitglieder) fanden den Tod, als die Düsenpassagiermaschine circa 320 Kilometer nordnordwestlich von Karschin abstürzte, von wo sie zuvor zu einem planmäßigen Inlandsflug nach Leningrad (St Petersburg), UDSSR, gestartet war. In Ufa, Baschkirien, war eine Zwischenlandung vorgesehen. Berichten zufolge war das Flugzeug in einer Reiseflughöhe von 10.500 Meter ins Trudeln geraten und auf die Erde gestürzt.

Datum: 2. August 1985, circa 18:05 Uhr
Ort: In der Nähe von Dallas, Texas, USA
Unternehmen: Delta Air Lines, USA
Flugzeugmuster: Lockheed L-1011–1 TriStar (N726DA)

Über zehn Jahre waren seit dem Absturz der Eastern Air Lines Boeing 727 bei New York City vergangen, der intensive Nachforschungen über das Phänomen der Scherwinde ausgelöst hatte. Von der Entwicklung eines Erfassungssystems und dessen Installierung auf einer Anzahl von Flughäfen bis hin zur Einführung eines Ausbildungsprogrammes für Piloten über den Umgang mit dieser Wettergefahr waren seitdem einige Fortschritte erzielt worden. Als jedoch Delta Flug 191 zum Landeanflug auf den Internationalen Flughafen Dallas / Fort Worth ansetzte, einem geplanten Zwischenstop auf dem transkontinentalen Inlandflug von Fort Lauderdale in Florida nach Los Angeles in Kalifornien, schienen alle Lehren der letzten zehn Jahre in Vergessenheit zu geraten. Scherwinde schickten sich an, ein neues Opfer zu fordern.

Die L-1011 war für ein Instrumentenlandesystem

Verfahren (ILS) auf Landebahn 17 links freigegeben. Bei ihrem Anflug muß sie in 260 bis 165 Meter Höhe über Grund auf eine »Mikro-Detonation« gestoßen sein, die aus einem Gewitter ausgetreten war. Der Durchmesser des Ausflusses wurde auf ungefähr drei Kilometer geschätzt. Seine auseinander fließenden Winde hatten unterschiedliche Auswirkungen auf das Flugzeug. Diese konnten später anhand der Aufzeichnungen des digitalen Flugschreibers ziemlich genau nachgewiesen werden.

Die N726DA traf beim Einflug in die »Mikro-Detonation« zuerst auf stärker werdende Gegenwinde, dann auf eine Reihe von Auf und Abwinde, und zuletzt auf zunehmende Rückenwinde. Letztere verursachten eine Verringerung ihrer angezeigten Eigengeschwindigkeit um 80 km/Std. Zusätzlich wurde sie während dieser Periode von einer seitlichen Windböe mit einer Geschwindigkeit von circa 130 km/Std erfaßt, die eine Flugzeug-Querlage von 20 Grad nach rechts verursachte.

Der die Maschine steuernde Erste Offizier hatte die normalen Verfahren zum Einflug in Scherwinde eingehalten, und das Flugzeug mit seinen Steuerausschlägen schwanzlastig gemacht. Das Zusammentreffen mit einen Aufwind ließ den Anstellwinkel aber dem Bereich des überzogenen Flugzustandes gefährlich nahe kommen. Deshalb drückte er die Steuersäule wieder etwas nach vorne. Da wirkte aber gerade ein Fallwind auf die TriStar ein und führte zu einem Sinken unterhalb des korrekten Gleitweges. Die Besatzung gab sofort Vollgas, und der Flugkapitän ordnete

»Toga« an. Das bedeutete die Betätigung eines Schalters am Flugkommandogerät, um dessen Anleitung für das günstigste Steigflugverfahren zu erhalten. Die Einleitung des Durchstartverfahrens war aber bereits zu spät erfolgt, um den ersten Aufschlag auf den Boden noch verhindern zu können, sie könnte ihn aber abgeschwächt haben.

Die Großraum Düsenpassagiermaschine wurde beobachtet, als sie mit auf 33 Grad gesetzten Landeklappen und ausgefahrenen Vorflügeln aus einer Regenwand auftauchte. Sie setzte dann circa 1800 Meter vor der Landebahnschwelle und 110 Meter links der verlängerten Mittellinie im Anflugkorridor auf einen gepflügten Acker auf. Nach einem nochmaligen Abheben berührte sie erneut den Boden, zerquetschte beim Überqueren einer Überlandstraße eine Personenwagen, knickte drei Lichtmasten entlang des Weges um und streifte einen großen Wasserbehälter. Das Flugzeug schmetterte dann gut 800 Meter von der ersten Aufschlagstelle entfernt gegen einen zweiten Wassertank, brach explosionsartig auseinander und ging in Flammen auf. Nur das hintere Rumpf-/Leitwerkteil hielt einigermaßen zusammen. Es war von dem Brandherd weg nach hinten gerutscht. Es beherbergte die meisten Überlebenden.

Das Unglück kostete 137 Menschenleben. Darunter befanden sich acht Besatzungsmitglieder und der Fahrer (und einzige Insasse) des von der L-1011 zerquetschten Personenwagens. 28 weitere Flugzeuginsassen, darunter drei Flugbegleiter, wurden zum Teil schwer verletzt. Ein Rettungsarbeiter wurde wegen Brust- und Armbeschwerden in ein Krankenhaus eingewiesen. Zwei Passagiere entkamen dem Unglück unversehrt.

Die Wasserbehälter trugen zu der Schwere des Unfalls bei. Ohne sie hätte die Düsenpassagiermaschine jedoch leicht die beiden abgestellten Frachtmaschinen vom Typ DC-10 und DC-8 treffen können, was noch schlimmere Folgen gehabt haben könnte. Dem schnellen Eingreifen der Flughafen-Rettungsmannschaften war es wahrscheinlich zu verdanken, daß nicht noch mehr Opfer beklagt werden mußten.

Die NTSB nannte mehrere Gründe für den Absturz: Die Entscheidung der Besatzung, den Anflug durch eine Cumulonimbus-Wolke hindurch überhaupt einzuleiten und weiterzuführen, wofür sie neben dem verantwortlichen Flugzeugführer auch seine beiden Kollegen in der Pilotenkanzel verantwortlich machte; das Fehlen genauer Richtlinien, Verfahren und einer Ausbildung zur Vermeidung des Einfluges in und Wege des Herausfliegens aus Schwerwinden in niedrigen Flughöhen; und der Mangel an eindeutigen Echtzeit-Informationen über die Gefahr von Scherwinden. Die Besatzung hatte auch gegen die Richtlinien der Fluggesellschaft zur Vermeidung von Gewittern verstoßen (die jedoch keine Anweisungen enthielten, wie in den Nahverkehrsbereichen von Flughäfen zu verfahren sei). Ihre Entscheidung könnte davon beeinflußt worden sein, daß zwei Flugzeuge kurz vor Flug 191 gelandet waren, ohne Schwierigkeiten gemeldet zu haben. Im Untersuchungsbericht war je-

Das relativ unversehrte Leitwerk der Delta Air Lines L-1011 nach dem Absturz auf dem Internationalen Flughafen Dallas/Fort Worth. (Wide World Photos)

doch vermerkt, daß der Flugkapitän viele Jahre auf dem Delta Fluglininetz verbracht hatte. Er hätte deshalb die Unberechenbarkeit der sich schnell entwickelnden Wärmegewitter kennen müssen.

Das Gewitter hatte sich an diesem Freitag Nachmittag innerhalb kürzester Zeit im Norden des Flughafens aufgebaut. Hinweise auf besondere Wettererscheinungen und Unwetterwarnungen waren nicht herausgegeben worden. Als der Wetterbeobachter beim Flugsicherung-Kontrollzentrum von Fort Worth gegen 17:25 Uhr essen ging, gab es kein einziges Wetterecho auf dem Radar in einem Umkreis von 16 Kilometer um den Flughafen herum. Bei seiner Rückkehr 45 Minuten später tobte jedoch ein schweres Gewitter mit Stärke vier, und die L-1011 war bereits abgestürzt. Das Tiefflug Scherwind-Alarmsystem des Flughafens (LLWAS) hatte ebenfalls erst nach dem Unfall eine Warnung ausgelöst.

Verschiedene andere Besatzungen hatten in der Umgebung des Flughafens Blitze beobachtet. Eine meldete sogar, eine trichterförmige Wolke gesehen zu haben. Keine der Besatzungen gab aber diese Informationen an den Kontrollturm weiter. Die Bodenleitstelle hatte etwa zehn Minuten vor dem Unfall folgende Mitteilung über Funk an »alle mithörenden Flugzeuge« ausgesendet: »Ein Regenschauer steht genau im Norden des Flughafens...«. Dieser Funkspruch war von Flug 191 aufgenommen worden, eine zweite Information dagegen nicht. Sie war für ein anderes anfliegendes Flugzeug gedacht und lautete: »...direkt über dem Endanflug befindet sich ein nettes kleines Gewitter«.

Die US-amerikanische Transport-Sicherheitsbehörde NTSB urteilte, daß die Delta Besatzung die Wetterverhältnisse trotz der nicht optimalen Weiterleitung der Sturminformationen richtig hätte einschätzen können. Die TriStar flog im Endanflug direkt auf die Kumulonimbus Anhäufung zu. Das hätten die Piloten sowohl auf dem Wetterradar als auch mit bloßem Auge erkennen müssen. Auf dem Tonband des Gesprächaufnahmegerätes hörte man den Ersten Offizier sagen: »Wir werden unser Flugzeug frisch gewaschen bekommen«. Das bewies, daß er sich über den Regen vor ihm bewußt gewesen ist. Er machte auch noch eine Bemerkung über das Blitzen. Der Aufprall des Regens auf das Flugzeug war ebenfalls auf dem Tonband zu hören.

Die NTSB entschied ferner, daß die »Start/Durchstart« (TOGA) Betriebsart des Flugweg-Kommandogerätes der TriStar keine ausreichenden Steig- und Sinkfluganweisungen für den Einflug in Scherwinde gab. Das in die N726DA eingebaute Wetterradar könnte zudem mit seinem Mindest-Einstellbereich von 90 Kilometer das Gewitter nicht in seinen genauen Ausmaßen dargestellt haben.

Nach diesem Unfall wurde ein verbessertes LLWAS gebräuchlich, das mehr Fühler besaß. Zu den ersten Flughäfen, die das neue System erhielten, gehörte neben Dallas/Fort Worth auch Denvers Stapleton International. Dort bewahrte es 1989 ein Verkehrsflugzeug vor einer mächtigen »Mikro-Deton-ation«. Noch wirksamer war dieses verfeinerte LLWAS in Verbindung mit einer weiteren technischen Neuerung, dem Doppler Wetterradar.

Datum: 12. August 1985, 18:56 Uhr
Ort: In der Nähe von Ueno, Gumma, Japan
Unternehmen: Japan Air Lines (JAL)
Flugzeugmuster: Boeing 747SR-46 (JA8119)

Die Großraum Düsenpassagiermaschine war als Flug 123 von dem Internationalen Haneda Flughafen bei Tokio zu einem Inlandflug mit Ziel Osaka gestartet. Zehn Minuten später war ein lauter Knall in der Kabine zu vernehmen. Ursache war der plötzliche Ausfall der Druckbelüftung. Die Besatzung sandte sofort den Notfall-Code 7700 auf ihrem Flugzeug-Antwortsender aus, und der Flugkapitän erhielt auf seine Anfrage die Freigabe zur Rückkehr zum Startplatz.

Die 747 wurde vom Flugsicherung-Kontrollzentrum Tokio angewiesen, einen rechtweisenden Kurs von 90 Grad zu halten, wich aber von diesem Flugweg ab. Zusätzlich begann sie um die Nick-, sowie Längs- und Querachse zu schaukeln (phugoides Schwingen und horizontales Rollen), was sich für den Rest des Fluges nicht mehr ändern sollte. Der Fluglotse fragte die Besatzung an einer Stelle: »Was habe sie für einen Notfall?«. Die Frage blieb unbeantwortet. Er gab dann nochmals über Funk die Kursanweisung durch. Als Erwiderung erhielt er die präzise Feststellung: »Jetzt unkontrollierbar«.

Das hintere Druckschott des Flugzeuges war gebrochen, ohne daß die Besatzung es gemerkt hatte. Das führte zu einem Luftstrom von der Kabine in das nicht druckbelüftete Leitwerk. Der Druck innerhalb der Leitwerkflosse zerstörte dann die Haltevorrichtung zwischen dem mittleren Rumpfholm und dem Rippenspant in dem oberen Teil des Drehmomentkastens. Diese innere Beschädigung bewirkte innerhalb von Sekunden die Ablösung eines großen Teilstückes des Seitenruders. Dabei wurden alle vier Leitungen der zugehörigen Hydrauliksysteme getrennt. Knapp zwei Minuten später war die Servo-Steuerungsanlage der 747 unbrauchbar.

Nach dem Überqueren der Suruga Bucht drehte die JA8119 nach Norden und flog am Fudschijama westlich vorbei. Als die Besatzung »unkontrollierbar« meldete, war das Flugzeug bereits auf 5180 Meter Höhe gesunken. Die Piloten wiederholten die Meldung »unkontrollierbar« noch zwei weitere Male. In dem letzten empfangenen Funkspruch bestätigte die Besatzung die Mitteilung, daß sie die Flughäfen von Tokio und Yokota anfliegen könne.

Die Düsenpassagiermaschine flog mit ausgefahrenem Fahrwerk und teilweise gesetzten Landeklappen einen Vollkreis nach rechts. Bevor sie die Bäume eines bewaldeten Bergrückens streifte, wurde sie in einer schwanzlastigen Fluglage beobachtet. Sie zerschellte dann rund 110 Kilometer nordwestlich der Hauptstadt in circa 1500 Meter Höhe über dem Meeresspiegel an einem weiteren Berg und ging in Flammen auf. Der Unfall kostete 520 Insassen das Leben. Darunter befanden sich auch die 15 Besatzungsmitglieder. Vier Passagiere überlebten das Unglück schwer verletzt. Das war die bisher höchste Zahl an Opfern, die bei dem Absturz einer einzigen Maschine zu beklagen war. Unter den Überlebenden, die alle in Reihe 54 im hinteren Teil der Kabine gesessen waren, befand sich auch ein nicht im Dienst befindlicher Flugbegleiter der JAL. Der Unfall ereignete sich in der Dämmerung. Über dem Gebiet lag eine gebrochene Wolkendecke, aus der Regenschauer herauskamen. Die Wetterverhältnisse hatten jedoch keinen Einfluß auf das Unfallgeschehen.

Der Materialbruch an der JA8119 wurde mit Reparaturarbeiten in Verbindung gesetzt, die nach einem Zwischenfall bei der Landung in Osaka im Juni 1978 notwendig geworden waren. Damals war der hintere untere Rumpf des Flugzeuges auf der Landebahn entlang geschliffen. Die Arbeiten waren von der Herstellerfirma durchgeführt worden. Sie hatte das bei dem Mißgeschick verbogene Druckschott ausgewechselt.

Nach dem Einbau des neuen Druckschotts war festgestellt worden, daß die Überlappung um die Nietlöcher an den Verbindungsstellen der oberen und unteren Versteifungen geringer als vorgeschrieben war. Als Abhilfe sollte ein Verbindungsstück zwischen den Versteifungen des oberen und unteren Druckschotts anmontiert werden, um die Konstruktion zu verstärken. Die Arbeiten wurden jedoch nicht

Der berechnete Flugweg der Japan Air Lines Boeing 747 vom Start auf dem Internationalen Flughafen Tokio bis zum Absturz in der Nähe von Ueno. (Japaniasches Transportministerium)

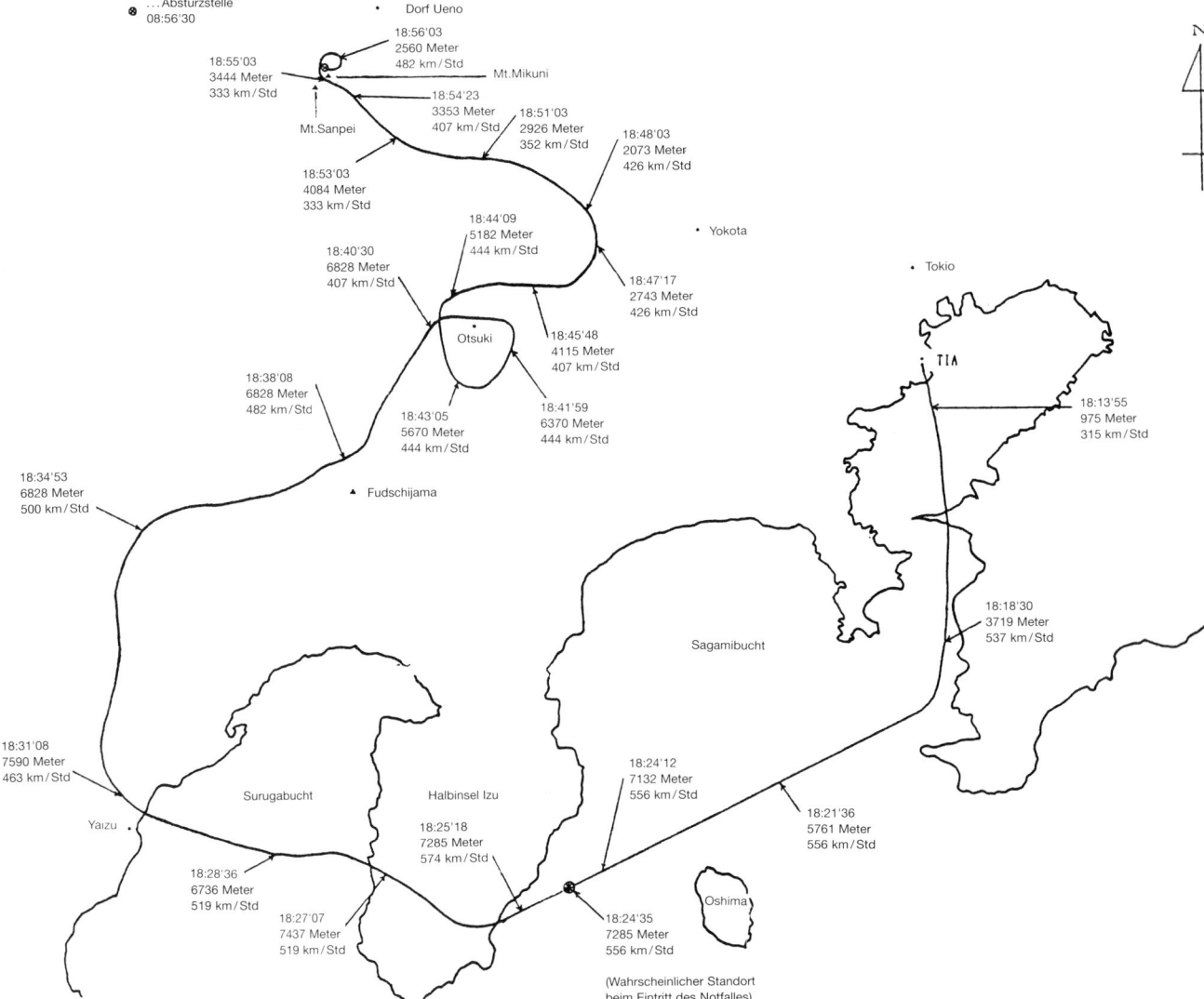

ordnungsgemäß ausgeführt. Eines der Verstärkungs-
bleche war dünner als erforderlich. Die Boeing Ingenieure ließen daher eine Lücke zwischen den oberen
und unteren Nieten bestehen. Zudem wurde anstelle
der notwendigen zweireihigen nur eine einreihige Ver-
nietung vorgenommen. Diese unsachgemäß ausgeführten Arbeiten verringerten die normale Bruchfestigkeit des Druckschotts um circa 30 Prozent und
verstärkten seine Anfälligkeit auf Ermüdungsbrüche.

In den 12.319 Flügen der 747 seit der Reperatur
hatten sich vor allem an den Verbindungspunkten,
die nur einreihig vernietet waren, mehrere Risse ausgedehnt. Sie waren auch bei den sechs seitdem
durchgeführten und von der Untersuchungskommission als unzureichend bewerteten Inspektionen nicht
endeckt worden.

Flug 123 war der fünfte Einsatz der JA8119 an dem
Unglückstag. Der Bruch des Druckschotts ereignete
sich in circa 7300 Meter Höhe und wurde durch den
Druckunterschied zwischen der Kabine und der äußeren Atmosphäre ausgelöst. Er hinterließ in dem Bauteil ein Loch von zwei bis drei Meter Durchmesser.
Kurz darauf verloren die Hydrauliksysteme ihre Flüssigkeit und fielen aus. Da die 747 über keine mechanische Notsteuerungsanlage verfügte, blieben zur Beeinflussung der Fluglage nur noch die Gashebel
übrig. Der Neigungswinkel hätte durch das Geben
und Wegnehmen von Gas, und die Kurssteuerung
durch den Einsatz von asymmetrischen Schub kontrolliert werden können. Diese Methode war sehr heikel und hätte allerhöchste Ansprüche an das Können
und die Ausbildung der Besatzung gestellt.

Vermutlich waren die Piloten zu sehr mit der Auf-
rechterhaltung der Kontrolle des Flugzeuges beschäftigt, um an die sofortige Einleitung eines Notsinkfluges zu denken. Sie flogen fast 20 Minuten in einer
Höhe von über 6000 Meter weiter. Da sie außerdem
vergaßen, ihre Sauerstoffmasken aufzusetzen, könnten sie unter den Folgen von Sauerstoffmangel gelitten haben. Das hätte ihr Urteilsvermögen herabgesetzt und ihre Fähigkeit eingeschränkt, der Notlage
gewachsen zu sein.

Das Ausfahren des Fahrwerkes half, das Schaukeln um die Nickachse zu reduzieren. Nachdem die
Düsenpassagiermaschine jedoch auf eine niedrigere
Höhe gesunken war, sah sich die Besatzung mit einem weiteren erschreckenden Dilemma konfrontiert.
Vor ihr türmten sich Berge auf. Kurz bevor die 747
den ersten Bergrücken streifte, hörte man den Flugkapitän auf dem Tonband des Gesprächaufnahmegerätes »Nase hoch« und eine Verringerung der Klappenstellung fordern. Beide Anordnungen wiederholte er
mehrmals. Danach kommandierte er »Gas«. Diesen
Befehl gab er noch zweimal. Circa zehn Sekunden
nach dem ersten »Hochziehen« Alarm des Bodennähe-Warngerätes war ein Absturzgeräusch zu vernehmen. Danach endete die Aufzeichnung.

Aufgrund der einbrechenden Nacht und des
schwer zugänglichen Geländes erreichten die Japanischen Selbstverteidigungs-Kräfte den Unfallort erst
15 Stunden später am nächsten Morgen. Ein Teil des

*Die linke Tragfläche der 747 liegt nach dem Absturz
an einem Berghang. Das Unglück kostete 520 Menschenleben.* (Wide World Photos)

Seitenruders wurde später aus der Sagami Bucht geborgen und war ein weiterer Beweis für das strukturelle Versagen.

Das US-amerikanische Bundesamt für Luftfahrt
FAA ordnete angesichts dieser Tragödie den Einbau
einer Entlüftungsklappe an den Seitenflossen aller im
Flugbetrieb eingesetzten 747 an, um eine innere Beschädigung im Falle eines Druckanstieges innerhalb
des Bauteils zu verhindern. Später stellte es noch die
Bedingung, die Hydrauliksysteme dieses Flugzeugmusters so abzusichern, daß eine Beschädigung der
vier Leitungen nicht mehr wie bei der JA8119 zu einem Verlust der gesamten Hydraulikflüssigkeit führen konnte.

Die Katastrophe hatte verständlicherweise
schwere Folgen für die JAL, die sich weltweit einen
guten Ruf im Hinblick auf die Sicherheit geschaffen
hatte. Yasumoto Takagi, der Präsident der Gesellschaft, trat anschließend zurück. Er übernahm die
volle Verantwortung für das Geschehen und be-
suchte sogar die Familien der Opfer, um sich persön-
lich bei ihnen zu entschuldigen. Ein Direktor der Flug-
zeugwartung beging aus Schuldgefühl über seine
Verwicklung Selbstmord. Die unmittelbaren Auswirkungen auf die Fluglinie bestanden in einem drasti-

schen Rückgang des Passagieraufkommens und der Einnahmen. Sie versuchte 1987 im Zuge der Privatisierung mit einem neuen Firmenzeichen ihr gesunkenes Ansehen wieder aufzubessern.

Datum: 22. August 1985, circa 07:15 Uhr
Ort: In der Nähe von Manchester, England
Unternehmen: British Airtours
Flugzeugmuster: Boeing Advanced 737–236 (G-BGJL)

Die Düsenpassagiermaschine war fast voll beladen. Nur einer der 130 Sitzplätze war nicht belegt. Unter den Insassen befanden sich zwei Kleinkinder und sechs Besatzungsmitglieder. Das Flugzeug beschleunigte auf der Startbahn 24 des Internationalen Flughafens Manschester zum Charterflug mit Ziel Korfu, der nördlichsten der griechischen Ionischen Inseln.

Die 737 hatte eine Geschwindigkeit von 225 km/Std erreicht, was noch unterhalb der Startkontroll-Geschwindigkeit lag, als die äußere Ummantelung des Axialverdichters von Triebwerk eins platzte. Das Gehäuse war in der Nähe der neunten Brennkammer in Längsrichtung aufgebrochen und sternförmig auseinandergefallen. Die vordere Haube und ein Stück der Gebläseabdeckung schlugen dann gegen die Zugangsklappe eines Treibstofftanks unter der linken Tragfläche und durchbohrten sie. Der daraus ausfließende Treibstoff entzündete sich beim Zusammentreffen mit den Flammen und Abgasen aus dem beschädigten Triebwerk. Die Besatzung hatte einen dumpfen Schlag oder Knall gehört und den Start sofort abgebrochen. Da der Flugkapitän aber einen geplatzten Reifen vermutete, wies er den Ersten Offizier an, nicht zu stark zu bremsen.

Trotz des schnellen Eintreffens der Rettungsmannschaften mit ihren Fahrzeugen sowie des Umstandes, daß keiner der Flugzeuginsassen bei der Triebwerksexplosion verletzt worden war, gab es als Folge des Brandes 55 Tote. Darunter befanden sich die bei-

den Flugbegleiter der hinteren Kabine. 15 Passagiere wurden schwer, elf weitere und ein Feuerwehrmann leicht verletzt.

Nachforschungen ergaben einen ringförmigen Riß, der sich in Höhe der dritten und vierten Gehäuse-Verbindungsstelle um den gesamten Umfang der Brennkammer ausgedehnt hatte. Der dem Luftstrom ausgesetzte vordere Haubenteil hatte so die Abstützung durch den hinteren Teil der Kammer verloren. Die Aufhängeöse und der dazugehörige Bolzen verbogen sich und führten zu einer Verkantung der Haube. Schließlich neigte sich die Vorderhaube so weit aus ihrer normalen Lage zur Seite, daß heiße Verbrennungsgase den hinteren Teil der Kammer zerstören und die Innenfläche der Kammer überhitzen konnten. Das führte dann zum Bruch.

Die Britische Flugunfall-Untersuchungsbehörde (AIB) konnte den Zeitraum nicht bestimmen, der zwischen der vollen Ausbildung des Risses und dem eigentlichen Bruch lag. Die vorhandenen Indizien bewiesen aber, daß diese beiden Vorgänge nicht gleichzeitig eingetreten waren.

Ursache des Risses war nach den metallurgischen Untersuchungsbefunden eine Zermürbung des Materials durch Hitzeeinwirkung. Spuren örtlich überhitzter Stellen, die das Anfangsstadium einer solchen Beschädigung signalisieren konnten, wurden auch in anderen Brennkammern des Unglücktriebwerkes und in weiteren Antriebsaggregaten des gleichen Baumusters gefunden, die von der Gesellschaft und ihrer Mutter British Airways im Flugbetrieb eingesetzt waren. Die möglichen Gründe für die durch die Hitze verursachte Blasen- und/oder Rißbildung reichten von einem verschobenen Sprühbild der Treibstoff-Einspritzdüsen bis hin zu einer Unterbrechung der Kühlluft-Zufuhr. Sie wurden alle auf unsachgemäß durchgeführte Reparaturarbeiten, Konstruktions- oder Herstellungsfehler zurückgeführt.

Das Pratt & Whitney JT8D-15 Triebwerk des Antriebsaggregates eins der G-BGJL war zuvor schon

Der ausgebrannte Rumpf der British Airtours Boeing 737 steht am Ende des Vorfeldes. Er war nach einem Materialfehler des Triebwerkgehäuses in Brand geraten. (Wide World Photos)

an derselben Kammer wegen zweier voneinander unabhängiger Risse repariert worden. Das Triebwerk-Handbuch enthielt keine maximale Längenbegrenzung der Risse für die Reparatur. Bei einer Umfrage unter anderen Benutzern des Triebwerkes wurde jedoch festgestellt, daß mehrere Gesellschaften von sich aus eine eigene Begrenzungen festgelegt hatten. Das JT8D-15 wurde bei British Airways erst seit verhältnismäßig kurzer Zeit eingesetzt. Die Gesellschaft hatte dieses Triebwerk gekauft, nachdem der Hersteller die Begrenzung der reparablen Risse von 76 Millimeter aufgehoben hatte. Das Schweißen der Risse in der Brennkammer des Unglückstriebwerkes war zusätzlich unsachgemäß ausgeführt worden.

In den circa 300 Millionen Flugbetriebsstunden vor dem Unglück waren an JT8D Triebwerken nur drei Bruchstellen in der Außenhülle der Brennkammern registriert worden. Zahlreiche Störfälle mit Rissen ohne äußere Beschädigungen, Verbiegungen und Überhitzungen machten jedoch deutlich, daß es Probleme bei dem Triebwerk gab. An dem betroffenen Triebwerk waren seit seinem Einbau im Februar 1984 bis zu seinem folgenschweren Versagen in 20 Fällen Mängel gemeldet worden, darunter auch eine zu langsame Beschleunigung. Letzteres stellte einen konkreten Hinweis auf eine gerissene Brennkammer dar. Diese Information war aber von Pratt & Whitney nicht an die Benutzer weitergegeben worden. Die Fluglinie fühlte sich zudem offensichtlich gegen solche Störfälle geschützt, da ihre 737 Flotte mit Brennkammern von »verbesserter Betriebsdauer" ausgestattet war, und keines der Triebwerke eine ungewöhnlich lange Laufzeit aufwies. Ihr Inspektionsprogramm wurde außerdem für sorgfältiger als das anderer Gesellschaften angesehen.

Nach der Triebwerks-Explosion trugen mehrere Umstände zu den schweren Folgen des Unfalles bei. Die Entscheidung des Flugkapitäns, keine Vollbremsung durchzuführen, war unter den Gegebenheiten verständlich, zumal die Feuerwarnanlage nicht sofort anschlug. Die dadurch verursachte Zeitverzögerung bis zum völligen Stillstand des Flugzeuges kostete aber wertvolle Sekunden, die bei der Evakuierung fehlten. Nachteilig wirkte sich auch der Einsatz der Schubumkehr zum Abbremsen der Maschine aus. Er entsprach zwar den festgelegten Verfahren, löste aber durch die Entfaltung der Umkehrschaufeln eine turbulente Strömung aus. Diese begünstigte die Mischung des aus dem beschädigten Tank ausfließenden Treibstoffes mit Luft und verstärkte so das schon vorher ausgebrochene Feuer.

Noch verhängnisvoller war der Entschluß des Flugkapitäns, das Flugzeug von der Startbahn zu rollen und erst am Ausgang des Hallenvorfeldes abzustellen. Obgleich das wiederum im Einklang mit den Verfahren des Betriebshandbuches stand, stellte es den Rumpf genau in Windrichtung hinter das brennende Triebwerk und den entzündeten Treibstoff, der sich in einer Lache auf der linken Seite der Maschine angesammmelt hatte. Der verhältnismäßig schwache Wind blies die Flammen mit neun bis zwölf km / Std

gegen die 737. Er erzeugte dabei ein Druckfeld um das stehende Flugzeug, das dem Feuer sofort nach dem Öffnen der Türen auf der rechten Rumpfseite Zutritt in die Kabine ermöglicht haben muß. Die Flammen durchdrangen außerdem innerhalb von 20 Sekunden nach dem Stillstand der 737 deren Außenhaut und brachten den hinteren Rumpfteil in weniger als einer Minute zum Einsturz.

Bei der Notevakuierung traten ebenfalls Schwierigkeiten auf. Anfangs klemmte die vordere Tür. Aufgrund einer falschen Bedienung fiel eine Rettungsluke nach innen und klemmte einen Passagier kurzfristig ein. Der geringe Abstand zwischen der Sitzreihen behinderte am gleichen Notausgang das Verlassen der Maschine. Die an Bord mitgenommenen Sauerstoff- und Spiritusflaschen und Aerosol Sprühdosen könnten das Ausmaß des Feuers noch vergrößert haben.

An der Schwere des Unglücks hatten folgende Umstände erheblichen Anteil: Die Zugangsklappen der Tragflächen-Treibstofftanks waren stoßempfindlich; in der Kabine fehlten wirksame Vorrichtungen zur Brandbekämpfung; und die brennende Kabinenausrüstung verursachte stark giftige Gase. Nach Berichten von Überlebenden war gleich nach dem Anhalten der 737 dichter, schwarzer Rauch in die Kabine eingedrungen. Das hatte zu Panik unter den Passagieren geführt. Viele waren auf dem Gang zusammengebrochen. Andere mußten daher bei ihrer Flucht über die Sitze klettern.

Bei der Untersuchung weiterer JT8D Triebwerke anderer Britischer Fluggesellschaften wurden ähnliche Risse entdeckt. Daraufhin erhielten zahlreiche 737 bis zum Abschluß der notwendigen Inspektionen Startverbot.

Das Britische Bundesamt für Zivilluftfahrt hatte bereits vor diesem Unglück angeordnet, daß alle britischen Flugzeuge ab 1987 mit einer feuerhemmenden Bepolsterung ausgestattet sein mußten. Es beschloß anschließend weitere Maßnahmen, um die Überlebenschancen der Insassen zu verbessern. In einigen Fällen mußten unter anderem Sitze entfernt oder eine neue Sitzanordnung erstellt werden, um den ungehinderten Zugang zu den Notausgängen zu gewährleisten. Zusätzlich sollte eine Bodenbeleuchtung das Verlassen einer dunklen oder mit Rauch gefüllten Kabine erleichtern.

Datum: 12. Dezember 1985, 06:46 Uhr
Ort: In der Nähe von Gander, Neufundland, Kanada
Unternehmen: Arrow Air Inc, USA
Flugzeugmuster: McDonnell Douglas DC-8 Super 63PF (N950JW)

Die Chartermaschine sollte im Auftrag der Multinationalen Streitkräfte und Beobachter (MFO) Angehörige der US-Streitkräfte aus dem Mittleren Osten zurück in ihre Heimat befördern. Die Düsenpassagiermaschine war aus Kairo kommend auf dem Internationalen Flughafen Gander zwischengelandet und von dort mit Ziel Fort Campbell, Kentucky, USA, wieder gestartet. Das Flugzeug erreichte eine Höhe von

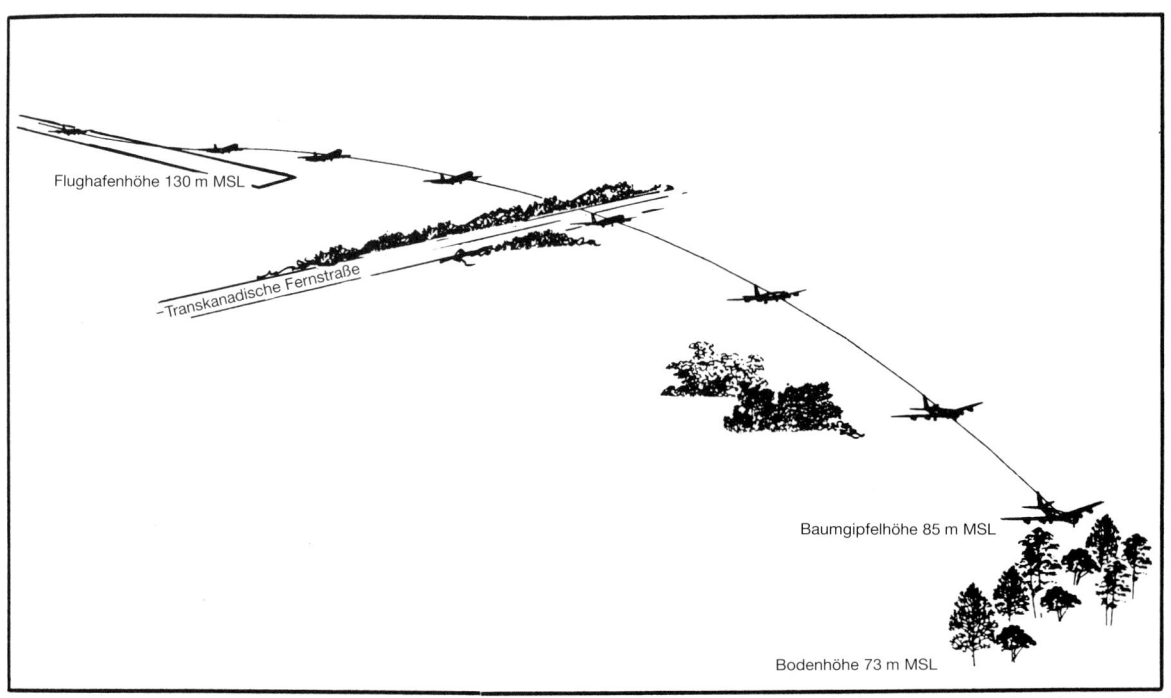

Flughafenhöhe 130 m MSL

Transkanadische Fernstraße

Baumgipfelhöhe 85 m MSL

Bodenhöhe 73 m MSL

Das nachträglich berechnete Flugprofil der Arrow Air Super DC-8, die kurz nach dem Start von dem Internationalen Flughafen Gander abstürzte. (Kanadische Luftfahrt-Sicherheitsbehörde)

gut 40 Meter über Grund und begann dann wieder zu sinken. Es überquerte die Transkanadische Fernstraße in einer ungewöhnlich niedrigen Höhe. Die DC-8 stürzte dann 800 Meter hinter dem Ende der Startbahn und 200 Meter rechts derer verlängerten Mittellinie in ein Waldgebiet und ging beim Aufschlag explosionsartig in Flammen auf. Alle 256 Insassen, darunter acht zivile amerikanische Besatzungsmitglieder, wurden bei dem Absturz getötet.

Die Unfalluntersuchung wurde durch den Zustand des Wracks und Unregelmäßigkeiten beim Betrieb des Flugschreibers der Maschine beeinträchtigt. Das war auch der Hauptgrund, warum die Kanadische Luftfahrt-Sicherheitsbehörde keine Hypothese über den wahrscheinelichen Ablauf der Ereignisse, die zum Absturz führten, aufstellen konnte. Die vorhandenen Indizien unterstützten jedoch die Vermutung, daß die DC-8 nach dem Abheben einem abnehmenden Auftrieb und einem ansteigendem Widerstand ausgesetzt war. Das muß dann zu einem überzogenen Flugzustand geführt haben, aus dem das Flugzeug nicht mehr abgefangen werden konnte.

Ursache des überzogenen Flugzustandes ist wahrscheinlich die Bildung von Eis an den Vorderkanten und den Oberseiten der Tragflächen gewesen. Die in Gander herrschenden Wetterverhältnisse hatten den Eisansatz begünstigt. Während des Aufenthaltes der N950JW auf dem Flughafen war bei Dauerfrost fast ständig gefrierender Nieselregen und / oder Schnee gefallen. Die Besatzung hatte jedoch vor dem Abflug nicht um Enteisung nachgefragt. Beim Start schneite es immer noch leicht. Die Untergrenze der geschlosse-

nen Wolkendecke lag bei 750 Meter. Darunter befanden sich noch einzelne Wolken in 200 Meter Höhe. Die Sicht betrug 20 Kilometer, und es war noch dunkel.

Frühere Nachforschungen hatten ergeben, daß schon ein knapp ein Millimeter starker Eisfilm – das entspricht etwa der Unebenheit von Sandpapier – die Leistungen eines Flugzeuges nachteilig verändern kann. Er führt zu einer Verringerung des Auftriebes unter gleichzeitiger Erhöhung des Widerstandes und der Mindest-Absackgeschwindigkeit. Die DC-8 war gegen die Auswirkungen von Eisansatz besonders anfällig, da sie keine Vorrichtungen zur Erhöhung des Auftriebes an den Flügelvorderkanten besaß.

Während der Untersuchung wurde ein bedeutender Fehler in der betrieblichen Handhabung der Ladelisten entdeckt. Das in ihnen verzeichnete Startgewicht war um rund 6350 Kilogramm geringer als das tatsächliche Abfluggewicht. Die Erklärung hierzu lag in der Besonderheit der beförderten Passagiere, die von der Besatzung nicht berücksichtigt worden war. Ein Soldat mit seiner gesamten persönlichen Ausrüstung und (ungeladenen) Bewaffnung wiegt mehr als ein ziviler Durchschnitts-Passagier, der mit 77 Kilogramm berechnet wird. Die N950JW war zwar weder überladen, noch war sie falsch beladen worden. Das unterschätzte Startgewicht hatte jedoch Auswirkung auf die Berechnung der Kontrollgeschwindigkeiten für den Start. Eine schwerere Zuladung erforderte eine höhere Geschwindigkeit beim Abheben und zusätzlich die Einstellung einer größeren Schwanzlastigkeit an den Höhenflossen. Es gab Hinweise, daß die Besatzung versehentlich sogar Kontrollgeschwindigkeiten benutzt hatte, die für ein Abfluggewicht galten, das um fast 16.000 Kilogramm unter dem tatsächlichen Startgewicht gelegen hatte.

Keine Anzeichen konnten für irgendwelche schwere mechanische Fehler vor dem Aufschlag gefunden werden. Die Beschädigungen am Triebwerk vier ließen aber vermuten, daß es mit einer bis zu 50 Prozent unter der Norm liegenden Drehzahl gelaufen war. Es hatte zuvor auf dem Flug nach Kairo eine höhere Temperatur als die anderen Triebwerke entwickelt, und war daher von der Besatzung etwas gedrosselt worden. Dieses Verfahren hatten die Piloten wahrscheinlich auch bei dem Start in Gander angewandt.

Im Untersuchungsbericht war festgelegt, daß die Besatzung die Flugzeugnase acht bis möglicherweise 16 km / Std vor der benötigten Geschwindigkeit hochgezogen hatte. Nach dem Abheben flog die DC-8 dann über ein unebenes, abfallendes Gelände. Dabei gingen die Vorzüge des Bodeneffektes verloren, was die Piloten an den abnehmenden aerodynamischen Leistungen der Maschine gemerkt haben müßten. Sie erhöhten deshalb vermutlich den Anstellwinkel, um die zu niedrige Steigrate in den normalen Bereich zu bringen. Das führte jedoch aufgrund der Auswirkung des Eisansatzes zu einer Abnahme der Beschleunigung und als Folge davon schnell zu einem Geschwindigkeitsverlust. Die Leistungsfähigkeit könnte sich noch durch eine Störung des Luftstromes im Verdichter des Triebwerkes vier weiter verringert haben. Das Durchsack-Warngerät dürfte wenig oder überhaupt keine Warnung gegeben haben, da die höhere Geschwindigkeit und der niedrigere Anstellwinkel von den normal erwarteten Werten abwichen.

Als die DC-8 mit leicht angezogener Nase gegen die ersten Bäume schlug, waren ihr Fahrwerk noch voll und die Landeklappen teilweise ausgefahren. Ihre rechte Tragfläche hing ein paar Grad nach unten. Die Düsenpassagiermaschine scherte dann nach rechts und fiel auseinander. Die gesamte Flugzeit hatte rund 20 Sekunden betragen.

Der Abschlußbericht wurde nicht einstimmig gebilligt. Vier der neun CASB Mitglieder vertraten eine abweichende Meinung und schrieben, daß die getroffenen Schlußfolgerungen nicht völlig mit den erzielten Untersuchungsergebnissen übereinstimmten. Sie wiesen darauf hin, daß die Angehörigen des Bodenpersonals keinen Eisansatz an dem Flugzeug vor dessen Start bemerkt hatten und behaupteten, daß seine Fluglage nicht der eines überzogenem Flugzustandes entsprochen hätte. Die Minderheit war der Auffassung, die vier Schubumkehr-Vorrichtungen könnten sich vor dem Aufschlag ausgelöst haben, und die Abnahme der Geschwindigkeit nach dem Abheben sei wahrscheinlich eher auf einen weitgehenden Antriebsverlust eines Triebwerkes, als auf eine Vereisung zurückzuführen.

Die Andersdenkenden machten auch die Möglichkeit eines Feuerausbruchs in der Luft geltend. Augenzeugen hatten vor dem Absturz ein orangenes oder gelbes Leuchten irgendwo an dem Flugzeug beobachtet (Die Mehrheit sah darin eine Verwechslung mit entwe-

der einem Strömungsabriß im Verdichter, oder einer durch den Anstellwinkel bewirkten Störung des Luftdurchsatzes im Gebläse, oder anderen äußeren Lichtern am Flugzeug). Die ärztlichen Untersuchungsbefunde deuteten aber ebenfalls auf ein Feuer vor dem Aufschlag hin. Die toxologischen Proben ergaben den Nachweis von Kohlenmonoxyd und Zyanwasserstoff in den Körpern vieler Opfer, was auf ein Einatmen von Rauch vor dem Tod hindeuten konnte. Der Mehrheitsbericht ging davon aus, daß die meisten Opfer nicht sofort tot gewesen waren. Die Minderheit glaubte dagegen, daß der Absturz nicht zu überleben gewesen war. Die Opfer mußten daher schon vorher den giftigen Gasen ausgesetzt gewesen sein.

Im Minderheitenbericht wurde unterstellt, daß sich Geschütze und Munition an Bord der DC-8 befunden hatten, obwohl sie in dem Lademanifest nicht aufgeführt waren. Die Art des Fluges, sein Ursprungsort und die damalige weltpolitische Lage nährten zudem Spekulationen, daß die N950JW einem Sabotageakt durch pro-iranische Terroristen zum Opfer gefallen war. Die Minderheit kam unter Berücksichtigung all dieser Umstände in ihrem Bericht zu dem Schluß, daß Sprengstoff-Explosionen im Frachtraum katastrophale Systemausfälle am Flugzeug verursacht hatten.

Eine der Sicherheitsempfehlungen der CASB bestand darin, daß die Verkehrsgesellschaften das tat-

Verkohlte Wrackteile und abgebrochene Bäume markieren den Absturzort des Truppentransporters in Neufundland. (UPI / Bettmann)

sächliche Abfluggewicht anstelle von geschätzten Durchschnittswerten zur Berechnung der Kontrollgeschwindigkeiten heranziehen sollten, wenn sie Flüge mit von der Norm abweichenden Passagierladungen durchführen.

Das US-amerikanische Bundesamt für Luftfahrt FAA deckte anschließend zahlreiche Unzulänglichkeiten in den Betriebs- und Wartungsverfahren der Arrow Air auf, die nicht unmittelbar mit diesem Unfall in Zusammenhang standen.

Datum: 18. Januar 1986, circa 08:00 Uhr
Ort: In der Nähe von Santa Elena, Peten, Guatemala
Unternehmen: Aerovias de Guatemala SA
Flugzeugmuster: Sud-Aviation Caravelle VI-N (HC-BAE)

Alle 87 Insassen (81 Passagiere und sechs Besatzungsmitglieder) fanden den Tod, als die Düsenpassagiermaschine circa 250 Kilometer nordnordwestlich der Hauptstadt über einem hügeligen Dschungelgebiet abstürzte und explodierte. Das Flugzeug war von Ecuadors Fluggesellschaft SAETA ausgeliehen worden und von Guatemala City zu einem Inlandsflug gestartet.

Der Unfall ereignete sich bei einer niedrigen Wolkenuntergrenze, nachdem die Caravelle einen Landeversuch auf dem Flughafen Santa Elena abgebrochen hatte und durchzustarten begann.

Datum: 31. März 1986, circa 09:15 Uhr
Ort: In der Nähe von Maravatio, Michoacan, Mexiko
Unternehmen: Compania Mexicana de Aviacion SA, Mexiko
Flugzeugmuster: Boeing Advanced 727–264 (XA-MEM)

Flug 940 war von dem Internationalen Benito Juarez Flughafen in Mexico City mit Ziel Puerto Vallarta, Jalisco, gestartet, der ersten Teilstrecke auf der Route nach Los Angeles, Kalifornien, USA. Die Düsenpassagiermaschine stürzte 15 Minuten nach ihrem Abflug ab und brannte aus. Alle 167 Insassen (159 Passagiere und acht Besatzungsmitglieder) fanden bei dem Unglück den Tod.

Die 727 hatte die Flugfläche 310 (circa 9450 Meter) erreicht, als sie einen Notfall erklärte und um sofortige Freigabe zum Sinkflug nachfragte. Sie stürzte anschließend circa 160 Kilometer nordwestlich der Hauptstadt in ein bergiges Gelände.

Die Unfalluntersuchung ergab, daß ein Reifen des linken Hauptfahrwerkes explosionsartig geplatzt war. Die dazugehörige Bremse hatte wahrscheinlich beim Startlauf geschliffen und das Bremspaket überhitzt. Die Explosion zerstörte einen Teil der linken Tragfläche, trennte Treibstoff und Hydraulikleitungen, riß Elektrokabel auseinander und verursachte einen Druckverlust in der Kabine. Auslaufender Treibstoff muß sich dann entzündet und ein nicht mehr unter Kontrolle zu bringendes Feuer entfacht haben.

Datum: 31. August 1986, 11:52 Uhr
Ort: Cerritos, Kalifornien, USA
Erstes Flugzeug ..
Unternehmen: Aeronaves de Mexico SA de CV (Aeromexico)
Flugzeugmuster: McDonnell Douglas DC-9 Serie 32 (XA-JED)
Zweites Flugzeug
Unternehmen: Privat
Flugzeugmuster: Piper PA-28–181 Archer II (N4891F)

Der Zusammenstoß zwischen einer Verkehrsmaschine und einem der vielen Leichtflugzeuge über dem Kessel von Los Angeles war viele Jahre vorausgesagt und befürchtet worden. An diesem sonnigen Sonntag sollte das Schicksal kräftig zuschlagen.

Flug 498 kam aus Mexiko City und war zuletzt in Tijuana, Mexiko, zwischengelandet. Die DC-9 flog nach Instrumentenflugregeln (IFR) und befand sich unter positiver Radarkontrolle. Sie sollte auf dem Internationalen Flughafen Los Angeles landen.

Unterdessen war die Archer von dem Municipal Flughafen Torrance mit Ziel Big Bear in den San Bernardino Bergen Südkaliforniens gestartet. Sie flog nach Sichtflugregeln (VFR). Das bedeutete, daß sie außerhalb von der Los Angeles Nahverkehrs-Betriebszone (TCA) bleiben mußte. Die Archer hielt dieses Verbot jedoch nicht ein und flog acht Minuten nach dem Start mit östlichem Kurs in den beschränkten Luftraum ein. Ihr Flugweg kreuzte den von Flug 498, der mit nordwestlichem Kurs Höhe aufgab. Der Himmel war wolkenlos, und die Flugsicht betrug circa 25 Kilometer.

Die beiden Flugzeuge stießen in ungefähr 1980 Meter Höhe in einem rechten Winkel zusammen. Die Höhenflosse der XA-JED durchschnitt die obere Hälfte der Kabine der N4891F und riß dabei ab. Die Düsenpassagiermaschine rollte dann auf ihren Rücken und stürzte circa 32 Kilometer ostsüdöstlich des Flughafens und genau nördlich der Artesia Autobahn in einer stark kopflastigen Fluglage auf ein Wohngebiet. Sie zerschellte beim Aufschlag in einem Feuerball. Das Leichtflugzeug fiel 500 Meter davon entfernt in einen offenen Schulhof. Alle 64 Insassen der DC-9 (58 Passagiere und sechs Besatzungsmitglieder) kamen ums Leben. Die drei Insassen der Archer waren bei der Kollision enthauptet worden. Weitere 15 Personen, die sich in der Nähe der Aufschlagstelle der XA-JED befunden hatten, wurden am Boden getötet. 18 umliegende Häuser waren zerstört oder schwer beschädigt.

Die US-amerikanische Transport-Sicherheitsbehörde NTSB führte in ihrem Untersuchungsbericht das Unglück auf die Grenzen des Flugsicherungssystems hinsichtlich seiner Arbeitsweise und deren vollautomatischen Abläufe zurück. Der nicht genehmigte Einflug der N4891F in die TFA war in ihrer Ansicht nach der bedeutende beitragende Faktor. Er wurde von vielen Beobachtern der Luftfahrtszene als Hauptursache betrachtet.

Bei der Autopsie des 53 Jahre alten Privatpiloten wurde eine mittlere bis schwere Verkalkung der Herzkranzader festgestellt. Das führte zu Spekulationen, er wäre aufgrund eines Herzanfalles schon vor dem Einflug in die TCA handlungsunfähig gewesen. Die Rekonstruktion des Fluges bewies jedoch, daß die Maschine bis zu der Kollision unter Kontrolle gewesen war. Die Einstellung des Piloten zu der Fliegerei wurde als besonnen und professionell beschrieben. Er soll auch die Vorschriften über das Benutzen und Vermeiden der TCA genau gekannt haben. Eine neben dem Pilotensitz gefundene aufgeschlagene Karte der TCA wurde als Bestätigung hierfür betrachtet. Die NTSB folgerte aufgrund dieser Feststellungen, daß er versehentlich in den Luftraum eingeflogen war. Wahrscheinlich hatte er beim Navigieren einen Kontrollpunkt am Boden falsch identifiziert.

Eine weitere Rolle bei dem Unfall spielte das Konzept des »Sehens und Gesehenwerdens«. Durchgeführte Testversuche ergaben, daß jede der beiden Besatzungen, ganz besonders aber die des Leichtflugzeuges, die andere Maschine rechtzeitig genug hätte erkennen können, um den Zusammenstoß zu vermeiden. Nichts deutete aber auf ein Erkennen oder die Einleitung eines Ausweichmanövers vor der Kollision hin.

Die Archer besaß ein einfaches einsatzbereites Abfragegerät ohne Höhenkodierung. Damit hätte sie auf dem Radarschirm sichtbar sein müssen. Tatsächlich war auf dem Aufnahmeband des Kontrollzentrums auch das Echo der N4891F zu erkennen. Das stand im Widerspruch zu der Aussage des Fluglotsen, das Ziel sei »nicht dargestellt gewesen«.

Ein Grund hierfür könnte seine Ablenkung durch ein zweites Leichtflugzeug gewesen sein. Eine eben-

Die Aeromixico DC-9 stürzt nach dem Zusammenstoß mit einem Leichtflugzeug auf die Erde zu. (Photo Al Francis; Sygma)

falls nach VFR fliegende Grumman Tiger war in die TCA eingedrungen. Ihr Pilot bat um Unterstützung bei seiner Navigation. Der Fluglotse, der eine Kollisionsgefahr mit einer Zubringermaschine befürchtete, riet darauf dem Flugzeugführer der Tiger: »Blikken Sie in Zukunft auf ihre TCA Karte«. Als er dann seine Aufmerksamkeit wieder Flug 498 zuwandte, war dessen Radarecho vom Bildschirm verschwun-

Die Wohnsiedlung bei Los Angeles bietet nach dem Absturz der Düsenpassagiermaschine ein Bild der Verwüstung. (Wide World Photos)

den. Möglich war auch, daß der Fluglotse das ohne Höhenangabe dargestellte Ziel der Archer irrtümlich in der Annahme außer acht gelassen hatte, daß sich die Maschine unterhalb des beschränkten Luftraumes befände. Er könnte aber auch von seinen Flugüberwachungs-Aufgaben durch die Weitergabe der Mitteilung an die DC-9 abgelenkt worden sein, daß die Landebahn gewechselt würde. Oder er hatte das Ziel nicht bemerkt, weil die Bildauflösung des Radars durch eine Temperaturumkehrung in der Atmosphäre gemindert war. Ob eine oder mehrere dieser Umstände ihn an der Entdeckung des zivilen Leichtflugzeuges gehindert, und er deshalb keinen Verkehrshinweis an die Aeromexico gegeben hatte, konnte nicht geklärt werden.

Das US-amerikanische Bundesamt für Luftfahrt FAA schrieb nach diesem Unfall vor, daß alle Flugzeuge, die in einem Umkreis von 55 Kilometer von ihrem Ursprungs-Startort in eine TCA flogen, mit einem Abfragesender mit Höhencodierung ausgestattet sein mußten.

Datum: 6. November 1986, circa 11:30 Uhr
Ort: Vor den Shetland Inseln, England
Unternehmen: British International Helicopters Ltd
Flugzeugmuster: Boeing / Vertol 234LR Zivile Chinook (G-BWFC)

Bei dem schwersten Unfall eines zivilen Transport-Hubschraubers in der Luftfahrtgeschichte wurden 45 Insassen getötet. Der zweirotorige Turboshaft-Helikopter beförderte Arbeiter von dem Brent Ölfeld, als er in die Nordsee stürzte. Die Unfallstelle lag circa fünf Kilometer östlich des Flughafens Sumburgh und 30 Kilometer südlich von Lerwick, wo der Hubschrauber hätte landen sollen. Ein Passagier und der Flugkapitän, einer der drei Besatzungsmitglieder, kamen

mit dem Leben davon. Obwohl beide Überlebenden bereits zehn Minuten nach dem Absturz schwer verletzt von einem anderen Hubschrauber aus der Nordsee geborgen wurden, litten sie an Untertemperatur. In ihre Überlebensanzüge war eine beträchtliche Menge Wasser eingedrungen. Die sterblichen Überreste der Opfer wurden später bis auf eines gefunden. In fast allen Fällen war die Todesursache Trauma und nicht Ertrinken.

Das lokale Wetter zur Unfallzeit war schlecht. Es regnete, und die Sicht betrug 20 Kilometer. Die Untergrenze der nicht geschlossenen Wolkendecke lag bei 500 Meter, und der Wind erreichte in Böen eine Spitzengeschwindigkeit von fast 75 km / Std. Die See war rauh.

Rund 90 Prozent des Wracks konnte später aus dem circa 100 Meter tiefen Wasser geborgen werden. Die Untersuchung der Trümmer führte zu der offensichtlichen Unfallursache. Aus dem Zahnkranz des Hauptkegelrades der vorderen Getriebeeinheit war ein Teil herausgebrochen, das eine circa zwei Zentimeter breite Lücke zurückließ. Obgleich dieser Zwischenraum nur zwei oder drei Zähne breit war, veränderte er doch das Verhältnis zwischen dem Zahnrad des Kegelrades und dem Ritzel der Synchronwelle zu dem Getriebe des hinteren Triebwerkes. Das war ein Teil der empfindlichen Vorrichtung zur Einhaltung des richtigen Abstandes zwischen den beiden gegenläufigen Haupt-Rotorblättern. Der Verlust der Synchronisation ließ die hinteren Blätter die vorderen überholen und mit diesen zusammenstoßen. Die dadurch beschädigten Rotorblätter führten zu einer Unwucht des gesamten Rotors und einem sofortigen Abbrechen der hinteren Auslegereinheit mit den zugehörigen Getriebekomponenten. Nach dem Verlust der hinteren Rotoranlage fiel der Hubschrauber aus circa 150 Meter Höhe in einer schwanzlastigen Fluglage auf das Meer.

Eine zivile Boeing / Vertol 234LR Chinook der British Airways Helicopters, der Vorgängerin der British International Helicopters. Eine Maschine diesen Typs war in den Unfall über der Nordsee verwickelt. (Boeing)

Die Untersuchungen ergaben, daß der Bruch des Zahnrades seinen Ursprung in einem Ermüdungsriß hatte. Dieser ging von einer Aushöhlung an der Schraubenverbindung zwischen dem Ritzel und dem Getriebe aus, die aufgrund der Betriebsbeanspruchung und durch Korrision enstanden war. Die Rostbildung schien durch Wasser in der Ölversorgung der Maschine verstärkt worden zu sein. Das stand vermutlich in einem engen Zusammenhang mit dem Einsatz des Hubschraubers über dem Meer.

Bei der Schraubenverbindung handelte es sich um ein weiterentwickeltes Bauteil, das erst vor kurzem an die Betreiber mit der Auflage ausgeliefert worden war, das Drehmoment zwischen den Grundüberholungen zu überprüfen. Boeing / Vertol und die zuständigen Aufsichtsbehörden des Herstellerlandes (das US-amerikanische Bundesamt für Luftfahrt FAA) und der Betreibernation (die Britische zivile Luftfahrtbehörde CAA) hatten versäumt, die abweichenden Betriebsmerkmale des neuen Bauteiles vorauszusehen und seine ihm anhaftenden Schwachstellen zu ermitteln.

Die Britische Flugunfall-Untersuchungsbehörde AIB empfahl in ihrem Untersuchungsbericht unter anderem eine Überprüfung der allgemeinen Zulassungsverfahren. Diese müßten sicherstellen, daß alle Veränderungen an lebenswichtigen Bauteilen vor ihrer Freigabe für den Luftverkehr ausreichend geprüft und getestet wurden. Nach ihrer Einführung sollten sie außerdem weiter überwacht werden.

Datum: 9. Mai 1987, circa 11:15 Uhr
Ort: In der Nähe von Warschau, Polen
Unternehmen: Polskie Linie Lotnicze (LOT), Polish Airlines
Flugzeugmuster: Iljuschin IL-62MK (SP-LBG)

Die Düsenpassagiermaschine war von dem Okecie Flughafen der Polnischen Hauptstadt zu einem außerplanmäßigen Transatlantikflug mit Ziel New York City gestartet. Bei ihrem Steigflug auf die Reiseflughöhe trat in 8000 Meter Höhe eine nicht zu behebende Störung am Triebwerk zwei auf. Sie wurde durch ein ausgeschlagenes Kugellager ausgelöst, das einen unrunden Lauf der Welle im Hochdruckteil der Turbine verursachte.

Eine schadhafte Halterung gab dann dem erzeugten Druck nach und ließ die Welle in den Niederdruckteil der Turbine einschlagen. Darauf begann sich das Turbinengebläse unkontrolliert zu drehen und fiel aufgrund der einwirkenden Fliehkraft auseinander. Seine Trümmerteile zerfetzten das Triebwerk eins und drangen in den Flugzeugrumpf ein. Dort beschädigten sie die Höhensteuerung und durchschnitten elektrische Kabelverbindungen. Das führte zum Verlust des Kabinendruckes. Im Frachtraum brach zusätzlich ein Feuer aus, das wegen der beschädigten Elektroleitungen nicht auf den Instrumenten in der Pilotenkabine angezeigt wurde.

Die Besatzung setzte die Höhenruder-Trimmung zur Steuerung der Maschine ein und kurvte bei gleichzeitiger Einleitung des Sinkfluges zum Startort zurück. Die Düsenpassagiermaschine stürzte jedoch während des Direktanfluges fünf Kilometer vor der Landebahn in ein Waldgebiet. Das Flugzeug war aufgrund des Feuers unkontrollierbar geworden. Alle 182 Insassen (172 Passagiere und zehn Besatzungsmitglieder) fanden bei dem Unglück den Tod. Die Wetterverhältnisse hatten keinen Einfluß auf den Unfall.

Nach diesem Absturz wurde an allen IL-62 dieser Baureihe ein in der Seitenflosse untergebrachter Treibstofftank entfernt und die Zeitspanne zwischen den Grundüberholungen des D-30KU Triebwerkes dieses Musters verkürzt.

Schwelende Trümmerteile in dem Waldgebiet markieren die Absturzstelle der LOT Polish Airlines IL-62MK nach der mißglückten Notlandung. (Wide World Photos)

Datum: 16. August 1987, 20:45 Uhr
Ort: Romulus, Michigan, USA
Unternehmen: Northwest Airlines, USA
Flugzeugmuster: McDonnell Douglas DC-9 Super 82 (N312RC)

Flug 255 hob von der Startbahn 03C des Detroiter Metropolitan Wayne County Flughafens mit Ziel Phoenix, Arizona, ab. Das war eine Teilstrecke des Inlandfluges von Saginaw, Michigan, nach Orange City, Südkalifornien. Die Düsenpassagiermaschine stieß 14 Sekunden nach dem Start mit ihrer linken Tragfläche in zwölf Meter Höhe über Grund gegen einen 800 Meter hinter dem Startbahnende stehenden Lichtmast.

Noch während des Einfahrens des Fahrwerkes stutzte sie weitere Lampenstangen und deckte ein Hausdach ab. Danach rollte die DC-9 in eine Querlage von über 90 Grad, zerschellte am Boden und ging in Flammen auf. Die Trümmer verteilten sich unter Eisenbahn- und Straßenbrücken entlang einer Straße. Das Unglück forderte insgesamt 156 Tote. Darunter befanden sich die sechs Besatzungsmitglie-

der des Flugzeuges und zwei Fahrzeuginsassen, deren Wagen bei dem Absturz der Düsenpassagiermaschine getroffen wurden. Der einzige überlebende Passagier war ein vier Jahre junges Mädchen, das mit ihren Eltern reiste. Sie erlitt schwere Brandwunden, einen Schädelbruch und weitere aufschlagbedingte Verletzungen. Fünf weitere Personen wurden am Boden verletzt, einer davon schwer. Zahlreiche Fahrzeuge wurden zerstört. Drei davon befanden sich auf der Straße, die restlichen auf einem Abstellplatz einer Autovermietung.

Die Untersuchung der Wrackteile erbrachte keinen Hinweis auf einen Fehler der Triebwerke, der Flugzeugsteuerung oder der Avionik, der unmittelbar mit dem Unfall in Verbindung gestanden hätte. Sie führte aber zu einer bedeutungsvollen Feststellung: Die Landeklappen und die Hilfsflügel der Flügelvorderkanten waren zur Absturzzeit eingefahren. Das wurde auch durch die Stellung des Landeklappen-/Hilfsflügel-Bedienungshebels in der Pilotenkabine und den Ausdruck des digitalen Flugschreibers bestätigt, dessen Aufzeichnungsparameter diese Meßdaten einschlossen.

Die Abbildung illustriert die Flugprofile der DC-9 Super 80 bei verschiedenen Konfigurationen. Das mit der durchgehenden Linie führte zu dem Absturz auf dem Flughafen Detroit. (US-amerikanische Transport-Sicherheitsbehörde NTSB)

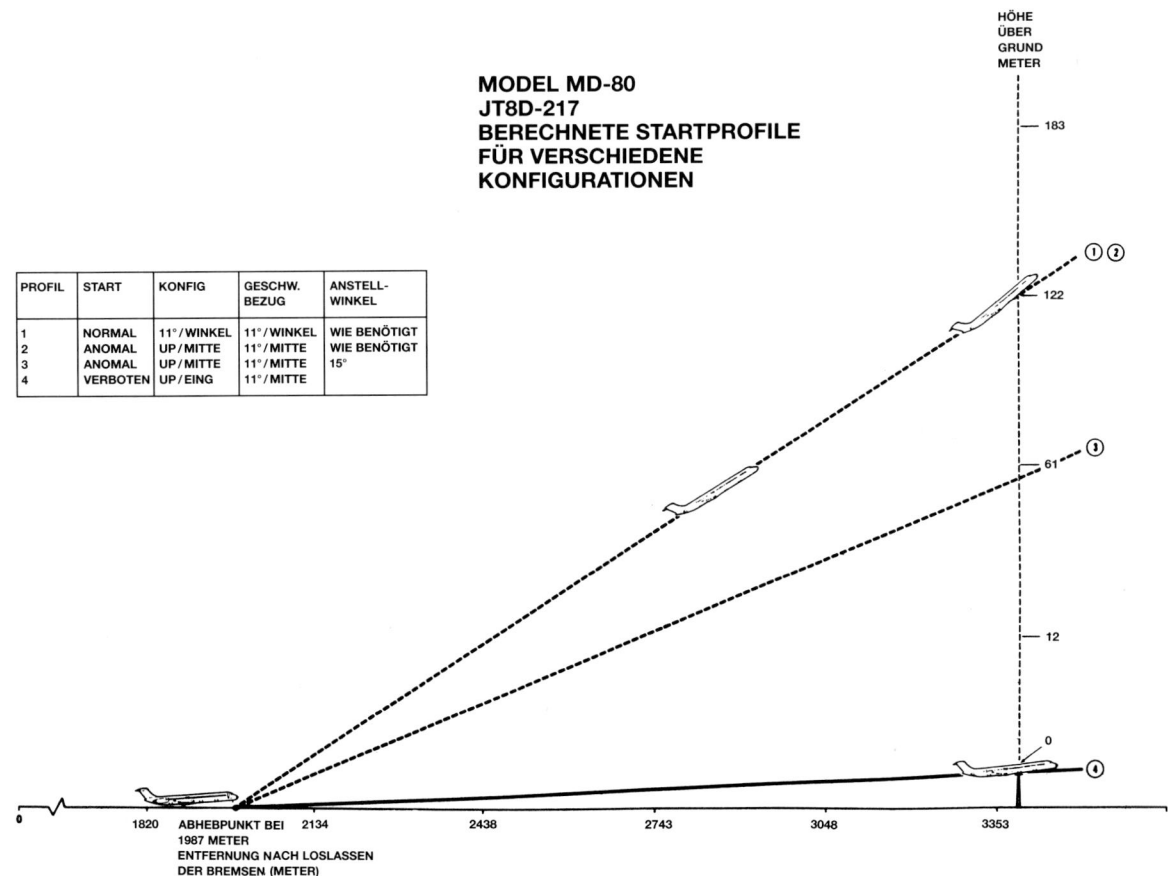

MODEL MD-80
JT8D-217
BERECHNETE STARTPROFILE
FÜR VERSCHIEDENE
KONFIGURATIONEN

PROFIL	START	KONFIG	GESCHW. BEZUG	ANSTELL-WINKEL
1	NORMAL	11°/WINKEL	11°/WINKEL	WIE BENÖTIGT
2	ANOMAL	UP/MITTE	11°/MITTE	WIE BENÖTIGT
3	ANOMAL	UP/MITTE	11°/MITTE	15°
4	VERBOTEN	UP/EING	11°/MITTE	

HÖHE
ÜBER
GRUND
METER

— 183
— 122 (1)(2)
— 61 (3)
— 12
— 0 (4)

1820   ABHEBPUNKT BEI   2134   2438   2743   3048   3353
        1987 METER
        ENTFERNUNG NACH LOSLASSEN
        DER BREMSEN (METER)

Die Auswertung des Gesprächaufnahmegerätes enthüllte zudem, daß keiner der zweiköpfigen Besatzung nach der Kontrolliste für das Rollen gefragt, oder die darin genannten Verfahren durchgeführt hatte, deren erster Schritt das Ausfahren der Landeklappen und Hilfsflügel war. Der Erste Offizier sollte nach den Betriebsanweisungen der Northwest Airlines die Klappen eigentlich zu Beginn des Rollens setzen. Der Copilot der N312RC war zu dieser Zeit aber damit beschäftigt, Informationen über einen Startbahnwechsel entgegenzunehmen. Nach der Aufnahme dieser Mitteilung des automatischen Flughafen-Informationsdienstes hatte die DC-9 vermutlich bereits die Stelle passiert, an der die Klappen gewöhnlich schon ausgefahren waren. Das könnte den Copiloten irrtümlich glauben lassen haben, diese Aufgabe wäre bereits erledigt gewesen.

Nach der genannten Betriebsanweisung soll der Flugkapitän die Durchführung der Kontrollist-Verfahren einleiten. Der Flugkapitän von Flug 255 forderte aber weder zu den vorgeschriebenen Überprüfungen nach dem Anlassen der Triebwerke und dem Beginn des Rollens, noch zu denen vor dem Start auf. Er überließ das der Verantwortung seines Ersten Offizier, der ihr nicht nachkam. Die Besatzung schien zudem verwirrt über die Lage eines Rollweges gewesen zu sein, obwohl der Flugkapitän diesen Flughafen schon mehrmals angeflogen war. Die US-amerikanische Transport-Sicherheitsbehörde NTSB folgerte aus diesen Gegebenheiten, daß die Arbeitsweise der Besatzung nicht der Norm ihrer Gesellschaft entsprach, obwohl die Piloten wegen ihres Könnens und Fachwissens einen guten Ruf unter ihren Kollegen erworben hatten. Die Kommission legte die Nichtdurchführung der vorgeschriebenen Kontrollist-Verfahren beim Rollen als Hauptunfallursache fest.

Die Super DC-9 besitzt ein ausgefallenes akustisches Steuerungskontrolle-Warnsystem (CAWS). Diese Anlage kann auch Fluglagen kurz vor dem überzogenen Flugzustand erkennen, die durch eine falsche Stellung der Landeklappen/Hilfsflügel entstehen. Sie wird durch die Betätigung der Triebwerks-Leistungshebel ausgelöst. Solch eine Warnung in Form einer Stimme, die »Landeklappen« oder »Hilfsflügel« ansagt, war jedoch auf dem Tonband des Gesprächaufnahmegerätes nicht zu hören. Die NTSB führte das auf eine Stromunterbrechung zu der CAWS-Anlage zurück. Als Ursache dafür wurde ein absichtliches Ausschalten des Systems durch die Besatzung oder das Bodenpersonal, eine vorübergehende Überbelastung der Stromversorgung, oder eine defekte Sicherung vermutet. Letztere hätte den Stromfluß unterbinden können, ohne das durch ein Herausspringen anzuzeigen. Die Unterbrechung des Stromkreises wurde als ein wesentlich zu dem Unfall beitragender Umstand angesehen.

Ohne ausgefahrene Landeklappen und Hilfsflügel sank die Steigflugrate des Flugzeuges stark ab. Gleichzeitig erhöhte sich seine Absackgeschwindigkeit. Das war auch ein Grund für die verhältnismäßig lange Start-Rollstrecke und den Umstand, daß die

N312RC nach dem Abheben trotz eines höher als normalen Steigflugwinkels nur wenig an Höhe gewann. Knapp eine Sekunde vor dem Abheben hörte man auf dem Tonband des Gesprächaufnahmegerätes die Auslösung des Steuersäulen-Rüttlers durch das Durchsack-Warngerät. In der Luft begann die Düsenpassagiermaschine sofort unkontrolliert mit den Tragflächen zu wackeln. Die Besatzung versuchte das durch den Einsatz der Störklappen abzustellen. Das horizontale Rollen und die Gegenmaßnahme der Piloten schränkte die Leistungsfähigkeit der DC-9 jedoch weiter ein.

Bei dem Zusammenprall mit dem Lichtmast war ein circa fünfeinhalb Meter langes Teil der äußeren Tragfläche abgebrochen. Dabei waren auch die Treibstofftanks beschädigt worden. Der ausströmende Treibstoff wurde von dem Triebwerk eins des Flugzeuges angesaugt und entzündete sich. Das erklärte das von einigen Augenzeugen beschriebene Feuer vor dem Aufschlag.

Das Unglück geschah in der Abenddämmerung. Das Wetter war zu dieser Zeit trocken. Unter einer hohen Wolkendecke und vereinzelten Wolken in 750 Meter Höhe betrug die Sicht rund 10 Kilometer. Der

Die Trümmer der Northwest Airlines Düsenpassagiermaschine liegen nach dem Absturz, der 156 Todesopfer forderte, unter den Straßen und Eisenbahnbrücken. (Wide World Photos)

wehte mit 21 km / Std aus Westen. Kurz vor dem Abflug von Flug 255 war ein Schwerwind Hinweis erfolgt. Auf dem Flugschreiber gab es aber keinen Hinweis, daß solch eine Wettererscheinung irgendeinen Einfluß auf den Absturz gehabt hätte. Die Ankündigung könnte jedoch die Handlungsweise der Besatzung so stark beeinflußt haben, daß ihre Fähigkeit zum Abfangen der Maschine beeinträchtigt war. Der das Flugzeug steuernde Flugkapitän hatte nach der Auslösung des Durchsackalarms offensichtlich den Steigungswinkel noch erhöht. Das deutete darauf hin, daß er ein Auftreffen auf einen Scherwind vermutet hatte. Das normale Verfahren zum Abfangen eines Flugzeuges aus einem überzogenen Flugzustand forderte ein nach vorne drücken der Flugzeugnase und das Ausfahren der Landeklappen. Mit dieser Methode wäre in diesem Fall vermutlich der Absturz zu vermeiden gewesen.

Alle Betreiber der Super DC-9 nahmen nach diesem Unfall eine zusätzliche Überprüfung in die Kontrolliste auf, um eine ordnungsgemäße Betriebsweise der CAWS Anlage zu gewährleisten. Die NTSB empfahl zusätzlich die Modifizierung der Kontrolllicht-Funktion, um die Unzulänglichkeit des Systems auszugleichen, eine Stromunterbrechung anzuzeigen.

Das US-Bundesgericht wies im Mai 1999 die Einlassung von Western Airlines zurück, McDonnell Douglas sei an dem Absturz mitverantwortlich. Es entschied, daß die Fluggesellschaft für alle Schäden aus dem Unfall haftbar war.

Datum: 31. August 1987, circa 15:30
Ort: Vor der Küste der Insel Phuket, Thailand
Unternehmen: Thai Airways
Flugzeugmuster: Boeing Advanced 737–2P5 (HS-TBC)

Alle 83 Insassen (74 Passagiere und neun Besatzungsmitglieder) fanden den Tod, als Flug 365 eineinhalb Kilometer östlich des Internationalen Flughafens von Phuket ins Meer stürzte. Die Düsenpassagiermaschine hatte auf ihrem Inlandflug von Hat Yai nach Bangkok dort zwischenlanden sollen. Die meisten Opfer und ein Großteil des Wracks, darunter auch der Flugschreiber und das Gesprächaufnahmegerät der Pilotenkabine, wurden anschließend geborgen.

Die Piloten hatten sich während des Landeanfluges besorgt über die Anwesenheit einer anderen Boeing 737 der Honkonger Fluggesellschaft Dragonair geäußert, die ebenfalls auf dem Flughafen landen wollte. Diese flog circa 150 Meter unterhalb ihrer Flughöhe auf einem unterschiedlichen Leitstrahl des UKW-Drehfunkfeuers (VOR) hinter ihnen. Wahrscheinlich hat das ihre Konzentration so stark beeinträchtigt, daß sie ihre eigene Geschwindigkeit vernachlässigten und unter die Mindestgeschwindigkeit sinken ließen. Die Thai Düsenpassagiermaschine geriet so in einen überzogenen Flugzustand, aus dem sie bei der geringen Flughöhe nicht mehr abzufangen war und ins Meer stürzte.

Neben dem Fehlverhalten der Piloten wurde das Versäumnis des Fluglotsen, die beiden Flugzeuge ausreichend zu staffeln, für den Absturz verantwortlich gemacht. Die Untersuchungskommission urteilte, daß Flug 365 zum Durchstarten hätte aufgefordert werden müssen, obwohl er näher am Flughafen gewesen ist. Tatsächlich hatte der Fluglotse zuerst der Dragonair die Landefreigabe erteilt, anschließend aber seine Anweisung geändert, und der Thai Besatzung die Erlaubnis gegeben, als erste zu landen.

Zwei Fluglotsen der Anflugkontrolle wurden nach dem Unfall andere Aufgaben zugewiesen. Ihr Vorgesetzter mußte sich einem Disziplinarverfahren unterziehen. Außerdem wurden Pläne für die Aufstellung eines Bodenradars auf dem Flughafen Phuket erstellt.

Datum: 28. November 1987, circa 04:00 Uhr
Ort: Indischer Ozean
Unternehmen: South African Airways
Flugzeugmuster: Boeing 747–244B Combi (ZS-SAS)

Flug 295 war von Taipeh, Taiwan, nach Johannesburg in Südafrika unterwegs. Auf der Insel Maritius sollte eine Zwischenlandung erfolgen. Die ersten neuneinhalb Stunden des Fluges verliefen ohne Zwischenfall. Dann meldete der Flugkapitän erste Schwierigkeiten mit Rauch. Er leitete eine Sinkflug auf Flugfläche 140 (4267 Meter) ein, erklärte einen Notfall und berichtete kurz darauf über Funk: »Nun sind eine Menge elektrischer Systeme ausgefallen. Uns bleibt nichts mehr an dem... Flugzeug jetzt«.

Die Großraum Düsenpassagiermaschine stürzte ungefähr drei Minuten nach der letzten Funkmeldung rund 250 Kilometer vor ihrem Ziel, dem Internationalen Sir Seawoosagur Ramgoolam-Plaisance Flughafen von Mahebourg auf Mauritius, ins Meer. Beim Aufschlag brach sie in tausende Teile auseinander und ließ auf dem circa 5000 Meter tiefen Meeresboden eine lange Trümmerspur zurück. Alle 159 Insassen (140 Passagiere und 19 Besatzungsmitglieder) fanden den Tod. Der Absturz erfolgte noch in der Dunkelheit. Das Wetter war jedoch gut. Die Sicht betrug mindestens zehn Kilometer, und am Himmel standen nur vereinzelte Kumulus- und Stratokumulus-Wolken.

Wrackteile wurden bis an die Küste von Südafrika angeschwemmt. Dabei handelte es sich um leichtere Frachtstücke und Gegenstände der Kabinenausrüstung. Die von den Wellen an die Küste von Madagaskar getriebenen Trümmerteile konnten aufgrund der Animosität zwischen dem Inselstaat und Südafrika nicht geborgen werden. Das Gesprächaufnahmegerät der Pilotenkabine wurde als einziges der drei Aufzeichnungsanlagen des Flugzeuges gefunden. Es lieferte trotz einer unvollständigen Tonaufnahme wertvolle Informationen. Das Hauptwrack wurde später mit Kameras und Videogeräten aufgenommen. Einzelne wichtige Wrackteile wurden geborgen. Sterbliche Überreste der Opfer wurden ebenfalls gefunden. Es konnten aber nur fünf der Opfer identifiziert werden.

Die geborgenen Beweisstücke reichten der Untersuchungskommission zu der Feststellung, das Feuer sei vor dem Aufschlag an der rechten vorderen Palette des oberen Frachtraumes der 747 ausgebrochen. Zahlreiche Frachtstücke wiesen ebenso wie die Wände des Raumes selbst Brandspuren auf. Und einige der Verkleidungsbleche des an den Laderaum angrenzenden Teils der Passagierkabine waren mit Ruß bedeckt.

Die gefundenen Beweise reichten jedoch nicht zur Bestimmung der Brandursache aus. Die Frachtstücke beinhalteten hauptsächlich Computer Zubehörteile. Die darin eingebauten Nickelkadmium und Lithium-Batterien wurden nicht als gefährlich angesehen.

Das Papp- und Plastikmaterial der Verpackungen war zweifellos an dem Auflodern der Flammen beteiligt, die sich nach der Auslösung des Alarmsystems durch die Rauchfühler blitzartig entzündet haben könnten. Die Verbrennung dieser Stoffe würde neben dem vom Flugkapitän gemeldeten Rauch auch Stickgase und Kohlenmonoxyd erzeugt haben. Diese giftigen Gase müssen dann in die Passagier- und vermutlich auch in die Pilotenkabine eingedrungen sein. Bei den durchgeführten Autopsien wurden bei zwei Opfern Kohlenmonoxyd-Vergiftungen festgestellt. Es wurde daher für möglich gehalten, daß die Passagiere und das Kabinenpersonal schon vor dem Aufschlag an den Folgen der giftigen Gase gestorben waren.

Die Flugbesatzung dürfte mindestens bis zum Erreichen einer geringeren Flughöhe ihre Notsauerstoffmasken getragen haben. Danach könnte sie ebenfalls handlungsunfähig geworden sein. Sicherlich war aber ihr körperliches und geistiges Leistungsvermögen beeinträchtigt. Rauch behinderte die Sicht innerhalb der Pilotenkanzel. Das könnte zu einem Orientierungsverlust oder einer Ablenkung der Piloten geführt, und damit zu dem unkontrollierten Sturzflug beigetragen haben. Möglich war auch, daß die Düsenpassagiermaschine bis zum Aufschlag auf dem Wasser in einer schwanzlastigen Fluglage Höhe verlor, weil sich die Besatzung voll auf den Notfall konzentrierte. Ihr Rumpf könnte dann in zwei Teile auseinandergefallen sein. Anzeichen sprachen dafür, daß die Tragflächen des vorderen Rumpfteiles bei dessen Auftreffen auf dem Wasser senkrecht zur Oberfläche des Ozeans gestanden waren.

Eine weitere Möglichkeit, beziehungsweise ein zusätzlich zu dem Unfall beitragender Umstand war, daß die Flammen die Struktur und Systeme des Flugzeuges beeinträchtigt hatten. Die Hitze hatte erwiesenermaßen die Außenhaut und Steuerungsorgane der 747 beschädigt. Besonders betroffen davon waren die Kabelführungsrollen der Höhen- und Seitenrudertrimmung und der mechanischen Steuerung der Höhenflossen.

Wenn ein Besatzungsmitglied zur Bekämpfung des Feuers in den Frachtraum gestiegen wäre, hätte er in der Hitze vor einer schwierigen Aufgabe gestanden. Die Sicht wäre dort aufgrund des Rauches und der wegen der Beschädigung der Elektrokabel ausge-

fallenen Beleuchtung sehr behindert gewesen. Das bei einem solchen Notfall vorgeschriebene Einschalten des Luftumwälz-Gebläses hätte die Lage in Wirklichkeit noch verschlimmert, weil damit Rauch in die Kabine gelangen konnte. Der Brand hätte vielleicht eingedämmt oder gelöscht werden können. Das wäre aber zu spät gewesen, um den Absturz zu verhindern.

Zwei Jahre nach dem Absturz erließ das US-amerikanische Bundesamt für Luftfahrt FAA eine Lufttüchtigkeits-Anordnung für die Frachträume der Klasse B, das heißt für Laderäume einer bestimmten Größe und Aufnahmefähigkeit mit leichtem Zugang. Die Betreiber konnten die Frachträume entweder auf die Anforderungen der Klasse C (in sich abgeschlossene Laderäume) umrüsten; oder mit einer Feuerwarn-, Feuerunterdrückungs- und Feuerlöschanlage ausstatten; oder nur für die Beladung mit Fracht in feuerhemmenden Behältern zulassen.

Datum: 29. November 1987, circa 11:30 Uhr
Ort: Vor der Westküste Birmas, Myanmar
Unternehmen: Korean Air, Südkorea
Flugzeugmuster: Boeing 707–3B5C (HL-7406)

Flug 858 war von Abu Dhabi in den Vereinigten Arabischen Emiraten nach Bangkok in Thailand unterwegs, einer Teilstrecke des Liniendienstes von Bagdad im Irak nach Seoul in Südkorea. Die Düsenpassagiermaschine ging mit 115 Personen an Bord über der Andamanensee verloren. Später wurde circa 50 Kilometer südwestlich der Ye Mündung ein halb aufgeblasenes Rettungsboot der HL-7406 aus dem Wasser gefischt. Überlebende oder sterbliche Überreste der Opfer konnten keine entdeckt werden.

Ein Zeuge auf einem Fischerboot hatte Minuten nach der letzten Standortmeldung des Fluges einen grellen Feuerschein am Himmel beobachtet, von dem eine Rauchfahne bis auf die Wasseroberfläche ausgegangen war. Das Flugzeug hätte zu dieser Zeit in einer Höhe von 11.300 Meter fliegen sollen.

Ein koreanisches Paar, das des Sabotageanschlages auf die 707 verdächtigt wurde, schluckte zwei Tage später Gift, um seiner Verhaftung in Bahrein zuvorzukommen. Der ältere Mann starb. Seine jüngere Komplizin überlebte den Selbstmordversuch und gestand später, beim Besteigen des Flugzeuges in Bagdad eine Bombe an Bord mitgenommen, und diese beim Verlassen der Maschine in Abu Dhabi in der Handgepäckablage über den Sitzen der Kabine zurückgelassen zu haben. Die im Handgepäck versteckte Vorrichtung bestand aus hochexplosivem Plastik-Sprengstoff in einem Kofferradio und einer mit flüssigem Sprengstoff gefüllten Flasche mit einem Zeit-Verzögerungszünder. Die Sprengladung war stark genug gewesen, um ein sofortiges teilweises Auseinanderbrechen des Flugzeuges verursachen zu können. Südkorea beschuldigte Nordkorea der Mittäterschaft bei diesem feigen Massenmord.

Der Staatspräsident Südkoreas begnadigte 1990 die zum Tode verurteilte Saboteurin.

Datum: 18. Januar 1988, circa 22:15 Uhr
Ort: In der Nähe von Tschunking, Szetschuan, China
Unternehmen: China Southwest Airlines
Flugzeugmuster: Iljuschin IL-18D (B-222)

Flug 4146 war auf seinem Inlandsflug nur noch zehn Minuten von der Landung auf dem Jiangbei Flughafen von Tschunking entfernt, als die Turboprop Verkehrsmaschine abstürzte und ausbrannte. Alle 108 Insassen (98 Passagiere und zehn Besatzungsmitglieder) fanden bei dem Unglück den Tod.

Der rechte Anlasser von dem Triebwerk vier des Flugzeuges war vor dem Absturz so heiß gelaufen, daß das Ölzuführungsrohr der Propellerverstellung überhitzt wurde und bei dem Versuch der Besatzung abbrach, die zugehörige Luftschraube in Segelstellung zu fahren. Der Motor fing anschließend Feuer, und sein Tragrohr brach ab. Der Propeller des Triebwerkes eins fuhr aufgrund der Erschütterungen selbstständig in Segelstellung, und die IL-18 stürzte dann nach einem Verlust der Steuerung auf einen Acker.

Der Unfall ereignete sich nachts. Die Wetterverhältnisse hatten keinen Einfluß.

Datum: 17. März 1988, 13:17 Uhr
Ort: In der Nähe von Cucuta, Santander Norte, Kolumbien
Unternehmen: Aervias Nacionales de Colombia SA (AVIANCA)
Flugzeugmuster: Boeing 727–21 (HK-1716)

Alle 139 Insassen (132 Passagiere und sieben Besatzungsmitglieder) des Inlandfluges nach Barranquilla und Cartagena in der Provinz Atlantico wurden getötet, als die Düsenpassagiermaschine wenige Minuten nach dem Start von dem Camilo Daza Flughafen von Cucuta gegen einen Berg prallte.

Der Unfall wurde auf einen Fehler des verantwortlichen Flugzeugführers zurückgeführt. Er hatte das Abflugverfahren bei dunstigen und diesigen Wetterverhältnissen nach Sichtflugregeln (VFR) durchgeführt. Nach dem Abheben von Startbahn 33 war die 727 nach links auf einen Kurs von 300 Grad gekurvt. Diese Flugrichtung hatte sie bis zu ihrem Aufschlag in circa 1800 Meter über dem Meeresspiegel beibehalten.

Die Untersuchungskommission empfahl in ihrem Bericht, Düsenflugzeuge nur nach Instrumentenflugregeln (IFR) an- und abfliegen zu lassen. Außerdem sollte der Zugang zu der Pilotenkabine von Verkehrsflugzeugen ausschließlich Besatzungsmitgliedern gestattet sein.

Datum: 3. Juli 1988, circa 10:30 Uhr
Ort: Persicher Golf
Unternehmen: Iran Air
Flugzeugmuster: Airbus Industrie A300B2–202 (EP-IBU)

Die US-Regierung hatte im Mai 1987 ihre Marineeinheiten mit dem Geleitschutz der Kuwaitischen Öltanker bei deren Fahrt durch den Persischen Golf beauftragt. Diese Maßnahme sollte die Angriffe auf Handelsschiffe verhindern, die Teil des fast acht Jahre andauernden Krieges zwischen Iran und Irak geworden waren. Diese Verwicklung sollte den Vereinigten Staaten teuer zu stehen kommen. Bei einem vermutlich zufälligen Raketenangriff eines Irakischen Mirage-Jägers auf die Fregatte Stark wurden 37 Amerikanische Marinesoldaten getötet.

Nach dem Stark Zwischenfall waren die Gefechtsanweisungen der US-Kommandeure neu formuliert worden. Sie enthielten ihre Zuständigkeit für Schutzmaßnahmen bei einer erkannten feindlichen Bedrohung. Die amerikanischen Einheiten im Golf wurden vor dem 3. Juli 1988 in erhöhte Alarmbereitschaft versetzt. Hintergrund war eine vermutete Offensive Irans als Vergeltung für die zuletzt errungenen militärischen Erfolge des Irak. Diese Periode erstreckte sich über das Feiertagswochenende des Amerikanischen Unabhängigkeitstages.

An diesem bestimmten Sonntag Morgen wurde der US-Marine Kreuzer Vincennes in das Gebiet der Straße von Hormus entsandt, wo Meldungen zufolge einige Iranische Kanonenboote Handelsschiffe bedrohten. Eines dieser kleinen Schiffe eröffnete ungefähr zwei Stunden später das Feuer auf einen Hubschrauber, der an Bord der Vincennes stationiert war. In das sich anschließende Seegefecht war neben der Vincennes auch die Amerikanische Fregatte Elmer Montgomery verwickelt.

Unterdessen war der Iran Air Flug 655 von dem Flughafen Bandar Abbas gestartet, der auch von Militärflugzeugen wie der (in den USA gebauten) F-14 benutzt wurde. Das Zielecho des A300 wurde von der Besatzung der Vincennes sofort nach dem Abheben auf ihrem Schiffradar entdeckt. Kurz danach gingen in dem Nachrichtenraum des Gefechtsstandes des Kreuzers Meldungen über Aktivitäten iranischer F-14 ein. Außerdem wurde eine Betriebsart II Anzeige eines Freund-Feind Identifizierungsgerätes entdeckt, die gewöhnlich von einem Miltärflugzeug stammte. Das Ziel wurde von der Besatzung als eine F-14 identifiziert.

Als die Großraum Düsenpassagiermaschine mit Ziel Dubai in den Vereinigten Arabischen Emiraten dem Gefechtsgebiet auf einem Kurs von 200 Grad näher kam, wurde sie mehrmals gewarnt. Eine Warnung erhielt sie von einer anderen Amerikanischen Fregatte, der John Sides, die restlichen stammten von der Vincennes . Die Ansprachen erfolgten sowohl auf der militärischen Not- als auch auf der Internationalen Luftabwehr-Frequenz und enthielten die Warnung vor Abwehrmaßnahmen.

Zu dieser Zeit sah sich die Besatzung der Vincennes einer Vielfalt von Ereignissen ausgesetzt. Sie war neben der vermuteten Bedrohung aus der Luft immer noch in das Seegefecht verwickelt. Da zudem eines ihrer beiden Schiffsgeschütze ausgefallen war, mußte sie das Schiff laufend manövrieren, um für das verbliebene Geschütz freie Schußbahn zu haben. Zusätzlich befand sich mittlerweile circa 110 Kilometer nordwestlich ein Iranisches P-3 Orion Patrouille-Flug-

Ein Flugzeug dieser Iran Air A300B2–202 Version wurde von einem US-Kriegsschiff über dem Persischen Golf abgeschossen. (Airbus Industrie)

zeug in der Luft, das nach ihrer Vorstellung Zielinformationen an die vermuteten Jagdflugzeuge weitergab.

Der Kommandeur der *Vincennes*, Kapitän Will Rogers III, handelte unter dem momentanen Zeitdruck so, wie er es zum Schutz seines Schiffes für notwendig hielt. Er ordnete das Abfeuern zweier Boden-Luft-Raketen auf das Ziel an. Sekunden später stürzte die A300 in die Straße von Hormus. Sie hatte sich beim Einschlag der Raketen in 4100 Meter Höhe noch circa 16 Kilometer von dem Kampfschiff entfernt befunden. Keiner der 290 Insassen (278 Passagiere und zwölf Besatzungsmitglieder) überlebte die Tragödie. Anschließend wurden circa zehn Kilometer östlich der Insel Henqam auf dem Wasser treibende Trümmerteile und Opfer gefunden. Später konnten fast 200 Tote geborgen werden.

Der tragische Zwischenfall wurde von der US-Marine und der Internationalen Zivilluftfahrt-Organisation ICAO untersucht. Der Abschlußbericht der Marine enthielt einen Widerspruch zwischen den Erinnerungen der Zeugen und den Bandaufzeichnungen des AEGIS Abwehr/Radarsystems der *Vincennes*. Der größte Gegensatz bestand vermutlich in der Identifizierung der EP-IBU als militärisches Ziel, obwohl das Radarecho auf dem Bildschirm eindeutig einen Code III des Abfragegerätes darstellte, was ein Indiz (wenn auch kein eindeutiger Beweis) für ein ziviles Flugzeug war.

Die Verwechslung war offenbar schon bei dem Abflug der A300 geschehen, als die Schiffsbesatzung zeitweilig ein Signal der Betriebsart II entdeckt hatte. Die Untersuchungskommission der Marine war der Ansicht, daß dieser Code von einer Militärmaschine am Boden ausgesandt worden war, obwohl der Flughafen außerhalb der Sichtlinie des Schiffes gelegen hatte. Das könnte eine F-14 oder sogar ein C-130 Transportflugzeug gewesen sein. Die durch eine starke Wasserverdunstung beeinflußten atmosphärischen Bedingungen ließen eine Beugung und Ablenkung der Radarsignale für möglich erscheinen. Der Wachleiter der Identifizierungsstelle auf dem Schiff hatte sofort nach dem Abheben der A300 die Radarzielverfolgung auf das Echo von Flug 655 aufgeschal-

tet. Als sich die EP-IBU dann der *Vincennes* näherte, wurde sie noch immer als Jagdflugzeug dargestellt. Interessanterweise hat nur ein Offizier in dem Gefechtstand des Schiffes auf die Möglichkeit hingewiesen, daß es sich bei dem Ziel um eine Passagiermaschine handeln könnte.

Ein weiterer bedeutungsvoller Widerspruch bestand in den fortwährenden Meldungen der Besatzung, das Flugzeug würde sinken, und den aufgezeichneten Daten, die ein Steigen der Maschine bewiesen. Die angezeigte Geschwindigkeit der A300 war während der Zielverfolgung leicht angestiegen und wurde zum Zeitpunkt des Raketeneinschlages mit 705 km/Std gemessen. Die irrtümlichen Meldungen über ein Sinken könnten in der Aufregung über das unmittelbar bevorstehende Kampfgeschehen erfolgt sein, wenn der Koordinator der taktischen Informationen nur Entfernungsmeßwerte weitergeben hätte, die als Flughöhen verstanden worden wären. Er könnte aber auch seine angezeigten Meßwerte mißdeutet und Höhe und Entfernung verwechselt haben.

Der Flugabwehr-Offizier teilte seinem Kapitän 100 Sekunden vor dem Abfeuern der Raketen mit, das Radarziel habe seine Flugrichtung geändert, verliere schnell an Höhe und nähere sich mit zunehmender Geschwindigkeit der *Vincennes*. Er unternahm jedoch keinen Versuch, sich von dieser Information vorher selbst zu überzeugen. Dabei hätte ein kurzer Blick auf die Anzeigekonsole direkt vor ihm gereicht, sich von dem Ansteigen der Höhe zu überzeugen. Er vertraute jedoch blindlings auf das Urteilsvermögen der beiden zweitrangigen Maate, und gab dem Marinebericht zufolge, gestützt auf sein eigenes subjektives Gefühl der Bedrohung, deren Beurteilung der Lage an seinen Kommandeur weiter. Die Annahme, das Flugzeug stürze steil auf das Schiff zu, könnte bei der Entscheidung zu seinem Abschuß ausschlaggebend gewesen sein.

Die EP-IBU hatte offensichtlich den festgesetzten Korridor A59 nicht verlassen, wenngleich sie fünf bis sechs Kilometer von dessen Mittellinie entfernt flog. Ihre Flughöhe war im Vergleich zu dem sonstigen Linienverkehr niedriger, dessen Streckenprofil auf der großen Projektwand des Gefechtsstandes der *Vincennes* dargestellt war.

Ein weitere Rolle spielte das Versäumnis der Iran Air Besatzung, auf die erfolgten Warnungen zu antworten. Die A300 war zwar nicht zum Empfang der militärischen Notfrequenz ausgerüstet, ihre Piloten hätten aber auf Anweisung ihrer Fluggesellschaft bei Flügen über der Golf-Region die Luftabwehr-Frequenz abhören müssen. Das Ausbleiben jeglicher Reaktion könnte bedeuten, daß sie das unterlassen, oder möglicherweise die Warnungen nicht mit ihrem Flugzeug in Verbindung gesetzt hatten.

Weder die *Vincennes* noch die *Elmer Montgomery* hatten Emissionen des Wetterradars der A300 aufgenommen. Das hätte geholfen, sie als Verkehrsmaschine zu identifizieren. Der ICAO Untersuchungsbericht stellte hierzu fest, daß die Wetterverhältnisse mit einer geschätzten Sichtweite von 13 bis 16 Kilometer und nur vereinzelten Wolken in 60 Meter Höhe den Einsatz des Radars nicht erforderlich gemacht hatten. (Das Wetter war so, daß die Schiffsbesatzung die Passagiermaschine nie zu sehen bekam).

Das heftige Manövrieren des Schiffes, das Ausrüstungsgegenstände im Gefechtsstand umstürzen ließ, der Gefechtslärm, das Flackern der Lichter auf der Projektwand und die laufenden Zurufe erhöhten die Nervosität während der Überprüfung des Flugzeuges. Eine wichtige Rolle spielte zudem der Zeitfaktor. Von dem Erkennen einer möglichen Bedrohung bis zu der Abschußentscheidung durch den Kapitän waren nur drei Minuten und 40 Sekunden vergangen.

Die Marine verteidigte in ihrem Bericht die Handlungen von Kapitän Rogers und seiner Besatzung. Sie bezeichnete den Abschuß von Flug 655 als einen »tragischen und bedauernswerten Unfall«, und wies Iran eine beträchtliche Mitschuld an dem Geschehen zu, weil er Passagierflugzeugen den Durchflug durch ein » Kriegsgebiet« erlaubte.

Kritik kam dagegen aus einer unvermuteten Ecke. Der Kapitän der *John Sides*, Fregattenkapitän David R. Carlson, behauptete in einem Artikel des von dem Marineinstitut herausgegebenen Magazins *Proceedings*, daß es keinen vernünftigen Grund für den Abschuß des Airbus gegeben hatte. Die Aktionen der *Vincennes* seien jedoch schon am Tage vor dem Zwischenfall »durchwegs angrifflustig« erschienen. Er ließ durchblicken, daß der Kreuzer das Geplänkel mit den Kanonenbooten in Wirklichkeit selbst provoziert hatte. Die Besatzung der *John Sides* hatte die EP-IBU ebenfalls auf dem Radar verfolgt. Sie wurde von ihrem Kapitän Carlson aber nicht als Bedrohung angesehen.

Die ICAO stellte eine mangelnde Verständigung zwischen militärischen und zivilen Stellen fest. Sie empfahl ihnen, in Zukunft auf der Grundlage der bestehenden Verfahren zusammenzuarbeiten, um eine Wiederholung solch einer Tragödie zu vermeiden. Die US-Marine ging noch einen Schritt weiter. Sie legte der ICAO nahe, das Luftstraßennetz für die Verkehrsmaschinen über diesem Gebiet zu ändern. Sie betonte, daß sie nur Flugzeuge in Höhen über 7500 Meter nicht als Bedrohung ansehen würde.

Datum: 19. Oktober 1988, circa 07:00 Uhr
Ort: In der Nähe von Amdabad, Gujarat, Indien
Unternehmen: Indian Airlines
Flugzeugmuster: Boeing 737–2A8 (VT-EAH)

Flug 113 aus Bombay befand sich am Ende seines Inlanddienstes im Endanflug auf Landebahn 23 des Flughafens von Amdabad. Dabei stürzte die Düsenpassagiermaschine ab. 130 Flugzeuginsassen fanden den Tod. Dazu zählte auch die gesamte sechsköpfige Besatzung. Sechs Passagiere überlebten das Unglück schwer verletzt.

Das Flugzeug hatte Berichten zufolge die Landebahn unterschossen und war circa fünf Kilometer vor deren Schwelle gegen Bäume und einen Hochspannungsmast geprallt. Anschließend war es auf einem Feld zerschellt und ausgebrannt. Der Flughafen und dessen unmittelbare Umgebung waren zu Unfallzeit in Dunst eingehüllt.

Datum: 21. Dezember 1988, circa 19:00 Uhr
Ort: Lockerbie, Dumfriesshire, Schottland
Unternehmen: Pan American World Airways, USA
Flugzeugmuster: Boeing 747–121 (N739PA)

Wahrscheinlich war kaum einem der Insassen von Flug 103 die über ihm schwebende Gefahr bekannt. Die US-Botschaft in Helsinki, Finnland, hatte zwar 16 Tage zuvor eine anonyme telofonische Warnung über einen Sabotageversuch erhalten, der irgendwann in den folgenden zwei Wochen gegen eine Pan American Verkehrsmaschine auf der Route von Frankfurt, Deutschland, nach den Vereinigten Staaten erfolgen würde. Das US-amerikanische Bundesamt für Luftfahrt FAA gab diese Warnung an die Fluggesellschaft und verschiedene Amerikanischen Botschaften weiter. Vermutlich beabsichtigte es damit, den Staatsbediensteten die Möglichkeit zu geben, selbst zu entscheiden, ob sie ihre Reisepläne ändern wollten. Die Öffentlichkeit wurde über diese Drohung nicht unterrichtet, da dies den Terroristen ungewollte Publicity und Glaubwürdigkeit gegeben hätte, während die Fluggesellschaft dadurch möglicherweise großen finanziellen Schaden erleiden würde. Außerdem war die Drohung von einigen Behörden als unglaubwürdig abgetan worden.

Auf der ersten Teilstrecke des Fluges wurde eine Boeing 727 eingesetzt. In London stiegen 47 weiterreisende Passagiere auf die größere 747 um und gesellten sich zu deren 194 Flugreisenden. Insgesamt befanden sich jetzt 243 Passagiere und 16 Besatzungsmitglieder an Bord der N739PA. Das in Frankfurt abgefertigte Gepäck wurde ohne nochmalige Überprüfung ebenfalls in die 747 umgeladen. Die Großraum Düsenpassagiermaschine startete dann mit einer fast halbstündigen Verspätung vom dem Londoner Heathrow Flughafen mit Ziel New York City.

Die 747 befand sich knapp 40 Minuten später bei guter Sicht im Reiseflug auf Flugfläche 310 (circa 9450 Meter). Sie flog mit einem ungefähren rechtweisenden Kurs von 320 Grad durch die Dunkelheit. Unter ihr lag eine gebrochene Wolkendecke. Plötzlich wurde sie von einer schweren Explosion in einem der Gepäckbehälter ihres vorderen Frachtraumes auseinandergerissen. Wrackteile und Opfer schleuderten über eine große Fläche. Die Tragflächen fielen zusammen mit dem Rumpfmittelteil in das Wohngebiet des Stadtteils Sherwood von Lockerbie. Sie schlugen dort einen circa 50 Meter langen und zehn Meter breiten Krater in den Boden und gingen in Flammen auf. Alle 259 Flugzeuginsassen und elf Personen am Boden fanden bei dem Absturz den Tod. Fünf weitere Menschen wurden verletzt und mehr als 20 Häuser zerstört oder so stark beschädigt, daß sie reif zum Abbruch waren.

Die Britische Flugunfall-Untersuchungsbehörde (AIB) bestätigte eine Woche nach der Katastrophe die Vermutung vieler Beobachter, daß Flug 103 einem Sabotageanschlag zum Opfer gefallen war. Die AIB war auf Spuren eines »hochexplosiven Sprengsatzes« gestoßen, der ihrer Ansicht nach aus dem Plastik-Sprengstoff Semtex bestanden hatte. Einige identifizierte Teile des Gepäckbehälters wiesen typische Anzeichen solch einer Detonation auf. Die Bombe hatte sich offenbar in dem Gehäuse eines Radiorekorders befunden, der in einem Handkoffer verstaut worden war.

Die von der Explosion unmittelbar ausgelöste starke Stoßwelle sprengte die Seite und den Boden des Behälters. Sie zersplitterte und verformte dann bei ihrer weiteren Ausdehnung die Innenseite der Rumpfaußenhaut. Ihr folgte eine zweite kräftige Stoßwelle. Sie wurde teilweise durch die Reflexion der vorhergehenden an den Gepäckstücken unmittelbar hin-

ter dem Explosionsherd, in erster Linie jedoch durch die chemischen Veränderungen des Sprengstoffes nach der Detonation verursacht. Durch sie dehnte sich die Außenhaut und bildete Blasen. Das führte zu einem sternförmigen Auseinanderplatzen der Rumpfbespannung. Die Bruchstellen breiteten sich in unterschiedliche Richtungen aus.

Die Explosion riß vor der linken Tragfläche ein fünf Meter hohes und eineinhalb Meter breites Loch in die Rumpfunterseite der 747 und zertrümmerte den Kabinenboden ihres Hauptdecks. Das Rumpfvorderteil fiel innerhalb von drei Sekunden nach der Detonation völlig ab. Gleichzeitig begann der restliche Teil der Düsenpassagiermaschine nach links zu rollen, und eine stark schwanzlastige Fluglage einzunehmen. Ursache hierfür waren vermutlich Einwirkungen auf die Steuerkabel beim Bersten des oberen Kabinenbodens und der Träger des Hauptdecks. Der Neigungswinkel des Flugzeuges nahm während des Auseinanderbrechens immer mehr zu. Die 747 stürzte dann ab einer Höhe von circa 5800 Meter senkrecht nach unten. Alle vier Triebwerke lösten sich noch in der Luft ab, und das Rumpfhinterteil fiel während des vertikalen Sturzfluges auseinander.

Ein großes Teilstück des Rumpfes schlug in dem Wohngebiet des Stadtteils Rosebank von Lockerbie auf. Den vorderen Rumpfabschnitt mit der Pilotenkabine fand man in dem hügeligen Gelände vier Kilometer östlich der Stadt. Kleinere Trümmerstücke wurden von den westlichen Winden über zwei Gebiete zerstreut. Eins dehnte sich nach Osten bis hinter die Stadt Langholm, das andere auf eine Entfernung von rund 130 Kilometer bis hin zur Ostküste Englands aus.

Mit dem Krater und den ausgebrannten Häusern bietet die Absturzstelle der Pan Am 747 ein Bild der Verwüstung. (Reuters / Bettmann)

Die Pilotenkabine und das Rumpfvorderteil der N739PA liegen noch relativ gut erhalten in der schottischen Landschaft. (Wide World Photos)

Eine multinationale Untersuchung des Bombenanschlages auf Flug 103 führte zu mehreren Theorien über die möglichen Motive. Anfangs hielt man es für sehr wahrscheinlich, daß der Terrorakt von der Volksfront zur Befreiung Palästinas verübt worden war. Diese von Syrien aus agierende Organisation wurde von der Iranischen Regierung als Vergeltungsmaßnahme für den versehentlichen Abschuß einer Iran Air A300 durch ein Kriegsschiff der US-Marine Mitte des Jahres (siehe Seite 198) finanziell unterstützt. Ungefähr zweieinhalb Jahre nach der Lockerbie Tragödie änderte sich diese Ansicht. In einer von Amerika und England gemeinsam durchgeführten Untersuchung wurde Libyen als Urheber des Verbrechens beschuldigt. Als Motiv nahm man Rache für die Bombardierung seiner Hauptstadt im April 1986 durch die USA an (die selbst eine Vergeltungsmaßnahme auf einen Terroranschlag gewesen war).

Das US-Justizministerium veröffentlichte im November 1991 die Anklage gegen zwei angebliche Libysche Geheimagenten, die in Verbindung mit dem Lockerbie Anschlag gesucht wurden. Sie sollen die Sprengvorrichtung in einem Handkoffer versteckt haben, der auf einem Air Malta Flug von Malta nach Frankfurt befördert und dort auf Flug 103 weitergeleitet worden war. Hauptanhaltspunkt bei der kriminalistischen Untersuchung war die Minutenvorrichtung des Zeitzünders, die man eingebettet in einem Trümmerteil des Gepäckbehälters gefunden hatte. Sie war in der Schweiz hergestellt und 1985 nach Libyen verkauft worden. Wäre die 747 nicht verspätet in Lon-

don abgeflogen, würde sie in den Atlantik gestürzt sein. Das hätte unter Umständen keine Spuren des Bombenanschlages hinterlassen.

Die AIB empfahl unter anderem in ihrem Untersuchungsbericht, Mittel und Wege zu suchen, die bei solchen Explosionen die Schäden an Verkehrsflugzeugen einschränken könnten.

Pan American mußte nach dieser Tragödie scharfe Kritik wegen ihrer nachlässigen Sicherheitsüberprüfungen einstecken. Man warf ihr und der US-Regierung ferner vor, die erhaltene Sabotage-Warnung nicht veröffentlicht zu haben. Eine ähnliche Bombendrohung gegen einen Northwest Airlines Transatlantikflug wurde knapp ein Jahr später den Besitzern der Flugscheine mitgeteilt. Obwohl die Düsenpassagiermaschine ihr beabsichtigtes Ziel ohne Zwischenfall erreichte, leitete das einen Wechsel in der amerikanischen Politik im Hinblick auf mögliche terroristische Anschläge ein.

Datum: 8. Februar 1989, 13:08 Uhr
Ort: Santa Maria, Azoren, Portugal
Unternehmen: Independent Air Inc, USA
Flugzeugmuster: Boeing 707–331B (N7231T)

Die Düsenpassagiermaschine war mit Touristen aus Bergamo, Italien, auf einem Transatlantik-Charterflug nach Santo Domingo in der Dominikanischen Republik unterwegs. Sie sollte auf dem Flughafen von Santa Maria zwischenlanden, um Treibstoff zu tanken. Während des Landeanfluges prallte die 707 circa neun Kilometer östlich des Flughafens gegen einen Berg in der Nähe von Santa Barbara. Alle 144 Insassen kamen bei dem Unfall ums Leben. Darunter befand sich eine siebenköpfige amerikanische Besatzung.

Das Flugzeug hatte die Freigabe zum Sinkflug auf die Mindestsicherheitshöhe von 1000 Meter (3000 Fuß) erhalten, sank jedoch weit unter diese Höhe und schlug schließlich in circa 550 Meter über dem Meeresspiegel auf. Zur Unfallzeit herrschten Instrumentenflugbedingungen. Das Gelände war in Wolken eingehüllt.

Der Absturz wurde auf Verfahrensfehler zurückgeführt, die hauptsächlich der Flugbesatzung, und hier besonders dem Ersten Offizier, und zu einem geringeren Teil dem weiblichen Fluglotsen des Flughafen-Kontrollturms unterlaufen waren. Die mangelhafte Funksprechdisziplin des Copiloten verursachte ein folgenschweres Mißverständnis bezüglich der einzuhaltenden Mindestflughöhe.

Der letzte Funksprechverkehr zwischen dem Kontrollturm und der N7231T fand gleich im Anschluß auf die Mitteilung der Besatzung statt, daß sie ihre Flughöhe von 6100 Meter verlasse. Der weibliche Fluglotse wies den Flug an: »Sie erhalten die Freigabe auf...dreitausend Fuß (circa 915 Meter)«. Nach einer kurzen Pause übermittelte sie dann die Landebahn-Informationen und forderte die Besatzung auf: »Melden Sie das Erreichen von dreitausend Fuß«. Zu der gleichen Zeit erwiderte der Erste Offizier über Funk:

»Wir sind freigegeben auf zweitausend Fuß (circa 615 Meter)«. Anschließend wiederholte er die übermittelte Höhenmesser-Einstellung über Normalnull (QNH).

Die Besatzung konnte die zweite Hälfte der Anweisungen des Kontrollturms wegen der Überschneidung des Funksprechverkehrs nicht aufnehmen, und der weibliche Fluglotse versäumte aus dem gleichen Grund die falsche Wiedergabe der zugewiesenen Höhe durch den Copiloten. Einer der beiden anderen Männer in der Pilotenkabine versuchte interessanterweise den Fehler zu verbessern. Man hörte ihn auf dem Tonband des Gesprächaufnahmegerätes sagen: »Mach das drei«. Danach wurde diese kritische Angelegenheit jedoch nicht mehr erwähnt.

Ein weiterer schwerer Fehler war die Eingabe des 2000 Fuß Wertes durch einen Piloten in das Höhenalarmsystem. Dieses Verfahren verstieß zudem gegen die Anweisung, die auf der Anflugkarte veröffentlichte Mindesthöhe einzustellen. Die Besatzung hat diese Karte offenbar nicht angeschaut. Die Bodennähe-Warnanlage löste sich sieben Sekunden vor dem Aufschlag aus. Sie gab jedoch nach der Tonbandaufzeichnung des Gesprächaufnahmegerätes aus ungeklärtem Grund keine verbale Aufforderung zum Hochziehen, und die Besatzung ergriff keine abhelfenden Maßnahmen.

Zu den beitragenden Faktoren zählten die nicht genormte Ausdrucksweise des Ersten Offiziers; eine zwanglose Unterhaltung in der Pilotenkabine; und die Anwesenheit einer weiteren Person, wahrscheinlich eines Flugbegleiters, dessen Stimme auf dem Tonband des Gesprächaufnahmegerätes zu hören war. Das könnte die Besatzung zusätzlich abgelenkt haben und war in Flughöhen unter 3000 Meter verboten.

Das Flugzeug befand sich beim Anflug zwar noch innerhalb der seitlichen Begrenzung der Luftstraße, flog aber außerhalb des genehmigten Flugweges, der weiter im Norden über tieferes Gelände führte. Diese Route war bei Anflügen auf den Flughafen Santa Maria nicht ungewöhnlich. In Verbindung mit der anomal niedrigen Flughöhe erwies sie sich aber für die N7231T verhängnisvoll.

Verfahrensfehler wurden auch dem weiblichen Fluglotsen des Kontrollturms angelastet. Sie hatte nicht auf eine Wiedergabe der Freigabe zum Sinkflug bestanden und der 707 zu wenig Aufmerksamkeit gewidmet. Schwerwiegender war aber vielleicht die Übermittlung eines falschen QNH Wertes während des letzten Funkverkehrs. Die dadurch erfolgte unrichtige Einstellung des Höhenmessers ließ das Flugzeug 75 Meter unterhalb der angezeigten Flughöhe fliegen. Hätte die 707 die Mindesthöhe von 915 Meter eingehalten, wäre diesem Fehler keine entscheidende Bedeutung zugekommen. Nachdem das Flugzeug aber unter die Mindesthöhe gesunken war, machte er den Unterschied zwischen einem gefährlich tiefen Landeanflug und einer Katastrophe. Die Übermittlung des falschen QNH Wertes durch den Fluglotsen könnte auf einer Verwechslung mit der angezeigten Windgeschwindigkeit beruhen haben.

Die Überreste der auf den Azoren abgestürzten, gecharterten Boeing 707. (Wide World Photos)

Die für die Unfalluntersuchung zuständige Portugiesische Untersuchungskommission empfahl unter anderem, die Ausbildungsprogramme und Handbücher der Flugbesatzungen zu überarbeiten. Dabei sollte sichergestellt werden, daß die Piloten eine praktische Einweisung in der Durchführung von Ausweichmanövern nach Auslösung des Bodennähe-Warnsystems erhielten. Die mangelhafte Ausbildung der Flugbesatzung auf diesem Gebiet wurde als beitragender Faktor für den Absturz der N7231T bewertet.

Datum: 7. Juni 1989, circa 04:30 Uhr
Ort: In der Nähe von Paramaribo, Suriname, Südamerika
Unternehmen: Surinaamse Luchtvaart Maatschappij NV (Surinam Airways)
Flugzeugmuster: McDonnell Douglas DC-8 Super 62 (N1809E)

Flug 764 war ein Nonstop-Transatlantikflug von Amsterdam, Niederlande, nach Paramaribo. Die Düsenpassagiermaschine stürzte beim Landeanflug auf den Zanderij Flughafen ab und brannte aus. 177 Insassen kamen dabei ums Leben. Unter ihnen befanden sich alle zehn Besatzungsmitglieder. Die zehn überlebenden Passagiere erlitten unterschiedliche Verletzungen.

Das Flugzeug stieß bei einem UKW-Drehfunkfeuer / Entfernungsmeßgerät Anflugverfahren (VOR / DME) auf Landebahn 10 circa eineinhalb Kilometer vor deren Schwelle gegen Bäume und brach beim anschließenden Aufschlag auseinander. Zur Unfallzeit war es noch dunkel. Die Wolkenuntergrenze der geschlossenen Wolkendecke lag in 1200 Meter. Darunter befanden sich noch aufgelockerte Wolken in 120 Meter Höhe über Grund. Die Flugsicht betrug ungefähr 800 Meter.

Die US-amerikanische Transport-Sicherheitsbehörde NTSB nahm an der Untersuchung teil. Sie forderte eine genauere Kontrolle der Agenturen, die Flugbesatzungen unter Vertrag haben. Der amerikanische Flugkapitän der N1809E hatte keine gültige DC-8 Flugberechtigung besessen und das Pensionsalter bereits um sechs Jahre überschritten. Seinen letzten Überprüfungsflug hatte er auf einem zweimotorigen Leichtflugzeug absolviert.

Datum: 19. Juli 1989, 16:00 Uhr
Ort: In der Nähe von Sioux, Iowa, USA
Unternehmen: United Airlines, USA
Flugzeugmuster: McDonnell Douglas DC-10 Serie 10 (N1819U)

Als Flug 232 in circa 11.300 Meter Höhe den Nordwesten von Iowa im Reiseflug überquerte, deutete nichts auf bevorstehende Schwierigkeiten hin. Das Flugzeug war von Denver, Colorado, nach Chicago, Illinois, unterwegs, der ersten Teilstrecke eines Inlandfluges mit Ziel Philadelphia, Pennsylvania. Plötzlich ließ ein explosionsartiges Geräusch die Großraum Düsenpassagiermaschine erbeben.

Die Anzeigen der Instrumente in der Pilotenkabine bestätigten den Ausfall des im Seitenruder des Flugzeuges angebrachten Triebwerks zwei. Die Situation war jedoch weitaus bedrohlicher, als die Instrumente anzeigen konnten. Die Rotorscheibe der ersten Stufe des Triebwerkes war gebrochen. Teile des Laufrades und des Gebläses durchschlugen dann den Anschlußring und beschädigten die Leitungen der Hydrauliksysteme eins und drei, während das System zwei durch die mit dem Triebwerkausfall verbundenen Kräfte zerstört wurde. Der völlige Verlust der Hydraulkflüssigkeit ließ dann das Steuerungssystem der N1819U ausfallen. Das wurde erst erkannt, nachdem der Bordingenieur feststellte, daß die Flüssigkeitsvorrats- und Druckanzeigen der Hydrauliksysteme auf Null gefallen waren. Auch nach dem Ausfahren des durch den Fahrtwind angetriebenen Notgenerators konnte der Hydraulikdruck nicht wieder aufgebaut werden.

Da die DC-10 keine mechanische Handsteuerung besaß, konnten die Piloten weder die Quer-, Höhen- und Seitenruder noch die Störklappen betätigen. Ihnen blieb als einzige Steuerungsmöglichkeit das Manipulieren der Schubkraft der verbliebenen beiden Triebwerke mit Hilfe der Leistungshebel. Zusätzlich sahen sie sich einem unkontrollierten Schwingen des Flugzeuges um die Querachse ausgesetzt. Der Besatzung gelang es trotz größter Anstrengung nicht, das Flugzeug in einem stabilen Flugzustand zu halten.

Die Verkehrsmaschine neigte dazu, nach rechts zu kurven. Sie drehte einen weiten und zwei engere Vollkreise, bevor sie in Richtung Sioux weiterflog. Die Besatzung nahm während dieser Zeit Funkverbindung mit der Instandsetzungsabteilung der Gesellschaft auf und bat um jede mögliche Unterstützung. Außerdem kam ein DC-10 Ausbildungspilot in die Pilotenkabine, der sich zufällig an Bord des Flugzeuges befand. Das Kabinenpersonal bereitete unterdessen die Passagiere auf eine Notlandung vor. Das Fahrwerk wurde dazu manuell ausgefahren.

Die Besatzung entschied sich auf Vorschlag des Fluglotsen, den Gateway Flughafen von Sioux anzufliegen, um dort mit der »kranken« Düsenpassagiermaschine eine Notlandung zu versuchen. Diese Aufgabe würde nicht einfach sein. Der Versuch, die Nickbewegungen des Flugzeuges unter Kontrolle zu bekommen, blieb erfolglos. Das Aufsetzen der Maschine mit einer bestimmten Geschwindigkeit an ei-

Die DC-10 wurde nach dem Ausfall der Steuerung kurz vor ihrer Bruchlandung auf dem Flughafen Sioux fotografiert. Die Beschädigung der rechten Höhenflosse ist erkennbar. (US-amerikanische Transport-Sicherheitsbehörde NTSB)

Die verkohlten Spuren der United Düsenpassagiermaschine auf ihrem Weg nach dem Verlassen der Lande-
bahn in ein Getreidefeld. (Wide World Photos)

ner vorher festgelegten Stelle würde so dem Zufall überlassen bleiben.

Die unkontrollierbaren Nick- und Rollbewegungen setzten sich bis kurz vor dem Aufsetzen fort. Dann sackte plötzlich die rechte Tragfläche nach unten. Ihr folgte die Flugzeugnase aus circa 30 Meter Höhe über Grund. Die DC-10 schlug zuerst mit ihrer rechten Flügelspitze und danach mit dem rechten Fahrwerk etwas links von der Mittellinie der Landebahn 22 auf, schleuderte nach rechts, drehte sich auf den Rücken und ging in Flammen auf. In dieser Lage rutschte sie weiter in ein Getreidefeld und brach dabei auseinander.

Bei dem Unglück verloren 112 Insassen ihr Leben. Dazu gehörte ein Flugbegleiter in der Kabine. Ein Passagier erlag seinen schweren Verletzungen noch rund einem Monat später. Von den 184 Überlebenden, unter denen sich auch die vier Männer in der Pilotenkabine und acht weitere Mitglieder der Kabinenbesatzung befanden, wurden 171 Personen zum Teil schwer verletzt. 13 Passagiere überlebten die Notlandung unversehrt. Etwa ein Drittel der Opfer starben an Rauchvergiftung, die anderen an Trauma. Den Wetterverhältnissen am Flughafen zur Unfallzeit wurde keine Bedeutung beigemessen. Unter einer gebrochenen Wolkendecke betrug die Sicht 25 Kilometer, und der Wind wehte mit rund 28 km/Std aus Norden.

Die Gebläse-Rotorscheibe des ausgefallenen Triebwerkes wurde etwa drei Monate nach dem Unglück in einer ländlichen Gegend in der Nähe von Alta in Iowa gefunden. Farmer entdeckten sechs Monate danach den Stirnring der Rotorwelle und ein großes Bruchstück des Gebläseverdichters. Die Untersuchung der gefundenen Teile enthüllte zwei Hauptbruchstellen, die für die Abtrennung rund eines Drittels des Scheibenrandes verantwortlich waren.

Die Entstehung des Bruches konnte 18 Jahre zurückverfolgt werden. Sie nahm ihren Ausgang bei dem Hersteller des Rohblockes, aus dem die Alcoa Gesellschaft die Titanium-Rotorscheibe gefertigt hatte. In das Metall war im geschmolzenen Zustand zu viel Stick- und/oder Sauerstoff gelangt. Diese Abweichung ließ bei der Fertigbearbeitung und/oder dem Schmiedevorgang wahrscheinlich einen Hohlraum entstehen, der dann bei der Bearbeitung mit dem Hammer vermutlich winzig kleine Risse parallel zur und knapp unter der Oberfläche verursachte. Durch die Belastung mit der vollen Schubkraft des Triebwerkes entstanden dann im Laufe der Zeit Ermüdungsrisse, die bis zum unheilvollen Zerfall der Scheibe immer kritischere Ausmaße angenommen haben.

General Electric Aircraft Engines (GEAE) hatte die Bausteine der Rotorscheibe während der Herstellung vier Kontrollen unterzogen, bevor sie in das CFG-6 Antriebsaggregat eingebaut worden waren. Dazu hatten Metalluntersuchungen mit Ultraschall und einem zweistufigen Ätzverfahren gehört. Die US-amerikanische Transport-Sicherheitsbehörde NTSB stellte dazu in ihrem Untersuchungsbericht fest, daß der Fehler eventuell bei dem ersten Verfahren nicht feststellbar gewesen war, und das GEAE Personal die zweite Methode vermutlich unsachgemäß durchgeführt hatte.

Die NTSB machte für den Unfall selbst United Airlines verantwortlich. Die Gesellschaft hatte bei der Festlegung der Verfahren zur Abnahme und Qualitätskontrolle in ihrer Triebwerk-Überholungseinrichtung die menschlichen Schwächen zu wenig berücksichtigt. Trotz sechs durchgeführter Stücküberprüfungen der Rotorscheibe wurden während der gesamten Betriebsdauer keine Anomalitäten entdeckt. Fehlerhafte Arbeitsmethoden könnten dabei einmal mehr eine Rolle gespielt haben. So wurde bei einem Verfahren ein Bauteil an einem Kabel aufgehängt, das bestimmte Bereiche verdeckt haben könnte. Es war aber auch möglich, daß der Prüfer die Rotorscheibe nur oberflächlich untersucht hatte. Diese und / oder andere Umstände könnten zu dem Versäumnis geführt haben.

Hersteller, Betreiber und das US-amerikanische Bundesamt für Luftfahrt FAA hatten die Möglichkeit eines vollständigen Ausfalles der hydraulisch betriebenen Steuerungsanlage für so unwahrscheinlich gehalten, daß sie die Notwendigkeit eines Notverfahrens für solch eine Situation verneint hatten. Die NTSB kam daher zu dem Schluß, daß unter den gegebenen Umständen eine sichere Landung unmöglich gewesen ist. Sie lobte die Handlungsweise von Flugkapitän Al Haynes und seiner Besatzung, die ihrer Ansicht nach das zu erwartende Maß weit überstiegen hatte. Die Fluggesellschaft hatte vor circa zehn Jahren ein Ausbildungsprogramm zur Ausnutzung aller in der Pilotenkabine zur Verfügung stehenden Mittel eingeführt. Das erwies sich bei der Bewältigung dieses Notfalles als vorteilhaft. Ein anderer Umstand rettete zweifellos vielen Insassen das Leben. Die Feuerwehr, Rettungsmannschaften und Krankenhäuser der Umgebung hatten zwischen dem Triebwerkausfall und der Bruchlandung rund 45 Minuten Zeit, um sich auf das vorzubereiten, was dann tatsächlich eintrat.

McDonnell Douglas baute nach diesem Unfall eine elektrische Abschaltvorrichtung in das Hydrauliksystem der DC-10 ein. Diese sollte sich bei der Abnahme des Flüssigkeitsstandes in dem System automatisch einschalten, und genügend Hydrauliköl zur Betätigung der Steuerflächen des Leitwerks zurückhalten.

Die NTSB forderte zusätzlich eine Beförderungsbeschränkung im Luftverkehr für Kinder. Sie wies darauf hin, daß vier Kleinkinder auf dem Flug 232 auf dem Schoß von Erwachsenen gesessen waren. Eines davon war bei dem Unfall getötet worden. Das FAA wies dieses Verlangen anschließend mit der Begründung zurück, daß Familien mit niedrigem Einkommen die dadurch enstehenden zusätzlichen Kosten nicht tragen könnten. Sie müßten dann statt mit dem Flugzeug mit dem Auto an ihr Ziel reisen, wobei noch mehr Kinder bei Unfällen im Straßenverkehr sterben würden.

Datum: 27. Juli 1989, circa 07:00 Uhr
Ort: In der Nähe von Tripolis, Libyen
Unternehmen: Korean Air, Südkorea
Flugzeugmuster: McDonnell Douglas DC-10 Serie 30 (HL-7328)

Flug 803 aus Seoul in Südkorea befand sich im Landeanflug auf den Internationalen Flughafen von Tripolis, als die Großraum Düsenpassagiermaschine abstürzte und ausbrannte. Bei dem Unglück kamen 72 der 199 Personen an Bord des Flugzeuges (68 Passagiere und vier der 18 Besatzungsmitglieder) und sechs Menschen am Boden ums Leben. Über 100 Personen wurden verletzt und mehrere Häuser und Fahrzeuge zerstört.

Der Unfall ereignete sich bei dichtem Nebel sechs Kilometer vor der Landebahnschwelle. Die vertikale Sichtweite soll nur 50 Meter betragen haben. Die Untersuchungskommission bestimmte als Unfallursache einen Pilotenfehler. Der Flugkapitän der HL-7328 wurde später wegen fahrlässigen Handelns im Flugverkehr vor Gericht gestellt und zu zwei Jahren Gefängnis verurteilt.

Datum: 3. September 1989, circa 19:00 Uhr
Ort: In der Nähe von Havanna, Kuba
Unternehmen: Empresa Consolidada Cubana de Aviacion, Kuba
Flugzeugmuster: Iljuschin IL-62M (CU-T1281)

Die Düsenpassagiermaschine war zu einem Charterflug nach Mailand in Italien gestartet. Unterwegs war eine Zwischenlandung in Köln, Deutschland, vorgesehen. Das Flugzeug stürzte Sekunden nach dem Abheben von der Startbahn des Internationalen Jose Marti / Rancho Boyeros Flughafens ab. Dabei wurden alle 126 Flugzeuginsassen (115 Passagiere und elf Besatzungsmitglieder) und 34 Personen am Boden getötet. Ein lebend aus dem Wrack geborgener Passagier erlag acht Tage danach seinen Verletzungen. Etwa 50 weitere Personen am Boden wurden verletzt und rund drei Dutzend Häuser zerstört. Der Unfall geschah in der Dunkelheit nach Sonnenuntergang.

Zur Abflugzeit regnete es stark, und der Wind blies mit 32 bis 40 km / Std quer zur Startbahn. Die Wetterverhältnisse hingen mit einem nahegelegen Sturmgebiet zusammen. Die CU-T1281 dürfte vermutlich sogar Windgeschwindigkeiten zwischen 50 und 80 km / Std angetroffen haben.

Das Flugzeug geriet sofort nach dem Abheben in eine nach unten gerichtete Luftströmung. Die Piloten gingen darauf in den Horizontalflug über, um mehr Fahrt aufzunehmen. Die Düsenpassagiermaschine erreichte deshalb nur eine Flughöhe von circa 50 Meter über Grund, bevor sie wegen der Abwinde wieder zu sinken begann. Sie schlug dann nach dem Startbahnende gegen Funkantennen einer Navigationshilfe und auf eine Geländeerhebung, sprang noch einmal in die Luft und stürzte schließlich in ein Wohngebiet.

Eine Untersuchungskommission machte den Flugkapitän für den Absturz verantwortlich, weil er trotz der rapiden Wetterverschlechterung zu dem Flug gestartet war. Dabei hatte er zweifellos die Startrisiken unterschätzt und die Flugeigenschaften der IL-62 bei schlechtem Wetter überbewertet.

Datum: 19. September 1989, circa 14:00 Uhr
Ort: In der Nähe von Bilma, Niger
Unternehmen: Union de Transports Aeriens UTA), Frankreich
Flugzeugmuster: McDonnell Douglas DC-10 Serie 30 (N54629)

Alle 170 Insassen von Flug 772 (156 Passagiere und 14 Besatzungsmitglieder) fanden bei dem Absturz der Großraum Düsenpassagiermaschine in der Sandwüste Ténéré der Sahara den Tod. Der Unfallort lag circa 650 Kilometer nordwestlich von N'djamena im Tschad, von wo die DC-10 zuvor nach einem Zwischenaufenthalt auf dem Flug von Brazzaville im Kongo mit Ziel Paris gestartet war.

Das Flugzeug hatte eine Flughöhe von knapp 10.700 Meter erreicht, als es durch eine Explosion im vorderen Frachtraum zerrissen wurde. Der vordere Teil des Rumpfes mit der Pilotenkabine brach zuerst weg. Er wurde später rund 15 Kilometer von dem Hauptwrack entfernt gefunden. Festgestellte Spuren des hochexplosiven Sprengstoffes Pentrit bestätigten, daß die Düsenpassagiermaschine einem Sabotageakt zum Opfer gefallen war. Die Bombe hatte sich offenbar in einem Koffer befunden, den ein Passagier in Brazzaville aufgegeben hatte. Der Attentäter hatte die Maschine dann in N'djamena verlassen.

Die Französichen Behörden vermuteten, daß der Bombenanschlag mit Unterstützung Libyens durchgeführt worden war, das diese Anschuldigung zurückwies.

Datum: 21. Oktober 1989, 07:35 Uhr
Ort: In der Nähe von Tegucilgapa, Honduras
Unternehmen: Transportes Aereos Nacionales SA (TAN Airlines), Honduras
Flugzeugmuster: Boeing 727–224 (N88705)

Flug 414 führte von San José in Costa Rica über Managua in Nicuragua nach der Hauptstadt von Honduras. Die Düsenpassagiermaschine stürzte beim Anflug auf den Toncontin Flughafen ab. Dabei fanden 131 Insassen (127 Passagiere und vier der zwölf Besatzungsmitglieder) den Tod. Unter den 19 unterschiedlich schwer verletzten Überlebenden befanden sich auch der Flugkapitän und der Erste Offizier.

Die Flugbesatzung hatte die Freigabe zu einem UKW-Drehfunkfeuer / Entfernungsmeßgerät Anflug (VOR/DME) erhalten. Sie muß bei der Durchführung von dem festgelegten Verfahren abgewichen und unter den richtigen Gleitpfad gesunken sein. Das Flugzeug prallte aus diesem Grund in circa 1500 Meter Höhe über Normalnull etwa 16 Kilometer südlich des Flughafens gegen einen Berg und ging beim Aufschlag in Flammen auf. Mit heftigem Regen und starkem Wind waren die Wetterverhältnisse zur Unfallzeit ungünstig.

Der Fluggesellschaft wurde später empfohlen, ihre Ausbildungsrichtlinien im Hinblick auf eine bessere Zusammenarbeit der Flugbesatzung zu überprüfen; die Art und Weise der Benutzung der Anflugkarten zu untersuchen; ihre Flugplanung hinsichtlich einer Überforderung der Piloten zu überarbeiten; die Ausbildung der Flugzeugführer über das Bodennähe-Warnsystem zu verbessern; und diese Maßnahmen nach ihrer Einführung zu überwachen.

Das aufgrund des Bombenanschlages in der Luft abgebrochene vordere Rumpfteil der UTA DC-10 liegt in der Wüste Ténéré. (Wide World Photos)

Datum: 27. November 1989, circa 07:20 Uhr
Ort: In der Nähe von Bogota, Kolumbien
Unternehmen: Aerovias Nacionales de Colombia SA (AVIANCA)
Flugzeugmuster: Boeing 727–21 (HK-1803)

Die Düsenpassagiermaschine stürzte fünf Minuten nach dem Start von dem El Dorado Flughafen Bogotas ab. Sie war als Flug 207 auf der Inlandsroute nach Cali, Tolima, unterwegs. Bei dem Unglück fanden mit der sechsköpfigen Besatzung insgesamt 110 Insassen den Tod. Drei Opfer waren nicht auf der Passagierliste aufgeführt.

Bei der Untersuchung wurde festgestellt, daß eine Bombe in einem Sitz auf der rechten Kabinenseite detoniert war. Dabei waren die Treibstofftanks der Maschine geplatzt. Das auslaufende Kerosin floß in die Kabine und über den Flugzeugrumpf. Die 727 stürzte dann brennend auf ein hügeliges Gelände.

Der Anschlag ging wahrscheinlich auf ein Drogenkartell zurück, das an Bord des Flugzeuges vermutete Informanten der Polizei beseitigen wollte. Ein Passagier, der die Bombe an Bord gebracht haben könnte, verließ das Flugzeug vermutlich vor dem Start.

Der wahrscheinlich für den Anschlag verantwortliche Anführer der Terroristen wurde selbst drei Jahre später bei einer Polizeirazzia getötet.

Die neunziger Jahre

1993 begann in der Luftfahrt das zehnte Jahrzehnt des Motorfluges. Die Liniengesellschaften befördern jährlich weltweit über eine Billion Passagiere mit einer Sicherheit und Wirtschaftlichkeit, die in den Anfangsjahren unvorstellbar gewesen war. Die Luftfahrtunternehmen einiger Nationen (die beachtenswertesten sind Australien, Deutschland, Japan, die Niederlande, Schweiz und Skandinavien) haben Sicherheitsrekorde erzielt, die denen anderer Verkehrsmittel ebenbürtig sind oder diese sogar übertreffen.

Die im Verhältnis zu den zurückgelegten Flugkilometern vergleichsweise geringe Zahl an Unfällen und Toten ist das unmittelbare Ergebnis vieler Weiterentwicklungen. Dazu gehören Fortschritte im Flugzeugbau, sowie in der Zuverlässigkeit der Triebwerke, der Navigation, der Wettervorhersage und den Verfahren der Flugsicherung. Viele dieser Verbesserungen waren das Ergebnis vorheriger Unfälle.

Die zunehmende Komplexität der Flugzeuge führt zu einer immer höheren Belastung der Flugbesatzungen. Das ist eine der größten Herausforderungen der Verkehrsfliegerei. Eine größere Automatisierung kann im Normalfall die Arbeitsbelastung der Piloten mindern und das Risiko menschlicher Fehler herabsetzen. Sie kann aber auch die alte Kontroverse »Mensch gegen Maschine" auf die Frage zuspitzen, wer eigentlich die Kontrolle ausübt. Der Absturz der Lauda Air Boeing 767 im Mai 1991 beweist, daß die Maschine manchmal die Oberhand behält.

Reisen im Flugzeug wird nie völlig risikolos sein. Der Mensch wird aber weiter forschen, testen, lernen und Erfahrungen aus gelegentlichen tragischen Unfällen sammeln, um die absolute Perfektion zu erreichen, obgleich das unrealistisch erscheint.

Datum: 25. Januar 1990, circa 21:30 Uhr
Ort: New York, New York, USA
Unternehmen: Aerovias Nacionales de Colombia SA (AVIANCA)
Flugzeugmuster: Boeing 707–321B (HK-2016)

Zu den Flugzeugen, die in den Warteräumen des Internationalen John F. Kennedy Flughafens (JFK) bis zu ihrer Landefreigabe kreisen mußten, gehörte auch Flug 52, der aus Bogota und Medellin in Kolumbien kam. Die Wartezeiten waren an diesem Donnerstag Abend besonders lang, da die schlechter werdenden Wetterverhältnisse den Fluß des gewohnt starken Verkehrsaufkommens behinderten.

Die 707 verbrauchte in der eine Stunde und 14 Minuten dauernden Wartezeit ihre Kraftstoffreserve, die eigentlich für den Fall ihrer Umleitung zu dem geplanten Ausweichplatz Boston in Massachusetts vorgese-

hen war. Auf die Frage des Fluglotsen des New Yorker Kontrollzentrums, wie lange das Flugzeug noch in der Warteschleife bleiben könnte, antwortete der Erste Offizier mit: »...ungefähr fünf Minuten...«. Zu diesem Zeitpunkt war eine Umleitung nicht mehr möglich. Der Copilot entgegnete daher auf die Frage des Fluglotsen nach dem Ausweichplatz: »Das war Boston, den können wir jetzt aber nicht mehr erreichen...uns geht langsam der Treibstoff aus«.

Die HK-2016 erhielt anschließend die Freigabe für den Weiterflug zum JFK und das Instrumentenlandesystem Anflugverfahren (ILS) auf Landebahn 22 links. Während des Landeanfluges geriet die Maschine in den Wirkungsbereich starker Gegenwinde und Scherwinde. Das verursachte ein Absinken unter den Gleitpfad. Die Besatzung mußte daher ein Fehlanflugverfahren einleiten. Das war der Beginn der Katastrophe, da der Treibstoffvorrat der 707 für die Platzrunde und einen zweiten Landeanflug nicht mehr ausreichte.

Der Flugkapitän forderte den Ersten Offizier auf, den Fluglotsen der Anflugkontrolle über ihre Lage zu unterrichten. Dessen Funkspruch enthielt die Mitteilung: »...unser Kraftstoffvorrat neigt sich dem Ende, mein Herr«. Auf die Aufforderung des Fluglotsen, eine höhere Flughöhe einzunehmen, erwiderte der Copilot kurz darauf: »Unmöglich, mein Herr, uns geht allmählich der Treibstoff aus«.

Das Triebwerk vier des Flugzeuges fiel wenige Minuten später wegen Treibstoffmangels aus. Die anderen drei Antriebsaggregate folgten in kurzen Zeitabständen. Die Düsenpassagiermaschine stürzte dann mit südlichem Kurs in das Dorf Cove Neck, das circa 25 Kilometer nördlich des Flughafens auf der Nordseite von Long Island liegt. 73 der insgesamt 158 Flugzeuginsassen (65 Passagiere und acht Besatzungsmitglieder) fanden bei dem Unglück den Tod. Alle Überlebenden erlitten zum Teil schwere Verletzungen. Unter ihnen befand sich auch ein Kabinenbegleiter.

Der Flugzeugrumpf brach beim Aufschlag in drei Teile, ging aber nicht in Flammen auf. Dem schnellen Eingreifen der Feuerwehr und des Rettungspersonals war es vermutlich zu verdanken, daß es nicht noch mehr Tote gab. Viele der Überlebenden wurden mit einem Hubschrauber evakuiert. Zur Unfallzeit war es dunkel und nebelig. Die Wolkenuntergrenze lag bei 100 Meter. Die Sicht betrug circa eineinhalb Kilometer.

Die US-amerikanische Transport-Sicherheitsbehörde NTSB machte in ihrem Untersuchungsbericht die Flugbesatzung für den Unfall verantwortlich. Diese hatte versäumt, den Treibstoffvorrat des Flug-

Das Wrack der AVIANCA 707 liegt nahe eines Hauses. Bei dem Absturz wegen Treibstoffmangels fanden 73 Flugzeuginsassen den Tod. (US-amerikanische Transport-Sicherheitsbehörde NTSB)

zeuges sorgfältig zu berechnen, und ihre kritische Lage mit dem Fluglotsen zu besprechen.

Die NTSB deckte außerdem Unzulänglichkeiten bei der Abfertigung von Flug 52 durch die Fluggesellschaft und Mängel in dem Flugplan der Besatzung auf. Der Flugberatungsdienst hatte den Piloten weder die aktuelle Wettervorhersage für den New Yorker Raum noch Informationen über mögliche Ausweichplätze geliefert. In dem Flugplan waren unter anderem keine möglichen Zeitverzögerungen durch die Flugsicherungsstellen oder aufgrund der Wetterlage berücksichtigt worden. Zwischen der HK-2016 und der Flugberatungsstelle der Gesellschaft gab es auch keine Funkverbindung. Diese diente normalerweise dazu, den Besatzungen Informationen über mögliche Ausweichplätze und die bis dort benötigte Treibstoffmenge zu geben.

Die Untersuchungskommission beurteilte das Vorgehen des Flugsicherungpersonals als vertretbar, obwohl es dem Ersuchen des Copiloten auf Priorität bei der Landung keine Bedeutung beigemessen hatte. Die Besatzung hätte in ihrer Lage stärker auf die Dringlichkeit ihres Anliegens hinweisen müssen. Der Erste Offizier versäumte zum Beispiel bei der Mitteilung des zunehmenden Treibstoffmangels an den New Yorker Kontrollturm, das Wort »Notfall« zu benutzen, wozu ihn der Flugkapitän aufgefordert hatte. (Der Fluglotse des New Yorker Kontrollzentrums sagte später aus, dem Funkspruch des Fluges nicht entnommen zu haben, daß die Maschine den Ausweichplatz nicht mehr erreichen konnte. Er habe deshalb den Fluglotsen der Anflugkontrolle darüber auch nicht informieren können.)

Hätte die Besatzung das Flugzeug bei dem ersten Versuch sicher gelandet, wäre der Unfall natürlich nicht geschehen. Die NTSB nahm an, daß der erste Anflug ohne ein einwandfrei arbeitendes Flugweg Kommandogerät erfolgt war. Das hätte die Schwierigkeiten der Besatzung bei der Einhaltung des Gleitpfades noch verstärkt. Außerdem waren zuvor Probleme mit dem Autopiloten des Flugzeuges gemeldet worden. Das veranlaßte die NTSB zu der Vermutung, die Besatzung hätte die Maschine auf der langen Strecke von Kolumbien mit der Hand steuern müssen. Wenn das wirklich der Fall gewesen wäre, hätte es zusammen mit anderen Faktoren – wie der Besorgnis über den abnehmenden Treibstoffvorrat – zu einer Anspannung und Ermüdung der Besatzung beitragen können und den unsteten Anflug erklärt, der in dem Durchstartmanöver endete.

Der Untersuchungsbericht kritisierte den Organisationsplan des US-amerikanischen Bundesamtes für Luftfahrt FAA für den Flugverkehr am JFK Flughafen und machte ihn für die extrem langen Landeverzögerungen verantwortlich.

Das Kommissionsmitglied Jim Burnett stimmte gegen die Annahme des Berichtes. Er wollte den unzulänglichen Flugsicherungsdiensten mehr Schuld an dem Unfall zuweisen. Sie hatten unter anderem versäumt, der Colombian Besatzung die aktuellen Scherwind Informationen zu übermitteln. Der Bürgermeister und Leiter der Flugsicherungsabteilung des Kolumbianischen Luftfahrtamtes, Jorge Enrique Leal, äußerte ähnliche Kritik. Er schlug Veränderungen in dem Flugsicherungssystem vor, die eine genaue Unterrichtung der Besatzungen über zu erwartende Verzögerungen sicherstellen sollten. Er gab weiter zu verstehen, daß die Besatzung nach der Übernahme des Fluges durch die Anflugkontrolle geglaubt haben könnte, die Freigabe zur Landung stehe unmittelbar bevor.

Datum: 14. Februar 1990, circa 13:00 Uhr
Ort: In der Nähe von Bangalur, Karnataka, Indien
Unternehmen: Indian Airlines
Flugzeugmuster: Airbus Industrie A320–231 (VT-EPN)

Flug 605 war ein Inlandsflug von Bombay nach Bangalur. Die Düsenpassagiermaschine verunglückte beim Landeanflug. 92 der 146 Insassen kamen dabei ums Leben. Dazu gehörten auch die beiden Piloten und drei der fünf Flugbegleiter. Die meisten Überlebenden wurden verletzt, 21 Passagiere und ein Besatzungsmitglied schwer.

Als Unfallursache wurde eine fehlerhafte Bedienung der hochentwickelten elektronischen Steuerungsautomatik des Flugzeuges durch die Besatzung bestimmt. Letztere bestand aus einem Flugkapitän, der seinen ersten Einweisungsflug zur Bestätigung als Kommandant auf der A320 absolvierte, und dessen Überprüfungspilot, der auch die Aufgaben des Ersten Offiziers wahrnahm.

Die Besatzung stellte während des Landeanfluges auf dem Flugüberwachungsgerät versehentlich eine Höhe ein, die niedriger als die tatsächliche Flughöhe der Maschine war. Daraufhin schaltete das Flugkommandogerät automatisch in die Betriebsart »Freier Sinkflug«. Das wiederum führte zu einem Wechsel der Stellung der Triebwerks-Leistungshebel in die Leerlaufposition. Die von der Besatzung nicht genau überwachte Eigengeschwindigkeit nahm dadurch ab. Das Flugzeug sank dann unter den Gleitpfad. Bei dem mit Leerlaufschub zum Scheitern verurteilten Versuch des Piloten, den Gleitpfad wieder aufzunehmen, schlug die Flugzeugnase nach oben.

Der Flugkapitän zog darauf in circa 40 Meter Höhe über Grund und einer etwa 40 km/Std zu geringen Geschwindigkeit die Steuersäule zurück und schob die Triebwerks-Leistungshebel in die Durchstart/Start Stellung (TOGA). Diese Maßnahmen erwiesen sich aber als unzureichend. Die Düsenpassagiermaschine schlug ungefähr 500 Meter vor der Landebahn mit ihrem ausgefahrenen Fahrwerk auf den Boden auf. Sie hob dann noch einmal kurz ab, bevor sie endgültig abstürzte und in Flammen aufging.

Die Unfalluntersuchung ergab, daß das Flugweg-Kommandogerät des Copiloten bis zum Aufschlag in der Betriebsart »Freier Sinkflug" geblieben war. Das hatte einen Wechsel der Steuerungsautomatik der Triebwerke in die Betriebsart »Geschwindigkeit« verhindert, die für die Anflug- und Landephase vorgeschrieben war. Die Auswertung der Tonbandaufzeichnung des Gesprächaufnahmegerätes ergab, daß offenbar keiner der Piloten die vier Alarme des Radarhöhenmessers und die zwei akustischen »Sinkrate« Warnungen während des Anfluges gehört hatte.

Die Indische Luftfahrt-Aufsichtsbehörde vermerkte in ihrem Untersuchungsbericht, daß sie die Fluggesellschaft schon vorher dazu aufgefordert hatte, den verantwortlichen Flugzeugführer des Fluges 605 im Hinblick auf seine Handhabung des Flugkontroll- und Steuerungssystems (FMGS) der A320 zu überprüfen. Seine Fluglehrer hatten ». . . zahlreiche

Rettungsmannschaften durchsuchen den ausgebrannten Rumpf der Indian Airlines A320 in der Nähe des Flughafens Bangalur. (UPI/Bettmann)

kleinere Fehler und Versäumnisse...« bei der Bedienung des FMGS und der Leistungsregler des Flugzeuges notiert.

Das Fehlen einer Funkverbindung mit dem Kontrollturm verlängerte die Reaktionszeit der Rettungsmannschaften. Der schlechte Zustand der Flughafen Ringstraße und ein abgeschlossenes Sicherheitstor hinderten die Feuerwehr- und Rettungsfahrzeuge am schnellen Erreichen der Absturzstelle. Diese Umstände haben wahrscheinlich zu der hohen Zahl an Todesopfern beigetragen.

Datum: 2. Oktober 1990, circa 09:15 Uhr
Ort: In der Nähe von Kanton, Kuangtung, China
Erstes Flugzeug
Unternehmen: Xiamen Airlines, China
Flugzeugmuster: Boeing Advanced 737–247 (B-2510)
Zweites Flugzeug
Unternehmen: China Southern Airlines
Flugzeugmuster: Boeing 757–21B (B-2812)
Drittes Flugzeug
Unternehmen: China Southwest Airlines
Flugzeugmuster: Boeing 707–3J6B (B-2402)

Ein junger Mann brachte die 737 des Fluges 8301 auf der Inlandsroute von Xiamen, Fukien, nach Kanton mit dem Hinweis unter seine Kontrolle, er habe Sprengstoff an seinem Körper befestigt. Er soll alle Besatzungsmitglieder mit Ausnahme des Piloten

aus dem Führerraum geschickt und verlangt haben, nach Taiwan geflogen zu werden.

Bei dem Landeversuch auf dem Baiyun Flughafen von Kanton waren kurz vor dem Aufsetzen Schreie und Kampfgeräusche aus der Pilotenkabine zu vernehmen. Die 737 verließ nach einer harten Landung die Landebahn, prallte zuerst gegen den vorderen Rumpf einer abgestellten 707 und dann gegen die linke Tragfläche und den oberen Rumpf einer 757, die auf die Startfreigabe zu einem Inlandsflug nach Schanghai wartete. Nach dem Zusammenstoß mit der letzteren rutschte das Xiamen Flugzeug in Rückenlage weiter und kam schließlich auf einer Grasfläche zum Stillstand.

Bei dem Unfall wurden insgesamt 132 Menschen getötet. Dazu gehörten neben dem Luftpiraten 84 der 104 Insassen der B-2510, 47 der 118 Personen an Bord der B-2812 und der Fahrer eines Flughafen Dienstwagens. Circa 50 weitere Personen erlitten Verletzungen. Darunter befand sich auch der Pilot (und einzige Insasse) der B-2402. Von den beteiligten Düsenpassagiermaschinen wurden die 737 und 757 durch den Aufprall und den anschließenden Feuerausbruch zerstört. Die 707 trug Kollisionsschäden davon.

Der Flugzeugentführer soll das Angebot des Flugkapitäns der Xiamen Airlines, nach Hongkong zu fliegen, abgelehnt haben. Die Diskussion darüber ging so lange weiter, bis der verbliebene Treibstoffvorrat des Flugzeuges eine Landung unumgänglich machte.

Die Chinesischen Behörden sollen nach diesem

Die China Southern Airlines 757 war nach dem Zusammenstoß mit der entführten Xiamen 737 in zwei Teile gebrochen. (Reuters / Bettmann)

Unglück eine Änderung der Betriebsverfahren angeordnet und zugegeben haben, daß die Rollerlaubnis
für die 757 während des Ablaufes der Flugzeugentführung ein Fehler gewesen ist.

Datum: 26. Mai 1991, circa 23:30 Uhr
Ort: In der Nähe von Ban Nong Rong, Thailand
Unternehmen: Lauda Air Luftfahrt Aktiengesell-
schaft, Österreich
Flugzeugmuster: Boeing 767–3Z9ER (OE-LAV)

Flug 004 aus Hongkong war nach einem geplanten
Zwischenaufenthalt in Bangkog in Richtung
Wien, Österreich, unterwegs. Die Großraum Düsenpassagiermaschine stürzte eine halbe Stunde nach
dem Start über einem Dschungelgebiet 250 Kilometer nordwestlich des Abflughafens ab und brannte
aus. Keiner der 223 Insassen (213 Passagiere und
zehn Besatzungsmitglieder) überlebte das Unglück.

Die 767 soll ihre angeforderte Flughöhe von 6000
Meter fast erreicht haben, als sie brennend zurück auf
die Erde stürzte. Ihre Trümmer verteilten sich über
eine Strecke von circa zehn Kilometer. Das Leitwerk
war offenbar schon vor dem Aufschlag auf dem Boden von dem restlichen Rumpf abgebrochen. Der Unfall ereignete sich in der Nacht. In dem Gebiet wurden
Regenschauer gemeldet. Der Lauda Air Pilot hatte die
Wetterverhältnisse aber nicht für gefährlich genug eingeschätzt, um seine Flugroute ändern zu müssen.

Die Unfalluntersuchung gestaltete sich aufgrund
des zerstörten Flugschreibers sehr schwierig. Man
fand aber Hinweise, daß die 767 nach einer unge-
wünschten Auslösung der Umkehrschub-Einrich-
tung des linken Triebwerkes unkontrollierbar geworden war. Diese Annahme wurde durch die Auswertung des Tonbandes des Gesprächaufnahmegerätes
unterstützt, auf dem man den Ersten Offizier sagen
hörte: »...Schubumkehrer in Betrieb«

Die Ingenieure von Boeing wiesen anschließend
nach, daß abgenutzte Dichtungen ein Steuerventil im
Hydrauliksystem der Schubumkehranlage festset-
zen konnten, das dann irrtümlich Druck auf die Ver-
stellvorrichtung freigab.

Datum: 11. Juli 1991, circa 08:40
Ort: In der Nähe von Dschidda, Saudi-Arabien
Unternehmen: Nolisair International Inc (Nationair
Canada)
Flugzeugmuster: McDonnell Douglas DC-8 Super
61 (C-GMXQ)

Nigeria Airways hatte die gemietete Düsenpassagiermaschine an die Nigerianische Gesellschaft
Holdtrade Services weiter verpachtet. Das Flugzeug
befand sich mit Moslemischen Pilgern an Bord auf einem Charterflug nach Sokoto, Nigeria.

Die Besatzung meldete kurz nach dem Abflug
von dem Internationalen King Abdulaziz Flughafen
von Dschidda Schwierigkeiten mit der Druckbelüftung. Eine Minute später teilte sie den Abfall des
Hydraulikdruckes mit. Die DC-8 drehte dann um.
Sie flog mit südwestlichem Kurs in die Flughafen-

*Das Bild zeigt das Schwester-Flugzeug der über dem Dschungel von Thailand abgestürzten Lauda Air Boeing
767–3Z9ER.* (Boeing)

Platzrunde ein, um in Startrichtung wieder landen zu können. Zu dieser Zeit erklärte der Pilot einen Luftnotfall und berichtete, daß Probleme mit der Steuerung das Manövrieren des Flugzeuges schwierig machten.

Die C-GMXQ erhielt die Freigabe zur Landung, wobei sie sich eine der drei parallel verlaufenden Landebahnen 34 aussuchen konnte. Augenzeugen beobachteten das Flugzeug mit einer kopflastigen Fluglage in Richtung Norden fliegen und dabei eine Rauchfahne hinter sich herziehen. Kurz darauf stürzte die Düsenpassagiermaschine mit ausgefahrenem Fahrwerk und einer Geschwindigkeit von 440 km/Std circa drei Kilometer vor der Schwelle der mittleren Landebahn in die Wüste. Sie brach bei dem Aufschlag in einer heftigen Explosion auseinander. Alle 262 Insassen starben bei dem Unglück. Darunter waren 14 Besatzungsmitglieder (bis auf einen Franzosen alle Kanadier). Der Absturz ereignete sich bei fast wolkenlosem Himmel und guter Sicht.

Auf der Startbahn gefundene Gummiteile und Schleuderspuren bestätigten, daß beim Start nach circa 150 Meter Rollstrecke zwei Reifen geplatzt waren. Am linken Fahrwerk waren vor dessen Einfahren Flammen beobachtet worden. Anschließend tauchte Rauch an der linken Flugzeugseite auf. Der Pilot hatte auch Feuer gemeldet. Die Flammen griffen vom Fahrwerkschacht auf den Frachtraum über und haben dabei vermutlich lebenswichtige Systeme zerstört.

Mindestens einer der Reifen war beim Rollen zum Start durch einen Gegenstand auf dem Rollweg beschädigt worden. Das verursachte sein Platzen und löste aufgrund der Reibung dann das Feuer aus.

Datum: 20. Januar 1992, circa 19:30 Uhr
Ort: In der Nähe von Straßburg, Elsaß, Frankreich
Unternehmen: Air Inter, Frankreich
Flugzeugmuster: Airbus Industrie A320–111 (F-GGED)

Flug 5148 war ein Inlandsflug von Lyon nach Straßburg. Die Düsenpassagiermaschine stürzte beim Landeanflug auf den Flughafen Entzheim ab. 87 der insgesamt 96 Insassen fanden den Tod, darunter fünf der sechs Besatzungsmitglieder. Acht Passagiere und ein Kabinenbegleiter überlebten das Unglück.

Das zweistrahlige Düsenverkehrsflugzeug führte ein UKW-Drehfunkfeuer/Entfernungsmeßgerät Anflugverfahren (VOR/DME) auf Landebahn 05 durch. Fahrwerk, Landeklappen und Bremsklappen waren ausgefahren. Die A320 prallte dann in circa 600 Meter Höhe über dem Meeresspiegel rund 210 Meter unterhalb des Gipfels gegen den Bergrücken des Mont St Odile. Die Absturzstelle befand sich ungefähr 15 Kilometer südwestlich des Flughafens. Das Gebiet lag unter einer tiefen Wolkendecke mit 3/8 Bedeckung in 300 Meter und 6/8 in circa 750 Meter. Die Sicht betrug zehn Kilometer und der nordöstliche Wind erreichte in Böen Geschwindigkeiten bis nahezu 55 km/Std.

Eine Airbus Industrie A320–111 in der früheren Aufmachung der Air Inter. Ein damit identisches Flugzeug stürzte in der Nähe von Straßburg ab. (Airbus Industrie)

Der Unfall geschah bei dem Ausrollen der A320 aus der letzten Linkskurve des Anflugverfahrens. Ihr Neigungswinkel und die Sinkrate überstiegen dabei die normalen Werte bei weitem. An der F-GGED wurden keine technischen Fehler gefunden. Die Auswertung des Tonbandes des Gesprächaufnahmegerätes wies aber auf eine Mißachtung der festgelegten Verfahren durch die Piloten hin.

Eine Erklärung für die hohe Sinkrate könnte sein, daß die automatische Flugsteuerungsanlage (FCU) des Flugzeuges nicht auf die Betriebsart »Kurs über Grund/Flugweg« sondern auf den Modus »Rechtweisender Kurs/Senkrechtgeschwindigkeit« eingestellt war, und die Besatzung versehentlich statt des »3,3« Grad Kommandos für den Gleitpfad die Ziffer »33« in den Rechner eingegeben hatte. Das würde zu einer Sinkgeschwindigkeit von rund 1005 Meter/Minute geführt haben, der Sinkrate, die das Flugzeug in den letzten Sekunden vor dem Aufschlag ungefähr eingehalten hatte.

Eine Untersuchungskommission empfahl anschließend, den bisher in Frankreich freiwilligen Einbau von Bodennähe-Warngeräten in der zivilen Luftfahrt zwingend vorzuschreiben. Sie regte außerdem eine Studie über eine geeignete Modifizierung der A320 und der Bedienungsverfahren an, um falsche Betriebsart-Einstellungen an dem FCU zu verhindern.

Datum: 31. Juli 1992, circa 12:30 Uhr
Ort: In der Nähe von Ghumthang, Nepal
Unternehmen: Thai Airways International
Flugzeugmuster: Airbus Industrie A310–300 (HS-TID)

Alle 113 Insassen (99 Passagiere und 14 Besatzungsmitglieder) des Fluges 311 aus Bangkok, Thailand, fanden den Tod, als die zweistrahlige Großraum Düsenpassagiermaschine auf ihrem Inlandsflug circa 40 Kilometer nordnordöstlich von Kathmandu abstürzte und ausbrannte.

Die Piloten hatten bei dem UKW-Drehfunkfeuer/Entfernungsmeßgerät Anflugverfahren (VOR/DME) auf Landebahn 02 des Internationalen Tribhuvan Flughafens der Stadt Schwierigkeiten mit dem Ausfahren der Landeklappen. Sie konnten dieses Problem zwar lösen, mußten den Landeanflug aber abbrechen, da ihre Flughöhe kurz vor dem Flughafen zu hoch war. Die Maschine erhielt daraufhin die Freigabe zum Anfliegen eines Navigations-Festpunktes im Süden, um von dort einen neuen Anflugversuch einzuleiten.

Die A310 flog dann aus unerklärlichen Gründen einen Vollkreis und rollte fast genau auf dem bisherigen nordnordöstlichen Anflugkurs wieder aus. Die Besatzung bemerkte anschließend ihren Fehler und leitete einen Steigflug ein. Kurz darauf zerschellte sie in circa 3500 Meter Höhe über dem Meeresspiegel an einer fast senkrechten Felswand im Vorland des Himalaja. Zur Unfallzeit regnete es in dem Gebiet leicht. Die Untergrenze der aufgelockerten Wolkendecke lag in 600 Meter über Grund, und die Sicht betrug circa fünf Kilometer.

Die Mindestflughöhe entlang der geplanten Flugroute war 3500 Meter, an der Absturzstelle dagegen 6400 Meter.

Die Ursache für den Navigationsfehler, der zu dem falschen rechtweisenden Kurs führte, konnte nicht festgestellt werden. In dem Untersuchungsbericht wurde jedoch vermerkt, daß der zugewiesene Festpunkt auf der benutzten Anflugkarte irreführend dargestellt war. Die Piloten hatten deshalb Probleme mit der Eingabe der Navigationsdaten in das automatische Flugkontroll- und Steuerungssystem des Flugzeuges.

Die Fluggesellschaft erhob Einwände gegen die Ergebnisse der Untersuchungskommission. Sie behauptete, die Fehler der Flugsicherungsstellen hätten stärker berücksichtigt werden müssen. Vor allem wäre die Freigabe des Kontrollturms unvollständig gewesen, und der Fluglotse hätte auf die viermalige Anforderung der Besatzung nicht reagiert, eine Linkskurve fliegen zu dürfen. Die Piloten seien dann nach rechts, und damit in die falsche Richtung gekurvt.

Auf dem Kathmandu Flughafen wurden nach dem Unfall Verbesserungen in der Ausbildung und den Betriebsverfahren eingeführt.

Datum: 31. Juli 1992, circa 15:00 Uhr
Ort: Nanking, Kiangsu, China
Unternehmen: China General Aviation Corporation
Flugzeugmuster: Yakowlew Yak-42D (B-2755)

Flug 7552 war zu einem Inlandsflug nach Xiamen, Fukien, gestartet. Die Düsenpassagiermaschine stürzte kurz nach dem Abheben von der Startbahn des Da Xiao Chang Flughafens von Nanking ab. 109 der 116 Passagiere und zehn Besatzungsmitglieder fanden den Tod. 17 Insassen überlebten das Unglück schwer verletzt.

Das zweistrahlige Düsenverkehrsflugzeug stieg Berichten zufolge bis auf eine Höhe von 60 Meter über Grund, bevor es circa 600 Meter hinter dem Startbahnende in einen flachen Teich stürzte und in Brand geriet. Der Unfall könnte auf Probleme mit einem Triebwerk zurückzuführen sein, die den Abflug schon um eine Stunde verzögert hatten.

Datum: 27. August 1992, circa 22:45 Uhr
Ort: In der Nähe von Iwanowo, Russland, Gemeinschaft Unabhängiger Staaten (GUS)
Unternehmen: Aeroflot, GUS
Flugzeugmuster: Tupolew Tu-134A (CCCP-65058)

Die Düsenpassagiermaschine stürzte am Ende eines planmäßigen Linienfluges von Mineral'nyye Vody, Russland, über Donezek, Ukraine, beim Landeanflug auf den Flughafen von Iwanowo ab. Alle 84 Insassen des Flugzeuges (77 Passagiere und sieben Besatzungsmitglieder) fanden den Tod. Eine Frau am Boden wurde verletzt.

Der Flugkapitän war einer offiziellen Mitteilung zufolge beim Anflug unter die Mindestflughöhe gesunken. Er hatte die Warnungen eines anderen Besatzungsmitgliedes ebensowenig beachtet wie die Aufforderung des Fluglotsen der Bodenstelle zum Durchstarten. Die Maschine schlug circa drei Kilometer vor der Landebahnschwelle in ein zweistöckiges Gebäude. Zur Unfallzeit war es dunkel und nebelig.

Datum: 28. September 1992, circa 14:30 Uhr
Ort: In der Nähe von Bhadgaon, Nepal
Unternehmen: Pakistan International Airlines
Flugzeugmuster: Airbus Industrie A300B4 (AP-BCP)

Zwei Großraum Düsenpassagiermaschinen stürzten innerhalb von zwei Monaten beim Landeanflug auf den Internationalen Tribhuvan Flughafen von Kathmandu ab. In den zweiten Unfall war Flug 268 aus Karatschi, Pakistan, verwickelt. Er flog bei dem UKW-Drehfunkfeuer/Entfernungsmeßgerät Anflugverfahren (VOR/DME) auf Landebahn 02 gegen einen bewaldeten Berghang. Dabei kamen alle 167 Insassen (155 Passagiere und zwölf Besatzungsmitglieder) ums Leben.

Bei der Unfalluntersuchung wurde festgestellt, daß die Maschine 300 Meter unter der von ihr gemeldeten Flughöhe geflogen war. Bei ihrem Aufschlag in circa 2300 Meter Höhe über dem Meeresspiegel rund 15 Kilometer südlich des Flughafens waren Fahrwerk und Landeklappen ausgefahren. Das Flugzeug hatte sich zu diesem Zeitpunkt ungefähr 500 Meter unterhalb des Gleitweges befunden. Zur Unfallzeit lag eine tiefe Wolkendecke über dem Gebiet, und die Sichtverhältnisse waren schlecht.

Die Besatzung hatte sich angeblich eine Anflugmethode zu eigen gemacht, bei der die Düsenpassagiermaschine bei jedem Entfernungs-Festpunkt bereits die Flughöhe des nächsten eingenommen hatte. Damit flog sie in einer falschen Höhe. Eine irreführende Anflugkarte und mißverständliche Ausbildungs- und Besprechungsunterlagen der Fluggesellschaft haben mit zu dem Fehler beigetragen.

Bei beiden Unfällen spielte das Fehlen einer Bodenradar- und Instrumentenlandesystem-Einrichtung (ILS) auf dem Flughafen Kathmandu eine Rolle. Die Reflexionswirkung der bergigen Umgebung ließ jedoch einen nutzbringenden Einsatz dieser Flugsicherungsanlagen nicht zu.

Datum: 24. November 1992, circa 08:00 Uhr
Ort: In der Nähe von Liutschou, Kuangsi, China
Unternehmen: China Southern Airlines
Flugzeugmuster: Boeing 737–3YO (B-2523)

Flug 3943 war ein zusätzlich auf der Route von Kanton, Kuangtung, nach Liutschou, Kuangsi, eingesetztes Flugzeug. Die Düsenpassagiermaschine stürzte während des Sinkfluges circa 25 Kilometer

südöstlich ihres Zielflughafens ab und explodierte beim Aufschlag. Alle 141 Insassen (133 Passagiere und acht Besatzungsmitglieder) fanden dabei den Tod.

Das Flugzeug prallte bei dem Landeanflug auf Landebahn 36 des Flughafens in circa 2000 Meter Höhe über dem Meeresspiegel gegen einen Berg. Zu dieser Zeit befand sie sich über 500 Meter unter der Mindestsicherheitshöhe. Die örtlichen Wetterverhältnisse wurden als gut beschrieben. Bevor die 737 in einer steilen rechten Querlage abgestürzt war, soll sie von starken Vibrationen in ihrem rechten Triebwerk erschüttert worden sein.

Datum: 21. Dezember 1992, circa 08:30 Uhr
Ort: In der Nähe von Faro, Algarve, Portugal
Unternehmen: Martinair Holland NV, Niederlande
Flugzeugmuster: McDonnell Douglas DC-10 Serie 30CF (PH-MBN)

Die Großraum Düsenpassagiermaschine aus Amsterdam befand sich auf einem außerplanmäßigen Flug, als sie nach der Landung auf dem Flughafen von Faro verunglückte. Dabei wurden 54 der insgesamt 340 Insassen getötet, darunter zwei Flugbegleiter. Viele der überlebenden 275 Passagiere und elf Besatzungsmitglieder erlitten Verletzungen.

Das Flugzeug war während eines Gewittersturms bei heftigem Regen und stark böigen Seitenwinden gelandet. Wahrscheinlich haben diese Wetterverhältnisse zu dem Unfall beigetragen. Das Flugzeug verließ nach dem Aufsetzen die Landbahn seitlich und brach auseinander, nachdem die rechte Tragfläche auf den Boden aufgeschlagen war.

Datum: 22. Dezember 1992, circa 10:00 Uhr
Ort: In der Nähe von Tripolis, Libyen
Erstes Flugzeug
Unternehmen: Jamahiriya Libyan Arab Airlines
Flugzeugmuster: Boeing Advanced 727–2L5 (5A-DIA)
Zweites Flugzeug
Unternehmen: Libysche Luftverteidigungs-Kräfte
Flugzeugmuster: Mikojan MiG-23

Flug 1103 befand sich am Endes des Inlandfluges aus Bengasi im Anflug auf den Internationalen Flughafen von Tripolis. Dort war kurz zuvor ein Düsenjagdflugzeug gestartet. Die Düsenpassagiermaschine stieß circa 50 Kilometer südöstlich der Hauptstadt mit dem Jagdflugzeug zusammen. Beide Flugzeuge stürzten daraufhin ab. Bei dem Unfall fanden alle 157 Insassen der 727 (147 Passagiere und zehn Besatzungsmitglieder) den Tod. Der MiG Pilot soll mit dem Fallschirm abgesprungen sein und das Unglück überlebt haben.

Fachausdrücke

Achtel – Maßeinheit für die Wolkenbedeckung des Himmels, Angabe oft mit der Wolkenart verbunden.

Allgemeine Luftfahrt – Ziviler Flugverkehr mit Ausnahme der planmäßigen Flüge der Luftfahrtgesellschaften. Dazu zählen alle Privat und Vereinsflugzeuge, sowie Lufttaxi- und Zubringerdienste.

Antwortsender – Sender eines Flugzeuges zur Verstärkung der Intensität seines Radarechos auf dem Bildschirm am Boden. Ein kodierter Sender kann zusätzliche Informationen wie Höhe und Identität des Flugzeuges abstrahlen (Transponder).

Bodeneffekt – Luftkissen nahe des Bodens, das einem Flugzeug in sehr niedriger Höhe Auftrieb gibt.

Brennkammer – Bauteil eines Strahltriebwerkes, in dem die Verbrennung des Kraftstoffes erfolgt.

Echo – Darstellung eines Flugzeuges oder anderer Flugobjekte auf einem Radarschirm.

Entfernungsmeßgerät (DME) – Ein in Verbindung mit einer Bodenstation benutztes Bordradarsystem zur Bestimmung des Flugzeug-Standortes entlang einer bestimmten Route.

Entscheidungshöhe – Festgelegte Flughöhe, bei der die Besatzung die Entscheidung zum Landen oder Durchstarten treffen muß.

Fahrwerk – Räder und / oder Stützräder eines Flugzeuges, die bei Start und Landung und zum Rollen benötigt werden.

Fehlanflugverfahren – Abbruch eines Landeanfluges. Nach dem Durchstarten erfolgt entweder ein neuer Anflug oder der Abflug zum Ausweichplatz.

Festpunkt – Eine von einem oder mehreren Navigationshilfen bestimmte geographische Position.

Flug – Ein Verkehrsflugzeug auf einem planmäßigen Flug.

Flugfläche – Flughöhe in tausend Fuß bezogen auf 1013 Hektopascal (früher Millibar).

Flugprofil – Dreidimensionale Darstellung des Flugweges eines Flugzeuges oder anderen Flugobjektes durch die Luft.

Flugschreiber – Automatisches Registriergerät wichtiger Flugleistungs-Meßwerte des Flugzeuges. Der digitale Flugschreiber ist eine weiterentwickelte Form mit größerer Aufzeichnungskapazität.

Flugweg-Kommandogerät – Instrument, das der Besatzung Neigungswinkel, Querlage und damit verbundene Flugsteuerungs-Informationen gibt.

Funkbake – Elektronische Navigationshilfen zur Standortbestimmung entlang eines festgelegten Flugweges.

Gesprächsaufnahmegerät – Tonbandgerät zur Aufzeichnung der Gespräche und hörbaren Geräusche in der Pilotenkabine (Cockpit Voice Recorder).

Gleitweg – Vertikaler Flugweg eines Flugzeuges im Landeanflug.

Gleitwegbefeuerung (VASI) – Beleuchtungssystem an der Landebahn eines Flughafens, das mit Hilfe von Lichtern eine visuelle Gleitweginformation gibt.

Gondel – Aerodynamisches Bauteil zur Aufnahme eines Flugzeug-Triebwerkes.

Hochziehen – Das Abheben des Bugrades von der Startbahn beim Startlauf.

Holm – Längsträger in den Trag- oder Steuerflächen eines Flugzeuges zur Erhöhung der Bruchfestigkeit.

Horizontales Rollen – Gleichzeitige Gier- und Schlingerbewegungen eines Flugzeuges (Dutch Roll).

Internationale Zivilluftfahrt-Organisation (ICAO) – Weltweite Vereinigung mit Sitz in Montreal, Kanada; gegründet unter anderem zur Förderung der Flugsicherheit durch Übermittlung von Flugunfallberichten und anderen Informationen.

Instrumentenflugregeln (IFR) – Vorschriften für Flüge ohne Benutzung von sichtbaren Bodenbezugspunkten im kontrollierten Luftraum, die gewöhnlich von der Flugsicherung überwacht werden.

Instrumentenlandesystem (ILS) – Standard Schlechtwetter Anflughilfe der zivilen Luftfahrt mit einem Gleitweg-Leitstrahl für den Anflugwinkel und einem Landekurs-Leitstrahl für die Richtungskontrolle.

Konfiguration – Stellung des Fahrwerks und der Auftriebhilfen eines Flugzeuges.

Künstlicher Horizont – Instrument mit dreidimensionaler Anzeige der Fluglage. Ersetzt im Instrumentenflug den natürlichen Horizont.

Landebahnsicht – Horizontale Sichtweite beim Blick entlang der Mittellinie der Landebahn.

Leitwerk – Meist am Rumpfende angeordnetes Flugzeugbauteil zur Stabilisierung der Fluglage und Steuerung des Flugzeuges.

Luftstraße – Festgelegte Flugroute, die allgemein durch ineinandergreifende Funksignale von Funkfeuern am Boden gekennzeichnet wird.

Mikro-Detonation – Bestimmtes Scherwind-Phänomen, bei dem eine relativ geringflächige, fast vertikal nach unten gerichtete starke Windböe nach dem Auftreffen auf dem Boden in alle Himmelsrichtungen auseinanderströmt.

Navigationshilfe – Eine elektronische Navigationseinrichtung am Boden. Dazu gehören unter anderem NDB, VOR und TACAN.

Nickmoment-Ausgleicher – Vorrichtung zur automatischen Korrektur des Anstellwinkels eines Flugzeuges bei hohen Geschwindigkeiten.

Niederfrequenz-Funkfeuer (NDB) – Ungerichtetes elektronisches Funkfeuer am Boden, das mit

Hilfe des Radiokompasses im Flugzeug benutzt wird.

Phugoide Schwingungen – Unkontrollierte Nickbewegungen eines Flugzeuges.

Platzrunde – Die Platzrunde eines Flughafens besteht aus einem Mitwindteil, der seitlich versetzt in umgekehrter Richtung parallel zur Start- und Landebahn verläuft; einem Querflugteil im rechten Winkel zur Landebahn; und einem Endanflugteil.

Positive Kontrolle – Betrieb eines Flugzeuges in einer Radarumgebung mit Identifizierung und Flugüberwachung durch eine Flugsicherungsstelle.

Radar-Anflugverfahren (GCA) – Vom Boden aus geleiteter Landeanflug, bei dem der Fluglotse Richtungs- und Höhenanweisungen erteilt.

Radiokompaß (ADF) – Automatisches Peilgerät zur Navigation in Verbindung mit einem Niederfrequenz-Funkfeuer am Boden.

Rotorscheibe – Scheibenförmiges Triebwerksbauteil, das den Kompressor oder die Turbinenschaufeln hält.

Rückwärtiger Kurs – Flugweg in die entgegengesetzte Richtung des ILS Landekurs-Leitstrahls.

Scherwind – Luftströmungen, die in Richtung und / oder Geschwindigkeit von der allgemeinen Windströmung abweichen.

Segelstellung – Einstellung der Luftschraube nach Stillstand eines Motors zur Verringerung des Luftwiderstandes.

Sichtflugregeln (VFR) – Vorschriften für die Steuerung eines Flugzeuges und das Abstandhalten von anderen Maschinen nach Sicht; gewöhnlich unabhängig von der Überwachung durch eine Flugsicherungsstelle.

Startkontrollgeschwindigkeit – Vorausberechnete Geschwindigkeit, bei der die Besatzung die Entscheidung zur Weiterführung oder zum Abbruch des Starts treffen muß.

Start- / Landebahn Nummer – Zahl am Anfang einer Piste, die mit 10 multipliziert den rechtweisenden Kompaßkurs ergibt.

Steig- / Sinkwinkel – Vertikal gewonnene / verlorene Höhe im Verhältnis zur horizontal zurückgelegten Entfernung.

Steuersäulen-Rüttler – Warnvorrichtung, die kurz vor Erreichen des überzogenen Flugzustandes den Piloten durch Schütteln der Steuersäule alarmiert.

Störklappe – Auf der Oberseite der Tragflächen angebrachte Klappen zur Verringerung des Auftriebes (Spoiler).

TACAN – Militärisches Flugfunk-Navigationssystem, das dem Piloten Richtung und Entfernung in Relation zu der Bodenstation gibt.

Trägheits-Navigationssystem – Ausgefallenes Navigationationssystem, mit dem der Standort eines Flugzeuges unabhängig von Navigationshilfen am Boden bestimmt werden kann.

Triebwerk Nummer – Lage des Triebwerkes am Flugzeug, gezählt von links nach rechts in Flugrichtung.

Trimmklappe – Kleine schwenkbare Klappe an der Tragflächenhinterkante oder den Rudern. Diese Klappe soll die Steuerflächen in der gewünschten Position halten.

Überzogener Flugzustand – Abriß der Luftströmung über der Tragfläche, der zum Verlust des Auftriebes und Durchsacken des Flugzeuges führt. Ein völlig überzogener Flugzustand mit Verlust der Höhensteuerung wird durch einen extrem hohen Anstellwinkel verursacht.

UKW-Drehfunkfeuer (VOR) – Ortsfester Sender, der Leitstrahlen in bestimmte Richtungen aussendet, mit deren Hilfe Flugzeuge navigieren können.

Vektor – Zuteilung eines rechtweisenden Kurses von einem Fluglotsen an ein Flugzeug.

Vierkurs-Funkfeuer – Frühere Navigationshilfe, bei der ein Sender am Boden laufend verschlüsselte Signale zur Identifizierung einer bestimmten Luftstraße aussandte.

Vorflügel – Auftriebshilfen, die an der Vorderseite der Tragflächen starr oder beweglich angebracht sind.

Warteraum – Festgelegter Luftraum, in dem Flugzeuge nach Flughöhen gestaffelt kreisen und auf die Anflugfreigabe warten.

Wetterwarnung – Wetterhinweise für den Piloten über auffallende und besonders gefährliche Wetterverhältnisse.

Ziel – Radarecho eines Flugzeuges oder Flugobjektes auf dem Radarschirm.

Stichwortverzeichnis